"十三五"职业教育系列教材

电机及电力拖动项目教程

主　编　汤素丽　孙宏伟　赵　凤

副主编　赵　威　董小磊　杨　怡　宋　睿

编　写　王婷婷　吴　丹　肖正洪　刘　静

　　　　张迪茜　钱怡廷　陈家帅　张　双

中国电力出版社
CHINA ELECTRIC POWER PRESS

内 容 提 要

本书从实用出发,介绍了变压器的运行与维护、异步电动机的拆装与运行维护、直流电机的运行与维护、微控电机和电动机容量的选择。为了理论结合实践,学习项目配有基于 MATLAB 仿真技术的电机及电力拖动系统的仿真实践。除了课后配套的思考与练习外,还附有自测题。

本书可作为高职高专院校的电气自动化技术、工业自动化技术、工业机器人技术、机电一体化技术、机电技术应用等相关专业的教材,也可供相关工程技术人员参考。

图书在版编目（CIP）数据

电机及电力拖动项目教程 / 汤素丽,孙宏伟,赵凤主编 . —北京：中国电力出版社,2021.8
ISBN 978-7-5198-5702-8

Ⅰ.①电… Ⅱ.①汤… ②孙… ③赵… Ⅲ.①电机－教材②电力传动－教材 Ⅳ.① TM3 ② TM921

中国版本图书馆 CIP 数据核字（2021）第 108577 号

出版发行：中国电力出版社
地　　址：北京市东城区北京站西街 19 号（邮政编码 100005）
网　　址：http://www.cepp.sgcc.com.cn
责任编辑：罗晓丽　贾丹丹
责任校对：黄　蓓　朱丽芳
装帧设计：王红柳
责任印制：吴　迪

印　　刷：北京天宇星印刷厂
版　　次：2021 年 8 月第一版
印　　次：2021 年 8 月北京第一次印刷
开　　本：787 毫米 ×1092 毫米　16 开本
印　　张：15.25
字　　数：372 千字
定　　价：45.00 元

版权专有　侵权必究
本书如有印装质量问题,我社营销中心负责退换

前言

　　电机是以电磁感应和电磁力定律为基本工作原理进行电能的传递或机电能量转换的机械。电机在国民经济中之所以起到很重要的作用，其表现为：电机是电能的生产、传输和分配中的主要设备；电机是各种生产机械和装备的动力设备；电机是自动控制系统中的重要元件。随着社会生产的发展和科技的进步，对电机也提出了更高的要求，如性能良好，运行可靠，单位容量的质量轻、体积小等，而且随着自动控制系统的发展要求，在旋转电机的理论基础上，又派生出多种精度高、响应快的控制电机，与电机发展过程一样，电力拖动技术也有个不断发展的过程。电动机拖动生产机械的运转称为电力拖动（或称为电气传动）。电力拖动技术发展至今，它具有许多其他拖动方式无法比拟的优点。它启动、制动、反转和调速的控制简单、方便、快速且效率高；电动机的类型多，且具有各种不同的运行特性来满足各种类型生产机械的要求；整个系统各参数的检测和信号的变换与传送方便，易于实现最优控制。

　　本书共分为 5 个项目，主要包括变压器的运行与维护、异步电动机的拆装与运行维护、直流电机的运行与维护、微控电机、电动机容量的选择，各项目任务内容详实、概念清晰，着重对各种电机性能进行定性分析，简化了电机运行时的数学推导。

　　本书体现了高职教育的特色，具有较鲜明的职业教育特点，针对高等技术应用型人才的培养目标编写。既重视基本理论知识，又注重实践教学环节，学习项目配有基于 MATLAB 仿真技术的电机及电力拖动系统的仿真实践，有利于加强学生的实践能力培养。全书内容深入浅出，简明扼要，实用性较强。

　　本书由汤素丽、孙宏伟、赵凤任主编，赵威、杨怡、董小磊、宋睿任副主编，主审高春，参加编写工作的还有王婷婷、吴丹、肖正洪、张迪茜、钱怡廷、刘静、陈家帅、张双。同时，本书参考了大量文献，对参考文献的作者表示诚挚的谢意！

　　限于编者水平，书中不足和疏漏之处，敬请读者批评指正。

编者

2020 年 9 月

目　　录

前言

绪论 ·· 1

项目一　变压器的运行与维护 ·· 6
任务1　认识变压器 ·· 6
任务2　认识三相变压器 ·· 24
任务3　认识其他用途的变压器 ·· 32
思考与练习 ·· 36
变压器的MATLAB仿真实践 ··· 37

项目二　异步电动机的拆装与运行维护 ··································· 47
任务1　认识三相异步电动机 ··· 47
任务2　认识单相异步电动机 ··· 103
思考与练习 ·· 108
异步电机MATLAB仿真实践 ··· 109

项目三　直流电机的运行与维护 ··· 121
任务1　认识直流电机 ·· 121
任务2　直流电机的运行分析 ··· 145
任务3　直流电动机的电力拖动 ·· 153
思考与练习 ·· 166
直流电机MATLAB仿真实践 ··· 167

项目四　微控电机 ·· 178
任务1　认识伺服电动机 ·· 178
任务2　认识步进电动机 ·· 185
任务3　测速发电机 ·· 191
思考与练习 ·· 197
控制电机MATLAB仿真实践 ··· 197

项目五　电动机容量的选择 ··· 198
任务1　电动机的发热和冷却及工作方式 ····························· 198
任务2　电动机额定功率的选择 ·· 202
任务3　电动机额定数据的选择 ·· 209
思考与练习 ·· 211

附录A　MATLAB简介 ·· 212
附录B　自测题 ··· 225
参考文献 ··· 237

绪　　论

在现代工业企业中，利用电动机把电能转换成机械能，去拖动各种类型的生产机械运动的拖动方式，即称为电力拖动。电力拖动比其他拖动方式有无可比拟的优点。

电力拖动具有良好的调速性能，启动、制动、反转和调速的控制简单、方便、快速且效率高。电动机的类型很多，具有各种不同的运行特性，可以满足各种类型生产机械的要求。电力拖动系统各参数的检测、信号的变换与传送方便，易于实现自动控制。

因此，电力拖动成为现代工业电气自动化的基础。《电机及电力拖动》课程内容是工业电气自动化等专业学生必须学习和掌握的基本理论。

一、电机的主要类型

电机的类型很多，可以归纳如下：

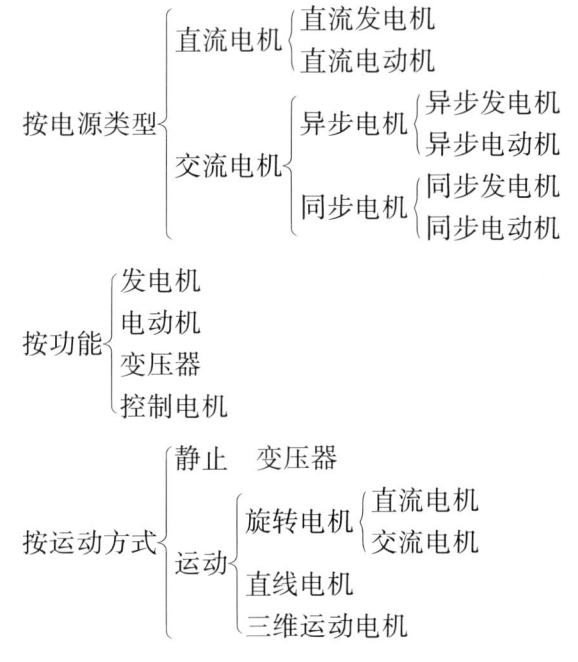

$$\text{按电源类型}\begin{cases}\text{直流电机}\begin{cases}\text{直流发电机}\\\text{直流电动机}\end{cases}\\\text{交流电机}\begin{cases}\text{异步电机}\begin{cases}\text{异步发电机}\\\text{异步电动机}\end{cases}\\\text{同步电机}\begin{cases}\text{同步发电机}\\\text{同步电动机}\end{cases}\end{cases}\end{cases}$$

$$\text{按功能}\begin{cases}\text{发电机}\\\text{电动机}\\\text{变压器}\\\text{控制电机}\end{cases}$$

$$\text{按运动方式}\begin{cases}\text{静止\quad 变压器}\\\text{运动}\begin{cases}\text{旋转电机}\begin{cases}\text{直流电机}\\\text{交流电机}\end{cases}\\\text{直线电机}\\\text{三维运动电机}\end{cases}\end{cases}$$

本课程是一门专业基础课，主要学习以上各种电机的基本结构、工作原理和特性，以及在电力拖动系统中的应用。

二、电机理论中常用的基本电磁定律

1. 全电流定律

当导体中有电流流过时，就会产生与该载流导体相交链的磁通。全电流定律就是揭露电产生磁的本质，阐明电流与其磁场的大小及方向的关系。

设空间有 n 根载流导体，其电流分别为 I_1，I_2，……，则沿任闭合路径 l，磁场强度 H 的线积分 $\oint Hdl$ 等于该回路所包围的导体电流的代数和，即

$$\oint H \mathrm{d}l = \sum I$$

式中：$\sum I$ 是回路所包围的全电流。

若导体电流的方向和积分路径的方向符合右手螺旋关系，该电流取正号；反之取负号。电流的正方向与由它所生的磁场正方向符合右手螺旋关系，如图 0-1 所示。

在电机和变压器中，常把整个磁路分成若干段，每一段磁路内的磁场强度 H、导磁材料及导磁面积 S 相同，如图 0-2 所示，则全电流定律简化为

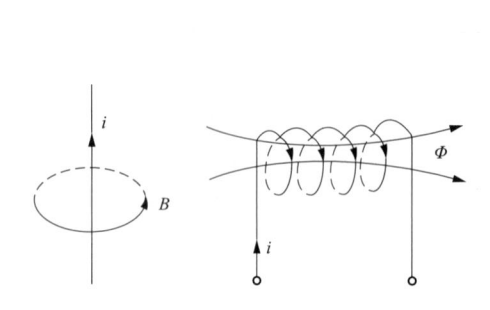

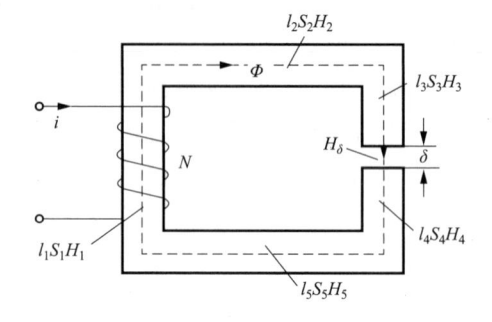

图 0-1 电流与其磁场的右手螺旋关系　　图 0-2 无分支磁路

$$H_1 l_1 + H_2 l_2 + H_3 l_3 + H_4 l_4 + H_5 l_5 + H_\delta \delta = NI$$

即

$$\sum H_k l_k = NI = F \tag{0-1}$$

式中：H_k 为第 k 段磁路的磁场强度，A/m；l_k 为第 k 段磁路的平均长度，m；F 为作用在整个磁路上的磁动势，A；N 为线圈匝数；$H_k l_k$ 为第 k 段磁路上的磁压降。

式 (0-1) 表明，作用在整个磁路上的总磁动势等于各段磁路的磁压降之和。

第 k 段磁路的磁压降可以写成

$$H_k l_k = \frac{B_k}{\mu_k} l_k = \frac{1}{\mu_k} \cdot \frac{\Phi}{S_k} l_k \tag{0-2}$$

$R_{mk} = \dfrac{l_k}{\mu_k S_k}$ 称为第 k 段磁路的磁阻，则对于图 0-2 所示的无分支磁回路可以写

$$F = NI = \sum H_k l_k = \sum \Phi R_{mk} = \Phi \sum R_{mk}$$
$$\Phi = F / \sum R_{mk} \tag{0-3}$$

式中：$\sum R_{mk}$ 为整个磁路的总磁阻。

例 对于图 0-2 所示的无分支磁路，为了产生给定的磁通中 Φ（Wb），求所需的励磁磁动势 $F = NI$。

对于气隙部分，$\mu_0 = 4\pi \times 10^{-7}$（H/m）是一常数，则气隙 δ 上的磁压降 $H_\delta \delta = \dfrac{\Phi}{\mu_0 S_3} \delta$。对于铁芯部分，由于铁的导磁系数 μ_{Fe} 不是常数，所以先根据给定 Φ 值和各段磁路截面积 S_k，求出该段的磁通密度，再在该段磁路材料的磁化曲线查出与相对应的值，然后算出该段磁路的磁压降 $H_k l_k$。最后，将各段磁路的磁压降相加，即得和给定磁通 Φ 相对应的磁动势 $F = NI$。

由于 $\mu_0 \ll \mu_{Fe}$，所以即使气隙很小，气隙磁压降仍比其他各段铁磁路的磁压降之和还要大得多，即励磁磁动势的绝大部分都消耗在气隙上。换言之，由于图 0-2 的磁回路中含有气

隙，将使励磁磁动势大幅增加。

2. 电磁感应定律

设匝数为 N 的线圈处在磁场中，它所交链的磁链为 $\Psi = N \cdot \Phi$，当该线圈所交链的磁链发生变化时，在线圈内就有一感应电动势产生，这种现象称为电磁感应。感应电动势的大小和该线圈所交链的磁链变化率成正比；感应电动势的方向是该电动势企图在线圈内产生电流（即感应电流），使之所建立的磁通用来阻止线圈中磁通的变化。如果感应电动势的正方向与磁通的正方向符合右手螺旋关系，则电磁感应定律可用下式表示

$$e = -\frac{d\Psi}{dt} = -N\frac{d\Phi}{dt} \tag{0-4}$$

线圈中磁链的变化可能由以下两个原因引起：

（1）线圈与磁场相对静止，但是穿过线圈的磁通本身（大小或方向）发生变化。这种情况如同变压器一样，所以这种感应电动势称为变压器电动势。

以图 0-3 为例，设线圈 N_1 通入随时间而变的电流 i_1 而线圈 N_2 开路，这时由 i_1 所建立的磁通也随时间而变，使与线圈 N_1 和 N_2 所交链的磁链也随时间而变化，从而在线圈 N_1 和 N_2 中都会感应电动势 e_1 和 e_2。感应电动势的正方向如图 0-3 所示，其表达式为

$$e_1 = -\frac{d\Psi_1}{dt} = -N_1\frac{d\Phi}{dt}$$

$$e_2 = -\frac{d\Psi_2}{dt} = -N_2\frac{d\Phi}{dt}$$

在此例中，由线圈 N_1 中电流 i_1 的变化在自身线圈感应电动势 e_1 称为自感电动势，而由 i_1 的变化在另一线圈 N_2 内感应的电动势 e_2 称为互感电动势。

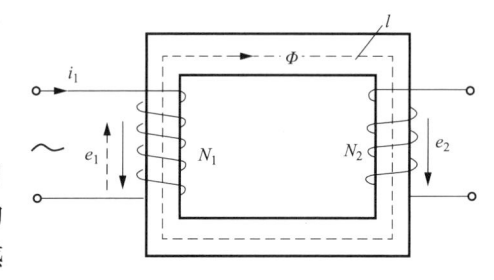

图 0-3 感应电动势的正方向

（2）磁场的大小及方向不变，而线圈与磁场之间有相对运动，使得线圈中的磁链发生变化，这种情况一般发生在旋转电机中，所以称之为旋转电动势或速率电动势。

1）当导体在恒定磁场中运动时，若导体、磁力线和运动方向三者互相垂直，则导体内的感应电动势为

$$e = B \cdot l \cdot v$$

式中：B 为导体所处的磁通密度，T；l 为切割磁力线的导体有效长度，m；v 为导体相对于磁场的运动线速度，m/s；e 为导体中感应电动势，V。

2）旋转电动势的方向可以由图 0-4 所示的右手定则确定：右手大拇指与其余四指互相垂直，让磁力线穿过手心，大拇指指向导体相对于磁场的运动方向，则四指所指的方向即为旋转电动势的方向。

3. 电磁力定律

载流导体在磁场中受到力的作用，这种力是磁场与电流相互作用所生的，故称为电磁力。若磁场与导体相互垂直，则作用在导体上的电磁力为

$$f = B \cdot l \cdot i$$

式中：B 为导体所处的磁通密度，T；i 为导体中的电流，A；l 为导体在磁场中的有效长度，m；f 为作用在导体上的电磁力，N。

电磁力的方向可用图 0-5 所示的左手定则确定：左手大拇指与其余四指互相垂直，让磁力线穿过手心，四指指向电流的方向，则大拇指所指的方向即为电磁力的方向。

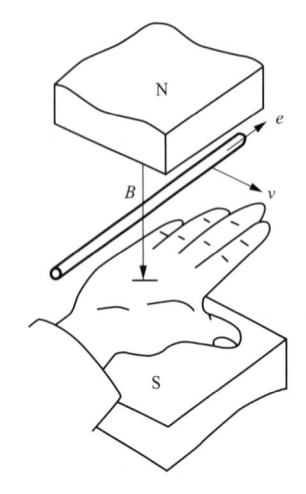

图 0-4　右手定则 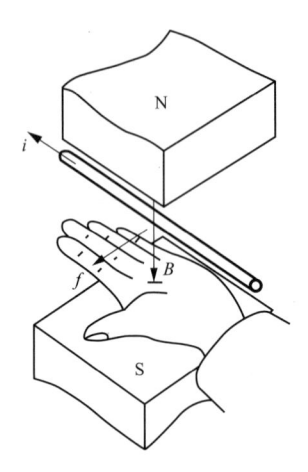　　　　图 0-5　左手定则

三、电机中铁磁材料的特性

各类电机都是以磁场作为媒介，通过电磁感应作用实现能量转换的，所以在电机里必须有引导磁能的磁路。为了在一定的励磁电流下产生较强的磁场，电机和变压器的磁路都是用导磁性能良好的铁磁材料组成的。

铁磁材料包括铁、钴、镍及其合金（如电机和变压器中常用的硅钢片），其特性简述如下：

（1）良好的导电性。铁磁材料与电机中常用的导电材料（铜或铝）相比较，虽然其电阻率较大，但是它仍然是一种有较好导电性能的导电材料。

（2）高的导磁性能与磁化曲线的非线性。所有非铁磁材料（如铜、铝、绝缘材料和木材等）的导磁系数都接近于空气的导磁系数 μ_0，而铁磁材料的导磁系数 μ_{Fe} 比 μ_0 大几百到几千倍，所以在同样大小的电流下，带铁芯线圈的磁通比空芯线圈的磁通大得多。

将铁磁材料在外界磁场作用下（外施励磁磁动势），改变励磁磁动势大小，测出磁通密度 B 与磁场强度 H，得到 B 与 H 的关系曲线 $B=f(H)$，称之为铁磁材料的磁化曲线，如图 0-6 所示。由图可知，铁磁材料的磁化曲线不是一条直线。在 $\overline{Oa}$ 段，B 的增加缓慢；在 $\overline{ab}$ 段，B 几乎随 H 正比增加而且增长迅速；在 $\overline{bc}$ 段，B 的增加又缓慢下来；在 c 点以后，当 H 再继续增加时，B 几乎不再增加了。铁磁材料当 H 较大时 B 之增加变缓甚至几乎不增加的现象，称为磁饱和现象。由图可知，当铁磁材料饱和时，其导磁系数 μ 变小，即其导磁性能变差。对于非铁磁材料，其 $B=\mu_0 \cdot H \propto H$，即 $B=f(H)$ 是一条直线。

（3）磁滞现象和磁滞损耗。在测取铁磁材料的磁化曲线时，改变外施励磁磁动势的大小及方向，使磁场强度在 $-H_M \sim +H_M$ 之间反复磁化，所得的 B-H 关系曲线是图 0-7 所示的闭合曲线 abcdefa，称为铁磁材料的磁滞回线。同一铁磁材料在不同的 H_M 值上有不同的磁滞回线。把不同 H_M 值的各磁滞回线的顶点（如图 0-7 中 a 点）连接起来所得的曲线，称为基本磁化曲线（如图 0-7 中的 $\overline{Oa}$）。

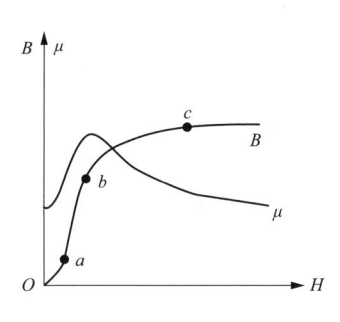

图 0-6　铁磁材料的磁化曲线　　图 0-7　铁磁材料的磁滞回线

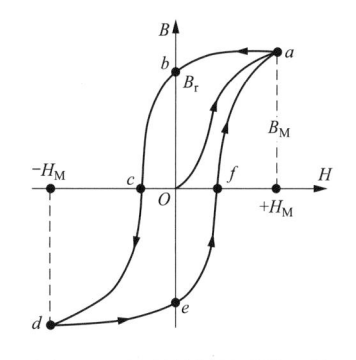

由图 0-7 可知,上升磁化曲线与下降磁化曲线不重合。下降时 B 的变化总是滞后于 H 的变化,当 H 下降到零时,B 未下降到零而是仅下降至某一数值 B_r,这种现象称为磁滞现象,B_r 称为剩余磁感应强度。

铁磁材料在交变磁场的作用下反复磁化时,内部的磁畴不停地往返倒转而消耗能量,引起损耗,这种损耗称为磁滞损耗 p_n。它与磁通的交变频率 f 及磁通密度的幅值 B_M 的关系为

$$p_n \propto f \cdot B_M^a$$

对于常用的硅钢片,当 $B_M = 1.0 \sim 1.6 \text{T}$ 时,$a \approx 2$。由于硅钢片的磁滞回线面积较小,所以电机和变压器的铁芯都用硅钢片。

(4) 涡流损耗。当铁芯中的磁通发生交变时,在铁芯内也会感应电动势并产生感应电流,如图 0-8 所示。由于此电流在铁芯内的流动状况呈旋涡状,故称之为涡流。此涡流在铁芯电阻上的损耗称为涡流损耗 p_w。

涡流损耗与磁通的交变频率 f、铁芯中磁通密度幅值 B_w、钢片的电阻 r_w 及钢片厚度 d 的关系为 $p_w \propto f^2 \cdot B_M^2 \cdot d^2 / r_w$,由此式可知,为了减少涡流损耗,必须减小钢片的厚度,因此电工钢片的厚度一般为 0.35mm 和 0.5mm。同时必须增加钢片的电阻率,因此电工钢片中常用加入 4% 左右的硅,变成硅钢片。

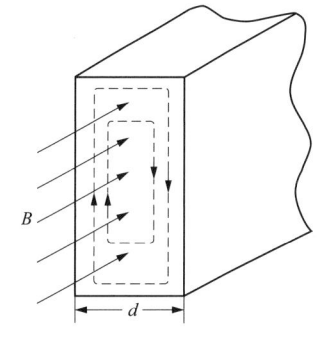

图 0-8　一片硅钢片中的涡流

所以,当铁芯中的磁通交变时,有磁滞损耗和涡流损耗两种,合称为铁芯损耗,简称为铁耗 p_{Fe}。当硅钢片厚度及材料一定时,铁耗与磁通的交变频率及磁通密度幅值的关系为

$$p_{Fe} \propto f^2 \cdot B_M^\beta$$

其中,β 为 1.2~1.6。

项目一 变压器的运行与维护

变压器是一种常见的电气设备，它通过线圈间的电磁感应，将一种电压等级的交流电能转换成同频率的另一种电压等级的交流电能。在电力系统中使用的变压器，称为电力变压器。除电力变压器外，还有其他特殊用途的变压器，如作特殊电源用的电焊变压器、整流变压器等；供测量用的变压器，如电压互感器、电流互感器。

目标要求

（1）掌握变压器的基本工作原理及结构。
（2）掌握变压器的空载运行。
（3）掌握变压器的负载运行。
（4）了解变压器的参数测定。
（5）掌握三相变压器连接组别的判定。
（6）了解变压器的运行特性及其他用途的变压器。

任务1 认识变压器

1.1.1 变压器的基本原理及结构

1.1.1.1 变压器的基本原理

变压器是利用电磁感应原理工作的，它主要由作为磁路的铁芯和两个（或两个以上）互相绝缘的线圈组成，如图1-1所示。接至交流电源的线圈称为一次绕组，另一个线圈接至负载，称为二次绕组。有关一次绕组的物理量，如电压、电流、阻抗，下标以"1"表示，有关副绕组的物理量下标以"2"表示。

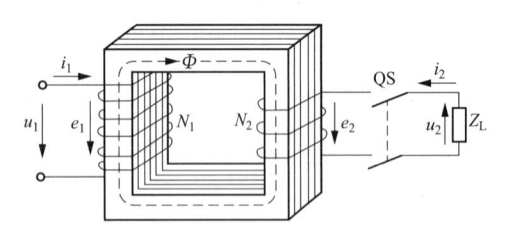

图1-1 变压器的基本原理图

设变压器一次绕组所加的交流电源电压为 u_1 时，在 u_1 作用下，一次绕组中通过交流电流，在铁芯中产生磁通 Φ，这个磁通同时交链一、二次绕组。根据电磁感应定律，在一、二次绕组中产生感应电动势 e_1、e_2，它们的大小为

$$e_1 = -N_1 \frac{\mathrm{d}\Phi}{\mathrm{d}t} \tag{1-1}$$

$$e_2 = -N_2 \frac{\mathrm{d}\Phi}{\mathrm{d}t} \tag{1-2}$$

式中：N_1、N_2 分别为一、二次绕组的匝数。

如忽略变压器绕组的内部压降不计，根据基尔霍夫定律，可得 $u_1 \approx -e_1$，$u_2 \approx e_2$。

则

$$\frac{u_1}{u_2} \approx -\frac{e_1}{e_2} = -\frac{N_1}{N_2} \tag{1-3}$$

式（1-3）中的负号反映的是 u_1 与 u_2 的相位关系，从电压的大小来看，变压器一、二次绕组的电压之比等于绕组的匝数比。通过改变一、二次绕组的匝数，就可达到改变二次侧输出电压的目的。

1.1.1.2 变压器的分类

变压器可以按用途、绕组数目、相数、冷却方式等分别进行分类。

按用途分为电力变压器、互感器、特殊用途变压器、调压器、试验用高压变压器。

按绕组数目分为双绕组变压器、三绕组变压器、多绕组变压器和自耦变压器。

按相数分为单相变压器、三相变压器。

按冷却方式分为以空气为冷却介质的干式变压器、以油为冷却介质的油浸变压器。

按铁芯结构分为芯式变压器、壳式变压器。

按容量大小分为小型变压器、中型变压器、大型变压器和特大型变压器。

1.1.1.3 变压器的结构

图 1-2 是目前最普遍使用的油浸式电力变压器外形图。变压器的基本结构可分为铁芯、绕组、油箱、绝缘套管及其他部件，其中主要结构部件是铁芯和绕组。

1. 铁芯

铁芯是变压器的主磁路，为了提高导磁性能和减少交变磁通在铁芯中产生磁滞损耗和涡流损耗，铁芯用厚为 0.35mm 或 0.5mm、表面涂有绝缘漆的硅钢片叠成。铁芯分为铁芯柱和铁轭两部分，铁芯上套装线圈，铁轭将铁芯柱连接起来形成闭合磁路，如图 1-3 所示。

按照线圈套入铁芯柱的形式，铁芯分为芯式与壳式两种。芯式变压器的特点是绕组包围铁芯，这种结构比较简单，绕组的套装和绝缘都比较容易，适用于容量大、电压高的变压器，一般电力变压器均采用芯式结构。壳式变压器的结构如图 1-4 所示，其特点是铁芯包围绕组，这种结构机械强度好，但用料多，制造工艺复杂，一般多用于小型干式变压器（如小容量的电源变压器）。

2. 绕组

绕组是变压器的电路部分，它由包有绝缘材料的铜线或铝线绕制而成。接于高压电网的绕组称为高压绕组，接至低压电网的绕组称为低压绕组。在电力变压器中，高低压绕组通常采用同心式分布，即高低压绕组同芯地套在铁芯柱上，如图 1-4 所示。装配时为了便于绕组与铁芯之间的绝缘，将低压绕组靠着铁芯，高压绕组套在低压绕组外面，高低压绕组间设置有油道（或气道），以加强绝缘和散热，高低压绕组两端到铁轭之间要衬垫端部绝缘板。同芯式绕组具有结构简单、制造方便的特点，将绕组装配到铁芯上后成为变压器的器身。

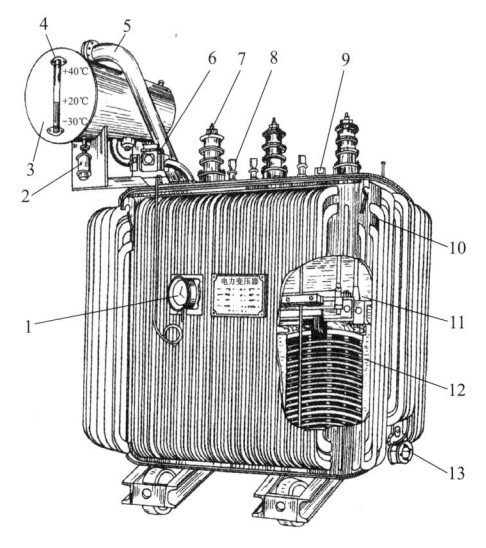

图 1-2 油浸式电力变压器
1—信号温度计；2—吸湿器；3—储油器；
4—油表；5—安全气道；6—气体继电器；
7—高压套管；8—低压套管；9—分接开关；
10—油箱；11—铁芯；12—线圈；13—放油阀门

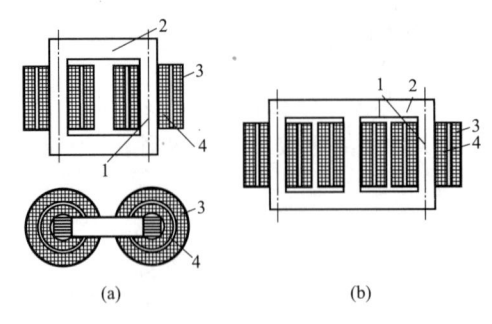

图 1-3　芯式变压器绕组
（a）单相；（b）三相
1—铁芯柱；2—铁轭；3—高压绕组；4—低压绕组

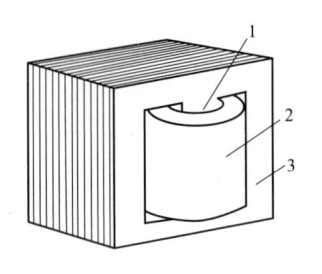

图 1-4　壳式变压器
1—铁芯柱；2—绕组；3—铁轭

3. 油箱

变压器的油箱一般用钢板焊接而成，它的内部除放置器身外，其余空间充满了变压器油。变压器油是从石油中提炼出来的一种矿物油，在变压器中，它既是冷却介质又是绝缘介质。油箱侧壁装有冷却用的散热管。

4. 绝缘套管

变压器绕组的引出线从油箱内穿过油箱盖时，必须经过绝缘套管，以使带电的引线和接地的油箱绝缘。绝缘套管一般是瓷质的，它的结构主要取决于电压等级。电压越高，套管的结构就越复杂。1kV 以下的采用实心瓷套管；10～35kV 采用空气或充油式套管；110kV 以上时，采用电容式套管。为了增加表面放电距离，套管外形做成多级伞形，电压越高级数越多。

1.1.1.4　变压器的型号和额定值

每台变压器都有一个铭牌，铭牌上标注着变压器的型号、额定参数及其他数据。用户必须清楚地了解铭牌上各项内容的含义，才能根据实际需要正确选用合适的变压器。

1. 型号

变压器的型号用字母和数字表示，字母表示类型，数字表示额定容量和额定电压。

S9-500/10
表示三相——表示高压绕组的额定电压为 10kV
表示设计序号——表示额定容量为 500kVA

若型号首字母为"D"，则表示单相变压器。

2. 额定值

（1）额定容量 S_N，是指变压器在额定状态下运行时输出的视在功率，单位为 VA、kVA、MVA。由于电力变压器的运行效率很高，可认为高、低压侧绕组的容量相等。对于三相变压器，额定容量是指三相容量之和。

（2）额定电压 U_{1N}/U_{2N}。变压器在额定负载时，根据变压器的绝缘强度和允许温升所规定的一次绕组上应加的电源电压值叫作一次绕组的额定电压，用 U_{1N} 表示。当一次绕组加上额定电压后二次侧开路时二次绕组的端电压叫作二次绕组的额定电压，用 U_{2N} 表示。对于三相变压器，U_{1N}/U_{2N} 是指线电压，单位为 V、kV。

（3）额定电流 I_{1N}/I_{2N}。变压器在额定状态下运行时，一、二次绕组允许长期通过的电流叫作额定电流。对于三相变压器，I_{1N}/I_{2N} 是指线电流，单位为 A。

由于电力变压器的运行效率很高,认为高、低压侧绕组的容量相等,所以

对于单相变压器: $I_{1N}=\dfrac{S_N}{U_{1N}}$; $I_{2N}=\dfrac{S_N}{U_{2N}}$

对于三相变压器: $I_{1N}=\dfrac{S_N}{\sqrt{3}U_{1N}}$; $I_{2N}=\dfrac{S_N}{\sqrt{3}U_{2N}}$ (1-4)

(4) 额定频率 f。我国规定的标准工业用电频率为 50Hz。

此外,变压器铭牌上还标明了联结组别、阻抗电压、温升、冷却方式等内容。

例1 S-100/10 变压器,用作降压变压器,$U_{1N}/U_{2N}=10000/400V$,求高、低压侧额定电流。

解: 高压侧线电流

$$I_{1N}=\frac{S_N}{\sqrt{3}U_{1N}}=\frac{100\times 10^3}{\sqrt{3}\times 10000}=5.77(A)$$

低压侧线电流

$$I_{2N}=\frac{S_N}{\sqrt{3}U_{2N}}=\frac{100\times 10^3}{\sqrt{3}\times 400}=144.25(A)$$

1.1.2 变压器的运行分析

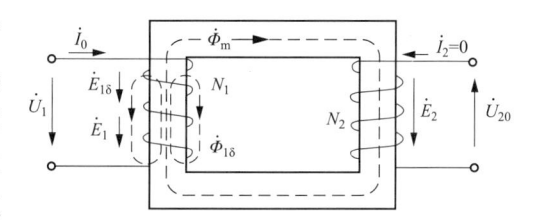

1.1.2.1 单相变压器的空载运行

变压器的空载运行就是一次绕组接额定电压的交流电源而二次绕组不接负载(开路)时的状态,如图 1-5 所示。为了便于分析,将一次绕组和二次绕组分别画在两边。当变压器一次绕组接在交流电源上时,一次绕组中产生电流;由于二次绕组开路,所以二次绕组中没有电流,此时一次绕组中的电流称为空载电流,用 $\dot{I}_0$ 表示。

当 $\dot{I}_0$ 流过一次绕组时,即建立空载磁动势 $\dot{I}_0 N_1$,并产生交变磁通。由于铁芯的磁导率远大于空气的磁导率,所以绝大部分磁通沿铁芯而闭合,同时交链一、二次绕组,这部分磁通称为主磁通 Φ。另外有一部分磁通只交链一次绕组,主要沿变压器油箱壁和空气路径而闭合,这部分磁通称为一次绕组的漏磁通 $\Phi_{1\delta}$。由于铁

图 1-5 单相变压器的空载运行

芯是由硅钢片制成,其磁导率远比空气大,故变压器空载时的主磁通占总磁通的绝大部分,而漏磁通经过的漏磁路主要是空气,其磁导率很低,因此漏磁通很小,只占总磁通 0.2%左右。

根据电磁感应定律可知,交变的磁通将在一、二次绕组中产生感应电动势。主磁通 Φ 在一、二次绕组中分别产生感应电动势 e_1 和 e_2;漏磁通 $\Phi_{1\delta}$ 只在一次绕组中产生感应电动势 $e_{1\delta}$,称为漏感电动势;二次绕组的空载电压为 $\dot{U}_{20}$。由于变压器中的电压、电流、磁通和感应电动势都是交变的,为了表明它们之间的内在关系,需要规定各个电磁量的正方向。

1. 空载运行时的电磁关系

正方向的规定是任意的,一般按以下惯例进行规定:

(1) 由于一次侧电流是在电源电压的作用下产生的,所以首先应规定一次侧的电压正方向,一次侧电流的正方向与电压的正方向一致。

(2) 当电流产生磁通时,磁通的正方向与电流的正方向符合右手螺旋定则。

(3) 由于电磁感应定律表达为 $e=-Nd\Phi/dt$,此式规定了磁通量减少时感应电动势的方向为正方向,即感应电动势的正方向与磁通的正方向符合右手螺旋定则。由于电流的正方向与磁通的正方向也符合右手螺旋定则,因此感应电动势的正方向与电流的正方向一致。

按以上的正方向规定原则,可确定各电磁量的正方向,如图1-5所示。

如果主磁通按正弦规律变化,即 $\Phi=\Phi_m\sin\omega t$,则电动势的瞬时值为

$$e_1=-N_1\frac{d\Phi}{dt}=-\omega N_1\Phi_m\cos\omega t$$
$$=\omega N_1\Phi_m\sin(\omega t-90°)$$
$$=E_{m1}\sin(\omega t-90°) \tag{1-5}$$

$$e_2=-N_2\frac{d\Phi}{dt}=\omega N_2\Phi_m\sin(\omega t-90°)=E_{m2}\sin(\omega t-90°) \tag{1-6}$$

$$E_{m1}=\omega N_1\Phi_m$$
$$E_{m2}=\omega N_2\Phi_m$$

式中:Φ_m 为主磁通 Φ 的最大值;E_{m1} 为一次绕组电动势的最大值;E_{m2} 为二次绕组电动势的最大值。

从式(1-5)、式(1-6)可知,如果主磁通按正弦规律变化,则感应电动势 e_1、e_2 也按正弦规律变化,其频率与主磁通 Φ 变化的频率相同,在相位上感应电动势滞后于主磁通 90°。

一次绕组和二次绕组感应电动势的有效值分别为

$$E_1=\frac{\omega N_1\Phi_m}{\sqrt{2}}=\frac{2\pi fN_1\Phi_m}{\sqrt{2}}=4.44fN_1\Phi_m \tag{1-7}$$

$$E_2=\frac{\omega N_2\Phi_m}{\sqrt{2}}=\frac{2\pi fN_2\Phi_m}{\sqrt{2}}=4.44fN_2\Phi_m \tag{1-8}$$

把电动势和主磁通的关系用相量表示,即

$$\dot{E}_1=-j4.44fN_1\dot{\Phi}_m \tag{1-9}$$

$$\dot{E}_2=-j4.44fN_2\dot{\Phi}_m \tag{1-10}$$

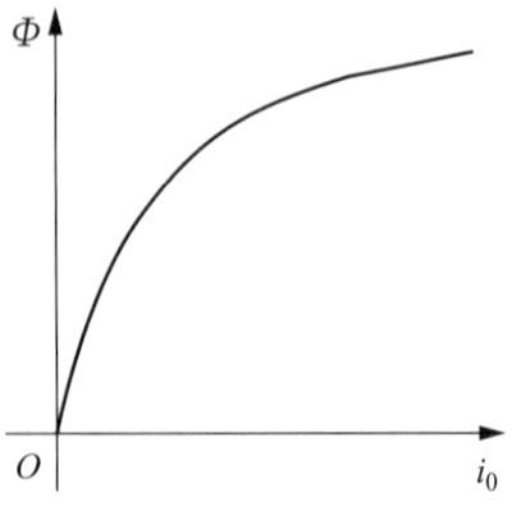

虽然,主磁通和漏磁通都是由空载电流 i_0 建立的,但其性质却不一样:主磁通经铁芯闭合,它与空载电流之间的关系取决于铁磁材料的饱和特性,由于铁磁材料的磁化曲线是非线性的,如图1-6所示,即 Φ 与 i_0 不是正比关系。而漏磁通磁路主要是空气,空气的磁导率 μ 为常数,即 $\Phi_{1\delta}$ 与 i_0 保持线性关系。

设漏磁通 $\Phi_{1\delta}=\Phi_{1\delta m}\sin\omega t$,则

$$e_{1\delta}=-N_1\frac{d\Phi_{1\delta}}{dt}=\omega N_1\Phi_{1\delta m}\sin(\omega t-90°)=E_{1\delta m}\sin(\omega t-90°)$$

图1-6 铁磁材料的磁化曲线

根据电工基础知识可知,磁链 $\Psi=N\Phi$ 可表示为电流和电感的乘积,则 $N_1\Phi_{1\delta m}=L_1I_{0m}$。$e_{1\delta}$ 的有效值为

$$E_{1\delta}=\frac{\omega N_1\Phi_{1\delta m}}{\sqrt{2}}=\frac{\omega L_1 I_{0m}}{\sqrt{2}}=\omega L_1 I_0=I_0 X_1 \tag{1-11}$$

式中:I_0 为空载电流的有效值;L_1 为一次绕组的漏电感;X_1 为一次绕组的漏电抗。

由于漏磁通 $\Phi_{1\delta}$ 经过的漏磁路主要是空气，其磁导率 μ_0 为常数，所以 L_1 为常数，漏电抗 X_1 也为常数，它不随电源电压、负载情况而变化。因为 $\Phi_{1\delta}$ 与 i_0 为线性关系，$e_{1\delta}$ 滞后 $\Phi_{1\delta}$ 90°，即滞后 i_0 90°。$e_{1\delta}$ 用相量形式表示为

$$\dot{E}_{1\delta} = -\mathrm{j}\omega L_{1\delta}\dot{I}_0 = -\mathrm{j}\dot{I}_0 X_1 \tag{1-12}$$

2. 空载运行时的基本方程式

根据基尔霍夫电压定律，由图 1-5 所示的电压正方向可得一次侧的电势平衡方程式为

$$\dot{U}_1 = -\dot{E}_1 - \dot{E}_{1\delta} + \dot{I}_0 R_1 = -\dot{E}_1 + \dot{I}_0 R_1 + \mathrm{j}\dot{I}_0 X_1$$

$$\dot{U}_1 = -\dot{E}_1 + \dot{I}_0 Z_1 \tag{1-13}$$

$$Z_1 = R_1 + \mathrm{j} X_1$$

式中：Z_1 为一次绕组的漏阻抗；R_1 为一次绕组本身的电阻。

由于空载电流很小，一次绕组的电阻压降和漏电抗压降都很小，一般两项之和也不超过外加电压的 0.5%，因此计算时可以忽略不计，即

$$\dot{U}_1 \approx -\dot{E}_1 = \mathrm{j} 4.44 f N_1 \dot{\Phi}_\mathrm{m} \tag{1-14}$$

数值上：
$$U_1 \approx E_1$$

根据基尔霍夫电压定律，在二次绕组电路中，由图 1-5 得

$$\dot{U}_2 - \dot{E}_2 = 0$$

则电动势 $\dot{E}_2$ 与输出电压 $\dot{U}_2$ 的关系为

$$\dot{U}_2 = \dot{E}_2 = \mathrm{j} 4.44 f N_2 \dot{\Phi}_\mathrm{m} \tag{1-15}$$

数值上：
$$U_2 = E_2$$

由以上分析可得出结论：

(1) 一、二次绕组感应电动势有效值 E_1、E_2 正比于主磁通最大值 Φ_m、电网频率 f 以及匝数 N_1（或 N_2），其相位滞后于 Φ_m 90°。

(2) 一、二次侧电压与一、二次绕组的匝数成正比关系，即

$$\frac{U_1}{U_2} = \frac{4.44 f N_1 \Phi_\mathrm{m}}{4.44 f N_2 \Phi_\mathrm{m}} = \frac{N_1}{N_2} = K \tag{1-16}$$

K 称为变压器的变比。若 $N_2 > N_1$，则 $U_2 > U_1$，变压比 $K < 1$，变压器为升压变压器；$N_2 < N_1$，则 $U_2 < U_1$，变压比 $K > 1$，变压器为降压变压器。通过改变一、二次绕组的匝数之比，即可达到改变二次绕组输出电压的目的。

(3) 因为 $U_1 \approx E_1 = 4.44 f N_1 \Phi_\mathrm{m}$，所以

$$\Phi_\mathrm{m} = \frac{U_1}{4.44 f N_1} \tag{1-17}$$

由式（1-17）可得，当电源频率 f 和一次侧绕组匝数 N_1 一定时，主磁通 Φ_m 的大小由电源电压 U_1 决定。而与铁芯材质及几何尺寸基本无关。

3. 空载电流

铁芯绕组与空心绕组不同，励磁电流 i_0 与主磁通 Φ 的关系不是成正比的线性关系，而是铁芯的磁化曲线。铁芯磁化时存在饱和现象，故主磁通 Φ 与 i_0 的波形不同。当电压为正弦波时，由于 $\dot{U}_1 \approx -\dot{E}_1$，则感应电动势和主磁通也按正弦规律变化，空载电流的波形可从图 1-7 得到。由图可知，空载电流 i_0 将畸变为尖顶波，铁芯的饱和程度越高，i_0 的波形畸变越严重。

由于空载电流很小,对于电力变压器,它只为额定电流的2%~10%,因此分析时可用一个有效值和它相等的正弦电流来代替。

由于变压器的主磁路为铁芯,根据铁磁材料的磁化过程可知,铁芯在磁化时存在铁损耗,因此主磁通 $\dot{\Phi}_m$ 与 $\dot{I}_0$ 相位不同。主磁通 $\dot{\Phi}_m$ 在相位上滞后于 $\dot{I}_0$ 一个 α_{Fe} 角,α_{Fe} 称为铁耗角,如图1-8所示。将 $\dot{I}_0$ 分解,其中与 $\dot{\Phi}_m$ 同相位的分量 $\dot{I}_{0Q}$ 为空载电流的无功分量,也称为励磁分量,它用来建立空载时的主磁场。另一个分量为 $\dot{I}_{0P}$,它超前于主磁通90°,即与 $-\dot{E}_1$ 同相位,为空载电流的有功分量,用来提供变压器的铁损耗。由于变压器的铁损耗很小,$I_{0P} < 10\% I_{0Q}$,故可认为 $\dot{I}_0 \approx \dot{I}_{0Q}$,即空载电流为励磁电流。

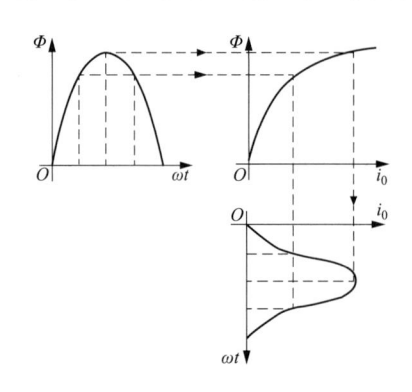

图 1-7 空载电流波形

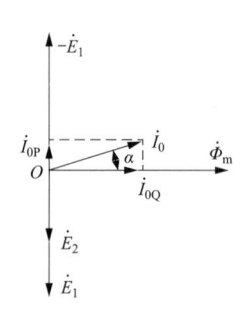

图 1-8 变压器空载电流与主磁通的相位关系

4. 空载变压器的等值电路和相量图

(1) 空载等值电路。变压器的一、二次绕组之间是靠铁芯中的交变磁通来联系,并通过电磁感应形式来传递能量。一、二次绕组电路是电磁耦合的互感电路,当对变压器的运行情况进行计算时比较麻烦。如果能设法将变压器复杂的电磁关系,用一个纯电路来等效代替,就可使分析大为简化,这个等效电路称为变压器的等值电路。

用一个等值电路来代替接到电源的空载变压器,那么这个电路的阻抗的大小应该保证在同一电源电压 $\dot{U}_1$ 下,产生同样的电流 $\dot{I}_0$,所以空载变压器的等值阻抗应为

$$Z_{dZ} = \frac{\dot{U}_1}{\dot{I}_0} = \frac{-\dot{E}_1 + \dot{I}_0 Z_1}{\dot{I}_0} = Z_1 + \frac{(-\dot{E}_1)}{\dot{I}_0} \tag{1-18}$$

式中:Z_{dZ} 为空载变压器的等值阻抗。

由上式看出 Z_{dZ} 由两部分组成,因此空载变压器可以设想为两个串联起来的电感绕组:一个是反映变压器一次绕组电阻和漏磁通作用的空心电感绕组,它的阻抗为变压器一次侧的漏阻抗 Z_1,另一个是反映主磁通作用的铁芯电感绕组。

由式 (1-18) 可知,将漏磁通的作用用漏电抗压降来表示,那么主磁通所产生的电动势是否也可以写成感抗压降的形式呢?原则上是可以的,但应注意到主磁通和漏磁通作用是有区别的。

1) 仿照分析漏磁通作用的方法,可引入一励磁电抗 $X_m = \omega L_m$ 来表示主磁通的作用。但是因为铁芯磁路的磁导率 μ 是随铁芯饱和程度而变化的,因此它的电感 L_m 以及电抗 X_m 是一个变量,另一方面因为铁芯磁导率比空气磁导率大得多,所以 $X_m \gg X_1$。

2) 铁芯中的交变磁通要在铁芯内产生磁滞和涡流损耗，所以主磁通作用不能像空心绕组的漏磁通那样，主磁通对应的铁芯绕组不是纯电感绕组，而是有功功率损耗的。为了表示铁芯损耗，我们引入一个等值电阻 R_m，并且令 $p_{Fe}=I_0^2 R_m$，其中 R_m 称为铁损电阻，或称励磁电阻。

因此，主磁通的作用可写成阻抗压降的形式，即

$$-\dot{E}_1 = \dot{I}_0 R_m + j\dot{I}_0 X_m = \dot{I}_0 Z_m \tag{1-19}$$

其中 $Z_m = R_m + jX_m$ 称为励磁阻抗，由于铁损耗较小，$X_m \gg R_m$。

将式（1-19）代入式（1-18），可得到空载变压器等值电路的等值阻抗为

$$\dot{U}_1 = -\dot{E}_1 + \dot{I}_0 Z_1 = \dot{I}_0 Z_1 + \dot{I}_0 Z_m = \dot{I}_0(R_1 + jX_1) + \dot{I}_0(R_m + jX_m) \tag{1-20}$$

因此得到空载时的等值电路，如图 1-9 所示。

(2) 相量图。变压器的空载相量图如图 1-10 所示，其做法详述如下：

1) 以主磁通 $\dot{\Phi}_m$ 为参考相量画在水平轴上。

2) 绕组电动势 $\dot{E}_1$ 和 $\dot{E}_2$ 均滞后 $\dot{\Phi}_m 90°$，它们的大小由式（1-14）和式（1-15）决定。和 $\dot{E}_1$ 对应的相量 $-\dot{E}_1$ 与 $\dot{E}_1$ 大小相等，方向相反。

3) 由于 $\dot{I}_0$ 超前 $\dot{\Phi}_m$ α_{Fe} 角，可作出空载电流 $\dot{I}_0$。

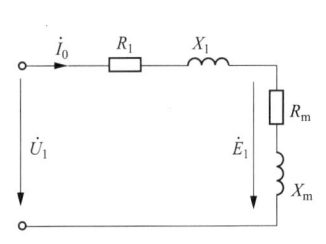

图 1-9 变压器空载时的等值电路

4) 由式（1-13）可得，在相量 $-\dot{E}_1$ 的末端作相量 $\dot{I}_0 R_1$，方向与 $\dot{I}_0$ 相同，再在相量 $\dot{I}_0 R_1$ 的末端作相量 $j\dot{I}_0 X_1$（超前 $\dot{I}_0 90°$）。连接相量 $-\dot{E}_1$ 的始端和相量 $j\dot{I}_0 X_1$ 的末端，即得电压 $\dot{U}_1$。

实际上，变压器空载电流 $\dot{I}_0$ 很小，一次漏阻抗压降 $I_0 Z_1$ 通常不超过一次侧额定电压 U_{1N} 的 0.5%。作图 1-10 相量图时，为看得清楚，把 $\dot{I}_0 R_1$ 和 $j\dot{I}_0 X_1$ 有意识地放大比例。

例 2 一台三相电力变压器，Yy 接法，$S_N = 750 \text{kVA}$，$U_{1N}/U_{2N} = 10000/400\text{V}$，$I_{1N}/I_{2N} = 43.4/1082.5\text{A}$，励磁阻抗 $Z_m = R_m + jX_m = 218 + j2396\Omega$，一次绕组漏阻抗 $Z_1 = R_1 + jX_1 = 1.18 + j2.77\Omega$。计算：

(1) 励磁电流及其与额定电流的比值、空载时的功率因数。

(2) 空载运行时的输入功率。

图 1-10 变压器空载运行时的相量图

解： 由于三相变压器的三相绕组对称，所以对于三相对称系统，可按单相计算。

(1) 一次侧电路总阻抗为

$$Z = Z_1 + Z_m = 1.18 + j2.77 + 218 + j2396 = 219.2 + j2398.8 = 2409 \underline{/84.78°} \text{ }(\Omega)$$

$$\dot{I}_0 = \frac{\dot{U}_1}{Z} = \frac{\frac{10000}{\sqrt{3}} \angle 0°}{2409 \underline{/84.78°}} = 2.397 \underline{/-84.78} \text{ (A)}$$

$$I_0/I_{1N} = 2.397/43.4 = 0.0554 = 5.54\%$$

$$\cos\varphi_0 = \cos 84.78° = 0.09$$

(2) 输入功率。

视在功率：$S_1 = \sqrt{3} U_{1N} I_0 = \sqrt{3} \times 10000 \times 2.397 = 41.52$ （kVA）

有功功率：$P_1 = \sqrt{3} U_{1N} I_0 \cos\varphi_0 = \sqrt{3} \times 10000 \times 2.397 \times \cos 84.78° = 3.78$ （kW）

无功功率：$Q_1 = \sqrt{3} U_{1N} I_0 \sin\varphi_0 = \sqrt{3} \times 10000 \times 2.397 \times \sin 84.78° = 41.35$ （kvar）

1.1.2.2 变压器的负载运行

变压器的一次绕组接到额定电压和额定频率的正弦交流电源，二次绕组接到负载阻抗 Z_L 时的运行状态称为变压器的负载运行，如图 1-11 所示。

1. 变压器负载运行时的基本方程式

变压器原绕组接上交流电源后，副绕组就产生感应电动势。当副绕组电路接通负载后，就有二次侧电流 $\dot{I}_2$ 产生，$\dot{I}_2$ 的出现对变压器各电磁量将引起什么样的变化是负载运行研究的重要问题。要解决这个问题，就需要讨论以下两个最基本的方程式。

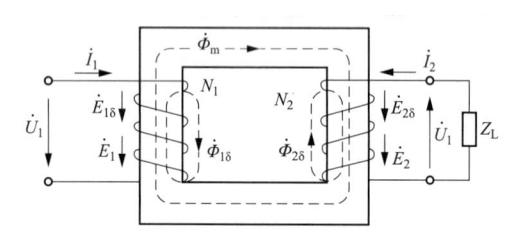

图 1-11 变压器的负载运行

(1) 负载运行时的磁势平衡方程式。

变压器一次绕组的漏阻抗很小，负载运行和空载运行时比较，漏阻抗压降变化不大，可以近似认为 $\dot{U}_1 \approx -\dot{E}_1$，也就是说外加电压 U_1 不变时，E_1 基本不变，它与负载变化基本无关。在一定频率下，E_1 正比于 Φ_m，因此从空载到负载运行，主磁通 Φ_m 基本不随负载变化而变化。

空载运行时，建立主磁通的磁势为 $F_0 = \dot{I}_0 N_1 = \dot{\Phi}_{m0} R_m$（$R_m$ 为铁芯磁路磁阻）。负载运行时，铁芯主磁通是由一次和二次绕组电流所产生的磁势共同建立的，即 $\dot{F}_1 + \dot{F}_2 = \dot{I}_1 N_1 + \dot{I}_2 N_2 = \dot{\Phi}_m R_m$。

由于主磁通不变，即 $\Phi_{m0} = \Phi_m$，所以空载运行时的磁势和负载运行时的磁势应相等。即

$$\dot{F}_1 + \dot{F}_2 = \dot{F}_0$$

$$\dot{I}_1 N_1 + \dot{I}_2 N_2 = \dot{I}_0 N_1 \tag{1-21}$$

$$\dot{I}_1 = \dot{I}_0 + \left(-\dot{I}_2 \frac{N_2}{N_1}\right) = \dot{I}_0 + \left(-\frac{\dot{I}_2}{K}\right) = \dot{I}_0 + \dot{I}_{1L} \tag{1-22}$$

式 (1-22) 称为变压器的磁势平衡方程式。该式表明，变压器负载运行时，一次侧电流 $\dot{I}_1$ 由两个分量组成：一个是励磁电流 $\dot{I}_0$，它用来产生主磁通；另一个是负载电流分量 $\dot{I}_{1L}$，$\dot{I}_{1L} = -\dot{I}_2/K$，它用来抵消二次电流 $\dot{I}_2$ 对磁场的影响，起平衡二次磁势的作用。在外加电压和频率不变，即 Φ_m 不变的条件下，空载电流 $\dot{I}_0$ 是不变的，而负载电流分量 I_{1L} 随二次电流 I_2 成正比变化。二次电流的增加，必将引起一次电流的增加。

当变压器负载运行时，I_0 远小于 I_1，负载运行时如果忽略空载电流 $\dot{I}_0$，则有 $\dot{I}_1 \approx -\dot{I}_2/K$。

或

$$\frac{I_1}{I_2} \approx \frac{1}{K} = \frac{N_2}{N_1} \tag{1-23}$$

式 (1-23) 表明：变压器一、二次侧电流之比近似与匝数成反比。匝数不同，电流也不

同。可见，变压器不仅能变换电压，同时也能变换电流。

(2) 负载运行时的电压平衡方程式。

变压器负载运行时，磁势 $\dot{F}_1$ 和 $\dot{F}_2$ 共同建立主磁通 $\dot{\Phi}_m$，主磁通 $\dot{\Phi}_m$ 分别在一、二次绕组中产生感应电动势 $\dot{E}_1$ 和 $\dot{E}_2$。每个磁势还产生只与自身绕组相链的漏磁通 $\dot{\Phi}_{1\delta}$ 和 $\dot{\Phi}_{2\delta}$，它们在各自绕组内产生漏磁电动势 $\dot{E}_{1\delta}$ 和 $\dot{E}_{2\delta}$。$\dot{E}_{1\delta}$ 和 $\dot{E}_{2\delta}$ 可表示为

$$\dot{E}_{1\delta} = -j\omega L_{1\delta}\dot{I}_1 = -j\dot{I}_1 X_1 \tag{1-24}$$

$$\dot{E}_{2\delta} = -j\omega L_{2\delta}\dot{I}_2 = -j\dot{I}_2 X_2 \tag{1-25}$$

其中，$X_2 = \omega L_{2\delta}$ 称为二次侧漏电抗，$L_{2\delta}$ 为二次绕组的漏电感，由于 $L_{2\delta}$ 为常数，所以 X_2 也为常数。

根据基尔霍夫第二定律，在图 1-11 的假定正方向下，可以分别列出变压器负载运行时一、二次绕组的电压方程式为

$$\dot{U}_1 = -\dot{E}_1 + \dot{I}_1 R_1 + j\dot{I}_1 X_1 = -\dot{E}_1 + \dot{I}_1 Z_1 \tag{1-26}$$

$$\dot{U}_2 = \dot{E}_2 - \dot{I}_2 R_2 - j\dot{I}_2 X_2 = \dot{E}_2 - \dot{I}_2 Z_2 \tag{1-27}$$

其中，$Z_2 = R_2 + jX_2$，称为二次绕组的漏阻抗。

因负载时漏阻抗压降对端电压来说是很小的，一般仅为额定电压的 4%~5.5%，所以负载时仍可认为

$$\dot{U}_1 \approx -\dot{E}_1$$

$$\dot{U}_2 \approx \dot{E}_2 \tag{1-28}$$

因此可得出，负载时的电压比近似等于电动势比，等于匝数比，即

$$\frac{U_1}{U_2} \approx \frac{E_1}{E_2} = \frac{N_1}{N_2} = K \tag{1-29}$$

变压器负载运行时的基本方程式可归纳为

$$\begin{aligned} \dot{U}_1 &= -\dot{E}_1 + \dot{I}_1 Z_1 \\ \dot{U}_2 &= \dot{E}_2 - \dot{I}_2 Z_2 \\ \dot{E}_1 &= K\dot{E}_2 \\ \dot{I}_1 &= \dot{I}_0 + \left(-\frac{\dot{I}_2}{K}\right) \\ -\dot{E}_1 &= \dot{I}_0 Z_m \\ \dot{U}_2 &= \dot{I}_2 Z_L \end{aligned} \tag{1-30}$$

利用上述方程式，可以对变压器的各个电磁参数进行计算，例如已知电源电压 $\dot{U}_1$、变比 K、负载阻抗 Z_L 及参数 Z_1、Z_2，利用上述方程式组就可求解出六个未知量：$\dot{I}_1$、$\dot{I}_2$、$\dot{I}_0$、$\dot{E}_1$、$\dot{E}_2$、$\dot{U}_2$。但对于一般电力变压器，变比值 K 比较大，使得一次侧、二次侧的电压、电流数值的数量级相差很大，计算不方便，画相量图更是困难。

2. 变压器负载运行时的等值电路

(1) 变压器的折算。在研究变压器的运行问题时，希望有一个既能正确反映变压器内部

电磁关系，又便于工程计算的等值电路，来代替具有电路、磁路和电磁感应联系的实际变压器。因此，为了得到变压器的等值电路，引入一种处理问题的方法——折算法，变压器的折算就是把一、二次绕组的匝数变换成相同匝数。折算的目的是为了作出变压器一、二次绕组间仅有电的联系的等值电路，从而简化计算，便于画出相量图。

折算时，通常将二次侧绕组折算到一次侧绕组，即让二次绕组的匝数和一次绕组的匝数相等。必须注意，折算是等效的，即二次侧产生的磁势 F_2、有功功率和无功功率均不变。由于折算后二次绕组的匝数变为 N_1，相应地二次侧的各电磁参数也将发生改变，如果 E_2、I_2、R_2、X_2 分别表示折算前二次侧的电动势、电流、电阻、漏抗，则折算后分别为 E_2'、I_2'、R_2' 及 X_2'，即在原符号上加 "'"。下面分别求取各物理量的折算值。

1) 二次侧电流的折算。根据折算前后二次绕组磁势 $\dot{F}_2$ 不变的原则，有

$$N_1 \dot{I}_2' = N_2 \dot{I}_2$$

$$\dot{I}_2' = \frac{N_2}{N_1} \dot{I}_2 = \frac{1}{K} \dot{I}_2 \tag{1-31}$$

2) 二次侧电动势的折算。实际值 $\dot{E}_2 = -\mathrm{j}4.44 f N_2 \dot{\Phi}_\mathrm{m}$，而折算值为 $\dot{E}_2' = -\mathrm{j}4.44 f N_1 \dot{\Phi}_\mathrm{m}$，由于折算前后 $\dot{F}_2$ 不变，从而铁芯中主磁通 $\dot{\Phi}_\mathrm{m}$ 不变。因此得到

$$\dot{E}_2' = \frac{N_1}{N_2} \dot{E}_2 = K \dot{E}_2 \tag{1-32}$$

3) 二次侧阻抗的折算。根据折算前后二次绕组的有功功率不变，即 $I_2'^2 R_2' = I_2^2 R_2$，所以

$$R_2' = \left(\frac{I_2}{I_2'}\right)^2 R_2 = K^2 R_2$$

根据折算前后二次绕组漏电抗对应的无功功率不变，即 $I_2'^2 X_2' = I_2^2 X_2$，所以

$$X_2' = \left(\frac{I_2}{I_2'}\right)^2 X_2 = K^2 X_2$$

二次绕组漏阻抗的折算值为

$$Z_2' = \sqrt{R_2'^2 + X_2'^2} = K^2 \sqrt{R_2^2 + X_2^2} = K^2 Z_2 \tag{1-33}$$

同理可得负载阻抗的折算值为

$$Z_\mathrm{L}' = K^2 Z_\mathrm{L}$$

4) 二次侧电压的折算，即

$$\dot{U}_2' = \dot{I}_2' Z_\mathrm{L}' = \frac{\dot{I}_2}{K} K^2 Z_\mathrm{L} = K \dot{I}_2 Z_\mathrm{L} = K \dot{U}_2 \tag{1-34}$$

变压器折算后的方程组为

$$\begin{aligned}
\dot{U}_1 &= -\dot{E}_1 + \dot{I}_1 Z_1 & \text{①} \\
\dot{U}_2' &= \dot{E}_2' - \dot{I}_2' Z_2' & \text{②} \\
\dot{E}_1 &= \dot{E}_2' & \text{③} \\
\dot{I}_1 &= \dot{I}_0 + (-\dot{I}_2') & \text{④} \\
-\dot{E}_1 &= \dot{I}_0 Z_\mathrm{m} & \text{⑤} \\
\dot{U}_2' &= \dot{I}_2' Z_2' & \text{⑥}
\end{aligned} \tag{1-35}$$

(2) 等值电路。

根据方程组（1-35）中式①、②、⑥可以画出图 1-12（a）所示的两个电路。根据式③、④可以画出图 1-12（b）所示的电路。由方程式⑤ $\dot{E}_1 = -\dot{I}_0 Z_m$，可以用励磁阻抗代替感应电动势 $\dot{E}_1$ 的作用，得到变压器的 T 形等值电路，如图 1-12（c）所示。在此等值电路中，励磁电阻 R_m 的损耗代表铁耗，励磁电抗 X_m 反映了主磁通在电路中的作用。

在变压器的负载电流较大时，可近似地认为 $\dot{I}_0 \approx 0$，这样可以把励磁支路断开，得到变压器的简化等值电路，在简化等值电路中，将一次侧、二次侧的参数合并，得到 $R_k = R_1 + R_2'$，$X_k = X_1 + X_2'$，$Z_k = R_k + jX_k$。R_k 称为短路电阻，X_k 称为短路电抗，Z_k 称为短路阻抗。简化等值电路如图 1-13 所示。用简化等值电路来计算实际问题十分简便，在多数情况下其精度已能满足工程要求。

从简化等值电路图可知，当变压器负载 $Z_L = 0$（即负载短路）时，短路电流为 $I_k = U_1/Z_k$。由于短路阻抗很小，因此短路电流很大，可以达到额定电流的 10~20 倍，为此，必须对变压器进行短路保护。

变压器的基本方程式、等值电路其物理本质是一致的。在进行定量计算时，宜采用等值电路；定性讨论各物理量间关系时，宜采用基本方程式；而表示各物理量之间大小、相位关系时，采用相量图比较方便。

3. 变压器负载运行时的相量图

根据折算后的方程式组，可以绘制出变压器负载运行时的相量图，它清楚地表明各物理量的大小和相位关系。

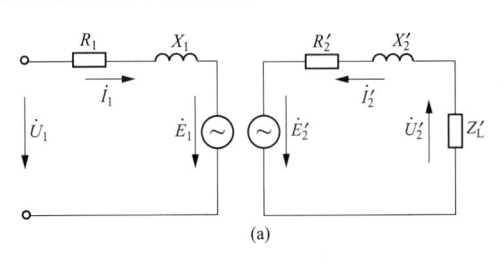

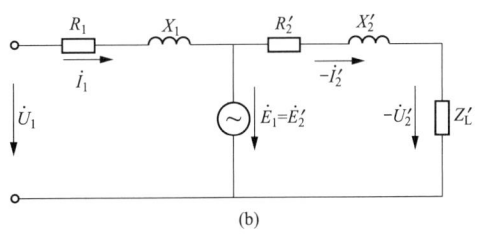

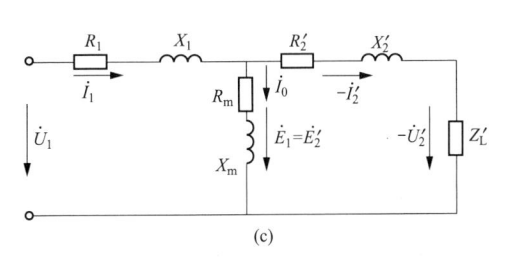

图 1-12 变压器 T 形等值电路
(a) 式（1-35）中①、②、⑥的等效电路图；
(b) 式（1-35）中③、④的等效电路图；
(c) 励磁阻抗代替

已知 U_2、I_2、$\cos\varphi_2$，变压器参数 K、R_1、X_1、R_2、X_2、R_m、X_m。绘相量图，步骤如下：

(1) 由 K、R_2、X_2 计算得到 R_2'、X_2'；由 $\cos\varphi_2$ 的数值可求出 $\dot{I}_2'$ 和相量 $\dot{U}_2'$ 之间的夹角 φ_2，以 $\dot{U}_2'$ 为参考相量，即可作出 $\dot{U}_2'$ 和 $\dot{I}_2'$ 两个相量。但要搞清楚负载是感性还是容性，才能确定 $\dot{U}_2'$ 和 $\dot{I}_2'$ 哪个超前，哪个滞后。我们以感性负载为例，画该相量图。

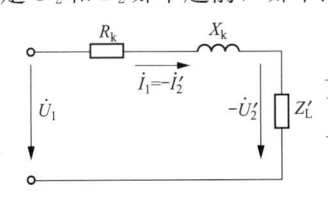

(2) 根据 $\dot{E}_2' = \dot{U}_2' + \dot{I}_2' Z_2' = \dot{U}_2' + \dot{I}_2'(R_2' + jX_2')$，在 $\dot{U}_2'$ 相量顶点加上 $\dot{I}_2' R_2'$，其平行于 $\dot{I}_2'$ 相量。然后再加上 $j\dot{I}_2' X_2'$，其垂直于 $\dot{I}_2'$ 相量，从而得到相量 $\dot{E}_2' = \dot{E}_1$。

(3) 根据 $-\dot{E}_1$ 与 $\dot{E}_1$ 大小相等，相位相反，作出 $-\dot{E}_1$。

图 1-13 变压器的简化等值电路

(4) 作出 $\dot{\Phi}_m$，使得 $\dot{\Phi}_m$ 超前于 $\dot{E}_1$ 90°。

(5) 根据式 $\dot{E}_1=-\dot{I}_0Z_m$，作出 $\dot{I}_0$，它领先 $\dot{\Phi}_m$ 一个小的铁耗角 α_{Fe}。

(6) 由 $\dot{I}_1=\dot{I}_0+(-\dot{I}_2')$，作出 $\dot{I}_1$ 相量。

(7) 由 $\dot{U}_1=-\dot{E}_1+\dot{I}_1Z_1=-\dot{E}_1+\dot{I}_1(R_1+jX_1)$，作出 $\dot{U}_1$ 相量。

如果所给条件不同，其画法步骤也有所不同。但在画相量的过程中，每一步或每画一个相量，都应根据相对应的基本方程式。因为相量图是基本方程式的体现，或者说是基本方程式的图示表示法。变压器负载运行相量图如图 1-14 所示。

例 3 一台三相电力变压器的 $S_N=750kVA$，$U_{1N}/U_{2N}=10000/400V$，Yy 联结。已知 $R_k=1.4\Omega$，$X_k=6.48\Omega$。该变压器一次侧接额定电压，二次侧接三相对称负载运行，负载为 Y 接法，每相负载阻抗为 $Z_L=0.2+j0.07\Omega$。试计算：

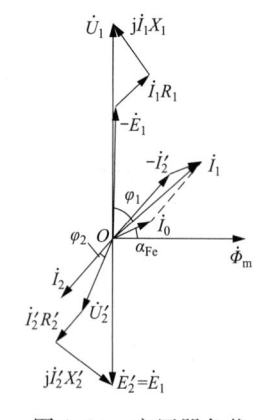

图 1-14 变压器负载运行相量图

(1) 变压器一、二次侧电流（一、二次侧电压和电流，没有特别指明为相值时，均为线值）；

(2) 二次侧电压。

解： 对于三相变压器，由于是对称的三相系统，取其中一相构成一台单相变压器，即可用以上等值电路的方法计算。

(1) 变比 K 为
$$K=\frac{U_{1N}/\sqrt{3}}{U_{2N}/\sqrt{3}}=\frac{10000/\sqrt{3}}{400/\sqrt{3}}=25$$

负载阻抗折算值为
$$Z_L'=K^2Z_L=25^2\times(0.2+j0.07)=125+j43.75\ (\Omega)$$

据题意，忽略 I_0，采用简化等值电路计算。每相等效输入阻抗为
$$Z=Z_k+Z_L'=R_k+jX_k+R_L'+jX_L'=1.4+j6.48+125+j43.75=136\underline{/21.67°}\ (\Omega)$$

一次侧电流为
$$I_1=\frac{U_{1N}/\sqrt{3}}{Z}=\frac{10000/\sqrt{3}}{136}=42.45\ (A)$$

二次侧电流为
$$I_2=KI_2'\approx 25\times 42.45=1061.25\ (A)$$

(2) 二次侧电压为 $U_2=\sqrt{3}I_2Z_L=\sqrt{3}\times 1061.25\times\sqrt{0.2^2+0.07^2}=389.7\ (V)$

1.1.3 变压器的参数的测定

当用基本方程式、等值电路、相量图分析变压器的运行性能时，必须知道变压器的励磁参数 R_m、X_m 和短路参数 R_k、X_k。但有些参数没有在铭牌上标出来，可通过空载试验和短路试验，把所有参数测定出来。

1.1.3.1 空载试验

变压器空载试验的目的是要测定变比、空载电流和空载损耗，并求出励磁阻抗。图 1-15 是变压器的空载试验的接线图。

如果一次侧电压不高可在一次侧加电压，二次侧开路；若一次侧电压很高，为了试验的安全和仪表选择得方便，可在低压侧加电压，高压侧开路。由于空载试验时，外加电压为额定值，感应电动势和铁芯中的磁通密度为正常运行时的数值，铁芯中的磁滞和涡流损耗也是正常运行时的数值。从图中看出，此时变压器不输出有功功率，变压器空载运行时的输入功率 P_0 为铁芯损耗 p_{Fe} 与空载铜损耗之和，由于空载电流很小，故空载铜损耗远小于 p_{Fe}，所以铜损耗可以忽略不计。可以认为变压器空载运行时的输入功率 P_0 就等于变压器的铁芯损耗，$P_0=p_{Fe}=I_{20}^2R_m$。

依据变压器的空载等值电路图（见图 1-9）和空载试验的测量结果得到：

变比 $$K=\frac{U_{1N}}{U_{20}} \tag{1-36}$$

励磁阻抗 $$Z_m=\frac{U_{2N}}{I_{20}} \tag{1-37}$$

励磁电阻 $$R_m=\frac{P_0}{I_{20}^2} \tag{1-38}$$

励磁电抗 $$X_m=\sqrt{Z_m^2-R_m^2} \tag{1-39}$$

应注意，上面的计算是对单相变压器进行的，如求三相变压器的参数，必须根据一相的空载损耗、相电压、相电流来计算。上面的公式是在低压侧做空载试验而得到的，所以测量和计算所得的励磁参数是低压侧的值。如果要折算到高压侧，则必须在计算数据上乘以 K^2。为了方便和安全，一般空载试验在低压侧进行。

1.1.3.2 短路试验

短路试验的目的是要测出变压器的短路参数，即短路损耗、短路阻抗。图 1-16 是变压器的短路试验接线图。短路试验时二次侧短接，由于短路阻抗很小，为了避免过大的短路电流，一次侧加上一个低电压，为额定电压的 4.5%～10%。试验时用调压器调节电压从零逐渐增大，直到一次侧电流达到额定电流时，测出所加电压 U_k 和输入功率 P_k，并记录试验时的室温 θ（℃）。

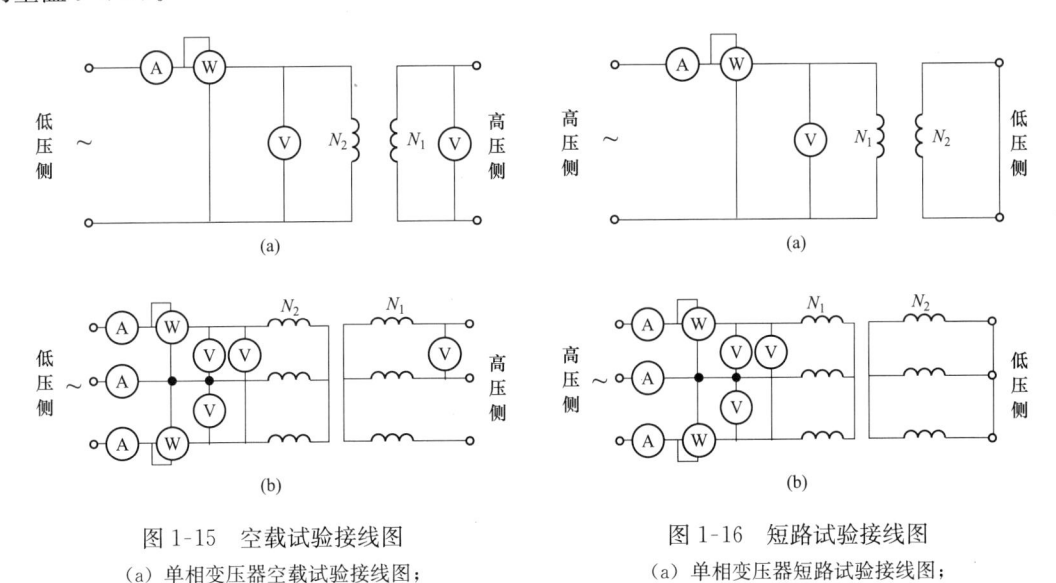

图 1-15　空载试验接线图
(a) 单相变压器空载试验接线图；
(b) 三相变压器空载试验接线图

图 1-16　短路试验接线图
(a) 单相变压器短路试验接线图；
(b) 三相变压器短路试验接线图

由于短路试验时外加电压很低，主磁通很小，所以铁耗和励磁电流均可忽略不计，这时输入的功率可认为完全消耗在绕组的电阻上，取 $I_k=I_{1N}$ 时的数据计算室温下的短路参数。

根据测量结果，由等值电路可算得下列参数：

短路阻抗 $$Z_k=\frac{U_k}{I_k} \tag{1-40}$$

短路电阻 $$R_k=\frac{P_k}{I_k^2} \tag{1-41}$$

短路电抗
$$X_k = \sqrt{Z_k^2 - R_k^2} \tag{1-42}$$

由于绕组的电阻随着温度而变化，而短路试验一般在室温下进行，故测得的电阻值应换算到 75℃ 国家标准规定工作温度时的值。

对于铜线变压器
$$R_{k75℃} = R_k \frac{234.5 + 75}{234.5 + \theta} \tag{1-43}$$

对于铝线变压器
$$R_{k75℃} = R_k \frac{228 + 75}{228 + \theta} \tag{1-44}$$

式中：θ 为试验时的环境温度，℃；R_k 为温度是 θ 时的短路电阻值，Ω。

在 75℃ 时的短路阻抗为
$$Z_{k75℃} = \sqrt{R_{k75℃}^2 + X_k^2} \tag{1-45}$$

短路试验时，使短路电流达到额定值时所加的电压，称为短路电压。若把短路电压表示为额定电压的百分数，叫作阻抗电压 u_k，即

$$u_k\% = \frac{I_{1N} Z_{k75℃}}{U_{1N}} \times 100\% = \frac{U_{kN}}{U_{1N}} \times 100\% \tag{1-46}$$

阻抗电压通常标在变压器的铭牌上，它的大小反映了变压器在额定负载下运行时的漏阻抗压降的大小。从运行的角度上看，希望此值小一些，使变压器输出电压波动受负载变化的影响小些。但从限制变压器短路电流的角度来看，则希望此值大一些，这样可以使变压器在发生短路故障时的短路电流小一些。

以上分析的是单相变压器的计算方法，对于三相变压器而言，变压器的参数是指一相的参数，因此只要采用相电压、相电流、一相的功率进行计算即可。

例 4 有一台三相电力铝线变压器，$S_N = 100\text{kVA}$，$U_{1N}/U_{2N} = 6000/400\text{V}$，$I_{1N}/I_{2N} = 9.63/144.3\text{A}$，Yyn0 接法，在低压侧做空载试验，测出数据为 $U_2 = U_{2N} = 400\text{V}$，$I_2 = I_{20} = 9.37\text{A}$，$P_0 = 600\text{W}$。在高压侧做短路试验，测出数据为 $U_1 = U_k = 325\text{V}$，$I_1 = I_k = 9.63\text{A}$，$P_k = 2014\text{W}$，室温 20℃。求变压器折算到高压侧的励磁参数和短路参数。

解： 由于为三相变压器，因此应采用单相值进行计算。因为一、二次绕组接成 Y 联结，所以线电压为相电压的 $\sqrt{3}$ 倍。

变比为
$$K = \frac{U_{1N}/\sqrt{3}}{U_{2N}/\sqrt{3}} = \frac{6000/\sqrt{3}}{400/\sqrt{3}} = 15$$

由空载数据，求出低压侧的额定参数：

$$Z'_m \approx Z_0 = \frac{U_{2N}}{\sqrt{3} I_{20}} = \frac{400}{\sqrt{3} \times 9.37} = 24.6(\Omega)$$

$$R'_m = \frac{P_0}{3 I_{20}^2} = \frac{3800}{3 \times 9.37^2} = 2.28(\Omega)$$

$$X'_m = \sqrt{Z'^2_m - R'^2_m} = \sqrt{24.6^2 - 2.28^2} = 24.5(\Omega)$$

折算到高压侧的励磁参数为

$$Z_m = K^2 Z'_m = 15^2 \times 24.6 = 5535(\Omega)$$
$$R_m = K^2 R'_m = 15^2 \times 2.28 = 513(\Omega)$$
$$X_m = K^2 X'_m = 15^2 \times 24.5 = 5513(\Omega)$$

由短路试验数据，计算高压侧室温下的短路参数：

$$Z_k = \frac{U_k}{\sqrt{3}I_k} = \frac{325}{\sqrt{3} \times 9.63} = 19.5(\Omega)$$

$$R_k = \frac{P_k}{3I_k^2} = \frac{2014}{3 \times 9.63^2} = 7.24(\Omega)$$

$$X_k = \sqrt{Z_k^2 - R_k^2} = \sqrt{19.5^2 - 7.24^2} = 18.1(\Omega)$$

该变压器采用铝线，短路电阻和短路阻抗换算到基准工作温度 75℃时的数值为

$$R_{k75℃} = R_k \frac{228+75}{228+\theta} = 7.24 \times \frac{228+75}{228+20} = 8.85(\Omega)$$

$$Z_{k75℃} = \sqrt{R_{k75℃}^2 + X_k^2} = \sqrt{8.85^2 + 18.1^2} = 20.1(\Omega)$$

1.1.4 变压器的运行特性

变压器负载运行时的性能主要用电压变化率、外特性和效率特性来表示。

1.1.4.1 变压器的电压变化率

由于变压器内部存在电阻和漏电抗，负载运行时，当负载电流流过二次侧，变压器内部将产生阻抗压降，使二次侧端电压随负载电流的变化而变化。电压变化的程度可用电压变化率来描述。

电压变化率是指一次侧加额定电压，负载的功率因数一定时，由空载至某一负载时二次侧端电压的变化与二次侧额定电压的比值，即

$$\Delta U\% = \frac{U_{20}-U_2}{U_{2N}} \times 100\% = \frac{U_{2N}-U_2}{U_{2N}} \times 100\% = \frac{U_{1N}-U_2'}{U_{1N}} \times 100\% \quad (1-47)$$

电压变化率与变压器的参数、负载的性质和大小有关，可通过简化等值电路和简化相量图来计算。如图 1-17 所示。由于一般电力变压器的 $\dot{I}_1 Z_k$ 很小，因此在图 1-17 中可认为 $\overline{OA} \approx \overline{OD}$，因此有

$$\Delta U = U_{1N} - U_2' \approx \overline{CD}$$

所以电压变化率为

$$\Delta U\% = \frac{U_{1N}-U_2'}{U_{1N}} \times 100\%$$

$$= \frac{I_1 R_k \cos\varphi_2 + I_1 X_k \sin\varphi_2}{U_{1N}} \times 100\% = \frac{I_1}{I_{1N}}\left(\frac{I_{1N}R_k\cos\varphi_2+I_{1N}X_k\sin\varphi_2}{U_{1N}}\right) \times 100\%$$

$$= \beta \frac{I_{1N}R_k\cos\varphi_2 + I_{1N}X_k\sin\varphi_2}{U_{1N}} \times 100\% \quad (1-48)$$

其中：$\beta = I_1/I_{1N} = I_2/I_{2N}$，$\beta$ 称为变压器的负载系数。

图 1-17 由简化相量图求 $\Delta U\%$

从式（1-48）可看出，变压器的电压变化率 $\Delta U\%$ 不仅决定于它的短路参数 R_k、X_k 和负载系数 β，还与负载的功率因数有关。

1.1.4.2 变压器的外特性

当电源电压为额定值，负载功率因数一定时，副绕组端电压 U_2 与负载电流 I_2 之间的关系，叫作变压器的外特性，即 $U_2 = f(I_2)$。变压器的外特性，可以通过式（1-48）画出。图 1-18 为不同功率因数的变压器的外特性曲线。

从图中看出，电阻性负载 $\cos\varphi_2 = 1$（见图 1-18 曲线 1）

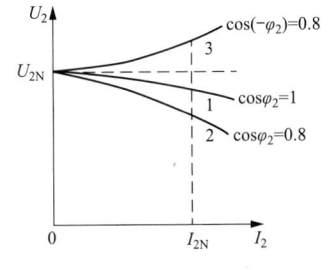

图 1-18 变压器的外特性曲线

和电感性负载 $\cos\varphi_2=0.8$ 时（曲线2），外特性曲线是下降的；而电容性负载 $\cos(-\varphi_2)=0.8$ 时（曲线3）的外特性是上翘的。对不同性质负载的外特性作如下分析：

电阻性负载时，因为 $\varphi_2=0$，所以 $\cos\varphi_2=1$，$\sin\varphi_2=0$，电压变化率 $\Delta U\%$ 为正值且很小，因此外特性曲线的下降程度很小。

电感性负载时，因为 $\varphi_2>0$，所以 $\cos\varphi_2$ 和 $\sin\varphi_2$ 均为正值，电压变化率 $\Delta U\%$ 也为正值但却较大，因此外特性曲线的下降程度增大。也就是说，二次绕组的端电压 U_2 随负载电流 I_2 的增加而下降，而且 φ_2 越大，下降程度也越大。

电容性负载时，因为 $\varphi_2<0$，所以 $\cos\varphi_2$ 为正值，$\sin\varphi_2$ 为负值，当 $|I_1R_k\cos\varphi_2|<|I_1X_k\sin\varphi_2|$ 时，使电压变化率 $\Delta U\%$ 为负值，外特性曲线上翘。这表明负载时二次侧端电压比空载时高，即 U_2 随 I_2 的增大而升高。

由于实际变压器的负载基本上为感性负载，对于感性负载，负载的功率因数越小，电压的变化率越大。所以提高企业用电的功率因数，有利于减小变压器的电压变化率。

1.1.4.3 变压器的损耗

变压器的损耗主要包括两部分，即铁芯中的铜损耗 p_{Cu} 和铁损耗 p_{Fe}。

(1) 铜损耗。铜损耗为线圈电阻上的功率损耗，铜损耗与电流的平方成正比，因此常把铜耗叫作可变损耗。变压器的铜损耗可以通过变压器的短路试验测出。由于短路试验时外电压很低，铁芯中磁密很低，因此铁耗可以忽略不计，所以短路损耗主要是铜耗。在一定负载下，变压器的铜损耗 p_{Cu} 为

$$p_{Cu} = I_2^2 R_k = \left(\frac{I_2}{I_{2N}}\right)^2 I_{2N}^2 R_k = \beta^2 P_k \tag{1-49}$$

(2) 铁损耗。由于铁芯中的磁通是交变的，所以在铁芯中要产生磁滞损耗和涡流损耗，合称为铁损耗 p_{Fe}。铁耗的大小与硅钢片材料的性质、磁通密度的最大值、硅钢片厚度及交变频率等有关。在其他因素不变的情况下，p_{Fe} 与铁芯中的磁通量有关，当电源电压和频率 f 不变时，铁芯中的主磁通 Φ_m 基本不变（$U_1 \approx E_1 = 4.44fN_1\Phi_m$），因此铁损耗也基本不变，故又称铁损耗为不变损耗。变压器的铁损耗可以通过变压器的空载试验测出。由于变压器空载时空载电流 I_0 很小，因此空载时的绕组损耗很小，可忽略不计，所以空载损耗主要是铁损耗，即

$$p_{Fe} = P_0$$

因此，变压器的总损耗为

$$\Sigma p = p_{Cu} + p_{Fe} = \beta^2 P_k + P_0 \tag{1-50}$$

1.1.4.4 变压器的效率

变压器的效率为变压器的输出功率与其输入功率之比，即

$$\eta = \frac{P_2}{P_1} = \frac{P_1 - \Sigma p}{P_1} = \left(1 - \frac{\Sigma p}{P_1}\right) \times 100\% \tag{1-51}$$

$$= \left(1 - \frac{\Sigma p}{P_2 + \Sigma p}\right) \times 100\%$$

由于变压器的电压变化率很小，因此如果不考虑负载时输出电压的变化则

$$P_2 = U_2 I_2 \cos\varphi_2 \approx U_{2N} I_2 \cos\varphi_2 = U_{2N}\beta I_{2N}\cos\varphi_2 = \beta S_N \cos\varphi_2 \tag{1-52}$$

把式 (1-49)、式 (1-50)、式 (1-52) 代入式 (1-51) 得：

$$\eta = \left(1 - \frac{P_0 + \beta^2 P_k}{\beta S_N \cos\varphi_2 + P_0 + \beta^2 P_k}\right) \times 100\% \qquad (1\text{-}53)$$

式 (1-53) 说明，在一定性质负载（$\cos\varphi_2$ 为常值）下，变压器效率仅是负载系数 β 的函数，取不同的负载电流，则得出效率 $\eta = f(\beta)$ 的关系曲线，称为变压器的效率特性曲线，如图 1-19 所示。

从图中可以看出，当负载较小时，铜损耗很小，变压器的总损耗增加很小；当负载较大时，铜损耗与电流的平方成正比增加，使总损耗急剧上升，因此效率随负载的增大而快速上升；当负载达到一定值时，损耗的增加超过了输出功率的增加，这时负载的增大反而使效率下降，因此在 $\eta = f(\beta)$ 特性上有一个最高效率点。

为了求出最大效率 η_{max}，令 $\mathrm{d}\eta/\mathrm{d}\beta = 0$，可求得 $\beta^2 P_k = P_0$。推导结果表明，当可变损耗等于不变损耗时，效率达到最大值。发生最大效率时的负载系数 β_m 为

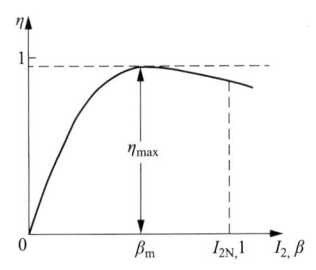

图 1-19 变压器的效率特性

$$\beta_m = \sqrt{\frac{P_0}{P_k}} \qquad (1\text{-}54)$$

将式 (1-54) 代入式 (1-53)，便得最大效率表达式

$$\eta_{max} = \left(1 - \frac{2P_0}{\beta_m S_N \cos\varphi_2 + 2P_0}\right) \times 100\% \qquad (1\text{-}55)$$

由于电力变压器运行时，铁耗总是存在的，同时变压器不可能一直在满载下运行。为了使变压器运行时总的效率高，铁耗应相对小些，故一般电力变压器的最大效率发生在 β_m 为 0.5~0.7 时，这时铁耗与短路损耗之比为 1/4~1/2。

例 5 一台三相变压器，$S_N = 5600\text{kVA}$，$U_{1N}/U_{2N} = 6000/400\text{V}$，一、二次绕组分别为 Y 和 d 联结，测得 75℃ 时 $P_k = 56\text{kW}$，$R_k = 0.064\Omega$，$X_k = 0.293\Omega$，$P_0 = 18\text{kW}$。试求：

(1) 额定负载且 $\cos\varphi_2 = 0.8$（滞后）时的电压变化率，二次绕组端电压和效率。
(2) $\cos\varphi_2 = 0.8$（滞后）时的最大效率及对应的负载系数。

解：(1) 一次绕组电流：

$$I_{1N} = \frac{S_N}{\sqrt{3}U_{1N}} = \frac{5600 \times 10^3}{\sqrt{3} \times 6 \times 10^3} = 539(\text{A})$$

当 $\beta = 1$ 时

$$\Delta U\% = \beta \frac{I_{1N} R_k \cos\varphi_2 + I_{1N} X_k \sin\varphi_2}{U_{1N}/\sqrt{3}} \times 100\%$$

$$= \frac{539 \times 0.064 \times 0.8 + 539 \times 0.293 \times 0.6}{6000/\sqrt{3}} \times 100\%$$

$$= 3.53\%$$

二次绕组端电压为

$$U_2 = (1 - \Delta U\%)U_{2N} = (1 - 0.0353) \times 400 = 386(\text{V})$$

$$\eta = \left(1 - \frac{P_0 + \beta^2 P_k}{\beta S_N \cos\varphi_2 + P_0 + \beta^2 P_k}\right) \times 100\%$$

$$= \left(1 - \frac{18 + 56}{5600 \times 0.8 + 18 + 56}\right) \times 100\%$$

$$= 98.37\%$$

（2）最大效率时的负载系数为

$$\beta_\mathrm{m} = \sqrt{\frac{P_0}{P_\mathrm{k}}} = \sqrt{\frac{18}{56}} = 0.567$$

最大效率为

$$\begin{aligned}\eta_{\max} &= \left(1 - \frac{2P_0}{\beta_\mathrm{m} S_\mathrm{N} \cos\varphi_2 + 2P_0}\right) \times 100\% \\ &= \left(1 - \frac{2 \times 18}{0.567 \times 5600 \times 0.8 + 2 \times 18}\right) \times 100\% \\ &= 98.6\%\end{aligned}$$

任务2 认识三相变压器

1.2.1 三相变压器的磁路系统

目前，三相变压器有两种形式可供选择，一种是由3个单相变压器所组成的三相变压器组；另一种是由铁轭把3个铁芯柱连接在一起而构成的三相芯式变压器。在实际运行过程中，三相变压器的电压、电流是对称的，当所带负载为对称负载时，各相的电压和电流大小相等，相位上彼此相差120°，因此在运行原理分析和计算时，可以取三相中的任一相来研究。其余两相就可以根据对称关系求出。这样，其中任一相中发生的情况，与单相变压器中发生的情况完全相同，所以分析单相变压器时所用的方法和所得的结论完全适用于对称负载下运行的三相变压器。但在计算时要注意三相和单相的换算问题。当然，三相变压器也具有自身的特点，如三相变压器的磁路系统、联结组、感应电动势的波形及并联运行问题。

1. 三相变压器组的磁路

三相变压器组是由3个单相变压器按一定的方式连接起来组成的，三相之间有电的联系而无磁的联系，如图1-20所示。三相变压器组的磁路特点是：三相磁通各沿自己的磁路闭合，互不相关，而且各相磁路长度相等。当一次绕组加上三相对称电压时，三相主磁通必然对称，三相空载电流也是对称的。其优点是制造及运输方便；备用的变压器容量较小（全组容量的三分之一）。但它有硅钢片用量较多、价格较贵、效率较低、占地面积较大等缺点，所以一般不采用，仅用于大容量及超高压的变压器中。

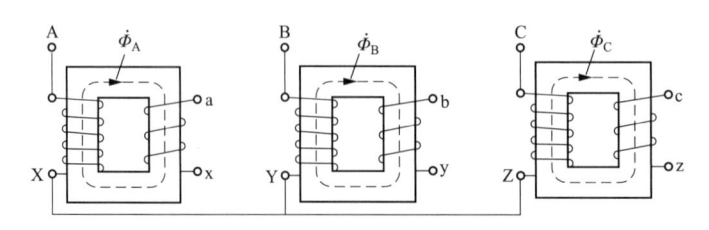

图1-20 三相变压器组磁路系统

2. 三相芯式变压器的磁路

三相芯式变压器与三相变压器组不同，它的铁芯是由3台单相变压器的铁芯合在一起演变而来，如图1-21所示。把组成变压器组的3台单相变压器的铁芯按图1-21（a）所示的位置靠拢在一起,当外施三相对称电压时,通过中间铁芯柱的磁通为三相磁通的相量和,即 $\sum \dot{\Phi} = \dot{\Phi}_A + \dot{\Phi}_B + \dot{\Phi}_C = 0$。因此可将中间的铁芯柱省去,如图 1-21(b)所示。为了结构简单、制造方便、节省材料、减少空间体积,可再将 B 相铁轭的长度缩短,然后将 A 相和 C 相的铁芯间的角度由 120°变为 180°,使三相铁芯柱布置在同一平面内,形成图 1-21(c)所示的常用三相芯式变压器铁芯结构。这种铁芯结构的磁路,其特点是三相主磁路相互关联,各相磁通要借外两相磁路闭合。另外三相磁路长度是不相等的,中间 B 相最短,两边 A、C 相较长。所以 B 相磁路的磁阻较其他两相的要小一些;在外施三相对称电压时,三相空载电流不相等,B 相最小,A、C 两相大些,即 $I_{0A} = I_{0C} = (1.2 \sim 1.5) I_{0B}$,但由于变压器的空载电流很小,只占额定电流的百分之几(中小型为 5% 左右,大型约在 3% 以下),所以三相芯式变压器空载电流的不对称对变压器负载运行的影响很小,可以不考虑,在工程上一般取三相变压器空载电流的平均值作为励磁电流值,即

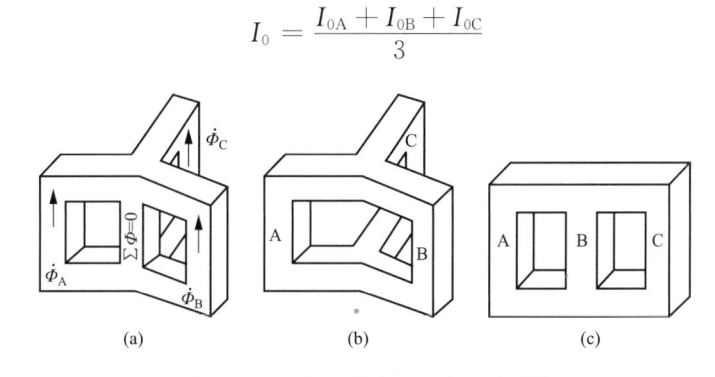

$$I_0 = \frac{I_{0A} + I_{0B} + I_{0C}}{3}$$

图 1-21 三相芯式变压器的磁路系统
(a)铁芯柱共用的三相变压器结构图;(b)空心的三相芯式变压器结构图;(c)三相芯式变压器平面图

由三相芯式变压器的磁路结构可以看出其优点是:三相芯式变压器具有用铁量少、效率高、价格便宜、维护方便、占地面积小等优点,因此得到了广泛的应用,目前国内外用得较多的也是三相芯式变压器。但对于大容量的巨型变压器而言,为了便于运输及减少备用容量,采用三相变压器组。

1.2.2 三相变压器的联结组别

在三相变压器中,一、二次侧各有 3 个相绕组,它们的联结组别是一个很重要的问题,因为不同的接法对变压器的特性有很大影响,它关系到变压器电磁量中的谐波问题以及并联运行等问题。

1. 三相变压器绕组的联结方法

三相变压器的联结组别不仅与绕组的绕向和首末端的标志有关,而且与三相变压器的联结方式有关。三相变压器的绕组主要采用星形和三角形两种联结方法。为了方便变压器绕组的联结及标记,对变压器组的首端和末端标志规定见表 1-1。

表 1-1　　　　　　　　　　绕组首段和末段标志

绕组名称	首端	末端	中性点
高压绕组	A、B、C	X、Y、Z	N
低压绕组	a、b、c	x、y、z	n

将三相变压器绕组的末端连接在一起，而把它们的3个首端分别引出便是星形联结，用字母 Y 或 y 表示，如果由中性点引出，则用 YN 或 yn 表示，如图 1-22（a）（星形联结）、（b）（星形联结中性点引出）所示。将一相绕组的首端和另一相绕组的末端连接在一起，依次联结成一个闭合回路（分为逆联和顺联两种），再由3个首端引出，便是三角形连接。用字母 D 或 d 表示，如图 1-22（c）（逆联 A—X—C—Z—B—Y—A）、（d）（顺联 A—X—B—Y—C—Z—A）所示。

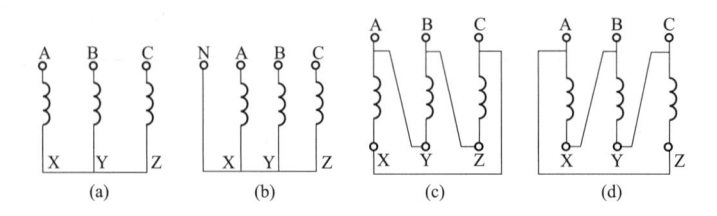

图 1-22 三相绕组的星形和三角形联结法
(a) 星形联结；(b) 星形联结中心点引出；(c) 三角形逆联；(d) 三角形顺联

星形联结法（以高压绕组为例），其接线图和电动势相量图分别如图 1-23 所示。

在图 1-23 所规定的正方向下，由接线图可以看出，线电动势与相电动势的关系为

$$\dot{E}_{AB} = \dot{E}_A - \dot{E}_B, \dot{E}_{BC} = \dot{E}_B - \dot{E}_C, \dot{E}_{CA} = \dot{E}_C - \dot{E}_A$$

三相电压对称时，$\dot{E}_A$、$\dot{E}_B$、$\dot{E}_C$ 相位互差 120°，在图 1-23（b）中画出相电动势，注意要使 X、Y、Z 重合。然后连接 $\overrightarrow{AB}$、$\overrightarrow{BC}$、$\overrightarrow{CA}$ 分别表示线电动势相量 $\dot{E}_{AB}$、$\dot{E}_{BC}$、$\dot{E}_{CA}$。

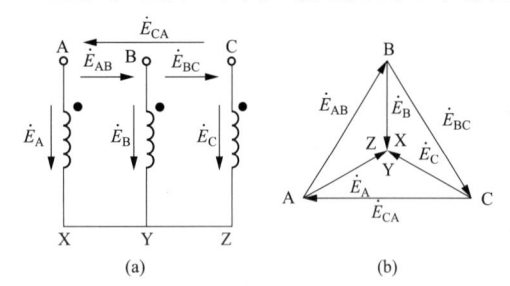

图 1-23 三相绕组星形接线图和电势相量图
(a) 接线图；(b) 相量图

三角形联结（以高压绕组为例），三角形的联结有逆联和顺联两种接法，其接线图和电动势相量图分别如图 1-24（a）、(b) 和图 1-25（a）、(b) 所示。由图 1-24（a）可以看出，逆联是按 AX—CZ—BY—A 的顺序连接的，其线电动势与相电动势的关系为

$$\dot{E}_{AB} = -\dot{E}_B, \dot{E}_{BC} = -\dot{E}_C, \dot{E}_{CA} = -\dot{E}_A$$

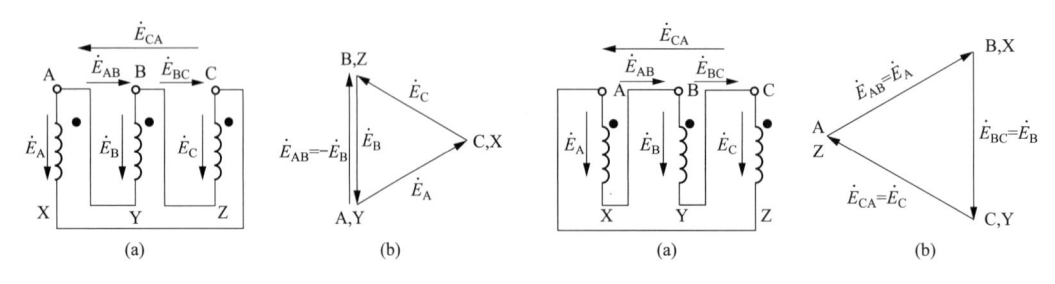

图 1-24 三相绕组三角形逆联接线图和电动势相量图
(a) 接线图；(b) 相量图

图 1-25 三相绕组三角形顺联接线图和电动势相量图
(a) 接线图；(b) 相量图

顺联则是按 AX—BY—CZ—A 的顺序连接的，其线电动势与相电动势的关系为

$$\dot{E}_{AB} = \dot{E}_A, \dot{E}_{BC} = \dot{E}_B, \dot{E}_{CA} = \dot{E}_C$$

2. 三相变压器联结组

三相变压器的高、低压绕组线电动势相量的相位差，不仅与三相绕组的联结法有关，而且还与绕组的绕向和绕组首、末端标记有关。高、低压绕组线电动势之间的相位差，决定于相电动势之间的相位差，所以要弄清相电动势的相位差，就必须先分析单相变压器的高、低压绕组之间相电动势的相位差。

单相变压器的高、低压绕组绕在同一根铁芯上，并被同一主磁通所交链，单相变压器的主磁通及高压绕组的感应电动势都是交变的，并有一定的极性关系，即在任何瞬间，两个绕组的感应电动势都会在某一端呈现高电位的同时，在另一端呈现出低电位。根据电路理论知识，把高、低压绕组中同时呈现高电位（低电位）的端点称为同名端或同极性端，并在该端点旁加黑点"·"表示。高、低压绕组的首端可能是同名端，也可能是异名端，这取决于绕组的绕向和线端的标志。两个绕组当从同名端通入电流时，其产生的磁通方向相同，由此可确定同名端。如图 1-26 (a) 中 A 与 a 为同名端。如图 1-26 (b) 中 A 与 a 为异名端。同名端与绕组的绕向有关。

假定单相变压器高、低压绕组内的电动势 $\dot{E}_A$、$\dot{E}_a$ 的正方向都是规定从绕组的首端指向末端，如图 1-27 所示。当高低压绕组的绕向相同，线端标志也相同时，则高、低压绕组的首端 A 和 a 为同名端，这时高、低压侧绕组的相电动势 $\dot{E}_A$ 与 $\dot{E}_a$ 同相位，如图 1-27 (a) 所示。此时如果将高压侧绕组的相电动势 $\dot{E}_A$ 作为时钟的分针指向 12 点，则低压侧绕组的相电动势 $\dot{E}_a$ 作为时钟的时针也指向"0"点（12 点），此时 $\dot{E}_A$ 与 $\dot{E}_a$ 同相位，二者之间的相位差为零，故该单相变压器的联结组为 II0，其中 II 表示高低压绕组均为单相，"0"表示其联结组的标号。当高、低压绕组的绕向相同，线端标志不同时，高低压绕组的首端为异名端，$\dot{E}_A$ 与 $\dot{E}_a$ 相位反相，如图 1-27 (b) 所示。此时该单相变压器的联结组为 II6。当高、低压侧绕组的线端标志相同，绕向反相时，高、低压侧绕组的首端也为异名端，$\dot{E}_A$ 与 $\dot{E}_a$ 反相，如图 1-27 (c) 所示。

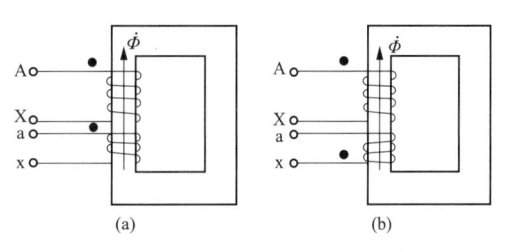

图 1-26 变压器绕组的同名端
(a) 绕组绕向相同；(b) 绕组绕向不同

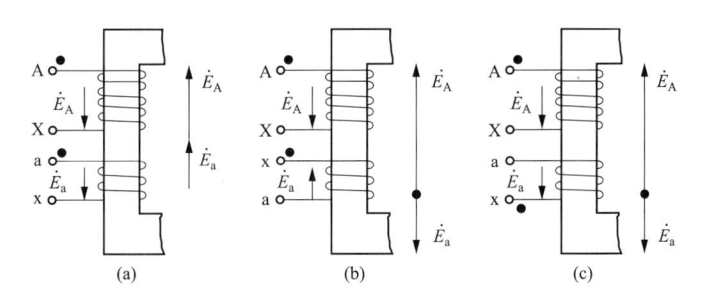

图 1-27 单向变压器高、低压绕组的联结组图
(a) 绕向和线端标志均相同；(b) 绕向相同、线端标志相反；(c) 绕向相反、线端标志相同

通过上面的分析可知，单相变压器的绕组相电动势只有同相位和反相位两种情况。

三相变压器的联结组标号不仅与绕组的绕向和同名端的标志有关系，还与三相绕组的联结法有关。三相变压器的 3 个绕组之间可以采用不同的联结方法，使得高、低压绕组中的线电动势具有不同的相位。因此按高、低压绕组线电动势的相位关系，把三相变压器绕组的联结分成不同的组合，称为三相变压器的联结组标号。对于三相绕组，不论联结方式如何配合，高、低压绕组线电动势的相位差总是 30°的整数倍。采用时钟表示法时，把高压绕组的线电动势的相量作为分针，并令其固定指向"0"点不动；低压绕组的线电动势相量作为时针，按顺时针转动，时针指向哪个钟点，就把这个钟点作为联结组别号。例如 Yd5 中的 5 表示联结组的标号，该三相变压器的高压绕组为星形联结，低压绕组为三角形联结，低压绕组的线电动势滞后高压绕组线电动势 150°。

通过三相变压器的联结图可以画出它的相量图，根据相量图可以写出变压器的联结组别标号，也可以通过联结组的标号，画出变压器的联结图。

根据绕组的联结图按传统的标志方法，高压绕组位于上面，低压绕组位于下面。根据联结图，用相量图判断联结组的标号，一般可按下面的步骤进行：①标出联结图中高、低压侧绕组相电动势的正方向；②作出高压侧的电动势相量图，将某一线电动势的方向如将相量图中的 $\dot{E}_{AB}$ 指向钟面的"0"点，A、B、C 按顺时针方向排列；③确定高、低压侧绕组对应的相电动势的相位关系（同相位或反相位），作出低压侧的电动势相量图，来确定低压侧相电动势的位置，此时 a 点必须和高压侧的 A 点重合；④根据高、低压绕组线电动势的相位差来确定联结组的标号。

（1）Yy 联结组。由于三相变压器的电动势是对称的，只要对应的高、低压绕组的线电动势之间的相位差有一个确定，其他两个也就确定了。如图 1-28 所示是三相变压器 Yy 联结时的接线图。此时，高、低压侧绕组为星形联结，且同名端同时为首端，则对应的高、低压绕组的电动势同相位，根据线电动势与相电动势的相量关系，作出三相变压器电动势的相量图，显见线电动势 $\dot{E}_{AB}$ 和 $\dot{E}_{ab}$ 同相位，当把 $\dot{E}_{AB}$ 指向时钟的"0"点时，$\dot{E}_{ab}$ 也指向"0"点，这就是 Yy0 联结组。

如果把三相变压器高、低压绕组的异名端作为首端，这时对应的高、低压绕组相电动势

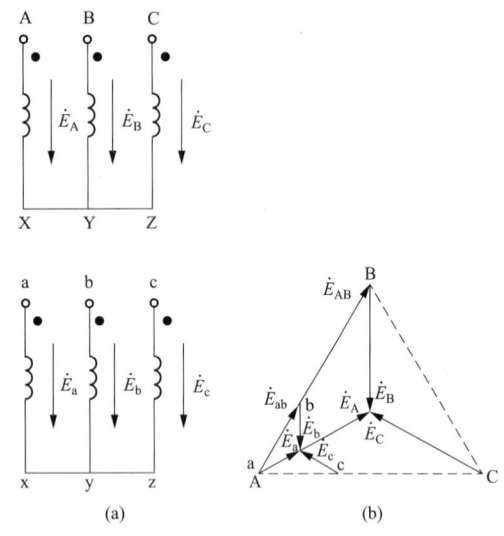

图 1-28 Yy0 联结组

反相位，此时高、低压绕组线电动势 $\dot{E}_{AB}$ 和 $\dot{E}_{ab}$ 也反相，即 $\dot{E}_{ab}$ 顺时针转了 180°指向"6"点，联结组变为 Yy6，如图 1-29 所示。

若把 Yy0 联结组二次绕组端头标志改变一下，把 b 改成 a，c 改成 b，a 改成 c，每个相量都顺移 120°，此时 $\dot{E}_{ab}$ 滞后 $\dot{E}_{AB}$ 120°，则联结组为 Yy4。若把 Yy4 的二次绕组端头再顺移 120°，便可得到 Yy8。同理，把 Yy6 联结组的二次绕组端头顺移 120°便可得到 Yy10。若把 Yy10 的二次绕组端头再顺移 120°，便可得到 Yy2。Yy 联结共有 6 个偶数联结组标号。

（2）Yd 联结组。如图 1-30（a）所示为三相变压器 Yd 联结时的接线图，高、低压绕组的首端同为同名端，此时高、低压绕组各对应的相电动势相位相同，但从相量图上可以看

出,线电动势 $\dot{E}_{ab}$ 在相位上滞后于 $\dot{E}_{AB}$ 的电角度为 $11\times30°=330°$,此时当 $\dot{E}_{AB}$ 作为时钟的分针指向"0"时, $\dot{E}_{ab}$ 作为时钟的时针指向"11",故联结组标号为"11",用 Yd11 表示,如图 1-30 所示。

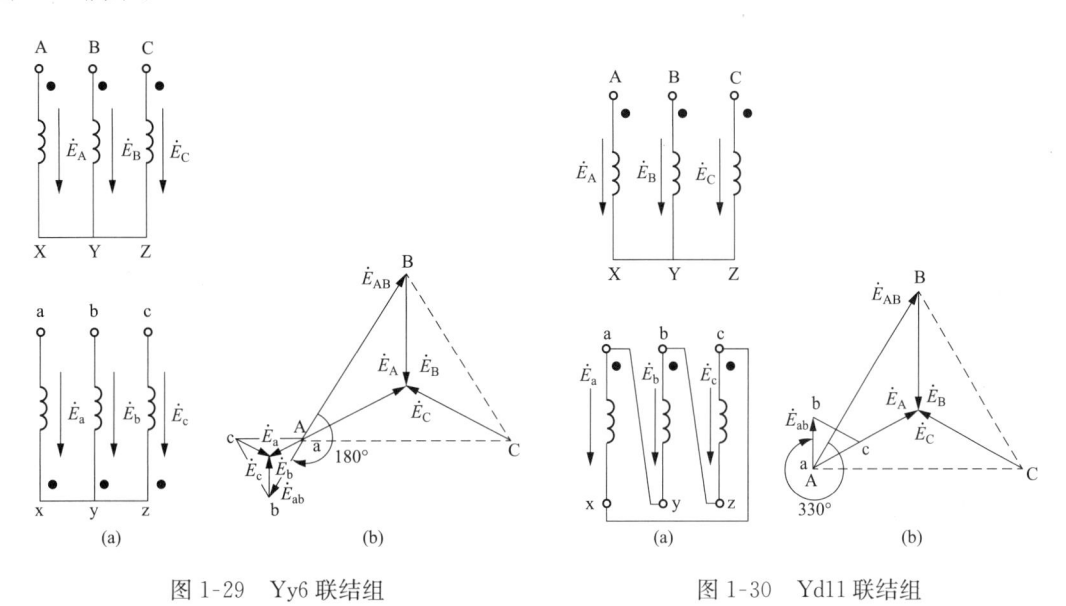

图 1-29 Yy6 联结组

图 1-30 Yd11 联结组

若把 Yd11 联结组的二次绕组端头顺移 120°,便可得到 Yd3,再顺移一个标记,便可得到 Yd7。同理把 Yd5 联结组的二次绕组端头顺移 120°,便可得到 Yd9、Yd1。Yd 联结共有 6 个同极性奇数组和 6 个反极性奇数组(每组联结组标号可以有同、反极性两种)。

综上所述,三相变压器的联结组别与高、低压绕组的联结方式、绕组绕向及端标志有关。改变这 3 个因素中的任一个,都将影响变压器的联结组别。三相变压器的联结组别的数字共有 12 个,其中偶数和奇数各 6 个。高、低压绕组联结方法相同时,联结组别必为偶数;高、低压绕组联结方法不同时,联结组别数字必为奇数。

(3)三相变压器的标准联结组。

为了避免混乱和考虑并联运行的方便,我们国家规定三相双绕组电力变压器的标准联结组为 Yyn0、Yd11、YNd11、YNy0、Yy0 5 种联结组别,其中前 3 种最常用。单相变压器的标准联结组只有一种,即 II0 联结组。Yyn0 联结组的二次侧可引出中性线,可构成三相四线制供电,多用于低压侧为 400~230V 的配电变压器中,兼供动力和照明混合负载。变压器的容量可达 1800kVA,高压侧的额定电压不超过 35kV。Yd11 联结组用于高压侧额定电压为 35kV 以下,低压侧为 3000V 和 6000V 的大中容量的配电变压器,最大容量可达 31500kVA,且有一边联结成三角形,对运行有利。YNd11 主要用于高压输电线路,使电力系统的高压侧可以通过中性点接地。高压侧电压都在 10kV 以上。YNy0 用于高压侧需要接地的场合。Yy0 只供三相动力负载。

1.2.3 三相变压器的并联运行

电力系统中,常采用两台或两台以上的变压器并联运行来共同承担传输电能的任务。所谓并联运行,就是将两台以上相同联结组标号变压器的一、二次侧绕组的相对应线端联结在一起,直接或经过一段线路接到公共母线上的运行方式,如图 1-31 所示,其意义在于:

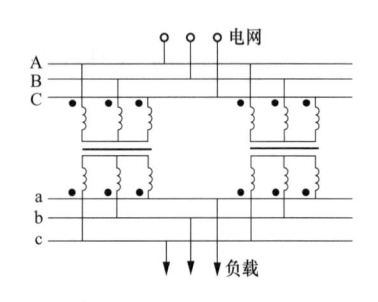

图 1-31 三相变压器并联运行接线图

(1) 提高供电的可靠性。当并联运行的变压器中的任一台变压器发生故障或需要检修时，其他变压器可继续向电网供电，从而保证了供电的连续性和可靠性。

(2) 提高供电的经济效益。变压器的负载是随着季节、气候、早晚等外部情况的变化而变化的，可以对变压器的负载进行监控，来决定投入运行的变压器的台数，尽可能地使运行着的变压器接近满载，提高系统的运行效率和改善系统的功率因数，减小电能损耗。

(3) 减小总的备用容量。由于每台变压器的容量小于并联运行变压器的总容量。备用变压器通常用一台即可。所以运行变压器的台数越多，备用变压器的容量就越小。

(4) 减少初次投资。对于大中型变电站，当电网容量逐渐增加时，可分批地增加变压器的台数，这就比开始时就按最终用电的需要装设变压器，减少了初期费用。

变压器并联运行必须满足一定的条件，并不是任意的变压器都可以组合在一起就能并联运行的，为了减少损耗，避免可能出现的危险情况，希望并联运行的变压器具有以下理想情况：

1) 空载时并联运行的变压器各绕组之间无环流，以减少绕组铜损。

2) 并联变压器负载运行时，各台变压器合理承担负载，即负载按其容量大小成比例地分配，以保证每台变压器的容量能得到充分利用。

3) 负载运行时，各台变压器输出的电流同相位，这样在总的负载电流一定时，各台变压器所承担的电流最小，并且各台变压器输出电流一定时，以保证总的输出电流最大。

为了以上理想并联运行的要求，并联运行的各变压器必须满足下列 3 个条件：①各变压器一、二次额定电压应分别相等，即各变压器的变比相等；②各变压器具有相同的联结组；③各变压器阻抗电压相等。

满足条件①、②，可保证空载时各并联变压器间无环流。满足条件③时，可保证各并联变压器的负载按它们的额定容量合理分配，使设备容量得到充分利用。对于条件②，必须严格保证，否则会引起极大的环流，有可能将变压器绕组烧坏。

1. 联结组不同的并联运行

两台联结组别分别为 Yy0 和 Yd11 的变压器并联运行时，即使二次绕组的线电动势相等，但它们之间存在 30°的相位差，如图 1-32 所示，则在两台变压器二次绕组闭合回路中有电动势差 $\Delta E_2 = |\dot{E}_{2I} - \dot{E}_{2II}| = 2E_2 \sin 15° = 0.518 E_2$，由于变压器的短路阻抗很小，在这个电动势差作用下，将会产生极大的环流，同时一次侧也感应很大的环流，这将超过额定电流的许多倍，可能烧毁变压器，后果是十分严重的，所以联结组别不同的变压器绝不允许并联运行。

2. 变比不相等时变压器的并联运行

以两台变压器并联运行为例。设第 I 台的变比为 k_I，第 II 台的变比为 k_{II}，且 $k_I < k_{II}$。图 1-33 为变压器并联运行示意图。

两台变压器的一次施加同一电压 $\dot{U}_1$，二次电压 $\dot{U}_1/k_I > \dot{U}_1/k_{II}$。若将开关 S 闭合，两台变压器空载运行时，二次回路中产生了环流，用 $\dot{I}_{2h}$ 表示。为了便于计算，将一次回路的物

理量折算到二次回路,并忽略励磁电流,则空载时的环流为

$$\dot{I}_{2h} = \frac{\dot{U}_1/k_I - \dot{U}_1/k_{II}}{Z'_{kI} + Z'_{kII}} = \frac{\dot{U}_1(1/k_I - 1/k_{II})}{Z'_{kI} + Z'_{kII}} \tag{1-56}$$

式中:Z'_{kI}、Z'_{kII} 分别为变压器 I、II 折算到二次侧的短路阻抗。

尽管二次回路电压差不大,但因短路阻抗很小,也会产生很大的环流,造成空载损耗增加,降低变压器输出能力。

根据磁势平衡原理,由于 $\dot{I}_{2h}$ 出现,则在变压器一次侧也出现平衡电流——一次侧环流 $\dot{I}_{1h}$(见图 1-33),也占用变压器容量,增加了损耗。因此,为了限制环流,通常规定并联运行变压器的电压比差值 $\Delta k = (k_I - k_{II})/\sqrt{k_I k_{II}}$,变化范围为 $\pm 0.5\%$。

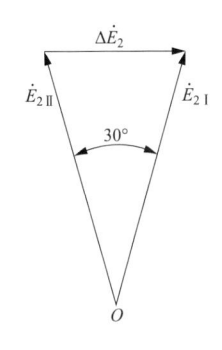

图 1-32 Yy0 和 Yd11 两台变压器并联运行时,二次绕组电势的相量图

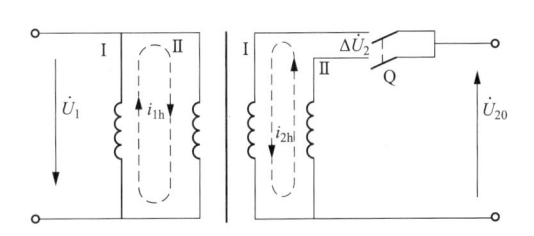

图 1-33 变比不等时的并联运行示意图

3. 短路阻抗电压不等的变压器并联运行

如果并联运行的两台变压器变比相等,且联结组别也相同,则在图 1-33 中就不会有空载环流产生。但若这两台变压器的阻抗电压不相等,设 $u_{kI} > u_{kII}$,即在分别加以额定电流的负载时,第一台变压器的内部压降大于第二台变压器的内部压降,也就是说它们有不同的外特性,前者较后者的外特性向下倾斜的程度大,如图 1-34 所示。但是并联运行的两台变压器二次绕组接在同一母线上,具有相同的 U_2 值,因而使变压器的负载分配不均,致使第一台变压器的负载电流还小于额定值时(如 $\beta_I = 0.8$),第二台变压器已经过载了($\beta_{II} = 1.2$)。也就是说两台变压器并联运行时的负载系数与阻抗电压成反比,阻抗电压比较小的变压器,担负着较大的负载。为了使第二台变压器不过载运行($\beta'_{II} = 1$),这样第一台变压器的负载系数更小了($\beta'_I = 0.6$),结果总的负载容量小于总的设备容量,使变压器不能充分利用。因此,为了使并联运行的变压器不致浪费容量,要求并联运行的变压器阻抗电压之差不应超过它们平均值的 10%。实际中,所以为了使设备充分利用,应取容量大的变压器的短路阻抗电压相对值小一些,也就是让容量大的变压器先达到满载,充分利用大变压器的容量。

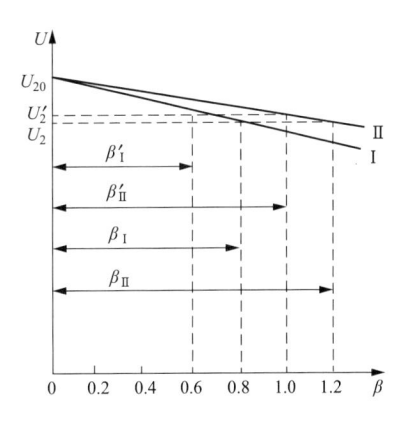

图 1-34 阻抗电压不等时并联运行的负载分配

任务3　认识其他用途的变压器

1.3.1　仪用互感器

仪用互感器按照用途可以分为电流互感器和电压互感器。互感器是一种特殊的变压器。利用互感器将高电压或者是大电流的电路与测量仪表隔开，以保证操作者及仪器、仪表的安全。另一方面，借助互感器可以扩大仪表的量程。

1. 电压互感器

图 1-35 是电压互感器的接线图，一次侧直接并联在被测高压两端，二次侧接电压表、电压传感器等。由于电压表等测量仪表的电压绕组的阻抗都相当大，所以二次侧电流非常小，因此电压互感器运行时相当于变压器的空载运行。

由于一次侧的匝数 N_1 很大，加之互感器的铁芯采用了优质的硅钢片，工作时铁芯不饱和，因此其励磁电流是非常小的。而且其铁芯和绕组采用了优质的材料，一、二次侧的漏阻抗是很小的，因此运行时一、二次侧的漏阻抗压降完全可以忽略不计。

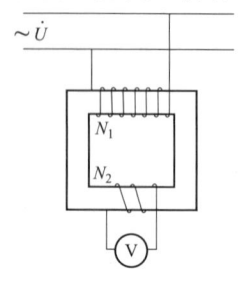

图 1-35　电压互感器接线图

根据变压器的工作原理可得，原、副绕组电压有效值之比为

$$\frac{U_1}{U_2} = \frac{N_1}{N_2} = K_u$$

或

$$U_1 = K_u U_2 \tag{1-57}$$

式中：K_u 为电压互感器的变压比。

由式（1-57）可知，二次侧电压表读数乘以 K_u 便可得到被测的一次侧电压。由于一、二次漏阻抗压降总是存在的，因此误差也会存在。按测量的精度，电压互感器可分为 0.2、0.5、1.0、3.0 四个等级。级次数代表了电压互感器的误差的百分数。例如，0.5 级的电压互感器表示在规定情况下，误差为电压实际值的±0.5%。

在使用电压互感器时，应注意下列问题：

（1）电压互感器二次侧绝对不许短路。否则将产生很大的电流，绕组将因过热而烧毁。

（2）电压互感器的额定容量是对应准确度确定的，在使用时二次侧所接的阻抗值不能小于规定值，即不能多带电压表或电压绕组，否则电流过大，降低电压互感器的精度等级。

（3）铁芯和二次侧绕组的一端应牢固接地，以防止因绝缘损坏时二次侧出现高压，危及操作人员的人身安全。

2. 电流互感器

图 1-36 是电流互感器的接线图，它的一次侧绕组由 1 匝或几匝截面较大的导线构成，串联在需要测量电流的电路中；二次侧匝数较多，导线截面较小，并与负载（阻抗很小的仪表）接成闭合回路。

电流互感器的负载是电流表的电流绕组，它的阻抗非常小，所以电流互感器的正常工作状态相当于普通变压器的短路状态。由于电流互感器的铁芯和绕组采用了优质的铁磁材料和导电材料，其漏电抗和绕组电阻非常小，其折算到一次侧的等值阻抗也是非常小的，因此它

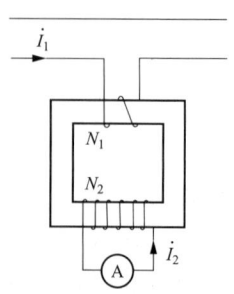

图 1-36　电流互感器接线图

与被测电路的负载阻抗相比可以忽略不计,对被测电路的电流几乎没有影响。

由于电流互感器的整个阻抗非常小,加在电流互感器一次侧的电压非常低,铁芯中的磁通量密度也就非常低,一般只有 0.08~0.1T,加之其铁芯采用了非常优质的硅钢片,因此其励磁电流完全可忽略不计,根据磁势平衡方程式可得

$$\frac{I_1}{I_2} = \frac{N_2}{N_1} = K_i$$

或

$$I_1 = \frac{N_2}{N_1} I_2 = K_i I_2 \tag{1-58}$$

式中:K_i 为电流互感器的变换系数。

由式(1-58)可知,二次电路中的电流表读数乘以 K_i 就是被测电流 I_1。由于电流互感器总有励磁电流,因此测量时总有一定的误差存在。按照误差的大小,电流互感器分为 0.2、0.5、1.0、3.0、10.0 五个等级,级次数越高,误差越大。

在使用电流互感器时,应注意下列问题:

(1) 电流互感器工作时,二次侧绝对不许开路。因为开路时,$I_2=0$,失去二次侧磁势对一次侧的去磁作用,一次侧磁势 $I_1 N_1$ 成为励磁磁势,将使铁芯中的磁通密度剧增。这样,一方面使铁芯损耗剧增,铁芯严重过热,甚至烧坏;另一方面还会在二次侧绕组产生很高的电压,有时可达数千伏以上,能将二次侧绕组击穿,还将危及测量人员的安全。因此,在运行中换电流表时,必须先把电流互感器二次侧短接,换好仪表后再断开短路线。

(2) 二次侧绕组回路串入的阻抗值不得超过有关技术标准的规定,否则将影响电流互感器的精度。

(3) 电流互感器的铁芯和二次侧绕组要同时可靠接地保护,以防止绝缘损坏时的高压危及人身及设备安全。

1.3.2 自耦变压器

1. 自耦变压器的结构特点

自耦变压器有单相和三相之分,与讨论双绕组变压器一样,我们分析单相自耦变压器运行时的电磁关系和电磁量,也适用于对称运行的三相自耦变压器的每一相。单相自耦变压器在结构上的特点就是一、二次侧共用一部分线圈,因此自耦变压器是单绕组变压器。单相自耦变压器的原理接线图如图 1-37 所示,图中标出了各电磁量的正方向,采用与双绕组变压器相同的惯例。自耦变压器与双绕组变压器有着同样的电磁关系。

2. 自耦变压器的工作原理

(1) 电压关系。如图 1-37 所示,AX 间的匝数为 N_1,ax 间的匝数为 N_2,绕组 ax 段是高、低压共用的,称为公共绕组。当 AX 间外加交流电压 $\dot{U}_1$ 时,由于主磁通 Φ 的作用,在 AX 间产生感应电动势 $\dot{E}_1 = -j4.44fN_1\dot{\Phi}_m$,而在 ax 间产生感应电动势 $\dot{E}_2 = -j4.44fN_2\dot{\Phi}_m$。如不计漏阻抗压降,则

$$\frac{U_1}{U_2} = \frac{E_1}{E_2} = \frac{N_1}{N_2} = K_A$$

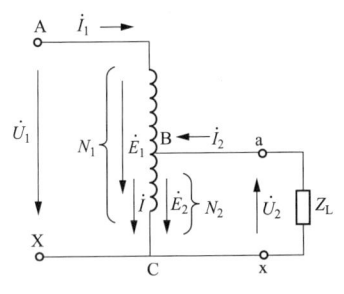

图 1-37 自耦变压器原理图

式中:K_A 为自耦变压器的变压比,这一点与普通双绕组变压器是一样的。

(2) 电流关系。假定电源输入电流为 $\dot{I}_1$,负载电流为 $\dot{I}_2$,则绕组 N_2 中流过的电流 $\dot{I}=$

$\dot{I}_1+\dot{I}_2$。根据磁势平衡关系可得到

$$\dot{I}_1(N_1-N_2)+\dot{I}N_2=\dot{I}_0N_1$$

把 $\dot{I}=\dot{I}_1+\dot{I}_2$ 代入整理即可得到

$$\dot{I}_1N_1+\dot{I}_2N_2=\dot{I}_0N_1 \tag{1-59}$$

如果忽略 $\dot{I}_0$，则有

$$\dot{I}_1N_1+\dot{I}_2N_2\approx 0$$

或

$$\dot{I}_1=-\frac{N_2}{N_1}\dot{I}_2=-\frac{1}{K_A}\dot{I}_2 \tag{1-60}$$

可见，与普通变压器一样，一次和二次侧电流，在相位上反相，在大小上与匝数成正比。

(3) 功率关系。当 $\dot{I}_1$ 为正时（从 A 端流入），$\dot{I}_2$ 为负，这时 $\dot{I}_2$ 实际上是从 a 端流出的。在降压自耦变压器中，电流 $I_2 > I_1$，因此这时 I 为负值，方向与正方向相反。这时 $I_2 = I_1 + I$。

由此可见，自耦变压器的二次侧电流即输出电流 I_2，不像普通双绕组变压器那样，等于二次侧绕组中的电流，而是两个电流的合成，一个是公共绕组的电流 I，另一个是一次侧电流 I_1，它是从一次侧直接流到二次侧的。

将输出电流 I_2 乘以二次侧电压 U_2，即得到输出的视在功率，即

$$S_2=U_2I_2=U_2I_1+U_2I \tag{1-61}$$

其中，$U_2I_1=\dfrac{U_2I_2}{K_A}$ 是由电流 I_1 直接传导到负载的功率，叫作传导功率。

$U_2I=U_2I_2\left(1-\dfrac{1}{K_A}\right)$ 是绕组 ax 段的功率。

绕组 Aa 段的功率为

$$U_{Aa}I_1=(U_1-U_2)I_1=U_1I_1\left(1-\frac{1}{K_A}\right)=U_2I_2\left(1-\frac{1}{K_A}\right)=U_2I$$

所以绕组 Aa 段和绕组 ax 段的功率是相等的。把 Aa 段和 ax 段分开，可看作一个双绕组变压器，而 U_2I 就是通过 Aa 段绕组和 ax 段绕组之间的电磁感应而传到负载的功率，叫作电磁功率。

3. 自耦变压器的优缺点及应用

自耦变压器的输出功率包括电磁功率和传导功率两部分。传导功率是自耦变压器所特有的。

变压器的用铜量和用铁量，决定于绕组的电压和电流，即决定于电磁功率，也称绕组容量。自耦变压器的电磁功率 U_2I 是输出容量 U_2I_2 的 $\left(1-\dfrac{1}{K_A}\right)$ 倍，例如 $K_A=2$ 时，绕组容量就是输出容量的一半。由此得出这样的结论：在输出容量相同的情况下，自耦变压器比普通双绕组变压器省铜、省硅钢片、尺寸小、质量轻、成本低；又因为用铜量和用铁量小，在电流密度和磁通密度都相同的情况下，自耦变压器的铜损和铁损都比双绕组变压器小，因此效率也高。一般自耦变压器的变比 $K_A=1.25\sim 2$。K_A 越接近于 1，$\left(1-\dfrac{1}{K_A}\right)$ 越小，即电磁功率越小，自耦变压器的优点就越显著。

自耦变压器的一、二次侧共用一部分绕组,因此有电的直接联系。当过电压浸入或公共绕组断线时,低压侧将承受高电压。因此,自耦变压器的低压侧必须加高压保护设备,防止过高电压损坏低压侧的电气设备。另外,自耦变压器的短路阻抗较小,短路电流比双绕组变压器大,因此必须加强保护。

自耦变压器主要用于变压比不大的场合,如交流电动机降压启动设备和实验室调压设备等。一般电压比很大的电力变压器和输出电压为 12、36V 的安全灯变压器都不采用自耦变压器。实验室常用的调压器,就是一种副绕组匝数可变的自耦变压器,其原理如图 1-38 所示,这种调压器端点可以滑动,所以能均匀地调节电压。该调压器还可以做成三相的,容量一般为几千伏安,电压为几百伏。

1.3.3 电焊变压器

交流电弧焊在生产实际中应用很广泛,交流电弧焊机就是一台特殊的降压变压器。电焊工艺对电焊变压器有以下几点要求:

(1)应具有 60~70V 的空载电压,以保证容易起弧;

(2)应具有迅速下降的外特性,由于电焊变压器工作时常处于短路状态,短路电流不能过大,一般不超过额定电流的两倍;

(3)为了适应不同焊条和焊件,要求能够调节焊接电流的大小。

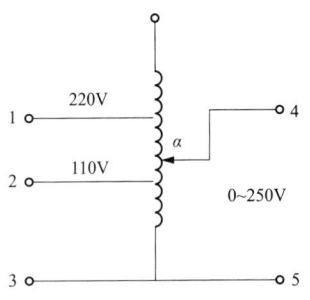

图 1-38 自耦调压器原理图

普通变压器漏磁小,负载电流变化时,二次侧电压变化不大。如图 1-39 中的曲线 1 所示。

电焊变压器是一种特殊的变压器,在其空载时,要有足够的引弧(为 60~80V),而电弧形成后,输出电压应迅速降低。二次侧绕组即使短路(焊条碰在工件上),二次侧电流也不应过大,即电焊变压器应具有陡峭的外特性,如图 1-39 中曲线 2 所示。这样,当电弧电压变化时,焊接电流变化并不显著,电焊比较稳定。为了得到这种外特性,就要人为地增加它的漏磁通。因此,电焊变压器的一、二次侧绕组不是同心地套在一起,而是分装在两个铁芯柱上,使绕组的漏电抗比较大。改变漏抗的方法很多,通常采用串可变电抗器和磁分路法。

(1)带电抗器的电焊变压器。串可变电抗器的电焊变压器由电弧焊变压器和可变电抗器组成。调节电抗器的气隙大小,便可以改变电抗器磁路的磁阻,从而改变电抗的大小。这样就可以得到不同的外特性和不同的焊接电流,如图 1-40 所示。

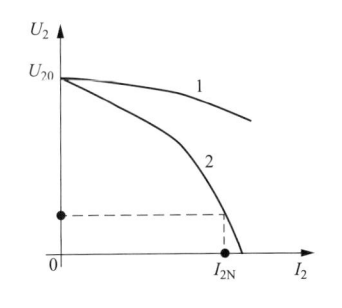

图 1-39 电焊变压器的外特性

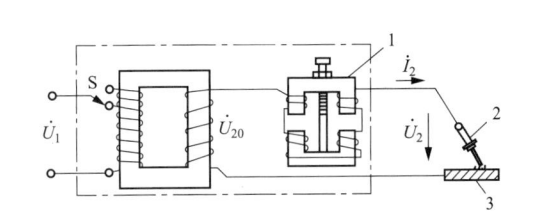

图 1-40 带电抗器的电焊变压器
1—可变电抗器;2—焊把及焊条;3—焊件

通过螺杆调节可变电抗器的气隙,可以改变焊接电流。当可变电抗器的气隙增大时,电抗器的电抗减少，焊接电流增大；反之，当气隙减小时，电抗器的电抗增大，焊接电流减小。另外，通过改变一次侧绕组的抽头，可以调节起弧电压的大小。

（2）磁分路的电焊变压器。磁分路电焊变压器如图 1-41 所示，它在一次侧绕组和二次侧绕组的两个铁芯之间，安装了一个磁分路动铁芯。通过调节螺杆可将磁分路动铁芯移进或移出到适当位置，使得漏磁通增大或减小，同时漏电抗也增大或减小，从而可改变焊接电流的大小。另外，通过改变二次侧绕组的抽头，可以调节起弧电压的大小。

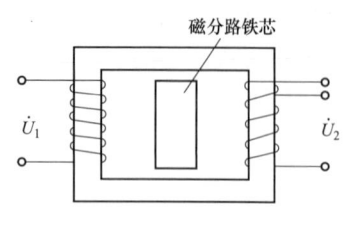

图 1-41 磁分路的电焊变压器

1.3.4 变压器运行维护主要内容

变压器运行维护主要内容如下：
（1）防止变压器过负荷运行。
（2）保证绝缘油质量。
（3）防止变压器铁芯绝缘老化损坏。
（4）防止检修不慎破坏绝缘。
（5）保证导线接触良好。
（6）防止电击。
（7）短路保护要可靠。
（8）保持良好的接地。

思考与练习

1-1 变压器能不能变换直流电压？为什么？如果把变压器一次侧绕组接到电压大小相同的直流电源上，副绕组两端电压是多大？会产生什么后果？

1-2 如果把一台额定电压为 220/110V 的变压器用于变换 440/220V 的电压是否可以？为什么？

1-3 电流互感器二次侧为什么不许开路？电压互感器二次侧为什么不许短路？

1-4 同普通双绕组变压器比较，自耦变压器的主要特点是什么？

1-5 简述三相组式和三相芯式变压器的磁路特点。

1-6 三相变压器有哪几种标准联结组别？它们分别适用于哪些场合？

1-7 什么是并联运行？并联运行有哪些优点？

1-8 变压器并联运行需要满足哪些条件？如果不满足条件时并联运行，会有什么后果？

变压器的 MATLAB 仿真实践

变压器是一种静止的电磁设备，通过一次侧和二次侧绕组的电磁耦合，将一种电压等级的交流电能或交变信号变换成另一种电压等级的交流电能或交变信号，用以实现电能的传输或信号的传递。对变压器进行分析既涉及电路问题也涉及磁路问题。本节用 MATLAB 建立变压器的 Simulink 仿真模型对变压器的运行状态进行分析，由浅入深地介绍变压器的仿真方法。

1. 变压器负载运行仿真

变压器在负载运行时，若忽略励磁阻抗和漏抗，其一次侧电压、电流和二次侧电压、电流关系仅取决于变压器的变比。在很多情况下，不能忽略励磁阻抗和漏抗，从而增加了分析难度。借助计算机仿真可以减轻分析的工作量。

仿真实践：有一台单相变压器，其额定参数为 $f_x=50Hz$，$S_N=10kV·A$，$U_{1N}/U_{2N}=360/220V$。一、二次侧绕组的漏抗分别为 $Z_1=(0.24+j0.22)Ω$，$Z_2=(0.35+j0.055)Ω$，励磁阻抗 $Z_m=(30+j310)Ω$，$Z_L=(4+j5)Ω$。使用 Simulink 建立仿真模型，计算在高压侧施加额定电压时：

(1) 一、二次侧的实际电流和励磁电流；

(2) 二次侧的电压。

解：在用 Simulink 进行仿真时，可以采用变压器的等效电路模型，使用者不用列写变压器方程。使用 Simulink 的 PowerSystemBlockset 中的模块能够很方便地构造变压器的仿真模型，对其特性及运行状态进行仿真。

(1) 建立仿真模型（见图 1-42）。

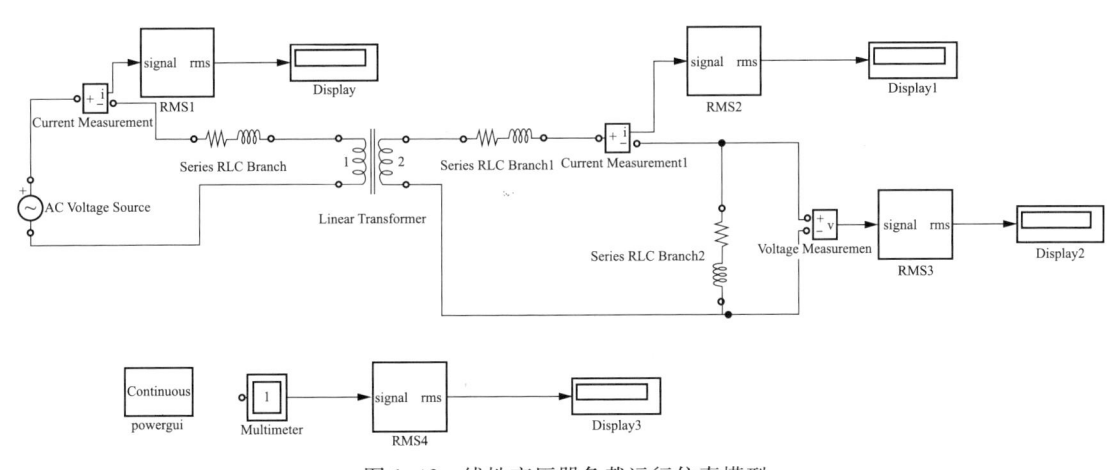

图 1-42　线性变压器负载运行仿真模型

(2) 模块参数设置（见图 1-43～图 1-47）。

(3) 仿真参数设定。在所有模块参数设定完毕后，进行系统仿真参数设定，选中菜单⇒Simulation⇒ConfigurationParameter，出现配置仿真参数对话框。一般 MATLAB 将仿真模型转换成微分方程组进行计算，因此设置模型的仿真参数中包括求解方法（solver type）。本例采用了 ode23s [是基于 2 阶改进 Rosenbrock（罗森布罗克）公式的一种微分方程求解方法] 方法进行仿真，使用变步长技术求解微分方程组，仿真的速度较快。仿真参数中求解方法设置如图 1-48 所示。

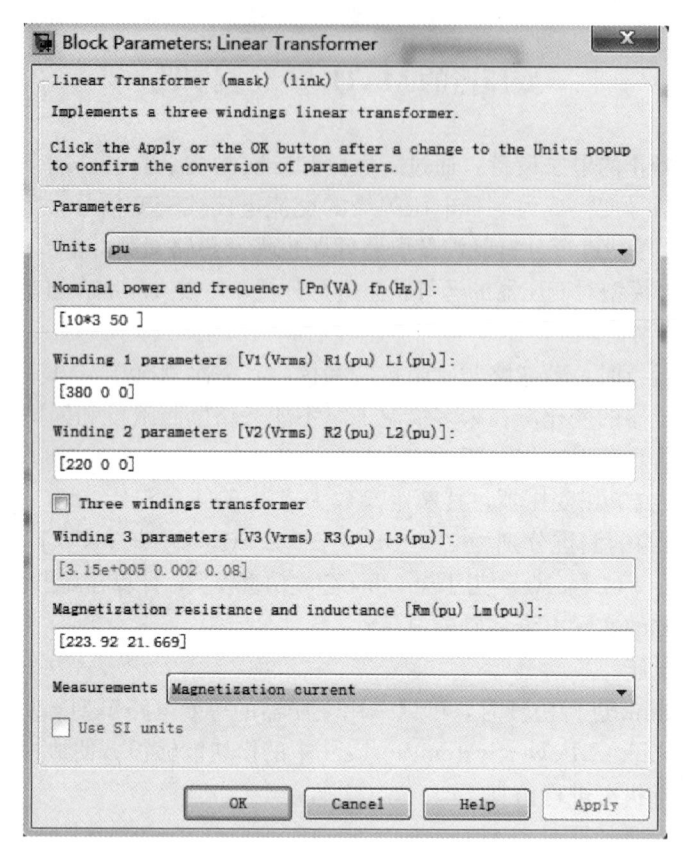

图 1-43　线性变压器模块的参数设置

图 1-44　串联阻抗分支的模块设置

图 1-45　电压源的参数设置

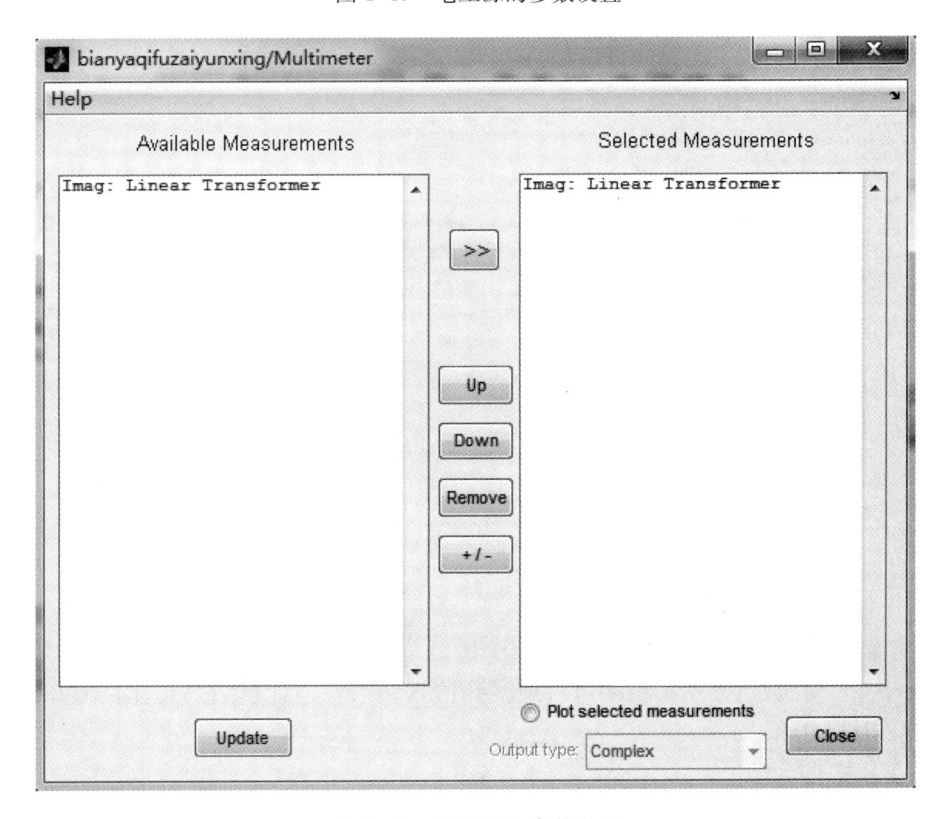

图 1-46　万用表的参数设置

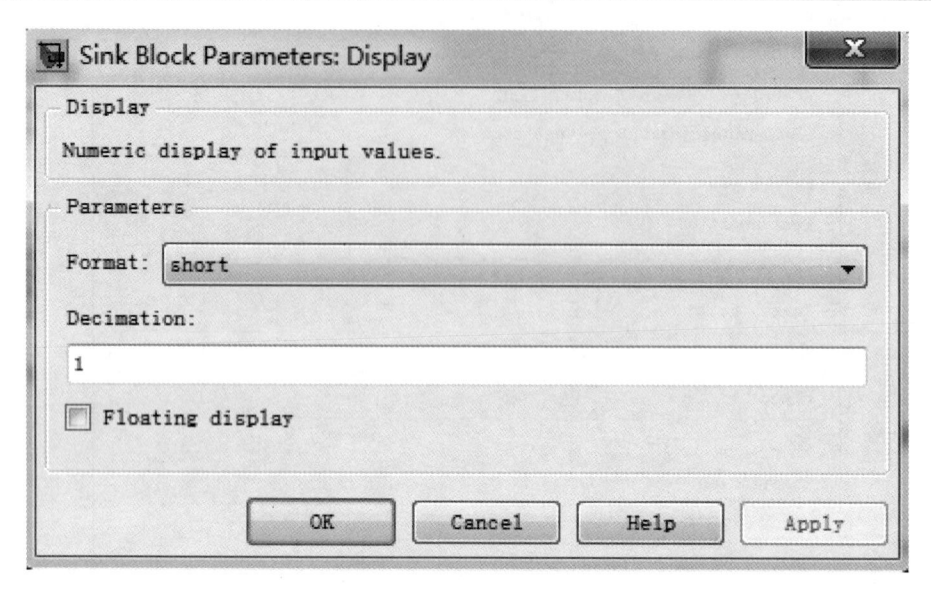

图 1-47 数值显示器的参数设置

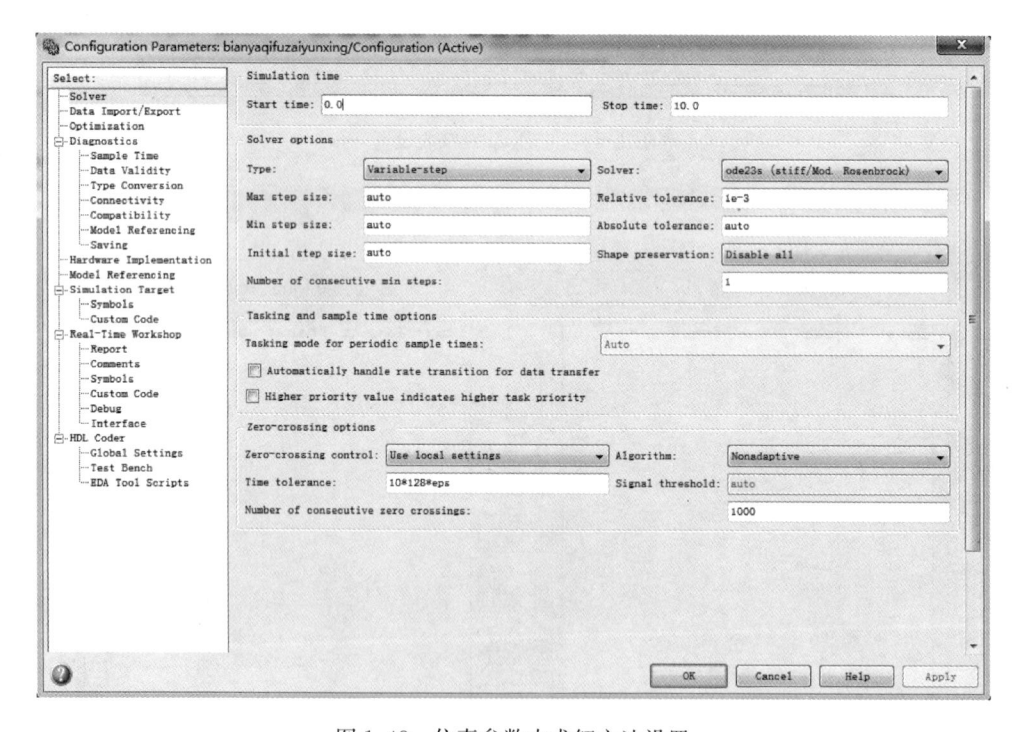

图 1-48 仿真参数中求解方法设置

(4) 仿真。选中菜单⇨Simulation ⇨Start 进行仿真，也可以鼠标单击工具栏中的 Start-Simulation 按钮，在数值显示模块中可以观察到仿真结果，与计算结果对比，可知仿真结果和计算结果相符。

2. 变压器空载运行仿真

在 SimPowerSystems 模块库中的线性变压器模块没有考虑铁芯的饱和，可以满足对于变压器的稳态分析的要求。为了能够分析变压器的空载励磁电流所产生的畸变，需要使用饱和变压器（Saturable transformer）模型。线性变压器负载运行仿真结果如图 1-49 所示。

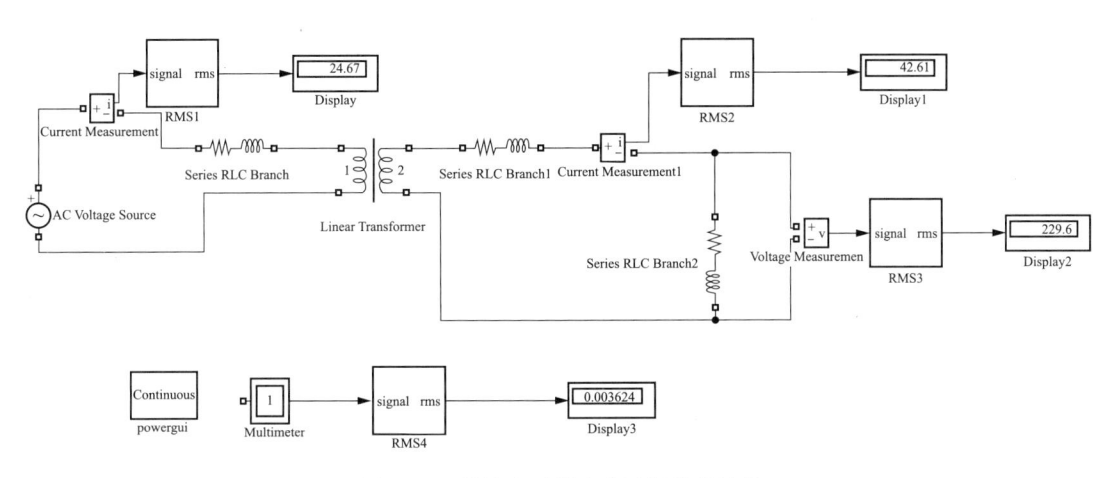

图 1-49　线性变压器负载运行仿真结果

仿真实践：设某单相变压器额定值为 $S_X = 2000\text{kVA}$，$U_{1N}/U_{2N} = 1000/500\text{kV}$。使用 Simulink 建立仿真模型，观察空载变压器一次电压、二次电压、一次电流和二次电流，并观察励磁电流的畸变。

（1）建立仿真模型（见图 1-50）。

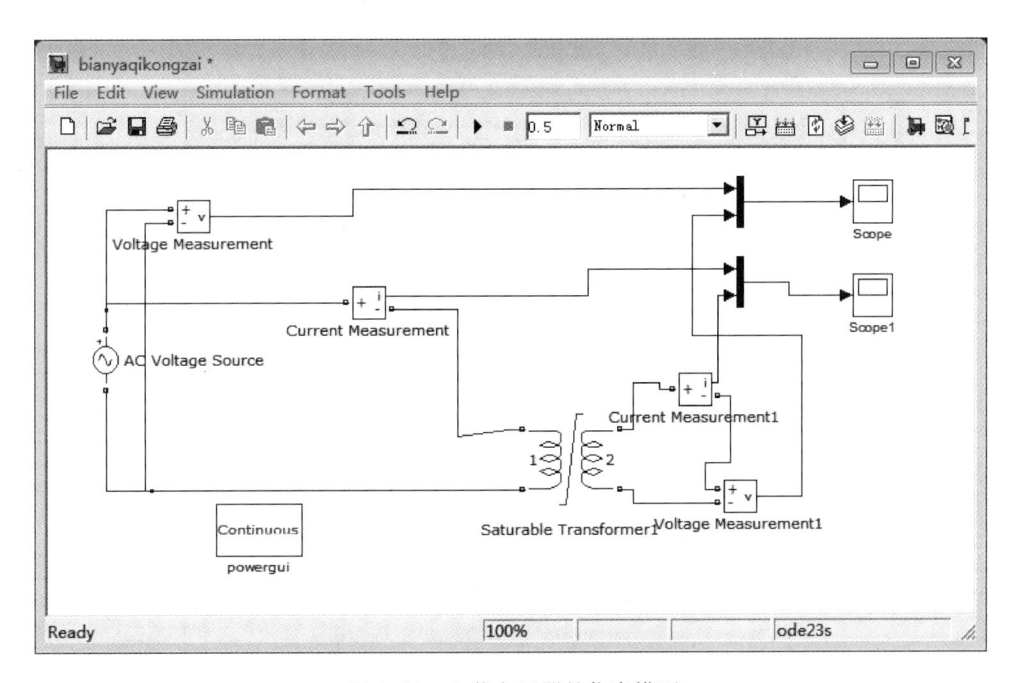

图 1-50　空载变压器的仿真模型

（2）仿真模块参数的设置（见图 1-51、图 1-52）。

（3）仿真参数设置。仿真时间设为 0.5s。

（4）仿真结果如图 1-53 和图 1-54 中仿真图中虚线表示输入参数，实线表示输出参数。

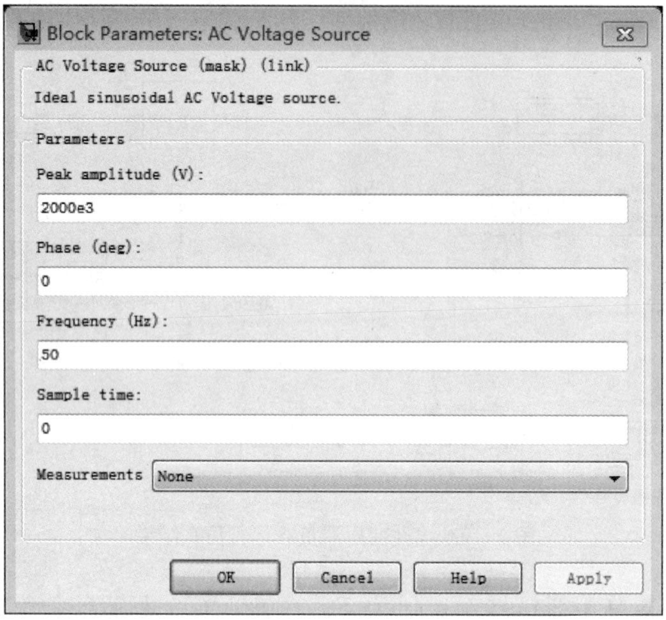

图 1-51 电压源参数设置

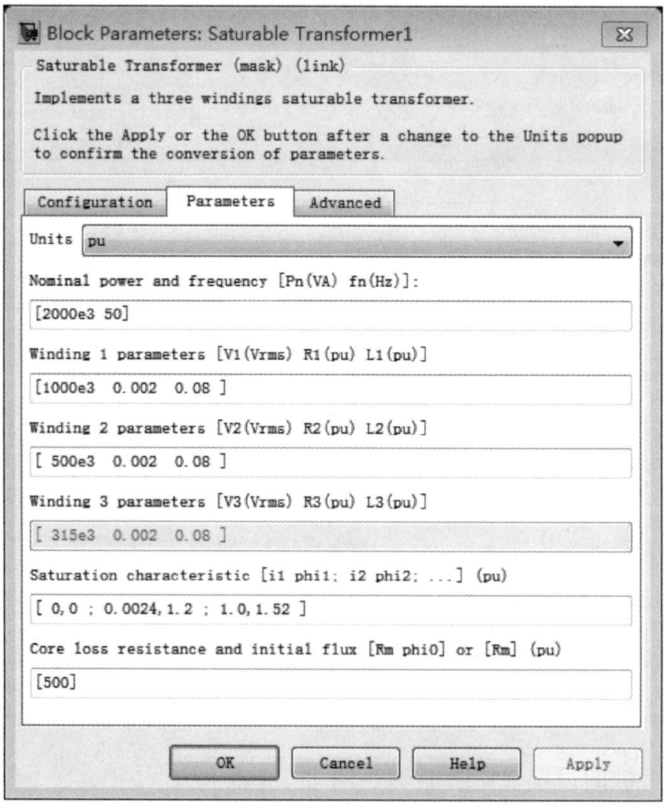

图 1-52 饱和变压器参数的设置

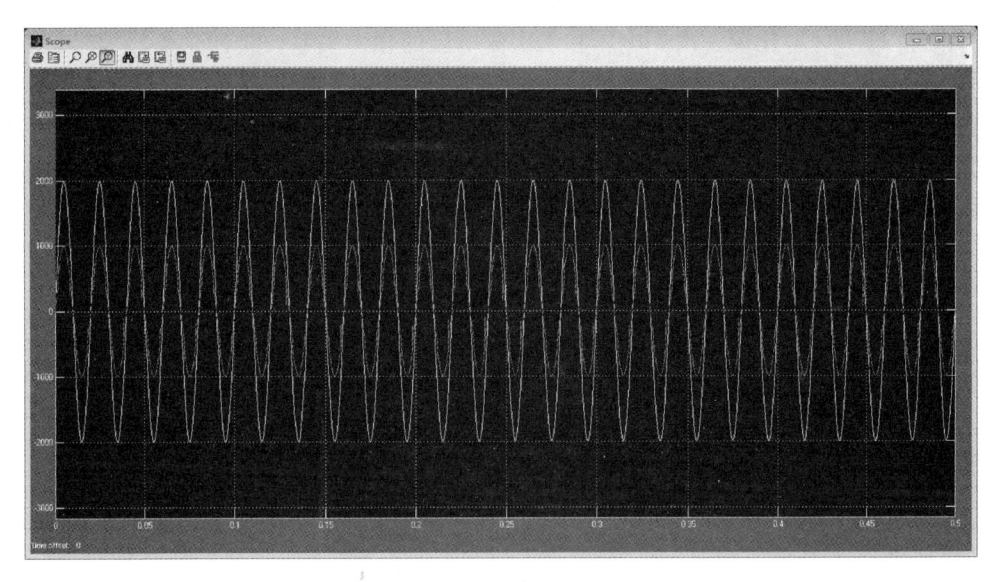

图 1-53 空载变压器的输入电压与输出电压的对比

图 1-54 空载变压器输入电流测量输出电流的对比

3. 变压器联结组别仿真

变压器采用不同的联结组别，会影响一次电压和二次电压之间的相位关系和幅值关系。使用信号汇总（Mux）模块将不同波形显示在一个示波器窗口，通过将变压器的一次侧和二次侧电压波形显示在同一个窗口，可以很好地比较一次和二次的电压相位和幅值之间关系。

仿真实践：使用 Simulink 建立仿真模型，仿真验证三相变压器的 Yd11 联结组别的一次电压和二次电压的幅值和相位关系。

(1) 建立仿真模型。图 1-55 中主要包括三相 12 端子的线性变压器（Three-Phase Transformer 12 Terminals）模块、三相电压源（Three-Phase Source）模块和增益（Gain）

模块，为了能够更好地比较一次侧电压和二次侧电压的相位关系，将两个电压信号通过信号汇总模块（Mux）后输出给示波器，这样在示波器中两个波形能够在同一个窗口显示。增益模块将一次侧的电压测量值经过按照变压器的电压比比例缩小，便于在示波器中比较幅值。仿真模型中使用了一个 XY 显示模块（XY Graph），输出图形以其中的 X 输入为横轴，以其中的 Y 输入为纵轴。

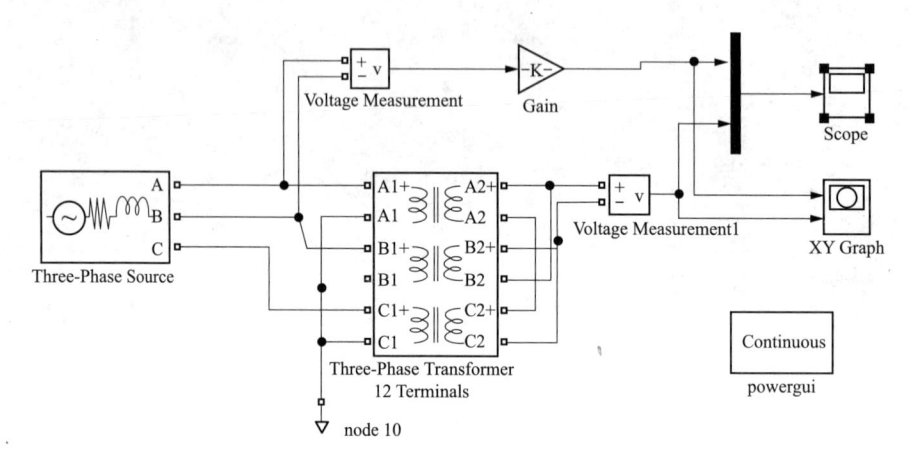

图 1-55　变压器联结组别仿真模型

（2）模块参数设置（见图 1-56～图 1-59）。

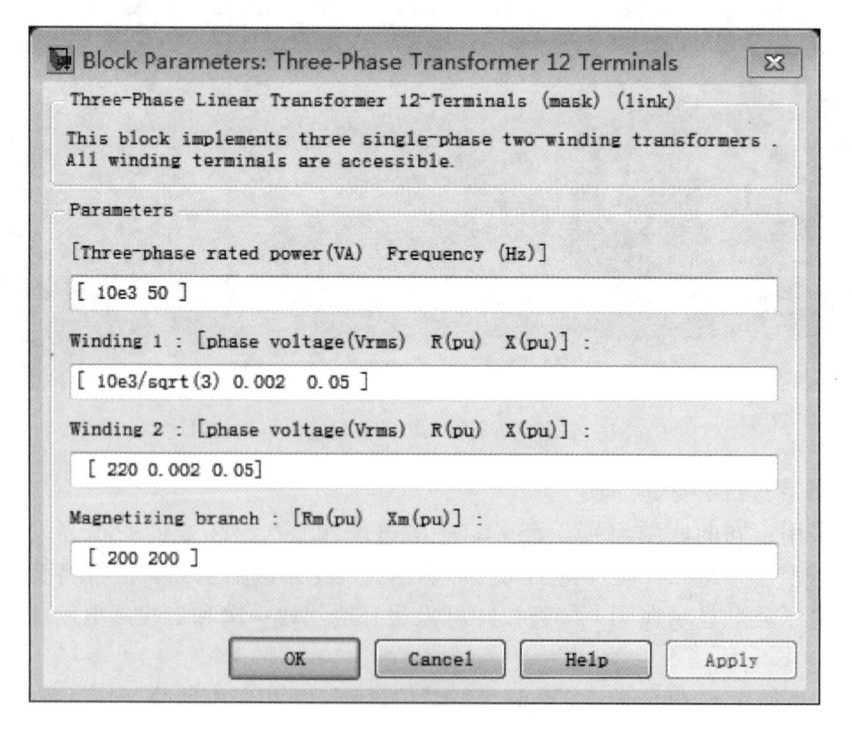

图 1-56　三相变压器模块参数设置

（3）仿真参数设置。设定仿真时间为 0.2s。
（4）仿真。仿真结果如图 1-60 和图 1-61 所示。

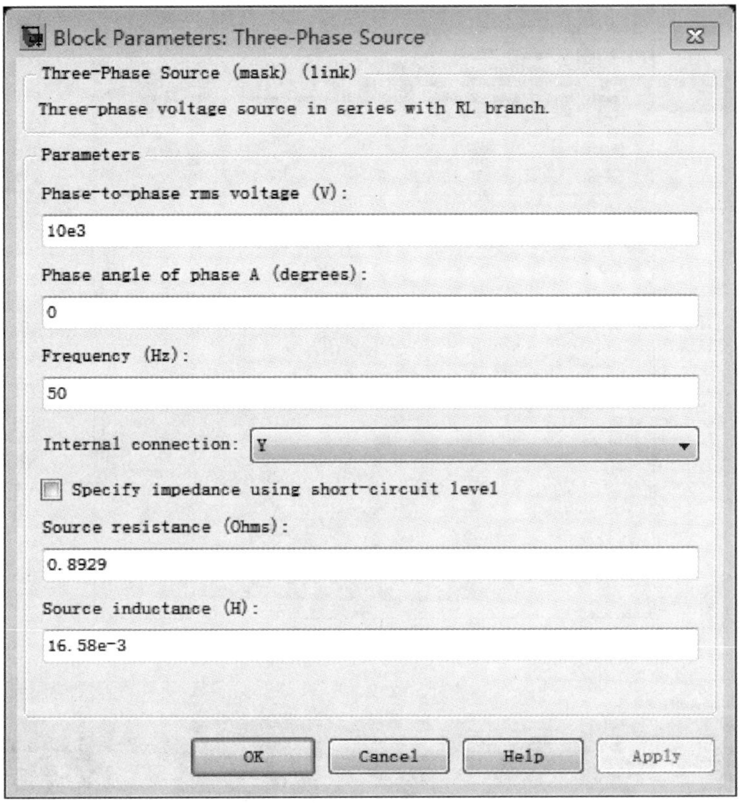

图 1-57　三相电源模块参数设置

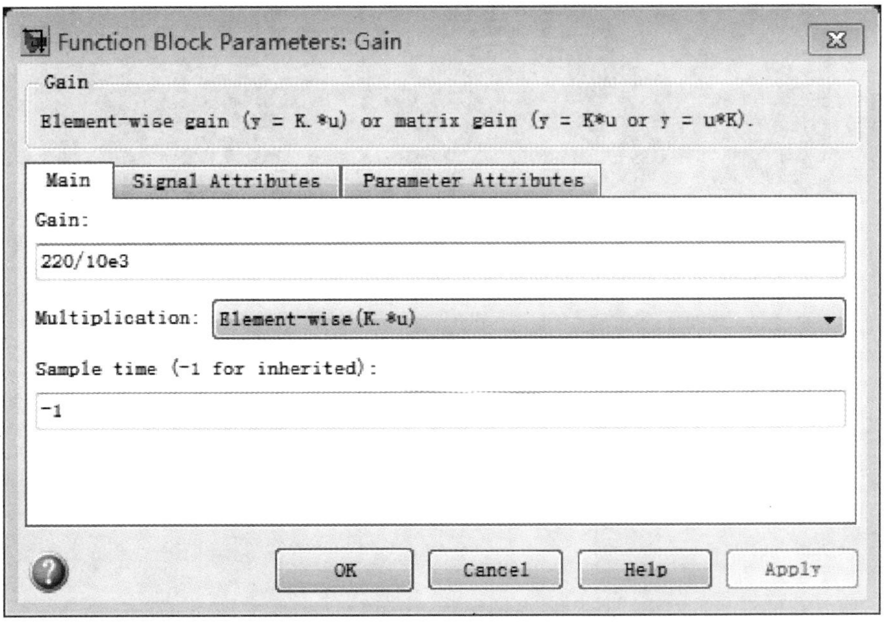

图 1-58　增益模块参数设置

图 1-59　二维图形显示模块参数设置

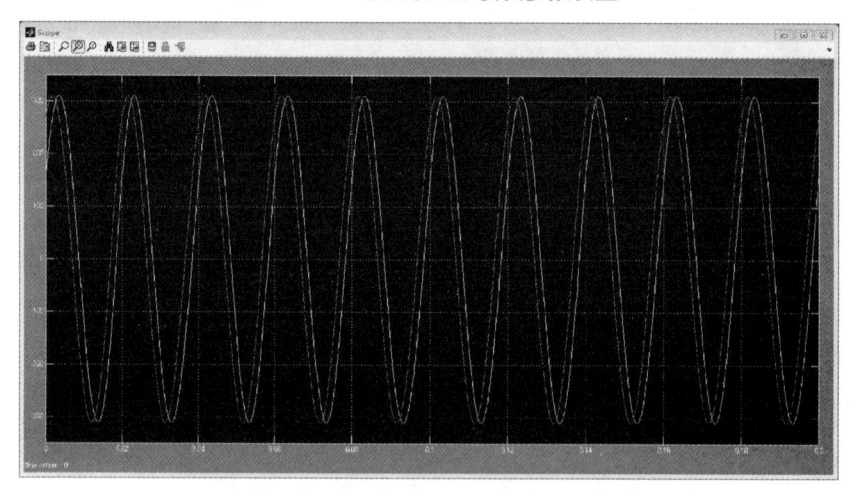

图 1-60　变压器联结组别仿真一次侧电压和二次侧电压波形

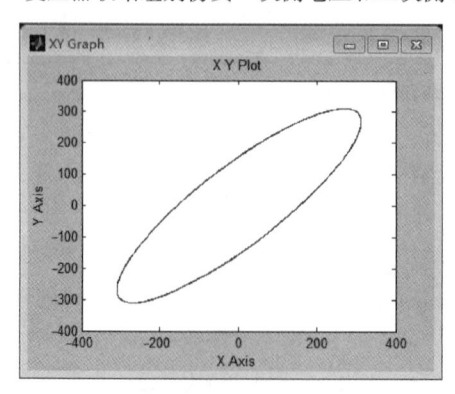

图 1-61　变压器联结组别仿真一次电压和二次电压 XY 图形

项目二　异步电动机的拆装与运行维护

交流电机可分为同步电机和异步电机两大类。异步电动机是生产设备中应用最广泛的动力设备，如在工农业、交通运输、日常生活等各个方面。异步电动机之所以获得广泛应用，是因为它和其他各种电机比较，具有结构简单、制造方便、运行可靠等优点。目前，我国生产的异步电动机按尺寸大小可分为大型、中型、小型和微型四类。此外，异步电动机还有很多的分类方式，如按定子的相数可分为三相异步电动机和单相异步电动机。按转子绕组的形式可分为笼式异步电动机和绕线式异步电动机。按外壳的防护形式可分为防护式、封闭式和开启式异步电动机。

目标要求

(1) 掌握三相异步电动机的结构与基本工作原理。
(2) 掌握三相异步电动机的空载运行。
(3) 掌握三相异步电动机的负载运行及等效电路和相量图。
(4) 掌握三相异步电动机的功率和转矩的计算。
(5) 掌握三相异步电动机的启动、制动、调速的不同方法及特点。
(6) 掌握三相异步电动机的机械特性。
(7) 掌握单相异步电动机的工作原理。
(8) 掌握单相异步电动机的启动和反转。

任务1　认识三相异步电动机

2.1.1　三相异步电动机的结构及工作原理

2.1.1.1　三相异步电动机的基本结构

三相异步电动机主要由定子和转子两大部分组成，定子和转子之间存在很小的气隙，此外还有端盖、轴承、风扇等部件。三相异步电动机的结构如图2-1所示。

1. 定子

三相异步电动机的定子由机座、定子铁芯和定子绕组三部分组成。

(1) 定子铁芯。定子铁芯是电动机磁路的一部分，定子铁芯的结构如图2-2所示。为了减少电动机的铁芯损耗，定子铁芯采用0.5mm厚的硅钢片叠成，叠好后压装在机座的内腔中。硅钢片内圆周表面冲有槽形，用以嵌放定子绕组。槽的形状有半闭口槽、半开口槽和开口槽，如图2-3所示。小容量的电动机由于铁芯中的涡流电动势较小，相叠时利用硅钢片表面的氧化层即可减小涡流损耗。对于容量较大的电动机，在硅钢片两面涂绝缘漆作为片间绝缘。

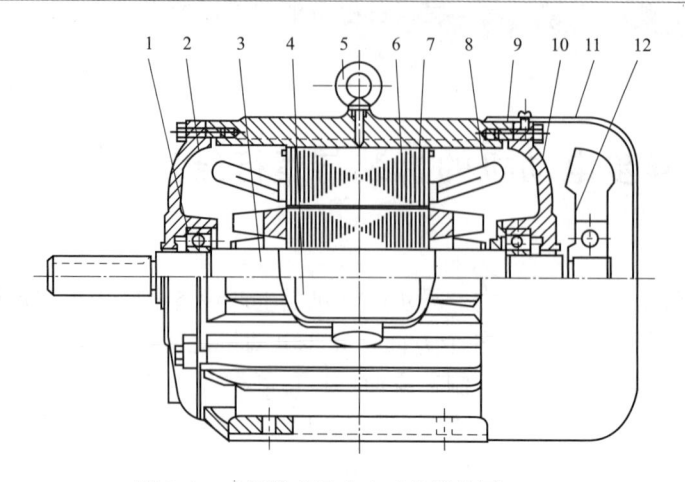

图 2-1 三相笼式异步电动机结构图

1—轴承；2—前端盖；3—转轴；4—接线盒；5—吊环；6—转子铁芯；
7—转子；8—定子绕组；9—机座；10—后端盖；11—风罩；12—风扇

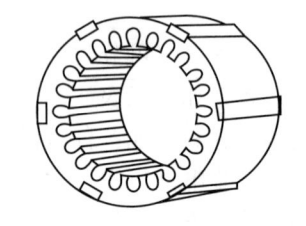

图 2-2 定子铁芯

（2）定子绕组。定子绕组是电机的电路部分，其主要作用是感应电动势，通过电流以实现机电能量转换。它由嵌在定子铁芯槽内的线圈按一定规律组成，根据定子绕组在槽内的布置可分为单层和双层绕组。绕组的槽内部分与铁芯之间必须可靠地绝缘，这部分绝缘称为槽绝缘，如果是双层绕组，两层绕组之间还应有层间绝缘，槽内的导线用槽楔固定在槽内，如图 2-3 所示。

三相异步电动机的定子绕组必须是对称绕组，即每相绕组匝数和结构完全相同，在空间相差 120°电角。每相绕组的首端用 U1、V1、W1 表示，尾端用 U2、V2、W2 表示。首尾端分别引出到电动机的接线盒里，以便根据需要接成星形或三角形，如图 2-4 所示。

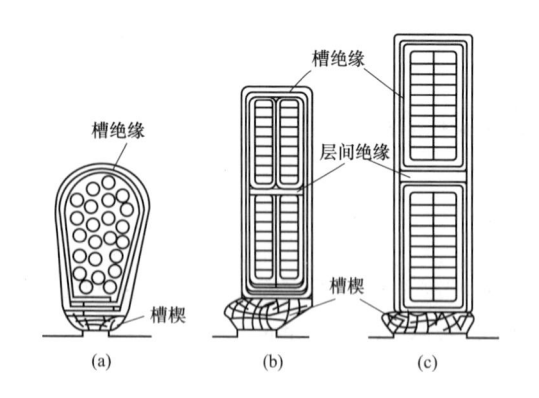

图 2-3 定子铁芯槽形及槽内布置
(a) 半闭口槽；(b) 半开口槽；(c) 开口槽

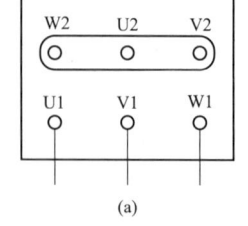

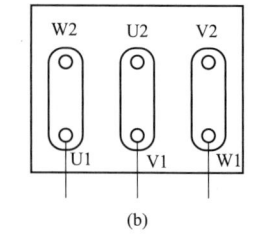

图 2-4 三相异步电动机的定子接线
(a) 星形接法；(b) 三角形接法

（3）机座。机座的作用是支撑定子铁芯和固定端盖，在中小型电动机中端盖还具有轴承座的作用，机座还要支撑电动机的转子部分。因此机座必须具有足够的机械强度和刚度。中小型异步电动机通常采用铸铁机座，而大型电动机的机座都是用钢板焊接而成。

2. 转子

转子主要部分由转子铁芯、转子绕组和转轴等构成。

（1）转子铁芯。转子铁芯是电动机磁路的一部分，由 0.5mm 厚的硅钢片叠压而成。硅钢片外圆周上冲有槽形，以便浇铸或嵌放转子绕组。中小型异步电动机的转子铁芯大都直接安装在转轴上，而大型异步电动机转子则固定在转子支架上，转子支架再套装固定在转轴上。

（2）转子绕组。转子绕组的作用是产生感应电动势和电流，并产生电磁转矩。其结构形式有笼式和绕线式两种。

1）笼式转子绕组。笼式转子绕组按制造绕组的材料可分为铜条转子绕组和铸铝转子绕组。铜条转子绕组是在转子铁芯的每一槽内插入一根铜条，每一根铜条两端各用一端环焊接起来。铜条转子绕组主要用在容量较大的异步电动机中。小容量异步电动机为了节约用铜和简化制造工艺，绕组采用铸铝工艺将转子槽内的导条以及端环和风扇叶片一次浇铸而成，称为铸铝转子。如果把铁芯去掉，绕组就像一个笼子，故称为笼式绕组，如图 2-5 所示。由于两个端环分别把每一根导条的两端连接在一起，因此，笼式转子绕组是一个自行闭合的绕组。

2）绕线式转子。绕线式转子绕组和定子绕组一样，是由嵌放到转子铁芯槽内的线圈按一定规律组成的三相对称绕组。转子三相绕组一般接成星形，三个尾端连在一起，3 个首端分别与装在转轴上但与转轴绝缘的 3 个集电环相连接，再经电刷装置引出。当异步电动机启动或调速时，可以串接附加电阻，如图 2-6 所示。

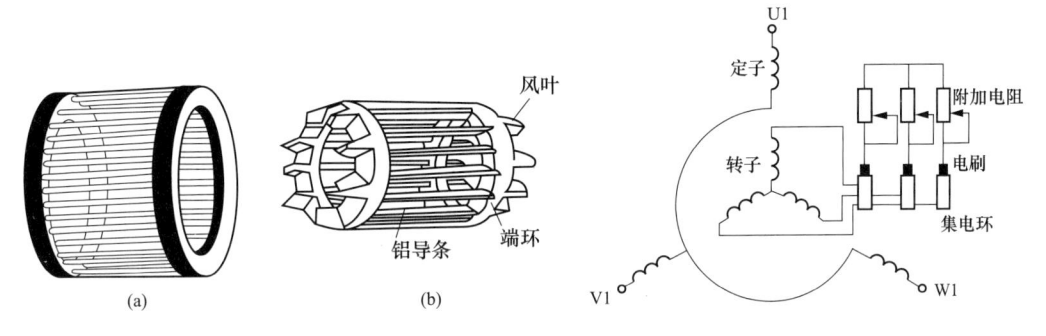

图 2-5 笼式转子绕组结构示意图
(a) 铜条笼式绕组；(b) 铸铝笼式绕组

图 2-6 绕线式异步电动机接线示意图

3. 气隙

异步电动机定子铁芯与转子铁芯之间的空气间隙称为气隙。气隙的大小对异步电动机的运行性能影响极大，气隙大则磁路磁阻大，由电网提供的励磁电流也大，使电动机的功率因数降低。但是气隙过小时，将使电机装配困难，运行时可能会发生定转子铁芯相擦，而且气隙过小时高次谐波磁场的影响增大，对电动机产生不良影响，因此气隙又不能过小。一般情况下异步电动机的气隙为 0.2~1.6mm。

2.1.1.2 三相异步电动机的定子绕组

在三相异步电动机的结构中，定子绕组是三相异步电动机的核心部件，是实现电动机机电能量转换的关键。在此有必要对定子绕组的结构作详细讨论。

三相异步电动机对定子三相绕组的要求是：①各相绕组的磁势和电动势要对称，阻抗要平衡。②绕组产生的磁势和电动势在波形上接近于正弦波。③用铜量少，绝缘强度和机械强三相定子绕组按照槽内导体的层数分为单层绕组和双层绕组。单层绕组按连接方式不同分为整距式、链式、交叉式和同芯式绕组等。双层绕组又分为迭绕组和波绕组。

1. 定子绕组的基本知识

(1) 线圈。线圈是构成绕组的基本单元，由一匝或多匝线圈串联而成。每个线圈在铁芯槽内的直线部分是线圈产生感应电动势的主要部分，故称为有效边或导体。在槽外的部分起把有效边连接起来的作用，称为端部，如图 2-7 所示。

(2) 极距 τ。定子绕组通入电流后将产生磁场，磁极在定子圆周上是均匀分布的（见图 2-8）。相邻两磁极轴线之间的距离称为极距，可用定子槽数或定子内圆弧长来表示：

$$\tau = \frac{Z_1}{2p} \text{ 或 } \tau = \frac{\pi D}{2p} \tag{2-1}$$

式中：Z_1 为定子槽数；p 为电机的磁极对数；$2p$ 为极数；D 为定子内径。

图 2-7 线圈示意图
(a) 单匝线圈；(b) 多匝线圈；(c) 多匝线圈简化图

图 2-8 电机的极距

(3) 节距 y。y 为一个线圈的两个有效边在定子圆周上跨过的距离 [见图 2-7 (c)]，用槽数来表示。$y=\tau$ 时称为整距线圈；$y<\tau$ 时称为短距线圈；$y>\tau$ 时称为长距线圈。由于长距线圈端部跨距大，用铜量大，故很少采用。由于磁场在圆周空间近似按正弦分布（如图 2-9 所示，由于 N、S 极下磁通的方向相反，故在 N、S 极下磁通密度反向），为使线圈的感应电动势较大，应使 y 接近或等于 τ。

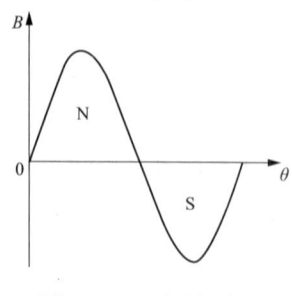

图 2-9 一对磁极定子磁场沿圆周的分布

(4) 电角度与机械角度。电机圆周从几何上看为 360°，这种角度称为机械角度。但从电磁观点来看，由于电机的磁场沿圆周空间按正弦规律分布，经过 N、S 一对磁极时，正弦曲线变化一个周期，相当于 360°，称为 360°电角度。若电机的极对数为 p，则电机定子圆周对应的电角度为 $p \times 360°$。电角度与机械角度的关系为

电角度 $= p \times$ 机械角度

(5) 槽距角 α。相邻两槽之间的距离用电角度表示，称为槽距角，即

$$\alpha = \frac{p \times 360°}{Z_1} \tag{2-2}$$

(6) 每极每相槽数 q。在每个磁极下每相所占有的槽数，称为每极每相槽数 q。若定子绕组相数为 m_1，则

$$q = \frac{Z_1}{2pm_1} \tag{2-3}$$

（7）相带。每个极距内属于同一相的槽在圆周上连续占有的空间（用电角度表示）称为相带。

因为每对磁极占有360°电角，每个磁极即占有180°电角。由于三相绕组对称，则每相在每个磁极下应占有60°电角，又称60°相带。按60°相带排列的三相绕组称为60°相带绕组，三相异步电动机一般都采用60°相带绕组。

由于三相绕组彼此相距120°电角，即三相绕组的首端U1、V1、W1应分别相距120°电角，三相绕组的尾端U2、V2、W2也分别应相距120°电角。因此在一对磁极下，相带划分排列的次序应为U1、W2、V1、U2、W1、V2，分别称为U1相带、W2相带、V1相带、U2相带、W1相带、V2相带，如图2-10所示。

2. 单层绕组

单层绕组每个槽内只嵌放一个有效边，故线圈的总数为总槽数的一半。单层绕组可分为整距式绕组、链式绕组、同心式绕组、交叉式绕组等。

（1）整距式绕组。现以一台4极、定子槽数为24的三相异步电动机为例，说明整距式绕组的绕法特点。

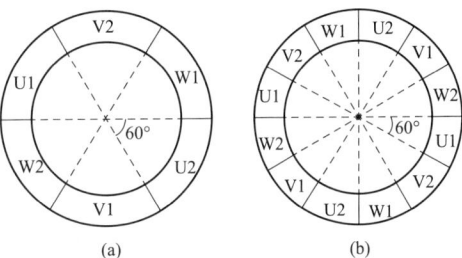

图2-10　60°相带示意图
(a) 2极；(b) 4极

1）计算极距τ，每极每相槽数q和槽距角α。

$$\tau = \frac{Z_1}{2p} = \frac{24}{4} = 6$$

$$q = \frac{Z_1}{2pm_1} = \frac{24}{4 \times 3} = 2$$

$$\alpha = \frac{p \times 360°}{Z_1} = \frac{2 \times 360°}{24} = 30°$$

2）分相。在平面上画出24根线段表示$Z_1=24$，并将槽依次编号，以第1槽为划分相带的起始位置。由于$q=2$，则第1、第2槽属于U1相带，依60°相带的排列次序，各相带所属的槽号见表2-1。

表2-1　各相带所属槽号排列

槽号	相带					
	U1	W2	V1	U2	W1	V2
极对数　第一对磁极	1、2	3、4	5、6	7、8	9、10	11、12
极对数　第二对磁极	13、14	15、16	17、18	19、20	21、22	23、24

3）绕组展开图。由于为整距绕组，所以线圈的节距$y=\tau=6$。以U相为例，U相在第一对磁极下的线圈为1—7、2—8，在第二对磁极下的线圈为13—19、14—20，把同一个磁极下相邻的两个线圈串联起来构成一个线圈组。U相的两个线圈组既可串联又可并联。若每相只有一条支路，则把两个线圈组串联起来构成了U相绕组，如图2-11 (a) 所示。由于U1、U2相带内导体的电流方向相反，所以线圈组串联时应采取"头尾相连"的规律，如图2-11 (b) 所示。U相的两个线圈组还可以并联形成两条支路，如图2-11 (c) 所示。

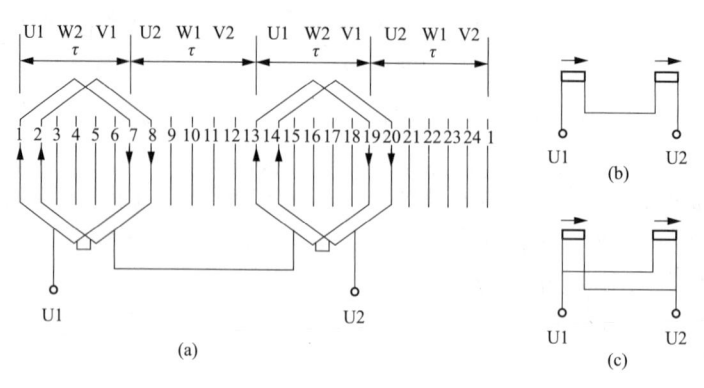

图 2-11 单层整距绕组 U 相展开图

(a) U 相展开图；(b) 一路串联；(c) 两路并联

同理，可绘出 V、W 相的绕组展开图。

(2) 链式绕组。由于线圈的感应电动势和磁势决定于槽内的有效边，若保持有效边及其电流不变，则线圈产生的电动势和磁势不变。以下仍以 $Z=24$、$p=2$ 为例，若将每极下每相相邻线圈的端部左右分开，还以 U 相为例，把槽 2 和槽 7、槽 8 和槽 13、槽 14 和槽 19、槽 20 和槽 1 中的有效边构成线圈，再把 4 个线圈按电流方向串联起来，就构成了 U 相绕组。线圈串联时应采取"尾接尾、头接头"的连接规律，其展开图如图 2-12 所示。

同理，可绘出 V、W 相的绕组展开图。

单层链式绕组的优点是线圈端部叠压层数少，端部较短，减少了用铜量。

(3) 同芯式绕组。同芯式绕组的特点是将每对磁极下属于同一相的导体组成的线圈同芯排列，同样以 $Z=24$、$p=2$ 为例，将 U 相槽内的有效边 1—8、2—7 组成两个同芯线圈，再将这两个线圈串联起来构成一个线圈组。同理，将第二对磁极下的线圈 13—20、14—19 串联起来形成另一个线圈组，最后将两个线圈组串联起来形成 U 相绕组，其展开图如图 2-13 所示。同芯式绕组的特点是线圈端部互相错开，叠压层数较少，有利于嵌线，线圈散热较好。

图 2-12 单层链式绕组 U 相展开图

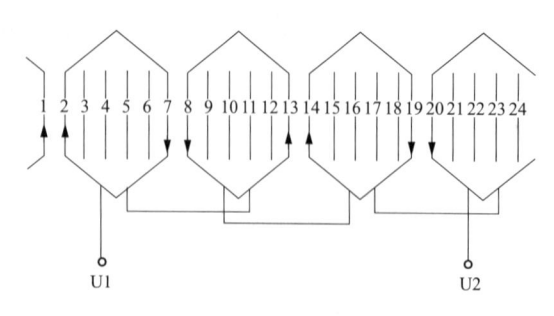

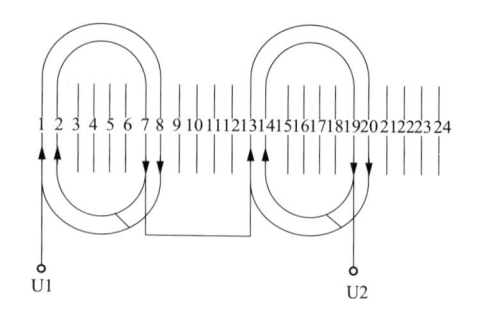

图 2-13 单层同芯式绕组 U 相展开图

(4) 交叉式绕组。现以一台 $Z_1=36$、$2p=4$ 的三相异步电动机为例说明。其极距 τ，每极每相槽数 q 和槽距角 α 分别为

$$\tau = \frac{Z_1}{2p} = \frac{36}{4} = 9$$

$$q = \frac{Z_1}{2pm_1} = \frac{36}{4 \times 3} = 3$$

$$\alpha = \frac{p \times 360°}{Z_1} = \frac{2 \times 360°}{36} = 20°$$

根据60°相带划分，各相带相应的槽号见表2-2。

表2-2　　　　　　　　　　　各相带所属槽号排列

槽号		相带					
		U1	W2	V1	U2	W1	V2
极对数	第一对磁极	1、2、3	4、5、6	7、8、9	10、11、12	13、14、15	16、17、18
	第二对磁极	19、20、21	22、23、24	25、26、27	28、29、30	31、32、33	34、35、36

U相的绕组展开图如图2-14所示，这种绕组的特点是线圈的节距不等，有大圈（$y=\tau-1$）和小圈（$y=\tau-2$）之分，一个线圈的导体分布于三个相邻磁极下。其优点是线圈端部较短，节约用铜量。交叉式绕组主要用于$q=3$、$2p=4$或6的小型三相异步电动机中。

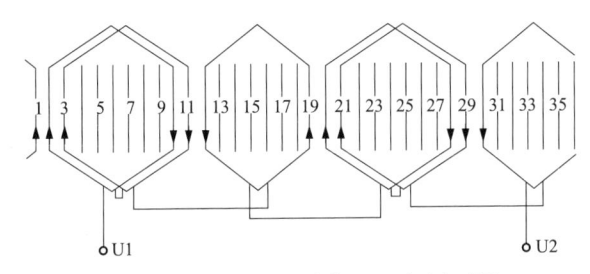

图2-14　单层交叉式绕组U相展开图

单层绕组的优点是每槽只有一个有效边，嵌线方便；且无层间绝缘，槽利用率高，而且链式和交叉式绕组线圈端部较短可以省铜。但不论什么样的绕组形式，其有效边均与整距绕组相同，只是改变了端部的绕向，所以从电磁性能来看，仍然相当于整距绕组。与双层绕组相比，单层绕组的电磁性能较差，故只适用于10kW以下的小型异步电动机。

3. 双层迭绕组

双层绕组的每个槽内嵌放两个不同线圈的两个有效边，一个在上层，另一个在下层。对于一个线圈来讲，它的一个有效边在某一槽的上层，另一个有效边则应放在相距一个节距的另一槽的下层。绕组的线圈数等于槽数。双层绕组的节距根据需要可在一定范围内选择，以改善电动机的电磁性能，10kW以上的电动机一般均采用双层绕组。双层绕组可分为迭绕组和波绕组。在此，仅讨论迭绕组。

以下以$Z_1=24$、$2p=4$的三相异步电动机为例分析。

(1) 计算极距τ，每极每相槽数q、槽距角α及节距y。

$$\tau = \frac{Z_1}{2p} = \frac{24}{4} = 6$$

$$q = \frac{Z_1}{2pm_1} = \frac{24}{4 \times 3} = 2$$

$$\alpha = \frac{p \times 360°}{Z_1} = \frac{2 \times 360°}{24} = 30°$$

由于短距线圈不仅省铜，更主要的是能改善磁势和电动势的波形，因此双层迭绕组通常采用短距。在此，取$y = \frac{5}{6}\tau = 5$。

(2) 分相。依据 60°相带的排列次序，分相的结果见表 2-1。

(3) 绕组展开图。取线圈的号码与槽的号码一致，即第一线圈的上层边在第 1 槽的上层，下层边则放在第 6 槽的下层。在第一对极下属于 U1 相带的槽为 1、2 槽，则属于 U1 相带的线圈为 1 号和 2 号线圈。将此相邻的两个线圈串联起来构成一个线圈组。同理可得 U 相的另外三个线圈组（由此可知，双层绕组每相共有 $2p$ 个线圈组）。根据需要的并联支路数，将 U 相的四个线圈组串联和并联。当把它们接成一路串联时，应采取"尾接尾、头接头"的接法。U 相绕组的展开图如图 2-15 所示。

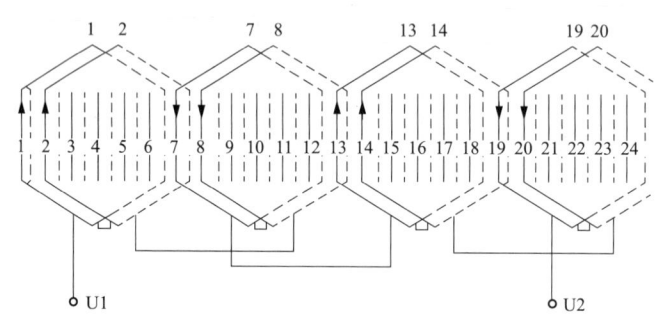

图 2-15 U 相双层迭绕组展开图

按以上规律可绘出 V、W 相的绕组展开图。

2.1.1.3 三相异步电动机的工作原理

三相对称的定子绕组接到对称的三相交流电源后，在定子绕组就会通过对称的三相电流，电流流过定子绕组时产生的磁场为旋转磁场。旋转磁场是三相异步电动机转动的关键。

1. 旋转磁场的产生

由于三相定子绕组结构相同、彼此在空间位置互差 120°电角，为简化分析，用彼此互隔 120°电角的三个线圈来表示。当三相定子绕组接上对称的三相电源后，流过三相对称电流，各相电流的瞬时表达式为

$$\left.\begin{array}{l}i_\mathrm{U}=I_\mathrm{m}\cos\omega t\\i_\mathrm{V}=I_\mathrm{m}\cos(\omega t-120°)\\i_\mathrm{W}=I_\mathrm{m}\cos(\omega t-240°)\end{array}\right\} \quad (2-4)$$

三相电流的波形如图 2-16 所示。

如果规定电流的正方向从绕组的首端流向尾端，那么当各相电流的瞬时值为正值时，电流从该相绕组的首端（U1、V1、W1）流入，从尾端（U2、V2、W2）流出。当电流的瞬时值为负时，电流从该相绕组的尾端流入，而从首端流出。分析时用符号⊗表示电流流入，⊙表示电流流出。

以下以 $\omega t=0°$、$\omega t=120°$、$\omega t=240°$、$\omega t=360°$四个特定的时刻分析。当 $\omega t=0°$时，U 相电流为正且达到最大值，电流从 U1 流入，从 U2 流出，而 V、W 两相电流为负，分别从 V2、W2 流入，从 V1、W1 流出，如图 2-17 (a) 所示。根据右手螺旋定则，可知三相绕组产生的合成磁场的轴线与 U 相线圈的轴线相重合。合成磁场为 2 极磁场，磁场的方向从上向下，上方为 N 极，下方为 S 极。

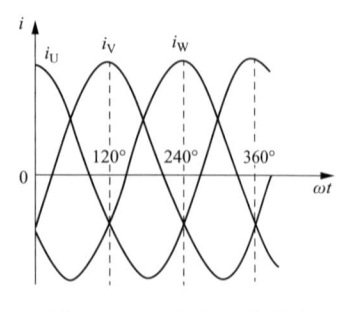

图 2-16 三相电流波形图

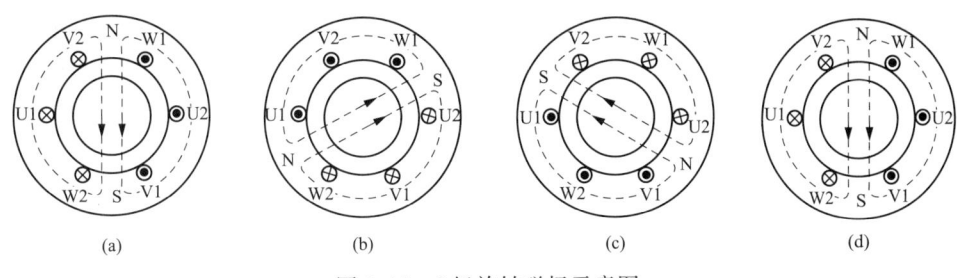

图 2-17 2极旋转磁场示意图

(a) $\omega t=0°$；(b) $\omega t=120°$；(c) $\omega t=240°$；(d) $\omega t=360°$

用同样的方法可以画出 $\omega t=120°$、$\omega t=240°$、$\omega t=360°$ 这三个瞬时的电流分布情况，分别如图 2-17 (b)、(c)、(d) 所示。观察图 2-17，发现当三相对称电流流入三相对称绕组后，所建立的合成磁场，并不是静止不动的，而是旋转的。电流变化一周，合成磁场在空间也旋转一周。若电源的频率为 f，则 2 极磁场每分钟旋转 $60f$ 周。

如果 U、V、W 三相绕组分别由两个线圈串联组成，三相线圈分布如图 2-18 所示。采用上面的分析方法，从图 2-18 可知，产生的合成磁场为 4 极旋转磁场，电流变化一周，磁场仅转过 1/2 周，它的转速为 2 极旋转磁场转速的 1/2。依次类推，当电机的极数为 $2p$ 时，旋转磁场的转速为 2 极磁场转速的 $1/p$，即每分钟转 $60f/p$ 周。旋转磁场的转速称为同步转速，以 n_1 表示，即

$$n_1 = \frac{60f}{p}(\text{r/min}) \tag{2-5}$$

由此可见，对称的三相电流通入对称的三相绕组后所形成的磁场是一个随时间变化而旋转的磁场。

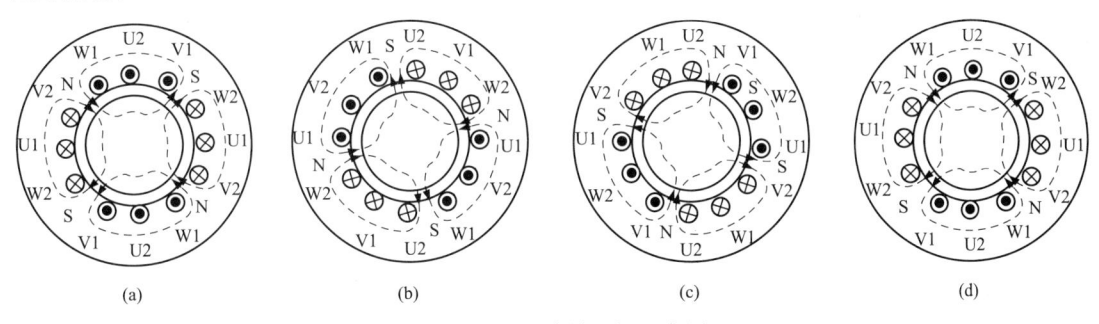

图 2-18 4极旋转磁场示意图

(a) $\omega t=0°$；(b) $\omega t=120°$；(c) $\omega t=240°$；(d) $\omega t=360°$

2. 三相异步电动机的工作原理

当对称的三相定子绕组通入三相对称电流后，定子绕组产生旋转磁场，磁场的瞬时位置如图 2-19 所示，设磁场为逆时针方向旋转。该磁场的磁力线通过定子铁芯、气隙和转子铁芯而闭合。由于静止的转子绕组与定子旋转磁场存在相对运动，转子槽内的导体即要切割定子磁场而感应电动势，电动势的方向可根据右手定则确定。由于转子绕组为闭合回路，在转子电动势的作用下，转子绕组中就有电流通过，如不考虑电流与电动势的相位差，则电动势的瞬时方向就是电流的瞬时方向。根据电磁力定律，载流

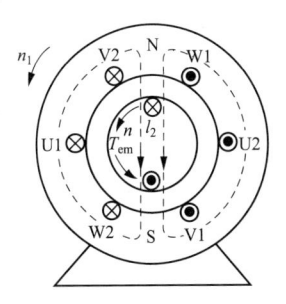

图 2-19 三相异步电动机工作原理示意图

的转子导体在旋转磁场中必然会受到电磁力,电磁力的方向可用左手定则确定。所有转子导体受到的电磁力对转轴便形成一逆时针方向的电磁转矩。从图 2-19 可知,电磁转矩的方向与旋转磁场的方向一致。于是转子在电磁转矩作用下,便沿着旋转磁场的方向旋转起来。如果转子与生产机械连接,则转子受到的电磁转矩将克服负载转矩而做功,从而实现了电能与机械能的转换。

由于转子的旋转方向和旋转磁场的方向是一致的,如果转子的转速 n 等于旋转磁场的转速即同步转速 n_1,它们之间将不再有相对运动,转子导体就不能切割磁场而产生感应电动势、电流和电磁转矩。所以异步电动机的转速 n 总是小于同步转速 n_1,即与旋转磁场"异步地"转动,故称为异步电动机。

转子与旋转磁场的相对速度,即同步转速 n_1 与转子转速 n 之差称为转差 Δn,转差即为转子切割旋转磁场的速度。Δn 与 n_1 之比称为转差率,用 s 表示,即

$$s = \frac{n_1 - n}{n_1} \times 100\% \tag{2-6}$$

异步电动机的转速随负载的变化而变化,转差率 s 也就随负载的变化而变化。但正常工作时,转差率变化不大,空载时 s 约在 0.5% 以下;额定负载时绝大部分电动机的转差率 s 为 1.5%~6%。

2.1.1.4　三相异步电动机的额定值及主要系列

1. 额定值

(1) 额定功率 P_N 指电动机在额定状态时轴上输出的机械功率,单位为 kW。

(2) 额定电压 U_N 指额定运行时电网加在定子绕组的线电压,单位为 V。

(3) 额定电流 I_N 指电动机在额定电压和额定频率下输出额定功率时,定子绕组的线电流,单位为 A。

(4) 额定转速 n_N 指电动机在额定电压、额定频率及额定功率下电动机的转速,单位为 r/min。

(5) 额定频率 f 指电动机所接电源的频率,单位为 Hz。我国规定标准工业用电的频率为 50Hz。

对于三相异步电动机,其额定功率可用下式表示:

$$P_N = \sqrt{3} U_N I_N \cos\varphi_{1N} \eta_N \tag{2-7}$$

式中:$\cos\varphi_{1N}$、η_N 分别为电动机额定运行时的功率因数和效率。

此外,铭牌上还标明定子绕组的相数、绕组的接法、绝缘等级以及允许温升等。对于绕线式异步电动机,还标明转子额定电压(指定子加额定频率的额定电压时,转子绕组开路时集电环间的电压)和转子额定电流。

2. 异步电动机的主要系列

Y 系列异步电动机是封闭自扇冷式笼式三相异步电动机,其额定电压为 380V,额定频率为 50Hz,功率范围为 0.55~200kW,同步转速为 750~3000r/min,采用 B 级绝缘。Y 系列异步电动机具有高效节能、启动转矩大、噪声低、振动小、运行可靠等特点,广泛用于驱动无特殊要求的设备,如机床、风机、水泵等。其型号的含义为:字母 Y 表示异步电动机,后面第一组数字表示电动机的中心高,字母 S、M、L 分别表示短、中、长机座,字母后的数字为铁芯长度代号,横线后的数字为电动机的极数。例如:

```
                    Y180M₂-4
    异步电动机 ─────┘  │  └───── 极数
  机座中心高(mm) ──────┘    └───── 中机座,第二种铁芯长度
```

现在我国已开始生产 Y_2 系列的三相异步电动机,其功率范围为 $0.18 \sim 160 \text{kW}$,Y_2 系列的三相异步电动机比 Y 系列异步电动机效率更高,噪声更小。

例 1 一台三相异步电动机 $P_N=10\text{kW}$,$U_N=380\text{V}$,$n_N=1455\text{r/min}$,$\cos\varphi_{1N}=0.88$,$\eta_N=86.6\%$,$f=50\text{Hz}$。试求：

(1) 电动机的极数 $2p$ 与额定转差率 s_N；

(2) 额定电流 I_N。

解：(1) 由于同步转速 $n_1=\dfrac{60f}{p}$,当极对数 $p=1$ 时,$n_1=3000\text{r/min}$；当极对数 $p=2$ 时,$n_1=1500\text{r/min}$；当极对数 $p=3$ 时,$n_1=1000\text{r/min}$；当极对数 $p=4$ 时,$n_1=750\text{r/min}$……由于电动机的额定转速略低于同步转速 n_1,所以 n_1 应比 $n_N=1455\text{r/min}$ 略高,即 $n_1=1500\text{r/min}$。则电机的极对数为

$$p=\frac{60f}{n_1}=\frac{60\times 50}{1500}=2$$

电机的极数 $2p=4$

其额定转差率为

$$s_N=\frac{n_1-n_N}{n_1}=\frac{1500-1455}{1500}=0.03$$

(2) 由额定功率 $P_N=\sqrt{3}U_N I_N \cos\varphi_{1N}\eta_N$ 可知：

$$I_N=\frac{P_N}{\sqrt{3}U_N\cos\varphi_{1N}\eta_N}=\frac{10\times 10^3}{\sqrt{3}\times 380\times 0.88\times 0.866}=19.94\text{（A）}$$

我国制造的额定电压为 380V 的三相异步电动机,额定电流约为每千瓦 2A。

2.1.2 三相交流绕组的电势

三相定子绕组产生的旋转磁势,将在电动机的气隙中产生旋转磁场。若只考虑基波旋转磁场,则旋转磁场在气隙空间按正弦分布,并且以同步转速旋转。由于它与定、转子绕组同时交链,因而必然在定、转子绕组中产生感应电动势。在这里,我们以定子绕组为例,讨论旋转磁场引起的感应电动势。分析时从一个线圈到一个线圈组,最后导出一相绕组的电动势。

2.1.2.1 整距线圈的感应电动势

由于旋转磁场在气隙中按正弦分布,当磁场以同步转速 n_1 旋转时,线圈中的磁通密度随时间按正弦规律变化,穿过线圈的磁通量 Φ_1 随时间也按正弦规律变化,如图 2-20 所示,即

$$\Phi_1=\Phi_m\sin\omega t \tag{2-8}$$

式中：Φ_m 为通过线圈磁通的最大值,在数值上等于旋转磁场每极的磁通量。

根据电磁感应定律,线圈中感应电动势为

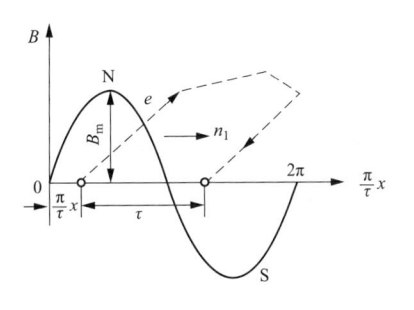

图 2-20 整距线圈感应电动势示意图

$$e = -N_y \frac{d\Phi_1}{dt} = -N_y \frac{d(\Phi_m \sin\omega t)}{dt} = -\omega N_y \Phi_m \cos\omega t = E_{ym}\sin(\omega t - 90°) \quad (2-9)$$

其有效值为

$$E_{y(y=\tau)} = \frac{E_{ym}}{\sqrt{2}} = \frac{\omega N_y \Phi_m}{\sqrt{2}} = \frac{1}{\sqrt{2}} 2\pi f N_y \Phi_m = 4.44 f N_y \Phi_m \quad (2-10)$$

式中：N_y 为线圈的匝数。

式（2-9）说明，当 Φ_1 按正弦规律变化时，e 也按正弦规律变化，但在相位上滞后于 Φ_1 90°电角。

2.1.2.2 短距线圈的电动势

整距线圈的感应电动势也可以这样理解，由于整距线圈的节距 $y=\tau$，若其一个有效边处于 N 极下的最大磁密处，另一边则处于 S 极下的最大磁密处。它们的感应电动势大小相等而方向相反。若规定导体电动势的正方向由下向上，如图 2-21（a）所示，则线圈的电动势 $\dot{E}_y$ 应是 $\dot{E}_{n1}$ 和 $\dot{E}_{n2}$ 的相量差，可由相量图 2-21（b）求出。

$$\dot{E}_{y(y=\tau)} = \dot{E}_{n1} - \dot{E}_{n2} = \dot{E}_{n1} + (-\dot{E}_{n2}) = 2\dot{E}_{n1}$$

即

$$E_{y(y=\tau)} = 2E_{n1} = 4.44 f N_y \Phi_m$$

若线圈为短距，短距角为 β，如图 2-22（a）所示。线圈的两个有效边在空间相差 $180° - \beta$ 电角，根据相量图 2-22（b），可求得短距线圈的电动势为

$$E_{y(y<\tau)} = 2E_{n1}\cos\frac{\beta}{2} = 2E_{n1}k_{y1} = 4.44 f N_y k_{y1} \Phi_m \quad (2-11)$$

其中

$k_{y1} = \cos\frac{\beta}{2} = \sin\frac{y}{\tau}90°$ 为基波的短距系数。

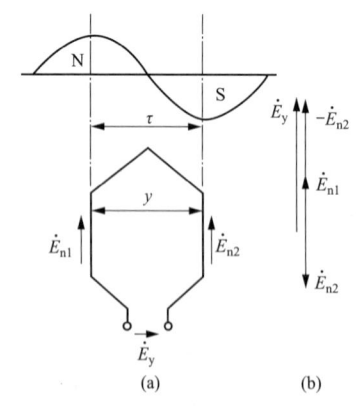

图 2-21 整距线圈的感应电动势
(a) 感应电动势原理图；(b) 感应电动势相量图

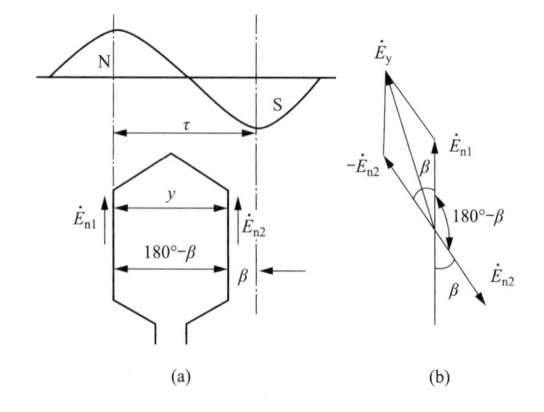

图 2-22 短距线圈的感应电动势
(a) 感应电动势原理图；(b) 感应电动势相量图

2.1.2.3 线圈组的电动势

在交流绕组中，一个线圈组是由 q 个线圈串联组成，每个线圈在空间位置相隔 α 电角，因而每个线圈的电动势在时间相位上也应差 α 电角，如图 2-23（a）所示。q 个线圈的电动势

相加即得一个线圈组的合成电动势,可从矢量图 2-23（b）求得。线圈组电动势的有效值为 $E_q=2R\sin\dfrac{q\alpha}{2}$,而每个线圈的电动势为 $E_y=2R\sin\dfrac{\alpha}{2}$,则

$$E_q=E_y\dfrac{\sin\dfrac{q\alpha}{2}}{\sin\dfrac{\alpha}{2}}=qE_y\dfrac{\sin\dfrac{q\alpha}{2}}{q\sin\dfrac{\alpha}{2}}=qE_yk_{q1} \quad (2\text{-}12)$$

其中 $k_{q1}=\dfrac{\sin\dfrac{q\alpha}{2}}{q\sin\dfrac{\alpha}{2}}$ 为基波分布系数。它的意义可以这样理解：

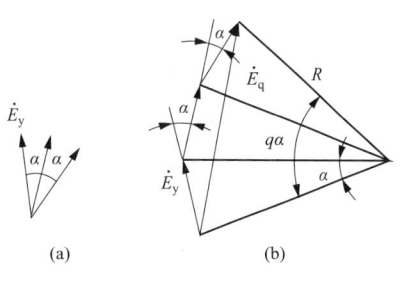

$$k_{q1}=\dfrac{E_q}{qE_y}=\dfrac{q\text{个分布线圈的合成电动势}}{q\text{个集中线圈的合成电动势}}$$

图 2-23 线圈组的感应电动势
(a) 线圈组电动势的相量；
(b) 线圈组的合成电动势

将式（2-11）代入式（2-12），可得短距分布的线圈组的电动势为

$$E_q=qE_yk_{q1}=q\cdot 4.44f\Phi_mN_yk_{y1}\cdot k_{q1}=4.44fqN_yk_{w1}\Phi_m \quad (2\text{-}13)$$

其中 $k_{w1}=k_{q1}k_{y1}$,为基波的绕组系数。

2.1.2.4 一相绕组的电动势

如果每相绕组是一路串联,则把一相所串联的线圈组的电动势相加就得到相电动势。如果每相绕组有 a 条并联支路,相电动势则为一条支路的电动势。

对于单层绕组,每相有 p 个线圈组,若并联支路数为 a,则每条支路有 p/a 个线圈组串联,每相串联的匝数为 $N_1=pqN_y/a$。单层绕组相电动势的有效值则为

$$E_1=\dfrac{p}{a}E_q=\dfrac{p}{a}\times 4.44fqN_yk_{w1}\Phi_m=4.44f\dfrac{pqN_y}{a}k_{w1}\Phi_m=4.44fN_1k_{w1}\Phi_m \quad (2\text{-}14)$$

对于双层绕组,每相有 $2p$ 个线圈组,若并联支路为 a,则每条支路有 $2p/a$ 个线圈组串联,而每相串联的匝数则为 $N_1=2pqN_y/a$,于是双层绕组相电动势的有效值为

$$E_1=\dfrac{2p}{a}E_q=\dfrac{2p}{a}\times 4.44fqN_yk_{w1}\Phi_m=4.44f\dfrac{2pqN_y}{a}k_{w1}\Phi_m=4.44fN_1k_{w1}\Phi_m \quad (2\text{-}15)$$

式（2-15）与单层绕组相电动势有效值的表达式（2-37）完全相同,因此无论单层或双层绕组,一相绕组感应电动势的有效值均为 $E_1=4.44fN_1k_{w1}\Phi_m$。

式（2-15）是交流电动机重要的公式之一,它和变压器绕组感应电动势的计算公式相似。由于变压器的主磁通同时交链绕组的每一匝,所以每匝电动势大小、相位都相同。因此变压器的绕组实际上是一个集中绕组。而对于交流电动机,对于主磁通 Φ_m,可以将 N_1k_{w1} 理解为产生基波相电动势的有效匝数。

实际上,电动机的旋转磁场是非正弦的,它还包含一系列高次谐波磁场,使绕组相电动势中也存在高次谐波电动势,但由于绕组采用了分布和短距,这些高次谐波分量得到很大的削弱,使得绕组相电动势的波形基本上为正弦波。

例 2 一台 6 极三相异步电动机,定子为双层迭绕组,每极每相槽数 $q=2$,每个线圈的匝数 $N_y=42$,线圈节距 $y=\dfrac{5}{6}\tau$,并联支路数 $a=2$,已知 $f=50\text{Hz}$,$\Phi_m=0.00398\text{Wb}$。求每相绕组的基波电动势。

解：（1）定子的槽数为 $Z_1=2pqm_1=6\times 2\times 3=36$

(2) 极距　　$\tau=\dfrac{Z_1}{2p}=\dfrac{36}{6}=6$

节距　　$y=\dfrac{5}{6}\tau=\dfrac{5}{6}\times 6=5$

(3) 槽距角　$\alpha=\dfrac{p\times 360°}{Z_1}=\dfrac{3\times 360°}{36}=30°$

(4) 每相串联匝数　$N_1=\dfrac{2pqN_y}{a}=\dfrac{6\times 2\times 42}{2}=252$

(5) 绕组系数

$$k_{w1}=k_{q1}\cdot k_{y1}=\dfrac{\sin\dfrac{q\alpha}{2}}{q\sin\dfrac{\alpha}{2}}\times\sin\dfrac{y}{\tau}90°=\dfrac{\sin\dfrac{2\times 30°}{2}}{2\sin\dfrac{30°}{2}}\times\sin\left(\dfrac{5}{6}\times 90°\right)=0.966\times 0.966=0.933$$

(6) 每相绕组的基波电动势

$$E_1=4.44fN_1k_{w1}\Phi_m=4.44\times 50\times 252\times 0.933\times 0.00398=207.8（V）$$

2.1.3　三相异步电动机的运行分析

2.1.3.1　三相异步电动机运行的基本分析

1. 异步电动机的磁路、主磁通和漏磁通

(1) 主磁通。当异步电动机的三相定子绕组通入三相交流电流后，定子产生旋转磁势，建立旋转磁场，其中既与定子绕组交链同时又与转子绕组交链的基波磁通称为主磁通。定、转子之间的能量传递由这部分磁通实现。主磁通用 Φ_m 表示，在数值上它为电机每极的磁通量。主磁通经过的磁路称为主磁路，它包括定子铁芯、转子铁芯和两段气隙。主磁通经过的路径如图 2-24 所示。当异步电动机运行时，在转子绕组中产生感应电动势和感应电流，从而产生转子磁势和转子磁场，其基波磁通也通过主磁路，因此，异步电动机的主磁通是由定子基波磁势和转子基波磁势共同建立的。

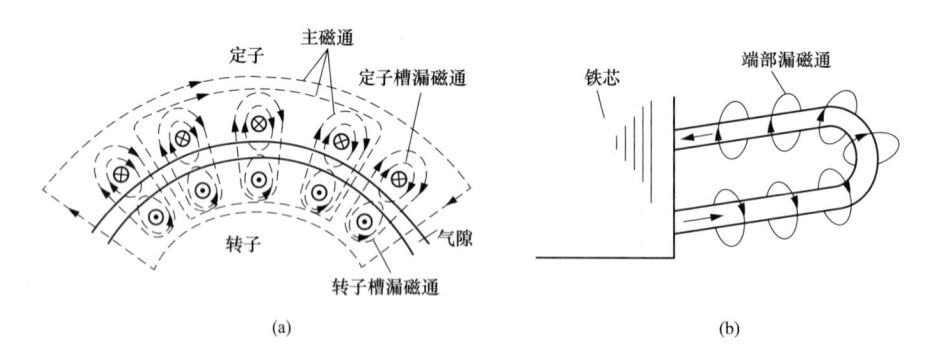

图 2-24　主磁通和漏磁通
(a) 主磁通和槽漏磁通；(b) 端部漏磁通

(2) 漏磁通。漏磁通包括定子漏磁通 $\Phi_{1\delta}$ 和转子漏磁通 $\Phi_{2\delta}$。定子磁势除和转子磁势共同产生主磁通外，还产生仅与定子绕组交链而不与转子绕组交链的磁通，这部分磁通称为定子漏磁通 $\Phi_{1\delta}$。转子磁势也产生仅与转子绕组交链的漏磁通，称为转子漏磁通 $\Phi_{2\delta}$。定、转子漏磁通如图 2-24 所示。定、转子漏磁通包括各自的槽漏磁通、绕组端部漏磁通和高次谐波漏磁通（由于定、转子高次谐波磁势引起的高次谐波磁通对电机运行时的影响和漏磁通相似，因此把定、转子的高次谐波磁通也归结到漏磁通的范围)。漏磁通经过的漏磁路主要为空气,因此漏磁路的磁阻远大于主磁路,漏磁通在数值上比主磁通小得多。

2. 转子的相数和极数

对于绕线式转子,因其转子绕组由三相绕组绕制而成,在绕组连接时就使转子绕组具有与定子绕组相同的极数。已制造好的转子绕组的相数和极数一般是不能改变的。

对于笼式转子,当一个正弦分布的 2 极定子磁场切割转子导体时,由于相邻两导条在空间位置相差一个转子槽距角 α_2,因而每一根导条在气隙磁场中的位置也不同,如图 2-25(a)所示。各导条的感应电动势和电流因而也就具有不同的时间相位,相邻两导条的感应电动势和电流依次相差 α_2 电角。若 $p>2$,但 $\frac{Z_2}{p}$=整数(Z_2 为转子槽数),则说明一根导条一定和其他同极性磁极下的某一导条具有相同的磁场位置,即其电动势、电流同相位,如图 2-26(a)中的导体 10 和导体 4。因此,转子的相数为一对极下的导体数,即 $m_2=\frac{Z_2}{p}$。若 $\frac{Z_2}{p}\neq$整数,则 $m_2=Z_2$。由于每对极每相只有一根导条,即只有半匝,所以转子绕组每相串联匝数 $N_2=\frac{1}{2}$。因为每相只有一根导条,也就不存在分布和短距的问题,所以笼式转子的绕组系数 $k_{w2}=1$。

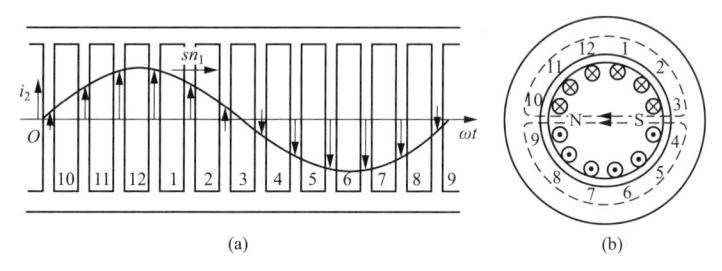

图 2-25 笼式转子的相数和极数(2 极)
(a) 2 极导体电流空间分布图;(b) 2 极转子电流圆周分布图

当 2 极的定子旋转磁场切割转子时,如果把图 2-25(a)中转子导体的电流分布画成圆周分布的图 2-25(b),由图可知,转子电流形成了一个 2 极的转子磁场。如果一个 4 极的定子旋转磁场切割转子,转子电流的分布如图 2-26(b)所示,转子电流产生的是一个 4 极的转子磁场。由此可见,笼式转子绕组本身没有固定的极数,它的极数完全取决于定子磁场的极数,即总是和定子绕组的极数相同。

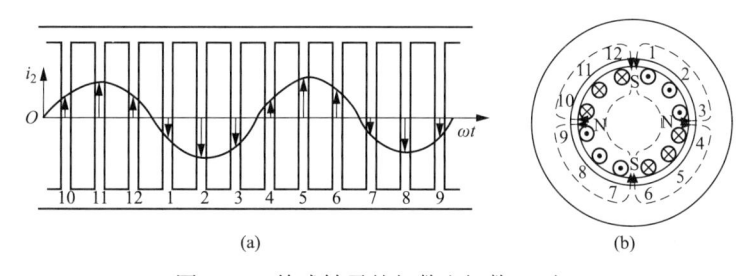

图 2-26 笼式转子的相数和极数(4 极)
(a) 4 极导体电流空间分布图;(b) 4 极转子电流圆周分布图

2.1.3.2 三相异步电动机空载运行分析

三相异步电动机的空载运行是指电动机轴上不带任何机械负载的运行状态。空载运行可分为转子绕组开路和转子绕组短路两种情况。对于绕线式异步电动机,当转子绕组开路时,转子电流为零,这种状态和变压器二次侧开路时的空载运行情况相同。而对于笼式异步电动机,由于转子绕组为自行闭合的短路绕组,电动机轴上不带机械负载时,转子绕组也有电流通过,但这时电磁转矩只需克服由机械摩擦等因素引起的阻转矩,由于阻转矩很小,因此电磁转矩也很小。此时电机的转速 n 非常接近于同步转速 n_1,即 $n_1-n\approx0$,转子的感应电动势和电流接近于零,转子电流可忽略不计。因此这两种空载运行的情况基本相同,只不过转子短路时电源输入的有功功率除克服铁损耗外还需克服转子旋转时的机械摩擦损耗。

1. 空载电流

由于空载时转子电流为零或约等于零,转子电流的影响可忽略不计,此时的气隙磁场是由定子电流建立的。空载时的定子电流称为空载电流 I_0,I_0 包括有功分量 I_{0P} 和无功分量 I_{0Q}。I_{0P} 用来提供空载时定子的铁损耗(笼式异步电动机包括机械损耗),I_{0Q} 用来产生励磁磁势 F_{m0},建立气隙主磁通 Φ_{m0}。由于异步电动机的磁路中存在气隙,因此其励磁电流 I_{0Q} 比变压器大,空载电流因而也比变压器大,异步电动机的空载电流为额定电流的 20%~50%。因为定子铁芯由硅钢片叠成,铁损耗较小,转子短路时的机械摩擦损耗也很小,因而 $I_{0P} \ll I_{0Q}$,故可认为 $I_0 \approx I_{0Q}$,即空载电流为励磁电流。在这种情况下,建立空载主磁通 Φ_{m0} 的励磁磁势 F_{m0} 可认为是由 I_0 建立的定子三相基波合成磁势 F_0,即 $F_{m0}=F_0$。

2. 空载时定子电动势平衡

定子磁势除产生主磁通 Φ_{m0} 外,还产生定子漏磁通 $\Phi_{1\delta}$,主磁通在每相定子绕组引起的感应电动势为 $E_1=4.44fN_1k_{w1}\Phi_{m0}$。和变压器一样,定子漏磁通引起的感应电动势可用漏抗压降表示:

$$\dot{E}_{1\delta}=-j\dot{I}_0 X_1 \tag{2-16}$$

$$X_1=2\pi f L_{1\delta}$$

式中:X_1 为每相定子绕组的漏电抗;$L_{1\delta}$ 为每相定子绕组的漏电感量。

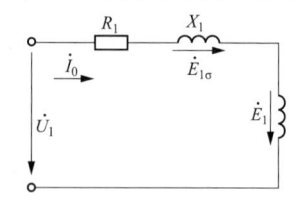

图 2-27 异步电动机空载时的定子电路

设定子绕组每相所加的电压为 $\dot{U}_1$,相电流为 $\dot{I}_0$,定子绕组的每相电阻为 R_1,每相定子绕组的电路如图 2-27 所示。根据基尔霍夫第二定律,空载时每相定子的电动势平衡方程式为

$$\dot{U}_1=-\dot{E}_1-\dot{E}_{1\delta}+\dot{I}_0 R_1$$

$$\dot{U}_1=-\dot{E}_1+\dot{I}_0(R_1+jX_1)=-\dot{E}_1+\dot{I}_0 Z_1 \tag{2-17}$$

其中 $Z_1=R_1+jX_1$,称为定子每相绕组的漏阻抗。

在异步电动机运行时,主磁通引起的感应电动势 E_1 远大于定子漏阻抗压降,故可将定子漏阻抗压降在作定性分析时忽略不计。可认为

$$\dot{U}_1 \approx -\dot{E}_1 \text{ 或 } U_1 \approx E_1 \tag{2-18}$$

2.1.3.3 三相异步电动机负载运行分析

当异步电动机轴上带有机械负载后,为了产生更大的电磁转矩,电动机的转速将下降,旋转磁场与转子的相对切割加大,转子绕组的感应电动势增大,转子电流 I_2 随之增加。转子电流通过转子绕组时产生转子磁势 F_2,下面分析 F_2 的性质。

1. 转子磁势的分析

不论是绕线式转子还是笼式转子,其转子绕组都是对称的。对于绕线式转子,由于转子绕组三相对称,转子电流因而也三相对称,其形成的磁势为旋转磁势。对于笼式转子,由导

条组成的绕组为多相对称绕组,其电流为对称的多相电流,对称多相绕组通过对称多相电流时所形成的转子合成磁势,也为旋转磁势,其在空间近似按正弦分布,根据公式 $F_1 = \dfrac{m}{2} \times 0.9 I \dfrac{N_1 k_{w1}}{p}$,其合成基波磁势的幅值 F_2 为

$$F_2 = \frac{m_2}{2} \times 0.9 I_2 \frac{N_2 k_{w2}}{p} \tag{2-19}$$

式中:m_2 为转子绕组的相数;N_2 为转子绕组的每相串联匝数;k_{w2} 为转子绕组的基波绕组系数。

(1) 转子磁势的旋转方向。现以绕线式异步电动机(见图 2-28)为例说明,若定子电流的相序为 U、V、W,产生的定子磁势沿逆时针方向旋转。因 $n<n_1$,则它在转子绕组中感应电动势和电流的相序为 u、v、w。由于旋转磁势的转向取决于电流的相序,故可确定转子磁势 F_2 的旋转方向是按 u、v、w 的相序,逆时针旋转的。因此转子磁势 F_2 的转向与定子磁势一致。

(2) 转子磁势的转速。由于异步电动机的转向与定子旋转磁场的方向一致,且 $n<n_1$,那么旋转磁场以 n_1-n 的相对转速切割转子绕组,在转子绕组中引起感应电动势和电流,其频率为

$$f_2 = \frac{p(n_1-n)}{60} = \frac{pn_1}{60} \cdot \frac{n_1-n}{n_1} = sf_1 \tag{2-20}$$

其中 $f_1=pn_1/60$ 为定子绕组感应电动势的频率,即 f_1 等于电源频率 f。$s=(n_1-n)/n_1$ 为转差率。

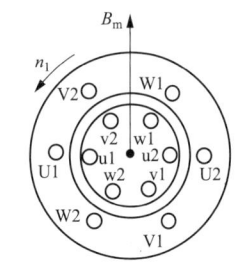

图 2-28 转子绕组的相序

从式 (2-20) 可知,转子电流的频率 f_2 与 s 成正比,在转子静止时,$s=1$,$f_2=f_1$;异步电动机在额定负载时,额定转差率 s_N 很小,在 1.5%~5% 之间,故正常运行时,f_2 很低,为 0.75~3Hz。

转子电流形成的转子磁势相对于转子本身的转速为

$$n_2 = \frac{60 f_2}{p} = \frac{60 f_1}{p} \cdot s = n_1 \cdot s = n \cdot \frac{n_1-n}{n_1} = n_1 - n$$

从以上分析可知,转子磁势以 n_2 相对于转子旋转(n_2 的转向决定于转子电流的相序,即与 n 的方向一致),而转子本身相对于定子以转速 n 转动,那么,转子的磁势相对于定子的转速为

$$n_2 + n = n_1 - n + n = n_1 \tag{2-21}$$

式 (2-21) 说明,转子磁势 F_2 相对于定子的转速为 n_1;与定子磁势 F_1 的转速相同。又由于 F_2 与 F_1 的转向相同,因此说明它们在空间保持相对静止,没有相对运动。

2. 磁势平衡

由于负载时出现了转子磁势,故气隙磁势应由 $\dot F_1$ 与 $\dot F_2$ 共同建立。由于 $\dot F_1$ 与 $\dot F_2$ 相对静止,可以将 $\dot F_1$ 与 $\dot F_2$ 合成,得出负载时的气隙磁势,即

$$\dot F_1 + \dot F_2 = \dot F_m \quad 或 \quad \dot F_1 = \dot F_m + (-\dot F_2) \tag{2-22}$$

$\dot F_m$ 产生负载时的主磁通 $\dot \Phi_m$,而空载时主磁通 $\dot \Phi_{m0}$ 由 $\dot F_{m0}$ 建立。根据式 (2-18),$U_1 \approx E_1$,主磁通在定子绕组内引起的感应电动势近似与外加电压相平衡,两者之间仅差一个很小

的漏阻抗压降，电机从空载到负载时，定子漏阻抗压降变化很小，因此若外加电压不变，则定子绕组的感应电动势 E_1 基本不变。因为 $E_1 = 4.44 f_1 N_1 k_{w1} \Phi_m \propto \Phi_m$，所以 $\dot{\Phi}_{m0} = \dot{\Phi}_m$。于是可得出

$$\dot{F}_m = \dot{F}_{m0} \tag{2-23}$$

式（2-22）、式（2-23）说明，由于负载时主磁通基本不变，则励磁磁势也应基本不变，为了保持励磁磁势不变，定子磁势必须增加一个分量 $-\dot{F}_2$ 来抵消转子磁势 $\dot{F}_2$ 的影响。这样，异步电动机的定子磁势 $\dot{F}_1$ 应包括两个分量，即一个分量为励磁分量 $\dot{F}_m$；另一个分量为 $-\dot{F}_2$，称为负载分量。

3. 基本方程式

（1）磁势平衡方程式。因为 $\dot{F}_1 + \dot{F}_2 = \dot{F}_m = \dot{F}_{m0}$，$\dot{F}_{m0} = \dot{F}_0$。根据公式 $F_1 = \dfrac{m}{2} \times 0.9 I \dfrac{N_1 k_{w1}}{p}$ 可得

$$\frac{m_1}{2} \times 0.9 \dot{I}_1 \frac{N_1 k_{w1}}{p} + \frac{m_2}{2} \times 0.9 \dot{I}_2 \frac{N_2 k_{w2}}{p} = \frac{m_1}{2} \times 0.9 \dot{I}_0 \frac{N_1 k_{w1}}{p}$$

式中：m_1、m_2 分别为定、转子绕组的相数；I_1、I_2 分别为定、转子的相电流；I_0 为励磁电流。

将上式整理后可得

$$\dot{I}_1 = \dot{I}_0 + \left(-\frac{m_2 N_2 k_{w2}}{m_1 N_1 k_{w1}} \dot{I}_2\right)$$

$$\dot{I}_1 = \dot{I}_0 + \left(-\frac{\dot{I}_2}{k_i}\right) = \dot{I}_0 + \dot{I}_{1L} \tag{2-24}$$

其中 $k_i = \dfrac{m_2 N_2 k_{w2}}{m_1 N_1 k_{w1}}$ 称为异步电动机的电流变比。

从式（2-24）可知，负载时定子电流包括励磁电流 I_0 和负载分量 I_{1L} 两个分量，当转子电流 I_2 增大时，I_{1L} 增加，定子电流随之增加。

（2）电动势平衡方程式。由于主磁通 Φ_m 与定、转子绕组相交链，分别在定、转子绕组中引起的感应电动势 E_1、E_{2s} 为

$$\left.\begin{aligned} \dot{E}_1 &= -\mathrm{j} 4.44 f_1 N_1 k_{w1} \dot{\Phi}_m \\ \dot{E}_{2s} &= -\mathrm{j} 4.44 f_2 N_2 k_{w2} \dot{\Phi}_m \end{aligned}\right\} \tag{2-25}$$

定、转子电流 $\dot{I}_1$ 和 $\dot{I}_2$ 还分别产生定、转子漏磁通 $\dot{\Phi}_{1\delta}$ 和 $\dot{\Phi}_{2\delta}$，这些漏磁通会在各自的绕组内引起漏磁电动势 $\dot{E}_{1\delta}$ 和 $\dot{E}_{2\delta}$。

$$\left.\begin{aligned} \dot{E}_{1\delta} &= -\mathrm{j} \dot{I}_1 X_1 \\ \dot{E}_{2\delta} &= -\mathrm{j} \dot{I}_2 X_{2s} \end{aligned}\right\} \tag{2-26}$$

其中 $X_{2s} = 2\pi f_2 L_{2\delta}$ 为转子绕组每相的漏电抗，$L_{2\delta}$ 为每相转子绕组的漏电感。

另外定、转子电流 $\dot{I}_1$ 和 $\dot{I}_2$ 流过各自绕组时，还将在各自绕组内产生电阻压降 $\dot{I}_1 R_1$ 和 $\dot{I}_2 R_2$（R_2 为每相转子绕组的电阻）。

根据基尔霍夫第二定律，可得出负载时定子的电动势平衡方程式为

$$\dot{U}_1 = -\dot{E}_1 + \dot{I}_1(R_1 + jX_1) = -\dot{E}_1 + \dot{I}_1 Z_1 \tag{2-27}$$

由于运行时异步电动机转子绕组自行闭合，故端电压 $U_2=0$，转子的电动势平衡方程式为

$$\dot{E}_{2s} + \dot{E}_{2\delta} = \dot{I}_2 R_2$$

$$\dot{E}_{2s} = \dot{I}_2(R_2 + jX_{2s}) = \dot{I}_2 Z_{2s} \tag{2-28}$$

式中：Z_{2s} 为每相转子绕组的漏阻抗。

由于 $f_2 = sf_1$，E_{2s} 和 X_{2s} 又可表示为

$$E_{2s} = 4.44 f_1 N_2 k_{w2} \Phi_m \cdot s = sE_2 \tag{2-29}$$

$$X_{2s} = 2\pi f_2 L_{2\delta} = 2\pi f_1 L_{2\delta} \cdot s = sX_2 \tag{2-30}$$

式中：E_2、X_2 分别为 $s=1$ 时即转子静止时的感应电动势和漏电抗。

仿照变压器的分析方法，$\dot{E}_1$ 可用励磁阻抗压降的形式表示：

$$\dot{E}_1 = -\dot{I}_0(R_m + jX_m) = -\dot{I}_0 Z_m \tag{2-31}$$

式中：R_m 为励磁电阻，即等效铁耗电阻；X_m 为对应于主磁通 Φ_m 的电抗，称为励磁电抗；Z_m 为励磁阻抗。

异步电动机负载时的基本方程式可归纳为

$$\dot{U}_1 = -\dot{E}_1 + \dot{I}_1(R_1 + jX_1) = -\dot{E}_1 + \dot{I}_1 Z_1$$

$$\dot{E}_{2s} = \dot{I}_2(R_2 + jX_{2s}) = \dot{I}_2 Z_{2s}$$

$$\dot{E}_1 = -\dot{I}_0(R_m + jX_m) = -\dot{I}_0 Z_m$$

$$\dot{I}_1 = \dot{I}_0 + \left(-\frac{\dot{I}_2}{k_i}\right)$$

2.1.4 三相异步电动机的等值电路

2.1.4.1 三相异步电动机的等值电路

异步电动机的定、转子是通过磁势联系起来的。可以把一台异步电动机内部复杂的电磁关系转换为单纯的电量之间的联系，即用一个在电磁性能和能量关系上与实际异步电动机等效的电路来代替。这个等效电路称为异步电动机的等值电路。

由于异步电动机运行时定、转子电动势的频率不同，定、转子绕组的相数和有效匝数也不同，因此要得到等值电路，需进行频率和绕组的折算。

1. 频率折算

图 2-29（a）为转子旋转时异步电动机的定、转子电路图。定子电路的频率为 f_1，转子的频率为 f_2，要得到等值电路，则应使定、转子的频率相同。由于 $f_2 = sf_1$，当 $s=1$ 即转子静止时，$f_2 = f_1$。因此，应用一个等效的静止转子来代替转动的转子。由于转子对定子的作用是通过转子磁势实现的，要保持电动机的电磁本质不变，则必须使等效静止转子电流 $\dot{I}_2''$ 所产生的磁势与实际转子电流 $\dot{I}_2$ 产生的磁势完全相同，即要求两者大小、转向、转速及其空间相位完全相同。

由于折算后转子的频率为 f_1，所以静止转子所产生的磁势对定子的转速为 $n_1 = 60f_1/p$，即与定子磁势仍然保持相对静止。

从转子磁势的幅值与空间相位来看，因为 $\dot{F}_2$ 的幅值与相位完全取决于 $\dot{I}_2$ 的大小和相

位，如果折算后静止转子的电流 $\dot{I}_2''$ 与 $\dot{I}_2$ 相同，则可保持转子磁势不变。

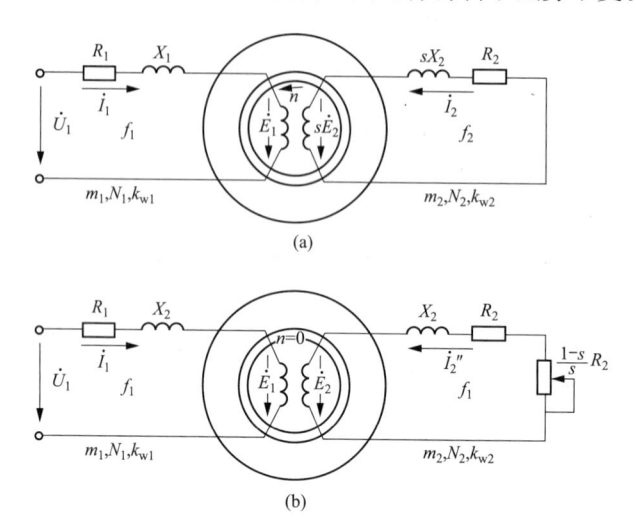

图 2-29 异步电动机的频率折算
(a) 异步电动机旋转时的定、转子电路图；(b) 频率折算后异步电动机定、转子电路图

从式（2-13）可知，旋转转子的电流 $\dot{I}_2$ 为

$$\dot{I}_2 = \frac{\dot{E}_{2s}}{R_2 + jX_{2s}} = \frac{s\dot{E}_2}{R_2 + jsX_2}$$

如果将上式分子、分母同除以 s，即得到用转子静止时的物理量 $\dot{E}_2$ 和 X_2 表示的转子电流 $\dot{I}_2''$，即

$$\dot{I}_2'' = \frac{\dot{E}_2}{\dfrac{R_2}{s} + jX_2} \tag{2-32}$$

从以上分析可知，$\dot{I}_2'' = \dot{I}_2$，但 $\dot{I}_2''$ 的频率为 f_1。式（2-32）表明，用静止的转子电路代替旋转转子的电路时，用 $\dot{E}_2$ 代替 $\dot{E}_{2s}$，用 X_2 代替 X_{2s}，用 R_2/s 代替 R_2，就能保持 $\dot{I}_2$ 和 $\dot{F}_2$ 不变。式（2-32）中 $\dfrac{R_2}{s} = R_2 + \dfrac{1-s}{s}R_2$，这就是说经过频率折算后，在静止的转子电路中，除了转子本身的电阻 R_2 外，还将串入一个大小为 $\dfrac{1-s}{s}R_2$ 的附加电阻，转子电流流过 $\dfrac{1-s}{s}R_2$ 时将消耗功率，这部分功率在实际的电动机中并不存在，但实际电动机旋转时要产生机械功率，在转子静止时附加电阻的损耗 $m_2 I_2''^2 \left(\dfrac{1-s}{s}\right)R_2$ 就模拟了实际电动机所产生的机械功率。

频率折算后异步电动机的定、转子电路如图 2-29（b）所示。

2. 绕组折算

频率折算之后，由于定、转子绕组的相数、有效匝数仍不相同，$E_1 \neq E_2$。因此定子电路与转子电路还不能连接起来用一个等效电路来代替，所以还应进行绕组的折算。就是用一个相数、有效匝数与定子绕组完全相同的转子绕组来代替原来相数为 m_2、有效匝数为 $N_2 k_{w2}$ 的转子绕组。折算时应保持折算前后转子对定子的电磁效应不变，即转子磁势、转子的视在功率、转子的铜损耗以及转子的无功功率保持不变。为了与原来各量相区别,凡转子折算后的量都加"'"表示。

(1) 电流的折算。根据折算前后转子磁势不变的原则可得

$$\frac{m_1}{2} \times 0.9 I_2' \frac{N_1 k_{w1}}{p} = \frac{m_2}{2} \times 0.9 I_2 \frac{N_2 k_{w2}}{p}$$

$$I_2' = \frac{m_2 N_2 k_{w2}}{m_1 N_1 k_{w1}} I_2 = \frac{I_2}{k_i} \tag{2-33}$$

其中 $k_i = \frac{m_1 N_1 k_{w1}}{m_2 N_2 k_{w2}}$ 称为异步电动机的电流变比。

(2) 电动势的折算。根据折算前后转子视在功率不变的条件可得

$$m_1 E_2' I_2' = m_2 E_2 I_2$$

$$E_2' = \frac{m_2}{m_1} \cdot \frac{m_1 N_1 k_{w1}}{m_2 N_2 k_{w2}} \cdot E_2 = \frac{N_1 k_{w1}}{N_2 k_{w2}} \cdot E_2 = k_e E_2 \tag{2-34}$$

其中 $k_e = \frac{N_1 k_{w1}}{N_2 k_{w2}}$ 称为电动势变比。折算后,转子绕组的有效匝数与定子一样,所以 $E_2' = E_1$。

(3) 阻抗的折算。由折算前后转子铜损耗不变的原则可得

$$m_1 I_2'^2 R_2' = m_2 I_2^2 R_2$$

$$R_2' = \frac{N_1 k_{w1}}{N_2 k_{w2}} \cdot \frac{m_1 N_1 k_{w1}}{m_2 N_2 k_{w2}} R_2 = k_e k_i R_2 \tag{2-35}$$

根据折算前后转子无功功率不变的原则可得

$$m_1 I_2'^2 X_2' = m_2 I_2^2 X_2$$

$$X_2' = \frac{N_1 k_{w1}}{N_2 k_{w2}} \cdot \frac{m_1 N_1 k_{w1}}{m_2 N_2 k_{w2}} X_2 = k_e k_i X_2 \tag{2-36}$$

经过折算后,异步电动机的基本方程式为

$$\left.\begin{aligned}
\dot{U}_1 &= -\dot{E}_1 + \dot{I}_1 Z_1 \\
\dot{E}_2' &= \dot{I}_2'\left(\frac{1-s}{s} \cdot R_2'\right) + \dot{I}_2'(R_2' + jX_2') = \dot{I}_2'\left(\frac{1-s}{s} \cdot R_2'\right) + \dot{I}_2' Z_2' \\
\dot{I}_1 &= \dot{I}_0 + \left(-\frac{\dot{I}_2}{k_i}\right) = \dot{I}_0 + (-\dot{I}_2') \\
\dot{E}_1 &= -\dot{I}_0(R_m + jX_m) = -\dot{I}_0 Z_m \\
\dot{E}_1 &= \dot{E}_2'
\end{aligned}\right\} \tag{2-37}$$

3. 等值电路

经过对转子绕组频率和绕组的折算,转子的相数、每相绕组的有效匝数及频率都与定子电路相同,此时定、转子电路如图 2-30 所示。由于 $E_1 = E_2'$,可将 aa' 及 bb' 连接起来,于是就得到图 2-31 所示的电路,称为异步电动机的 T 形等值电路。在等值电路中励磁支路是用励磁阻抗的形式来表示的。

下面从 T 形等值电路分析几种异步电动机的典型状态:

(1) 异步电动机空载运行。空载运行时,$n \approx n_1$,此时 $s \approx 0$。等值电路中附加电阻 $\frac{1-s}{s} R_2'$ 趋于无穷大,转子电路相当于开路,此时转子的功率因数最高。但 $\dot{I}_2' \approx 0$,$\dot{I}_1 \approx \dot{I}_0$。而 $\dot{I}_0$ 基

本为无功电流,所以异步电动机空载时,功率因数是滞后的,而且很低。

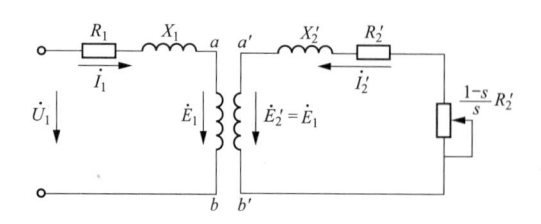

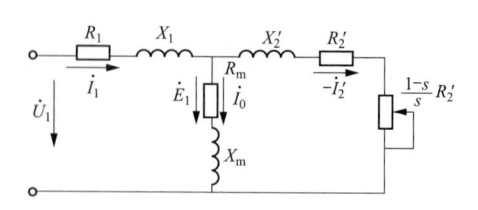

图 2-30 异步电动机折算后的定、转子电路图

图 2-31 异步电动机的 T 形等值电路

(2) 异步电动机额定运行。异步电动机带有额定负载时,转差率 $s_N \approx 5\%$,此时转子电路总电阻 $R_2'/s \approx 20R_2'$,这使转子电路基本上呈电阻性。所以转子电路的功率因数较高,在 $\dot{I}_1 = \dot{I}_0 + (-\dot{I}_2')$ 的两个分量中,$-\dot{I}_2'$ 比 $\dot{I}_0$ 大得多,即 $-\dot{I}_2'$ 起主要作用。此时定子的功率因数可达到 0.8~0.85。

(3) 异步电动机启动时。异步电动机启动时 $n=0$,$s=1$,附加电阻 $\frac{1-s}{s}R_2'$ 等于零,相当于电动机处于短路状态。所以启动电流很大(可达额定电流的 4~7 倍)。由于 $R_2' < X_2'$,定、转子电路的功率因数都较低。

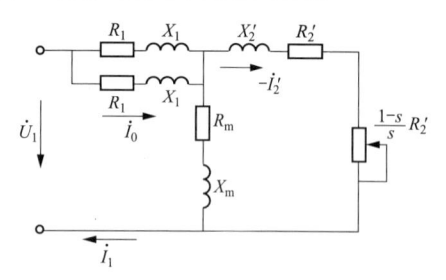

图 2-32 异步电动机的简化等值电路

采用 T 形等值电路计算比较复杂,因此在实际应用时常把励磁支路移到电源端,使电路简化为单纯的并联电路。为了减小误差,在励磁支路中串入 R_1 和 X_1,使励磁电流 I_0 近似保持不变。这种电路称为简化等值电路,如图 2-32 所示。

2.1.4.2 异步电动机的相量图

为了表示电机各物理量之间的相位关系,根据折算后的电动势和磁势方程可画出异步电动机的相量图。画相量图时以主磁通 $\dot{\Phi}_m$ 作为参考相量,至于其他相量的画法与变压器的画法基本相同,这里不再重复。异步电动机的相量图如图 2-33 所示。

从相量图可知,定子电流 $\dot{I}_1$ 总是滞后于电源电压 $\dot{U}_1$ 的,这是因为建立和维持气隙中的主磁通和定、转子的漏磁通,电机需要从电源吸取一定的无功功率,所以定子电流永远滞后于电源电压,即异步电动机的功率因数永远是滞后的。

例3 一台 4 极三相笼式异步电动机,定子绕组接在 $f=50\text{Hz}$ 的电源上,其额定数据和参数如下:$P_N=10\text{kW}$,$U_N=380\text{V}$,$n_N=1450\text{r/min}$,$R_1=1.36\Omega$,$X_1=2.42\Omega$,$R_2'=1.08\Omega$,$X_2'=4.4\Omega$,$R_m=8.24\Omega$,$X_m=86.6\Omega$,定子绕组为三角形接法,试根据 T 形等值电路计算在额定负载时的定子电流、功率因数、输入功率及效率。

解: (1) 由电动机的极数 $2p=4$,故同步转速 $n_1=1500\text{r/min}$,额定负载时的转差率为

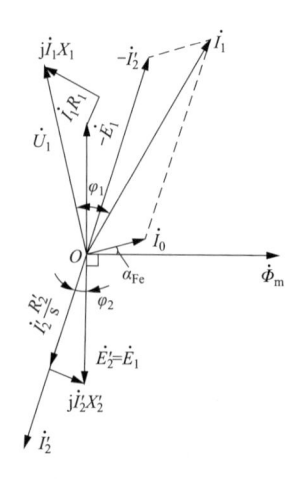

图 2-33 异步电动机的相量图

$$s_v = \frac{n_1 - n}{n_1} = \frac{1500 - 1450}{1500} = 0.033$$

(2) 转子阻抗的折算值为

$$Z_2' = \frac{R_2'}{s_N} + jX_2' = \frac{1.08}{0.033} + j4.4 = 32.73 + j4.4 = 33.02\angle 7.66°(\Omega)$$

励磁阻抗为

$$Z_m = R_m + jX_m = 8.24 + j86.6 = 87\angle 82.116°(\Omega)$$

Z_2' 与 Z_m 的并联值为

$$\frac{Z_2' Z_m}{Z_2' + Z_m} = \frac{33.02\angle 7.66° \times 87\angle 84.56°}{33.02\angle 7.66° + 87\angle 84.56°} = \frac{2872.74\angle 92.22°}{99.81\angle 65.76°} = 28.78\angle 26.46° = 25.77 + j12.83 \ (\Omega)$$

等值电路的总阻抗为

$$Z = Z_1 + \frac{Z_2' Z_m}{Z_2' + Z_m} = 1.36 + j2.42 + 25.77 + j12.83 = 27.13 + j15.25 = 31.12\angle 29.34°(\Omega)$$

(3) 设 $\dot{U}_N = 380\angle 0°$ V，则额定负载时定子相电流为

$$\dot{I}_1 = \frac{\dot{U}_1}{Z} = \frac{380\angle 0°}{31.12\angle 29.34°} = 21.21\angle -29.34°(A)$$

电机的额定电流为

$$I_N = \sqrt{3}I_1 = \sqrt{3} \times 12.21 = 21.15(A)$$

定子的功率因数为

$$\cos\varphi_{1N} = \cos 29.34° = 0.87(\text{滞后})$$

定子输入功率为

$$P_N = \sqrt{3}U_N I_N \cos\varphi_{1N} = \sqrt{3} \times 380 \times 21.15 \times 0.87 = 12110(W)$$

效率为

$$\eta_N = \frac{P_2}{P_1} = \frac{10000}{12110} = 83\%$$

2.1.5 三相异步电动机的功率和转矩

2.1.5.1 异步电动机的功率平衡关系

当三相异步电动机负载运行时，从电源输入的有功功率为

$$P_1 = 3U_1 I_1 \cos\varphi_1$$

式中：$\cos\varphi_1$ 为定子的功率因数，即电机的功率因数。

输入功率 P_1 的一小部分供给定子绕组的铜损耗 p_{Cu1} 和电动机的铁损耗 p_{Fe}（由于正常运行时，转子频率 f_2 很小，一般为 0.75～3Hz，故转子铁损耗很小，可忽略不计。所以电机的铁损耗主要是定子铁芯的铁损耗），其余大部分由气隙磁场通过电磁感应传递给转子，这部分功率称为电磁功率 P_{em}。

$$\left.\begin{array}{l} P_{em} = P_1 - p_{Cu1} - p_{Fe} \\ p_{Cu1} = 3I_1^2 R_1 \\ p_{Fe} = 3I_0^2 R_m \end{array}\right\} \quad (2-38)$$

从转子的角度看，电磁功率 P_{em} 就是转子接收到的全部有功功率。从等值电路可知

$$P_{em} = 3E'_2 I'_2 \cos\varphi_2 = 3I'^2_2 \frac{R'_2}{s} \qquad (2-39)$$

式中：$\cos\varphi_2$ 为转子的功率因数。

传递给转子的电磁功率，其中一小部分供给转子绕组的铜损耗 p_{Cu2}（转子电路的铜损耗称为转差功率），电磁功率减去转子的铜损耗，便是电动机产生的总机械功率 P_Ω。

$$P_\Omega = P_{em} - p_{Cu2} = 3I'^2_2 \frac{R'_2}{s} - 3I'^2_2 R'_2 = 3I'^2_2 \frac{1-s}{s} R'_2 = (1-s)P_{em} \qquad (2-40)$$

$$p_{Cu2} = sP_{em} \qquad (2-41)$$

总机械功率不能全部输出，因为转子转动时存在着由摩擦引起的机械损耗 p_Ω 和由高次谐波、漏磁通等因素引起的附加损耗 p_s，扣除这部分损耗后，剩余的便是电动机轴上输出的机械功率 P_2。

$$P_2 = P_\Omega - p_\Omega - p_s \qquad (2-42)$$

综上所述，异步电动机的功率平衡关系可表示为

$$P_{em} = P_1 - p_{Cu1} - p_{Fe}$$
$$P_\Omega = P_{em} - p_{Cu2}$$
$$P_2 = P_\Omega - p_\Omega - p_s$$

其功率流程如图 2-34 所示。

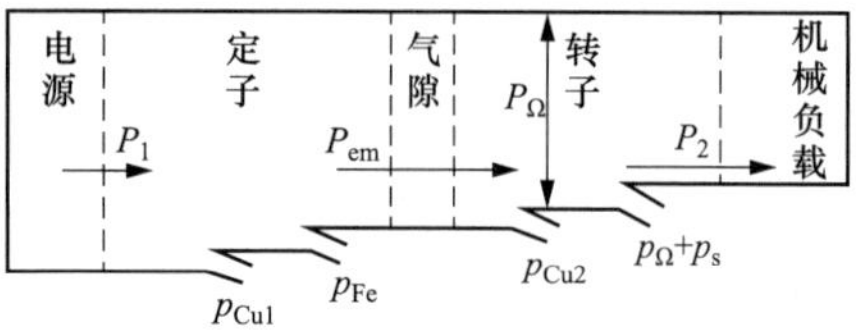

图 2-34 异步电动机的功率流程图

2.1.5.2 异步电动机的转矩平衡方程式

由于旋转机械的功率等于其机械转矩与机械角速度的乘积，在式（2-42）的两端除以转子的角速度 Ω，则得

$$\frac{P_2}{\Omega} = \frac{P_\Omega}{\Omega} - \frac{p_\Omega + p_s}{\Omega}$$
$$T_2 = T_{em} - T_0 \qquad (2-43)$$

式（2-43）中 T_{em} 为气隙磁场与转子电流相作用产生的电磁转矩，它为电动机的驱动转矩。T_0 为由机械损耗和附加损耗引起的空载转矩。它在电动机运行时起制动作用。T_2 为电动机输出的机械转矩。

电动机稳定运行时，输出转矩 T_2 与负载转矩 T_L 相平衡，即 $T_2 = T_L$，因此可写为

$$T_{em} = T_L + T_0 \qquad (2-44)$$

上式为异步电动机的转矩平衡方程式，它表明在电动机稳定运行时，驱动转矩与制动转矩相平衡。

下面重点分析电磁转矩 T_{em}。

由于 $s = \frac{n_1 - n}{n_1} = \frac{\Omega_1 - \Omega}{\Omega_1}$，则得 $\Omega = (1-s)\Omega_1$。其中 $\Omega_1 = \frac{2\pi n_1}{60}$，$\Omega = \frac{2\pi n}{60}$，分别为旋转磁场的同步角速度和转子的机械角速度。因此电磁转矩又可写为

$$T_{em} = \frac{P_\Omega}{\Omega} = \frac{(1-s)P_{em}}{(1-s)\Omega_1} = \frac{P_{em}}{\Omega_1} \qquad (2-45)$$

电磁转矩表示为 $T_{em} = P_\Omega/\Omega$，是以转子本身产生机械功率来表示的；$T_{em} = P_{em}/\Omega_1$ 是以旋转磁场对转子做功为依据的，因为旋转磁场以同步角速度 Ω_1 转动，旋转磁场通过气隙传递到转子的功率为电磁功率 P_{em}，因而 $T_{em} = P_{em}/\Omega_1$。

例4 一台4极笼式三相异步电动机，$P_N = 10kW$，$U_N = 380V$，$f = 50Hz$，定子绕组为

三角形接法，额定运行时，$\cos\varphi_{1N}=0.83$，$p_{Cu1}=550W$，$p_{Cu2}=314W$，$p_{Fe}=274W$，机械损耗 $p_\Omega=70W$，附加损耗 $p_s=160W$。试求电机在额定运行时的转速、效率、额定电流、额定输出转矩、电磁转矩。

解：（1）旋转磁场的同步转速为 $n_1=\dfrac{60f}{p}=\dfrac{60\times50}{2}=1500$（r/min）

电磁功率 $P_{em}=P_N+p_{Cu2}+p_\Omega+p_s=10000+314+70+160=10544$（W）

额定转差率 $s_N=\dfrac{p_{Cu2}}{P_{em}}=\dfrac{314}{10544}=0.03$

额定转速 $n_N=(1-s_N)n_1=(1-0.03)\times1500=1455$（r/min）

（2）额定负载下的输入功率为 $P_1=P_{em}+p_{Cu1}+p_{Fe}=10544+550+274=11368$（W）

额定效率为 $\eta_N=\dfrac{P_N}{P_1}=\dfrac{10000}{11368}=88\%$

（3）定子的额定电流为 $I_N=\dfrac{P_1}{\sqrt{3}U_N\cos\varphi_{1N}}=\dfrac{11368}{\sqrt{3}\times380\times0.83}=20.8$（A）

（4）额定的输出转矩为 $T_2=\dfrac{P_N}{\Omega}=9.55\dfrac{P_N}{n_N}=9.55\times\dfrac{10000}{1455}=65.63$（N·m）

（5）电机的电磁转矩为 $T_{em}=\dfrac{P_{em}}{\Omega_1}=9.55\dfrac{P_{em}}{n_1}=9.55\dfrac{10544}{1500}=67.13$（N·m）

2.1.6 电力拖动的基础知识

以电动机作为原动机拖动生产机械运动的拖动方式，称为电力拖动。电力拖动系统由电动机、生产机械的传动机构、工作机构、控制设备和电源组成。通常传动机构和工作机构合称为电动机的机械负载。电力拖动系统的构成如图2-35所示。

2.1.6.1 单轴电力拖动系统的运动方程

单轴电力拖动系统是只含一根传动轴的系统。电动机通过连轴器与机械负载直接相连，如图2-36所示。

图2-35 电力拖动系统的组成　　图2-36 单轴电力拖动系统

由牛顿力学定律可知，做直线运动的物体，其运动方程式为

$$F_1-F_2=ma=m\dfrac{dv}{dt}$$

式中：F_1 为驱动力；F_2 为阻力；m 为物体的质量；a 为直线运动物体的加速度。

与直线运动相似，若电动机的电磁转矩为驱动转矩，负载转矩为阻转矩，在忽略电动机空载转矩 T_0 时，单轴系统的运动方程式可表达为

$$T_{em}-T_L=\dfrac{GD^2}{375}\dfrac{dn}{dt} \tag{2-46}$$

式中：T_{em} 为电动机的电磁转矩，N·m；T_L 为机械负载转矩，N·m；GD^2 为物体的飞轮力矩，N·m^2，是代表物体转动惯性的物理量；dn/dt 为单轴系统的加速度。

在电力拖动系统中，电动机有时会做发电制动运行，这时 T_{em} 将变为制动转矩。对负载转矩来说，也并非都是阻转矩，如起重机下放重物时，由重物重力形成的转矩将变为驱动转矩。为了使运动方程式具有普遍性，能够描述各种运动状态，式（2-46）中的 T_{em} 及 T_L 应带有正负号，规定如下：

（1）首先规定电动机转速 n 的某一旋转方向为正方向。

（2）T_{em} 的方向与 n 的正方向相同时，T_{em} 为驱动转矩，此时 T_{em} 取正号，反之取负号。

（3）T_L 的方向与 n 的正方向相反时，T_L 为阻转矩，此时 T_L 取正号，反之取负号。

在考虑 T_{em} 及 T_L 正负号的情况下，式（2-46）可表达为

$$\pm T_{em} - (\pm T_L) = \frac{GD^2}{375} \frac{dn}{dt} \qquad (2-47)$$

在规定 n 的正方向的前提下，从式（2-47）可知，若 $dn/dt=0$，说明 n 为零或 n 为常数，表明拖动系统处于静止或匀速转动状态；若 $dn/dt>0$，拖动系统处于加速运行状态；若 $dn/dt<0$，拖系统处于减速运行状态。

对于传动轴不止一根的多轴拖动系统，分析时需将多轴系统折算化简为单轴系统，读者可参考有关文献。

2.1.6.2 生产机械的负载转矩特性

机械负载的转速 n 与负载转矩 T_L 之间的关系 $n=f(T_L)$ 称为生产机械的负载转矩特性，简称为负载特性，负载特性大致可分为恒转矩负载特性、恒功率负载特性和通风机类负载特性三种类型。

1. 恒转矩负载特性

恒转矩负载是指负载转矩 T_L 的大小不随转速变化，T_L 为常数。恒转矩负载转矩又可分为反抗性恒转矩和位能性恒转矩。

（1）反抗性恒转矩负载。反抗性恒转矩负载的特点是，负载转矩的大小不变，但负载转矩的方向始终与生产机械运动的方向相反，即总是阻碍电动机的运动，当电动机的转向改变时，负载转矩的方向随之改变，负载转矩永远呈阻碍性质。属于这类特性的生产机械有轧钢机、机床刀架的平移机构等。其特性曲线如图 2-37 所示。

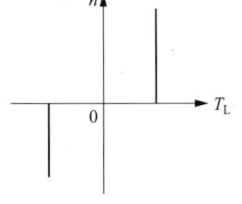

图 2-37 反抗性恒转矩负载特性

（2）位能性恒转矩负载。这类负载的特点是负载转矩由重力作用产生，负载转矩的大小和方向不随运动方向的改变而改变。例如：起重机提升重物时，负载转矩为阻转矩，其方向与电动机的转向相反；当下放重物时，负载转矩变为驱动转矩，其方向与电动机转向相同。其负载特性如图 2-38 所示。

2. 恒功率负载特性

恒功率负载的特点是负载转矩与转速的乘积为一常数，即当转速变化时，负载从电动机吸收的功率为恒定值，即

$$P_L = T_L \Omega = T_L \frac{2\pi n}{60} = \frac{2\pi}{60} T_L n = 常数 \qquad (2-48)$$

也就是说，在负载功率不变时，负载转矩与转速成反比。例如，车床粗加工时，切削量大，用低速挡；精加工时，切削量小，开高速挡，加工过程中负载从电动机吸收的功率基本为常数。恒功率负载特性如图 2-39 所示。

图 2-38 位能性恒转矩负载特性

3. 通风机类负载特性

通风机类负载的特点是负载转矩的大小与转速的平方成正比，即

$$T_L = Kn^2 \qquad (2-49)$$

常见的通风机类负载有鼓风机、水泵、液压泵等，其负载特性曲线如图 2-40 中的曲线 1 所示。

必须指出，实际生产机械的负载转矩特性常为以上几种典型特性的综合。例如实际通风机类负载的负载转矩除式（2-4）表示的转矩外，还存在系统机械摩擦所造成的反抗性负载转矩，所以电动机上的负载转矩应为以上二者之和，如图 2-40 中的曲线 2。

图 2-39 恒功率负载特性

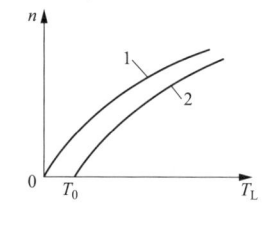

图 2-40 通风机负载特性

2.1.6.3 电力拖动系统稳定运行的概念

电力拖动系统主要由电动机和机械负载两部分组成，为了使系统运行可靠，就要求电动机的机械特性和生产机械负载特性互相配合。稳定运行是指电力拖动系统在某种外界因素的扰动下，离开原来的平衡状态，当外界扰动消失后，系统仍能恢复到原来的平衡状态或在新的条件下达到新的平衡。

设有一三相异步电动机拖动恒转矩负载，可把电动机的机械特性和负载特性画在同一坐标系中，如图 2-41（a）所示。在 A 点处，电动机的电磁转矩与负载转矩相等，即 $T_{emA}=T_{LA}$，根据拖动系统的运动方程，此时 $dn/dt=0$，系统以转速 n_A 稳定运行。由此可见，电力拖动系统的稳定运行点总是在电动机机械特性与负载特性的交点处。也就是说，两种特性具有交点是系统稳定运行的必要条件。

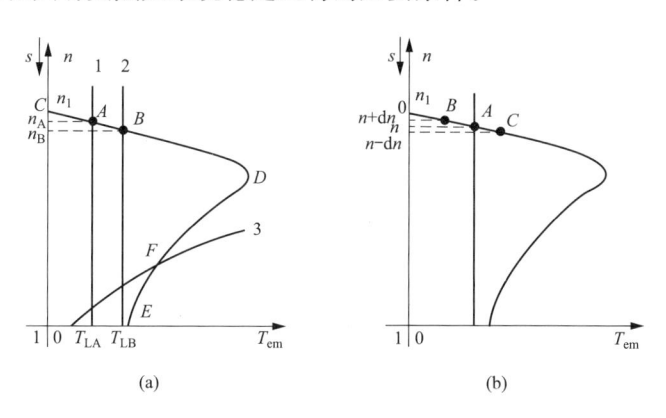

图 2-41 电力拖动系统稳定运行分析

两种特性有交点的系统是否就一定能稳定运行呢？这就要看在交点处两种特性是否配合，使系统具有抗干扰的能力。

现假设系统的负载有一个扰动，使 T_{LA} 增大到 T_{LB}，由于系统惯性的原因，系统的转速不能突变，此时 $T_{emA}<T_{LB}$，电动机的转速将开始下降，随着转速的下降，T_{em} 逐步增加，当到达 B 点时，$T_{emB}=T_{LB}$，系统重新获得平衡，以转速 n_B 稳定运行。当负载扰动消失，T_{LB} 减小到 T_{LA} 时，由于 $T_{emB}>T_{LA}$，拖动系统将加速，直到恢复到原来的平衡点 A。

上述分析说明，当两种特性的交点出现在从同步转速点到最大转矩点的 CD 段（此段电动机的机械特性是向下倾斜的），拖动系统具有抗干扰的能力，即能稳定运行。

对于恒功率负载和通风机类负载,只要两种特性的交点出现在 CD 段,拖动系统也具有抗干扰的能力,读者可自行分析。因此这一区域为三相异步电动机拖动系统的稳定运行区域。

从以上分析可以看出,两种特性有交点,仅为稳定运行的前提,其稳定运行的充分必要条件可从图 2-41 (b) 看出:若扰动使系统的转速升高(如 B 点),在交点对应的转速之上,应保证 $T_{em}<T_L$,使拖动系统减速;若扰动使系统转速降低(如 C 点),在交点对应的转速之下,则要求 $T_{em}>T_L$ 使系统加速,即在交点处应满足:

$$\frac{dT_{em}}{dn} < \frac{dT_L}{dn} \tag{2-50}$$

若两种特性的交点出现在从最大转矩点到启动点的区域,机械特性是上倾的,不难分析,对于恒转矩和恒功率负载,系统不具备抗干扰能力,因而不能稳定运行。而对于通风机类负载,可以在此区域稳定运行,如图 2-41 (a) 的曲线 3。但在此区域工作时,系统的转速很低,电动机定转子电流很大,因此损耗大,工作效率低。

2.1.7 三相异步电动机的机械特性

2.1.7.1 三相异步电动机电磁转矩的表达式

1. 物理表达式

由式 (2-45) 及 $E_2' = \sqrt{2}\pi f \Phi_m N_1 k_{w1}$ 可得

$$T_{em} = \frac{P_{em}}{\Omega_1} = \frac{1}{\Omega_1} m_1 E_2' I_2' \cos\varphi_2 = \frac{p}{2\pi f} m_1 E_2' I_2' \cos\varphi_2$$

$$= \left(\frac{pm_1 N_1 k_{w1}}{\sqrt{2}}\right)\Phi_m I_2' \cos\varphi_2 = C_T \Phi_m I_2' \cos\varphi_2 \tag{2-51}$$

式 (2-51) 中 $C_T = \frac{pm_1 N_1 k_{w1}}{\sqrt{2}}$ 称为三相异步电动机的转矩常数;p 为电机的极对数。

上式表明,三相异步电动机的电磁转矩是由主磁通 Φ_m 和转子电流的有功分量 $I_2'\cos\varphi_2$ 相互作用产生的。

2. 参数表达式

电磁转矩的物理表达式虽然从物理概念上表明了电磁转矩的性质,但没有直接反映电磁转矩与转速及电机参数的关系。故需推导电磁转矩的参数表达式。

由异步电动机的简化等值电路可得:$I_2' = U_1/\sqrt{(R_1+R_2'/s)^2+(X_1+X_2')^2}$,根据式 (2-45) 可得电磁转矩的参数表达式:

$$T_{em} = \frac{P_{em}}{\Omega_1} = \frac{m_1 I_2'^2 \frac{R_2'}{s}}{\frac{2\pi f_1}{p}} = \frac{m_1 p U_1^2 \frac{R_2'}{s}}{2\pi f_1 \left[\left(R_1+\frac{R_2'}{s}\right)^2+(X_1+X_2')^2\right]} \tag{2-52}$$

从上式可知,在电源电压和频率一定,电机的参数不变时,电磁转矩仅与转差率 s 有关。其关系曲线 $T_{em}=f(s)$ 如图 2-42 所示。

(1) 电动状态。

在此状态 $0<s\leqslant 1$。当 s 很小时,$R_2'/s \gg R_1$ 及 X_1+X_2',R_1 及 X_1+X_2' 可忽略不计,从式 (2-52) 可知,T_{em} 随 s 的增大几乎成正比例增大。当 s 上升到较大数值时,R_1+R_2'/s 比 X_1+X_2' 小得多,电磁转矩将随 s 的增大而减小,在此过程中,电机将产生最大转矩 T_m。将电

磁转矩 T_{em} 对转差率 s 求导，并令 $dT_{em}/ds=0$，即可求得产生 T_m 时的临界转差率 s_m，即

$$s_m = \pm \frac{R_2'}{\sqrt{R_1^2 + (X_1 + X_2')^2}} \quad (2\text{-}53)$$

将上式代入式（2-36）可得

$$T_m = \pm \frac{m_1 p U_1^2}{4\pi f_1 [\pm R_1 + \sqrt{R_1^2 + (X_1 + X_2')^2}]} \quad (2\text{-}54)$$

式（2-53）、式（2-54）中"+"对应于电动状态，"-"对应于发电状态。通常 $R_1 \ll (X_1 + X_2')$，R_1 可忽略不计。故式（2-53）、式（2-54）可近似表达为

$$s_m \approx \pm \frac{R_2'}{X_1 + X_2'} \quad (2\text{-}55)$$

$$T_m \approx \pm \frac{m_1 p U_1^2}{4\pi f_1 (X_1 + X_2')} \quad (2\text{-}56)$$

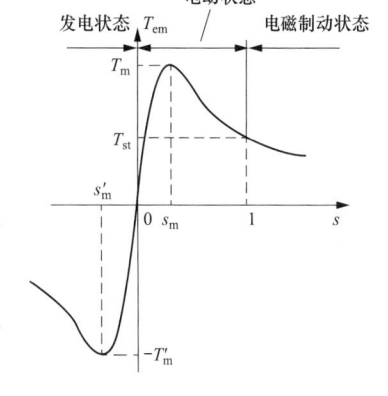

图 2-42 三相异步电动机的 $T_{em}\text{-}s$ 曲线

由式（2-55）和式（2-56）可见：

1）当电源频率及电机各参数不变时，T_m 与外加相电压 U_1 的平方成正比，s_m 与 U_1 大小无关。

2）当 U_1、f_1 及其他参数不变，仅在绕线式转子回路中外接电阻时，最大转矩 T_m 不变，而 s_m 则随转子电阻的增大而增大。

3）当 U_1、f_1 及其他参数不变，仅改变定转子漏抗 $X_1 + X_2'$，T_m 和 s_m 都近似与 $X_1 + X_2'$ 成反比。

T_m 是异步电动机所能产生的最大转矩，如果电动机运行时负载转矩大于最大转矩，则电动机因不能承载而停转。为了保证电动机不因短时过载而停转，电动机必须具有一定的过载能力，过载能力可用过载系数 λ_m 表示。λ_m 为最大转矩 T_m 与额定转矩 T_N 的比值，即

$$\lambda_m = \frac{T_m}{T_N} \quad (2\text{-}57)$$

显然，T_m 越大，电机的短时过载能力就越强。λ_m 是电动机的重要参数，它反映了电机短时过载的极限。一般三相异步电动机的 $\lambda_m \approx 1.6 \sim 2.2$，对于冶金用的电动机 $\lambda_m \approx 2.2 \sim 2.8$。

异步电动机启动时，$n=0$，$s=1$，将 $s=1$ 代入式（2-36）可得三相异步电动机的启动转矩。

$$T_{st} = \frac{m_1 p U_1^2 R_2'}{2\pi f_1 [(R_1 + R_2')^2 + (X_1 + X_2')^2]} \quad (2\text{-}58)$$

从上式可知，启动转矩也与电源电压 U_1、频率 f_1 及电动机的参数有关。

1）当电源频率 f_1 及电动机参数不变时，启动转矩 T_{st} 与外加相电压 U_1 的平方成正比。

2）当 U_1、f_1 及其他参数不变时，转子电阻适当增加，T_{st} 也增大。利用此特点，可在绕线式转子回路中外接电阻增加启动转矩。如要求启动转矩达到最大转矩，则 $s_m = (R_2' + R_{st}')/(X_1 + X_2') = 1$，则 $R_{st}' = (X_1 + X_2') - R_2'$。

3）当 U_1、f_1 及其他参数不变而 $X_1 + X_2'$ 增加时，T_{st} 减小。

异步电动机的启动转矩 T_{st} 与额定转矩 T_N 的比值，称为启动转矩倍数，用 K_{st} 表示。

$$K_{st} = \frac{T_{st}}{T_N} \quad (2\text{-}59)$$

只有启动转矩大于电动机的制动转矩时，电动机才能启动，启动转矩越大，启动时间越短，损耗越小。一般三相异步电动机的 $K_{st} \approx 1.0 \sim 2.0$，冶金和起重用的异步电动机 $K_{st} \approx 2.8 \sim 4.0$。

(2) 发电状态。

如果电动机转子受外力拖动，使 $n > n_1$。此时，$s < 0$，转子导体感应电动势和电流将改变方向，T_{em} 的方向也改变，即 $T_{em} < 0$，电磁转矩变为制动转矩，$P_{em} = m_1 I_2'^2 R_2'/s$ 也变负，电动机向电网输入电功率。

(3) 电磁制动状态。

当旋转磁场与电动机的转向相反时，$s > 1$。电磁转矩与电动机转向相反，此时由于 $f_2 = sf_1$ 较大，转子漏抗较大，T_{em} 随 s 的增大而减小。

3. 实用表达式

电磁转矩的参数表达式对于分析 T_{em} 与 s 及电动机参数的关系是非常有用的，但由于电动机的铭牌和产品目录不给出电动机的参数 R_1、R_2'、X_1、X_2'，所以用参数表达式计算电磁转矩很不方便。因此，有必要导出利用电动机铭牌和技术数据求电磁转矩的实用表达式。

由于 R_1 很小，在忽略 R_1 时，用电磁转矩的参数表达式（2-52）除以最大转矩表达式（2-54），再考虑临界转差率式（2-53），经化简可得电磁转矩的实用表达式：

$$T_{em} = \frac{2T_m}{\frac{s}{s_m} + \frac{s_m}{s}} \tag{2-60}$$

通常铭牌产品目录给出电动机的额定功率 P_N、额定转速 n_N 和过载系数 λ_m，利用这些数据计算电磁转矩的步骤如下：

1) 根据 P_N、n_N 求 T_N。

如忽略 T_0，则 $T_N = 9.55 \frac{P_N}{n_N}$（N·m），式中 P_N 的单位为 W，n_N 的单位为 r/min。

2) 由 λ_m 求 T_m。

$$T_m = \lambda_m T_N$$

3) 求临界转差率 s_m。

由 $T_N = \dfrac{2T_m}{\dfrac{s_N}{s_m} + \dfrac{s_m}{s_N}}$ 化简后可求得：

$$s_m = s_N(\lambda_m + \sqrt{\lambda_m^2 - 1}) \tag{2-61}$$

求出 T_m 和 s_m 后，对于给定的 s 值，通过实用表达式，即可求出对应的 T_{em}。

当三相异步电动机在额定负载以下运行时，s 很小，$s_m/s \gg s/s_m$，在实用表达式中可忽略 s/s_m 项，得到简化的实用表达式：

$$T_{em} = \frac{2T_m s}{s_m} \tag{2-62}$$

上式表明，当异步电动机在额定负载内运行时，T_{em} 与 s 近似呈线性关系。

2.1.7.2 三相异步电动机的机械特性

电动机的转速 n 与电磁转矩 T_{em} 之间的关系 $n = f(T_{em})$ 称为电动机的机械特性。三相异步电动机的机械特性可由其 T_{em}-s 曲线变换得到。

1. 固有机械特性

三相异步电动机的固有机械特性是指异步电动机工作在额定电压和额定频率下，由电动机本身固有的参数所决定的机械特性，如图 2-43 所示。为了描述机械特性的特点，下面着重分析几个反映电机工作状况的特殊运行点。

(1) 启动点 A。其特点是 $n=0$，$s=1$，$T_{em}=T_{st}$。由于此时转子与旋转磁场之间的相对切割速度为 n_1-0，即为同步转速，因此转子电流很大，定子电流也很大，可达额定电流的 4~7 倍。

(2) 额定工作点 B。当电动机在额定状态下运行时，$n=n_N$，$s=s_N$，若忽略空载转矩 T_0，$T_{em}=T_N$，此时电动机电流为额定电流。由于额定运行时转差率很小，一般 $s_N=0.015~0.06$，所以电动机的额定转速 n_N 略小于同步转速 n_1。

(3) 同步转速点 C。其特点是 $n=n_1$，$s=0$，$T_{em}=0$，$I_2'=0$，$I_1=I_0$。C 点是电动机的理想空载点。

(4) 最大转矩点 D。在此点 $s=s_m$，$T_{em}=T_m$。最大转矩点 D 是电动机机械特性的转折点，在此点以上的 CD 段，由式（2-62）可知，机械特性近似为向下倾斜的直线，T_{em} 随 n 的减小而增大，对于固有机械特性，由于在此区域电机的转速变化较小，此区域的机械特性称为硬的机械特性。在 D 点以下的 DA 段，T_{em} 随 n 的减小而减小。

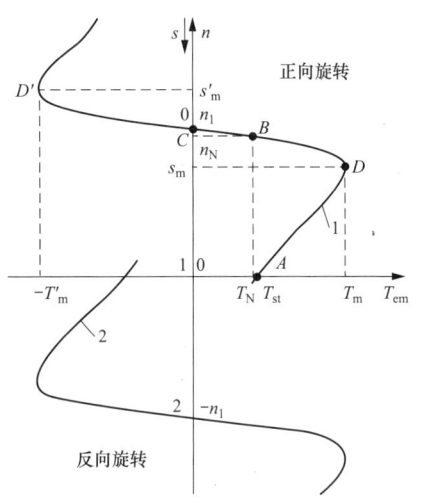

图 2-43 三相异步电动机的固有机械特性

2. 人为机械特性

由电磁转矩的参数表达式可知，异步电动机的 T_{em} 是由 U_1、f_1 及定、转子电路的电阻和电抗 R_1、R_2'、X_1、X_2' 等参数决定的。因此，人为地改变这些参数就可得到不同的人为机械特性。

(1) 降低电源相电压 U_1 时的人为机械特性。在参数表达式中保持其他参数不变，仅降低定子相电压 U_1 所得到的人为机械特性，称为降压人为机械特性。

降压后，同步转速 n_1 没有发生变化，从式（2-40）、式（2-42）和式（2-39）可知，最大转矩 T_m 及启动转矩 T_{st} 随 U_1^2 成正比例下降，s_m 却与 U_1 的大小无关，跟固有机械特性对应的 s_m 一样。不同电压时的人为机械特性如图 2-44 所示。

从图 2-44 可知，降压后人为机械特性其线性段的斜率变大，即特性变软。由于 T_m 及 T_{st} 随 U_1^2 减小，电动机的过载能力及启动转矩倍数均显著下降。如果异步电动机原来运行在额定负载转矩下，负载转矩不变时，稳定运行时的电磁转矩也应为额定值保持不变。当 U_1 降低时，气隙主磁通 Φ_m 将减小，从 $T_{em}=C_T\Phi_m I_2'\cos\varphi_2$ 可知，由于转速变化较小，可认为 $\cos\varphi_2$ 基本不变，转子电流 I_2' 将随 U_1 的减小而增大，从而引起定子电流增加超过额定电流。若电动机长时间低电压运行，将会使电机的温升增加，严重时将烧毁电动机。另外，若电压

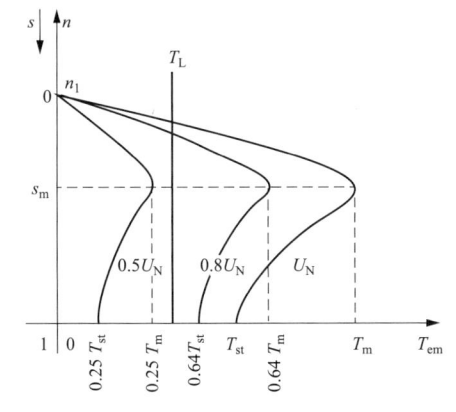

图 2-44 降压人为机械特性

下降过多，可能出现最大转矩小于负载转矩，这时电动机将不能启动。

(2) 转子回路串电阻时的人为机械特性。对于绕线式三相异步电动机，如果其他条件与固有机械特性一样，仅在转子回路中串入对称三相电阻 R_s，所得的人为特性称为转子串电阻人为机械特性。其特点如下：

1) 同步转速不变，即不同 R_s 的人为特性都通过固有机械特性的同步转速点。

2) 由式（2-56）、式（2-55）可知，T_m 保持不变，而转子串电阻后的临界转差率大于固有机械特性的临界转差率，且随 R_s 的增大而增大。

在转子回路串入不同 R_s 时的人为机械特性如图 2-45 所示。从图中可以看出，在一定范围内增加转子电阻可以增大电动机的启动转矩，当所串电阻使 $s_m=1$ 时（如图中的 R_{s3}），对应的启动转矩达到最大转矩。如果再增大 R_s，启动转矩反而减小。从图中还可以看出，串电阻后机械特性线性段的斜率增大，特性变软。

(3) 定（转）子电路串接三相对称电抗的人为机械特性。对于笼式异步电动机，可以在定子电路中串入三相对称电抗，对于绕线式异步电动机可以在转子回路中串入对称三相电抗，根据式 (2-56)、式 (2-55)、式 (2-58) 可知，最大转矩、临界转差率、启动转矩都随所串电抗 X_{st} 的增大而减小，而 n_1 保持不变。其人为特性如图 2-46 所示。

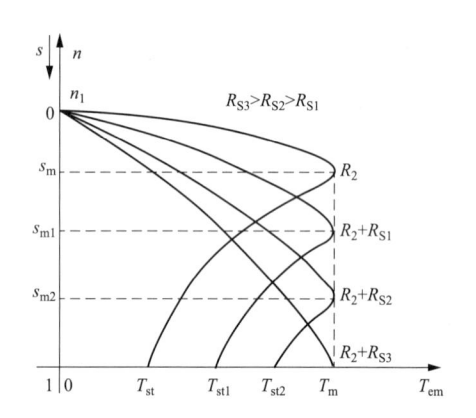

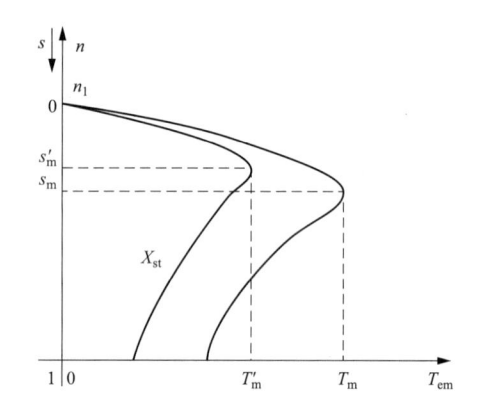

图 2-45　转子回路串电阻的人为机械特性　　图 2-46　定（转）子电路串电抗的人为机械特性

定子回路串接三相对称电阻时的人为特性与上述串接电抗时相似。

定子电路串接电抗或电阻的目的是为了限制启动电流。但串电阻时启动电流会在所串电阻上产生较大的损耗，故大容量的异步电动机一般不宜采用。

例 5　一台三相异步电动机，三角形连接，$P_N=28\text{kW}$，$f_1=50\text{Hz}$，$n_N=1455\text{r/min}$，$\lambda_m=2.3$，求：

(1) 转速为 1470r/min 时的电磁转矩；

(2) 绘制电动机的固有机械特性。

解：(1) 根据额定转速的大小可判断出同步转速 $n_1=1500\text{r/min}$。

额定转差率为　　$s_N=\dfrac{n_1-n}{n_1}=\dfrac{1500-1455}{1500}=0.03$

临界转差率为　　$s_m=s_N(\lambda_m+\sqrt{\lambda_m^2-1})=0.03\times(2.3+\sqrt{2.3^2-1})=0.131$

额定电磁转矩为　　$T_N=9.55\dfrac{P_N}{n_N}=9.55\times\dfrac{28000}{1455}=183.78$（N·m）

最大转矩为 $T_\mathrm{m}=\lambda_\mathrm{m}T_\mathrm{N}=2.3\times183.78=422.69$ (N·m)

机械特性的实用表达式为 $T_\mathrm{em}=\dfrac{2T_\mathrm{m}}{\dfrac{s}{s_\mathrm{m}}+\dfrac{s_\mathrm{m}}{s}}=\dfrac{2\times422.69}{\dfrac{s}{0.131}+\dfrac{0.131}{s}}=\dfrac{845.38}{\dfrac{s}{0.131}+\dfrac{0.131}{s}}$

当转速为 1470r/min 时对应的转差率为 $s=\dfrac{n_1-n}{n_1}=\dfrac{1500-1470}{1500}=0.02$

$s=0.02$ 时的电磁转矩为 $T_\mathrm{em1}=\dfrac{2T_\mathrm{m}}{\dfrac{s}{s_\mathrm{m}}+\dfrac{s_\mathrm{m}}{s}}=\dfrac{845.38}{\dfrac{0.02}{0.131}+\dfrac{0.131}{0.02}}=126.1$ (N·m)

（2）根据不同的 s 值求出对应的 n 和 T_em，见表 2-3。

表 2-3　　　　　　　　　　　　绘制机械特性数据表

s	0	0.01	0.02	0.03	0.131	0.2	0.5	1
n (r/min)	1500	1485	1470	1455	1303.5	1200	750	0
T_em (N·m)	0	62.8	126.1	182.78	422.69	386.9	207.1	108.9

由表 2-3 数据，即可画出固有的机械特性。

2.1.8　三相异步电动机的启动

电动机的启动是指电动机接通电源后，转子由静止状态加速到稳定运行状态的过程。拖动系统对电动机启动性能的主要要求有：①启动转矩要大，以缩短启动时间。②启动电流要小，以减小启动电流对电网的冲击。③启动过程加速应均匀，即启动的平滑性要好。④启动设备应结构简单，操作方便。⑤启动过程中的能量损耗要小。

2.1.8.1　三相笼式异步电动机的启动

1. 直接启动

直接启动也称为全压启动，启动时，电动机的定子绕组直接接到额定电压的电网上。这种启动操作和启动设备都很简单，但也存在明显的缺点，即启动电流大，启动转矩却不大。

启动电流大的原因是，当电动机接入额定电压的电网时 $n=0$，转子处于静止状态，旋转磁场以 n_1 切割转子，在转子绕组中产生很大的转子电动势和电流，与它相平衡的定子电流也很大；从简化的等值电路看，启动瞬时 $s=1$，等效的负载电阻 $(1-s)R_2'/s=0$，电路处于短路状态，若忽略励磁电流，则启动电流 $I_1=U_{1\mathrm{N}}/\sqrt{(R_1+R_2')^2+(X_1+X_2')^2}=U_{1\mathrm{N}}/Z_\mathrm{K}$（$U_{1\mathrm{N}}$ 为定子绕组额定相电压），由于短路阻抗 Z_K 很小，因此启动时 I_1 很大，可达额定电流的 4~7 倍。

过大的启动电流会在定子绕组的漏阻抗上造成很大的压降，根据定子电路的电动势平衡方程，感应电动势 E_1 将减小，导致主磁通 Φ_m 减小。另一方面，启动时 $s=1$，转子漏抗 X_2 远大于转子电阻 R_2，使转子功率因数角 $\varphi_2=\arctan\dfrac{X_2}{R_2}$ 接近 90°，$\cos\varphi_2$ 很低，一般只有 0.2 左右，此时尽管转子电流很大，但其有功分量 $I_2'\cos\varphi_2$ 却不大。从 $T_\mathrm{em}=C_\mathrm{T}\Phi_\mathrm{m}I_2'\cos\varphi_2$ 可知，启动转矩并不大，对于一般笼式异步电动机，启动转矩倍数 K_st 只有 1.0~2.0。

现代设计的笼式异步电动机都是按直接启动的电磁力和发热来考虑它的机械强度和热稳定性，因此从电动机本身来说，笼式电动机都允许直接启动。直接启动主要受电网容量的限制。若电网容量不够大，则过大的启动电流会在电源的内阻抗和供电线路上产生很大的电压降，使加在负载上的电压大幅减低，对电动机本身的启动及接在同一电网上设备的工作产生不利的影响。因此，直接启动一般只在小容量电动机中应用，对于容量较大的电动机，如果满足下式的要求，便可直接启动。

$$\frac{1}{4}\left[3+\frac{电源容量(kVA)}{电动机的容量(kW)}\right]\geq K_I \quad (2-63)$$

其中 $K_I = I_{st}/I_N$，为电动机的启动电流倍数。

一般情况下，容量在 7.5kW 以下的电动机均可采用直接启动。

2. 降压启动

降压启动的目的是减小启动电流，启动时，通过启动设备使加在电动机定子绕组上的电压低于额定电压。但同时由于 $T_{st} \propto U_1^2$，降压启动时使电动机启动转矩大幅下降。因此这种启动方法只适宜于空载或轻载启动。待转速升高到接近额定转速时，再将加在电动机上的电压恢复到额定电压，保证电动机在正常工作时带负载的能力。

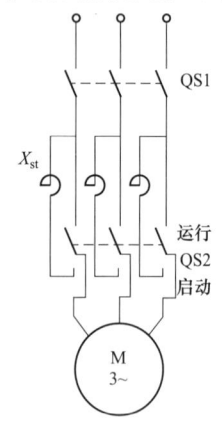

(1) 定子回路串电抗（或电阻）降压启动。定子回路串电抗（或电阻）降压启动的接线原理如图 2-47 所示。启动时，将开关 QS2 扳向"启动"侧，在定子回路中串入适当的电抗（或电阻），此时启动电流在启动电抗（或电阻）上产生较大的压降，使加在定子绕组上的电压低于额定电压，启动电流减小。当电动机的转速升高到接近额定转速时，把 QS2 切换到"运行"位置，切除启动电抗（或电阻），电动机在全电压下正常运行。

串电阻降压启动时的能耗较大，一般只在容量较小的电动机上采用，容量较大的电动机多采用串电抗降压启动。

由于降压时电动机的主磁通较小，励磁电流可忽略不计，根据简化等值电路可知：$I_1 = U_1/Z_K$，若启动时加在电动机上的电压降为额定电压的 $1/K$，则启动电流也减小到直接启动时的 $1/K$，而启动转矩因与相电压的平方成正比，因而减小到直接启动时的 $1/K^2$。

图 2-47 定子回路串电抗（或电阻）降压启动

(2) 星形－三角形（Y－△）降压启动。这种启动方法只适用于定子绕组为三角形接法的电动机，其接线原理图如图 2-48 所示。启动时先将定子绕组接成 Y 形，待电动机转速接近额定转速时再将定子绕组恢复为三角形接法。

设电动机的额定相电压为 U_{1N}，降压启动时，三相定子绕组接成 Y 形，每相绕组电压 U_1 降为 $U_{1N}/\sqrt{3}$，根据简化等值电路可得降压启动时的线电流为

$$I_{stY} = \frac{U_{1N}}{\sqrt{3}Z_K} \quad (2-64)$$

假若电动机直接启动，三相定子绕组接成三角形，启动时的线电流为

$$I_{st\triangle} = \sqrt{3}\frac{U_{1N}}{Z_K} \quad (2-65)$$

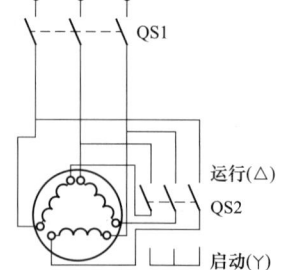

图 2-48 Y－△降压启动接线原理图

Y 形接法降压启动与三角形接法直接启动比较，启动电流的比值为

$$\frac{I_{stY}}{I_{st\triangle}} = \frac{1}{3} \quad (2-66)$$

根据 $T_{st} \propto U_1^2$ 可得

$$\frac{T_{stY}}{T_{st\triangle}} = \frac{(U_{1N}/\sqrt{3})^2}{U_{1N}^2} = \frac{1}{3} \tag{2-67}$$

Y－△降压启动设备简单，我国生产的 Y 系列容量在 4kW 以上的三相笼式异步电动机定子绕组都采用三角形接法，因而 Y－△降压启动获得广泛应用，但由于降压时启动转矩只有直接启动时的 1/3，因此，只能用于空载或轻载启动的设备。

（3）自耦变压器降压启动。自耦变压器降压启动是利用自耦变压器把加在电动机定子绕组上的电压降低，以减小启动电流。其接线原理如图 2-49（a）所示。

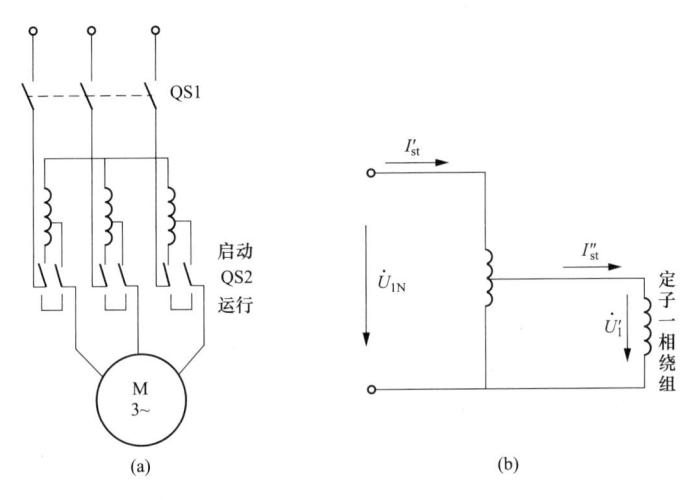

图 2-49 自耦变压器降压启动接线原理图
(a) 接线图；(b) 降压启动原理图

启动时，把开关 QS2 投向"启动"侧。这时自耦变压器的一次绕组加全电压，而有抽头的二次绕组接到定子绕组上，电动机在低电压下启动。待转数升高到接近额定转速，把 QS2 切换到"运行"位置，将自耦变压器从电网切除，电动机直接接到电网在全电压下运行。

自耦变压器降压启动时的一相电路如图 2-49（b）所示，图中 U_{1N} 为自耦变压器一次侧相电压，也是电动机直接启动时的相电压；U_1' 为自耦变压器的二次侧相电压，设自耦变压器的变比为 K_A（$K_A > 1$），则 $U_1' = U_{1N}/K_A$；I_{st}'' 为自耦变压器的二次侧电流，也是降压后流过定子绕组的启动电流；I_{st}' 为自耦变压器的一次侧电流。

电动机直接启动时，启动电流为

$$I_{st} = \frac{U_{1N}}{Z_K} \tag{2-68}$$

降压后电动机的启动电流即自耦变压器的二次侧电流为

$$I_{st}'' = \frac{U_1'}{Z_K} = \frac{U_{1N}}{K_A Z_K} \tag{2-69}$$

根据变压器的原理，自耦变压器的一次侧电流即由电网提供的启动电流为

$$I_{st}' = \frac{1}{K_A} I_{st}'' = \frac{1}{K_A^2} \frac{U_{1N}}{Z_K} \tag{2-70}$$

由式（2-68）和式（2-70）可得

$$\frac{I'_{st}}{I_{st}} = \frac{1}{K_A^2} \qquad (2-71)$$

由于 $U'_1 = \dfrac{U_{1N}}{K_A}$，自耦变压器降压启动时的启动转矩为

$$T'_{st} = \frac{1}{K_A^2} T_{st} \qquad (2-72)$$

自耦变压器降压启动用于容量较大的低压电动机，这种方法与其他降压启动比较，可获得较大的启动转矩。自耦变压器的二次绕组一般有三个抽头，可以根据不同要求选用。启动用的自耦变压器有 QJ$_2$ 和 QJ$_3$ 两个系列，QJ$_2$ 型的三个抽头比（1/K$_A$）分别为 55%、64%、73%；QJ$_3$ 型的三个抽头比分别为 40%、60%、80%。三相笼式异步电动机各种降压启动性能比较见表 2-4。

表 2-4　　三相笼式异步电动机各种降压启动性能比较

启动方法	启动电压	启动电流	启动转矩	优缺点
定子回路串电抗（电阻）降压启动	$\dfrac{1}{K}U_{1N}$	$\dfrac{1}{K}I_{st}$	$\dfrac{1}{K^2}T_{st}$	启动设备简单，启动转矩小，只适合轻载启动
Y－△降压启动	$\dfrac{1}{\sqrt{3}}U_{1N}$	$\dfrac{1}{3}I_{st}$	$\dfrac{1}{3}T_{st}$	启动设备简单，启动电流较小，只适用于三角形连接的电动机轻载启动
自耦变压器降压启动	$\dfrac{1}{K_A}U_{1N}$	$\dfrac{1}{K_A^2}I_{st}$	$\dfrac{1}{K_A^2}T_{st}$	启动设备复杂，可灵活选择电压抽头，启动电流较小，启动转矩比其他降压启动大

例 6　一台三相笼式异步电动机，定子绕组三角形连接，$P_N = 75\text{kW}$，$U_N = 380\text{V}$，$I_N = 137.5\text{A}$，启动电流倍数 $K_I = 6.5$，启动转矩倍数 $K_{st} = 1$，带 50% 额定负载启动，要求把启动电流降到 500A 以下时选择适当的启动方法。

解：（1）设采用定子串电抗降压启动。

$$\frac{U'}{U_N} = \frac{I'_{st}}{I_{st}} = \frac{1}{K} = \frac{I'_{st}}{K_I I_N} = \frac{500}{6.5 \times 137.5} = 0.55$$

即需把定子电压降为额定电压的 55% 以下。

此时的启动转矩为 $T'_{st} = \dfrac{1}{K^2}T_{st} = \dfrac{1}{K^2}K_{st}T_N = 0.55^2 \times 1 \times T_N = 0.3T_N$

因 $T'_{st} < 0.5T_N$，所以不能采用这种方法。

（2）设采用 Y－△降压启动。

$$I'_{st} = \frac{1}{3}I_{st} = \frac{1}{3}K_I I_N = \frac{1}{3} \times 6.5 \times 137.5 = 297.9\text{A} < 500\text{A}$$

$$T'_{st} = \frac{1}{3}T_{st} = \frac{1}{3}K_{st}T_N = \frac{1}{3} \times 1 \times T_N = 0.33T_N < 0.5T_N$$

虽然启动电流满足要求，但启动转矩不满足，所以不能采用 Y－△降压启动。

（3）设采用自耦变压器降压启动。

若选用 QJ$_2$ 系列，其电压抽头比为 55%、64%、73%。

选用 55% 抽头时，$1/K_A = 0.55$

$$I'_{st} = \frac{1}{K_A^2}I_{st} = \frac{1}{K_A^2}K_I I_N = \frac{1}{K_A^2} \times 6.5 \times 137.5 = 0.55^2 \times 6.5 \times 137.5 = 270.4\text{A} < 500\text{A}$$

$$T'_{st}=\frac{1}{K_A^2}T_{st}=\frac{1}{K_A^2}K_{st}T_N=\frac{1}{K_A^2}\times1\times T_N=0.55^2\times1\times T_N=0.3T_N<0.5T_N$$

由于启动转矩不满足要求，故不能选用55%的抽头。

选用64%的抽头时，计算结果与上相似，启动转矩仍不能满足要求，故不能选用。

选用73%的抽头，$1/k_A=0.73$

$$I'_{st}=\frac{1}{K_A^2}I_{st}=\frac{1}{K_A^2}K_I I_N=\frac{1}{K_A^2}\times6.5\times137.5=0.73^2\times6.5\times137.5=476.3A<500A$$

$$T'_{st}=\frac{1}{K_A^2}T_{st}=\frac{1}{K_A^2}K_{st}T_N=\frac{1}{K_A^2}\times1\times T_N=0.73^2\times1\times T_N=0.53T_N>0.5T_N$$

选用73%抽头时，启动电流和启动转矩均满足要求，故可选用。

若选用QJ$_3$系列，其电压抽头比为40%、60%、80%。由以上计算可知，40%、60%抽头均不能满足启动转矩的要求。选用80%抽头时：

$$I'_{st}=\frac{1}{K_A^2}I_{st}=\frac{1}{K_A^2}K_I I_N=\frac{1}{K_A^2}\times6.5\times137.5=0.8^2\times6.5\times137.5=572A>500A$$

$$T'_{st}=\frac{1}{K_A^2}T_{st}=\frac{1}{K_A^2}K_{st}T_N=\frac{1}{K_A^2}\times1\times T_N=0.8^2\times1\times T_N=0.64T_N>0.5T_N$$

虽然启动转矩满足要求，但启动电流不满足，故不能选用QJ$_3$系列的自耦变压器。

3. 深槽式及双笼式异步电动机

三相笼式异步电动机降压启动虽降低了启动电流，但启动转矩也减小，为了改善电机的启动性能，则应在减小启动电流的同时提高启动转矩，这可通过改进转子的槽形实现。

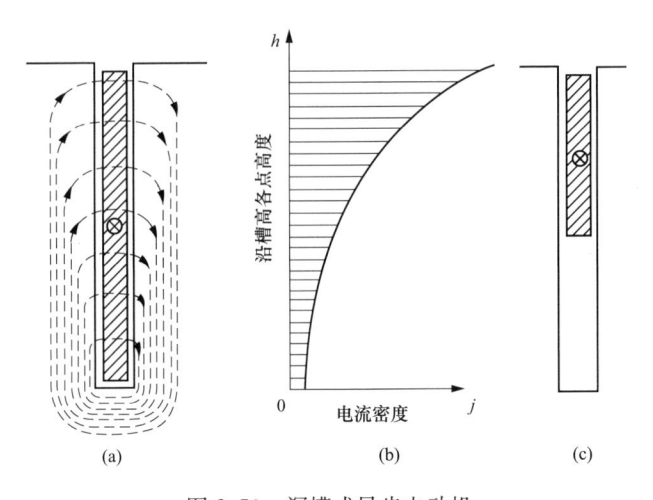

（1）深槽式异步电动机。深槽式异步电动机的转子槽形深而窄，槽的高度与宽度之比可达10~12，如图2-50（a）所示。深槽式电动机是利用槽漏磁通分布不同所引起的集肤效应来改善电动机启动性能的。

图2-50 深槽式异步电动机
（a）槽漏磁通分布；（b）导条内电流密度分布；（c）导条的有效截面

我们把转子槽内的导体看作由许多沿槽高分布的小导体并联起来，小导体都与相同的主磁通相交链，因此每个小导体的感应电动势是相等的，各个小导体电流的分布取决于它们漏阻抗的大小。

电动机启动时 $s=1$，$f_2=f_1$，转子漏抗很大，小导体的电阻可忽略不计。从图 2-50（a）可以看出，越靠近槽底处的小导体交链的漏磁通越多，其漏电抗也越大；而越靠近槽口处的小导体交链的漏磁通越少，漏电抗也越小，所以转子电流密度的分布由下而上逐渐增加［见图 2-50（b）］，电流被挤到槽口处，这种现象称为电流的集肤效应。其结果是转子电流主要从槽内导体的槽口部分通过，相当于转子导体的有效截面减小［见图 2-50（c）］，使转子电阻增加，达到限制启动电流，增加启动转矩的目的。随着转速的升高，f_2 逐渐减小，电流分布趋于均匀，因而转子电阻逐步减小。启动结束时，f_2 很低，集肤效应几乎消失，转子电阻恢复到本身的电阻，电动机正常运行。

（2）双笼式异步电动机。双笼式异步电动机转子具有两套笼式绕组［见图 2-51（a）］，其上笼导体截面较小，由电阻率较大的黄铜或铝青铜制成，因而电阻较大。下笼导体截面较大，用紫铜制成，电阻较小。如果上下笼都是铸铝制成，则上笼截面要比下笼小得多，如图 2-51（b）所示。启动时 f_2 很高，下笼的漏抗比上笼大得多，根据集肤效应，电流主要从上笼通过，因上笼的电阻较大，所以可减小启动电流增大启动转矩，上笼因此也称为启动笼。正常运行时，f_2 很低，转子漏抗比转子电阻小得多，上下笼电流的分配决定于它们的电阻，因此正常工作时的转子电流主要从下笼通过，下笼也称为运行笼。

深槽式及双笼式异步电动机比普通笼式异步电动机的启动性能要好，但正常运行时转子漏抗较大，因此深槽式及双笼式异步电动机的功率因数和过载能力比普通笼式异步电动机要低些。

4. 软启动简介

软启动是指通过软启动器的控制（见图 2-52），使电动机输入电压从零开始，按预先设定的方式逐步增加，电动机的转速均匀提高，平滑启动，直到全电压启动过程结束。

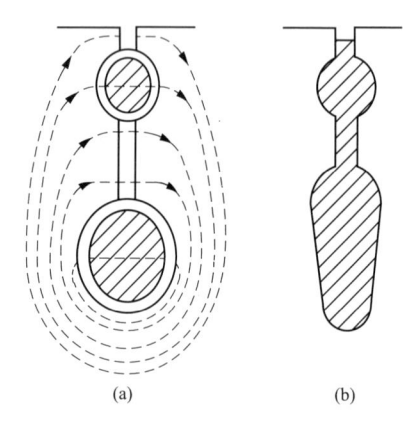

图 2-51 双笼式异步电动机
（a）铜条型；（b）铸铝型

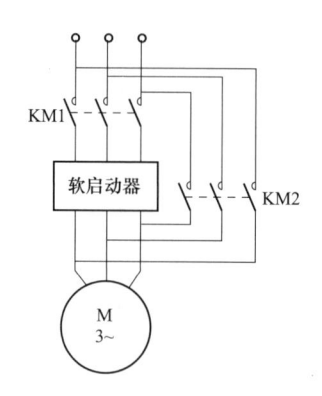

图 2-52 软启动器接线原理图

现代的软启动器是以晶闸管为功率元件，用微处理器控制的启动装置，是一个区别于传统启动设备的新型启动器。

对于大功率的笼式异步电动机，与传统的降压启动方法相比，软启动具有以下的特点：

（1）无电流冲击。采用软启动器启动电动机时，通过逐步增大晶闸管的导通角，使加在电动机上的电压均匀上升，电动机启动的电流从零开始，线性增加到设定值，电动机平滑加速。

（2）减小机械冲击。由于启动过程中转速平滑提高，启动平稳减小了对拖动系统中传动机构的机械冲击。

（3）恒流控制。软启动器可以引入电流闭环反馈控制，使电动机在启动过程保持恒流，电动机平稳启动。

（4）保护功能。在拖动系统出现短路、过载、启动超时、欠电压、系统异常等故障时，软启动可做出相应的保护。

（5）具有软停车功能。通过对晶闸管导通角的控制，使拖动系统平稳减速，逐渐停车。

（6）使用软启动器可以使电动机频繁启动。

（7）可实现节电运行。如果在电动机正常运行时也接入软启动器，软启动器可以根据负载大小自动调节加在电动机上的电压，如轻载时可通过软启动器降低加载电机上的电压，起到提高功率因数，减小电机损耗的目的。

使用软启动器时一般在晶闸管两侧并联旁路接触器的触点，启动结束时使接触器的触点闭合，这样可以避免软启动器长期使用使晶闸管过热，延长软启动器的寿命。同时避免了软启动器工作时产生的高次谐波。

2.1.8.2 绕线式异步电动机的启动

三相绕线式异步电动机转子的结构不同于笼式，可以在转子回路中串入电阻，若电阻阻值适当，既可以限制启动电流，又能增大启动转矩。因此其启动性能显著优于笼式异步电动机，这种启动方法适用于大中容量异步电动机的重载启动或频繁启动。

在转子回路中串入启动电阻，无疑可以减小电动机的启动电流，若电阻适当，还能增大启动转矩。这是因为串入适当电阻后，使转子电路的功率因数 $\cos\varphi_2$ 提高了，虽然 I_2' 减小，但转子电流的有功分量 $I_2'\cos\varphi_2$ 提高了，根据 $T_{em}=C_T\Phi_m I_2'\cos\varphi_2$ 可知，启动转矩随之增加。但启动转矩增大是有限度的，若所串电阻阻值过大，I_2' 将很小，$I_2'\cos\varphi_2$ 也很小，启动转矩也将变小。

1. 转子串电阻分级启动

为了使电动机在整个启动过程中获得较大的启动转矩，应在转子回路中串入多级电阻，一般为 2～3 级［见图 2-53（a）］。

启动时 $s=1$，从等值电路看，转子处于短路状态。为了限制过大的启动电流，应将启动电阻全部接入，此时转子每相电阻为 $R_2+R_{st1}+R_{st2}+R_{st3}$，对应的机械特性如图 2-53（b）中的曲线 1。由于启动转矩 T_1 大于负载转矩 T_L，电动机从 a 点沿机械特性 1 开始加速，n 增加时，转子的感应电动势和电流将下降，T_{em} 逐渐减小，从拖动系统的运动方程可知，dn/dt 逐步下降，系统加速变缓。当 T_{em} 减小到 T_2 时（b 点），闭合开关 QS3，切除 R_{st3}，转子电阻变为 $R_2+R_{st1}+R_{st2}$，电动机对应的机械特性变为曲线 2，由于切除电阻时转速不能突变，电动机的运行点由 b 点变到 c 点，如果所串电阻适当，机械特性配合合适，c 点的电磁转矩可恢复到 T_1。此后，电机沿机械特性 2 加速，到 T_{em} 又减小到 T_2 时（d 点），闭合开关 QS2，切除 R_{st2}，每相转子电阻变为 R_2+R_{st1}，电动机的运行点由 d 点变到 e 点，T_{em} 又增大到 T_1，电动机将沿机械特性 3 加速，在 f 点时将开关 QS1 闭合，切除 R_{st1}，转子绕组短路，电动机运行点由 f 点变到 g 点，沿固有机械特性加速到 h 点，此时 $T_{emh}=T_L$，电动机以转速 n_h 稳定运行，启动过程结束。

转子串电阻分级启动时，最大加速转矩 $T_1=(0.7\sim0.85)T_m$，切换转矩 $T_2=(1.1\sim1.2)T_N$。

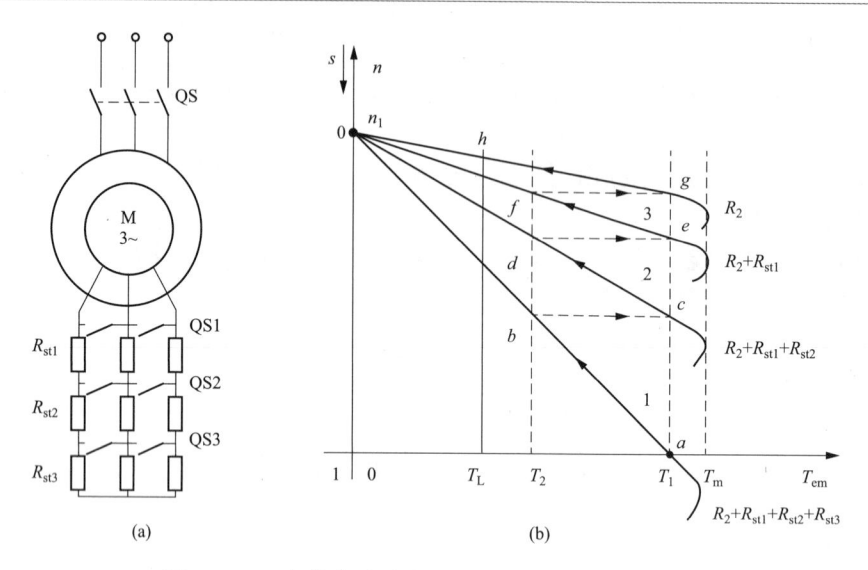

图 2-53 三相绕线式异步电动机转子串电阻分级启动
(a) 接线原理图；(b) 机械特性

2. 转子串频敏变阻器启动

绕线式转子分级串变阻启动过程中，在切除电阻的瞬时，T_{em}从T_2突变到T_1，使电动机加速不平稳，要获得良好的启动特性必须增加启动的级数，这将使启动设备复杂化。为此，可采用在转子回路中串接频敏变阻器来增加启动过程的平稳性。

频敏变阻器实质上是一个铁芯损耗很大的三相电抗器，铁芯一般由 30～50mm 厚的钢板组成，从结构上看它好像一个一次侧接成 Y 形，没有二次绕组的三相芯式变压器，如图 2-54（a）所示。三个线圈通过集电环接到电动机的三相转子绕组［见图 2-54（b）］。图 2-54（c）为频敏变阻器的等效电路，其中 R_P 为频敏变阻器线圈本身的电阻，R_{mp} 为反映铁芯损耗的等效电阻，X_{mp} 为铁芯线圈的电抗。

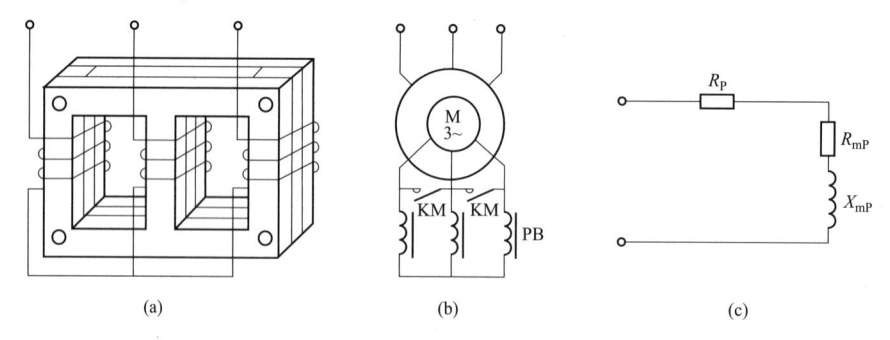

图 2-54 转子串频敏变阻器启动
(a) 频敏变阻器结构；(b) 启动接线图；(c) 等效电路

电动机启动时，$f_2 = f_1$，由于频敏变阻器的铁芯由厚钢板组成，因此在铁芯中产生很大的涡流损耗，相应的等效电阻 R_{mp} 很大。虽然启动时 f_2 很高，但启动时很大的转子电流足以使频敏变阻器的铁芯饱和，从而使铁芯线圈的电感量减小，相应的 X_{mp} 并不大。此时相当于在转子回路中串入一个较大的启动电阻，使启动电流减小，启动转矩增大。随着转速上升，f_2 逐渐减小，频敏变阻器铁损耗相应减小，R_{mp} 也减小，这就相当于在启动过程中连续切除转子回路串入的启动电阻。启动结束时，f_2 很低，频敏变阻器的等效电阻 R_{mp} 和铁芯电抗 X_{mp} 都很小，相当于把启动电阻切除。此时应将接触器触头闭合，切除频敏变阻器。由于启动过程中铁芯的等效电阻 R_{mp} 随转子频率自动变化，因此这种设备称为频敏变阻器。

频敏变阻器结构简单，运行可靠，因此应用十分广泛。但与转子回路串电阻启动比较，由于频敏变阻器还具有一定的电抗，在相同的启动电流下，启动转矩要小些。

2.1.9 三相异步电动机的调速

调速是电动机根据生产机械生产工艺的要求，人为地改变电动机的转速。电动机调速性能的好坏常用下面的性能指标来衡量。

2.1.9.1 调速时的性能指标

1. 调速范围

调速范围 D 是指电动机在额定负载时，所能达到的最高转速 n_{max} 与最低转速 n_{min} 的比值，即

$$D = \frac{n_{max}}{n_{min}} \tag{2-73}$$

2. 调速的稳定性

调速的稳定性是指负载转矩发生变化时，转速随之变化的程度，常用静差率 δ 表示。静差率为电动机在某一机械特性上运行时，由理想空载转速到额定负载时的转速降与理想空载转速之比，即

$$\delta = \frac{\Delta n_N}{n_0} \times 100\% = \frac{n_0 - n_N}{n_0} \times 100\% \tag{2-74}$$

式中：n_0 为电动机的理想空载转速。

对于三相异步电动机，同步转速 n_1 即为理想空载转速。

显然，δ 与机械特性的硬度有关，在理想空载转速相同时，机械特性越硬，Δn_N 越小，δ 也越小，稳定性越好。δ 也与电动机的理想空载转速的大小有关，即使两条机械特性平行，硬度相同，即 Δn_N 相同，但理想空载转速低的电动机，其 δ 大，稳定性差。电动机的静差率 δ 与调速范围是相互制约的，对于低速运行的拖动系统，运行的稳定性显得更为重要，因为在调速的过程中，可能由于稳定性差而停车。所以对于机械特性较软的电动机，最低转速不能太低，这就限制了调速范围。

3. 调速的平滑性

调速平滑性是以电动机两个相邻调速级的转速之比来衡量，即

$$K = \frac{n_i}{n_{i-1}} \tag{2-75}$$

在一定调速范围内，调速的级数越多，相邻调速级的转速差越小，K 值越接近于 1，平滑性越好。

4. 调速的经济性

调速的经济性是从调速设备的投资、调速时电动机的电能损耗等因素来考虑的。

5. 调速时的容许输出

容许输出是指电动机在得到充分利用，即保证电机的电流为额定电流的情况下，调速过程中所能输出的功率和转矩。若电动机在得到充分利用时，调速过程中输出的转矩为恒定值，则为恒转矩输出；若输出功率为恒定值，则为恒功率输出。但实际工作时，输出的转矩和功率是由负载决定的，因此调速方法应适应负载的要求，显然，恒转矩调速方式适宜于拖

动恒转矩性质的负载,恒功率调速方式适宜于恒功率负载。

根据三相异步电动机的转速表达式 $n=n_1(1-s)=\dfrac{60f_1}{p}(1-s)$ 可知,要调节异步电动机的转速可采用改变电源频率 f_1,改变定子磁极对数 p 或改变转差率 s 的方法来实现。其中改变转差率又有改变转子电阻、转子转差电动势及改变定子电压等方法。另外还可以通过电磁滑差离合器来调速。

2.1.9.2 变频调速

采用改变电源频率的调速方法,如果连续改变电源频率就可以平滑调节同步转速 n_1,获得很好的调速平滑性;并且调速时电动机机械硬,因此调速范围大,调速的稳定性好;调速过程中能量损耗小,调速效率高。因此变频调速是异步电动机一种非常好的调速方法。随着电力电子技术的发展,变频电源的问题得以很好地解决,变频调速得到越来越广泛的应用。在此仅讨论变频调速的原理。

1. 变频调速的基本原理

(1) 基频以下的变频调速。电机的额定频率称为基频。当频率从基频往下调节时,若电源电压不变,根据 $U_1 \approx 4.44 f_1 N_1 k_{w1} \Phi_m$ 可知,主磁通 Φ_m 将增大,引起磁路过饱和,使励磁电流急剧增大,功率因数下降。因此,希望在调速时保持 Φ_m 不变,这就要求变频电源的输出电压必须随频率成正比变化,即

$$\frac{U_1'}{f_1'} = \frac{U_{1N}}{f_1} = 常数 \tag{2-76}$$

式中上标带 " ' " 的量为变频以后的物理量,U_{1N}、f_1 为定子额定相电压和额定频率。

此外,为了保证变频后电动机的带负载能力,也希望在变频前后电动机具有相同的过载能力,即过载系数 λ_m 不变。

根据最大转矩的参数表达式 $T_m \approx \pm \dfrac{m_1 p U_1^2}{4\pi f_1 (X_1 + X_2')}$,$T_m$ 可表达为

$$T_m = \frac{m_1 p U_1^2}{4\pi f_1 (X_1 + X_2')} = \frac{m_1 p U_1^2}{4\pi f_1 \times 2\pi f_1 (L_{1\delta} + L_{2\delta}')} = C\left(\frac{U_1}{f_1}\right)^2 \propto \left(\frac{U_1}{f_1}\right)^2 \tag{2-77}$$

式中 $C = \dfrac{m_1 p}{8\pi^2 (L_{1\delta} + L_{2\delta}')}$ 为常数,$L_{1\delta}$ 为定子漏电感,$L_{2\delta}'$ 为转子漏电感的折算值。

为使调速后的 λ_m 不变,即 $\lambda_m = T_m/T_N = T_m'/T_N' = \lambda_m'$,则由式 (2-77) 可得

$$\frac{T_N}{T_N'} = \frac{T_m}{T_m'} = \frac{(U_{1N}/f_1)^2}{(U_1'/f_1')^2}$$

即

$$\frac{U_1'}{f_1'} = \frac{U_{1N}}{f_1} \sqrt{\frac{T_N'}{T_N}} \tag{2-78}$$

式中:T_N 和 T_N' 分别为 f_1 和 f_1' 时的电磁转矩。

从式中可知,电压随频率变化的规律还与负载类型有关。

对于恒转矩负载,$T_L =$ 常数,所以 $T_N = T_N'$。则式 (2-78) 可写成 $U_1'/f_1' = U_{1N}/f_1 =$ 常数,这个结果与式 (2-76) 完全相同。所以对于恒转矩负载,只要满足式 (2-76),即可保持变频时的主磁通和过载能力不变,因而基频以下变频调速最适合恒转矩负载。

对于恒功率负载,$P_2 = T_N n_N/9.55 = T_N' n_N'/9.55 =$ 常数,所以 $T_N'/T_N = n_N/n_N' \approx n_1/n_1' = f_1/f_1'$,将此式代入式 (2-78) 可得

$$\frac{U'_1}{\sqrt{f'_1}} = \frac{U_{1N}}{\sqrt{f_1}} = 常数 \tag{2-79}$$

式（2-79）说明，在恒转矩负载下，如保持 $U'_1/\sqrt{f'_1}$ 不变，则可保证调速时，电动机的过载能力不变，但主磁通 Φ_m 就不能保持不变了。

（2）基频以上的变频调速。

若变频时频率高于基频，由于受电动机绝缘的限制，电压不允许超过电动机的额定电压，这样电压将不能随频率的增大而增大。由于电压 $U_1=U_{1N}$ 保持不变，所以主磁通 Φ_m 将减小，容许输出转矩 T_2 将下降，但频率升高时电动机的角速度 Ω 上升，电动机的容许输出功率 $P_2=T_2\Omega$ 变化很小，所以基频以上的变频调速近似为恒功率调速。

2. 变频调速时的机械特性

（1）变频调速时，同步转速 $n_1=60f/p$ 随频率成正比变化。

（2）当 $f'_1 < f_1$ 时，变频调速主要用于恒转矩负载。当 f'_1 的数值较高时，$R_1 \ll (X_1+X'_2)$，按 $U'_1/f'_1 = 常数$ 控制方式调速时，根据式（2-20）可知，T_m 保持不变，临界转差率为

$$s'_m = \frac{R'_2}{(X_1+X'_2)f'_1} = \frac{R'_2}{2\pi f'_1(L_{1\delta}+L'_{2\delta})} \propto \frac{1}{f'_1} \tag{2-80}$$

临界转速降 $\Delta n'_m$ 为

$$\Delta n'_m = s'_m n'_1 = \frac{R'_2}{2\pi f'_1(L_{1\delta}+L'_{2\delta})} \cdot \frac{60 f'_1}{p} = \frac{60 R'_2}{2\pi p(L_{1\delta}+L'_{2\delta})} = 常数 \tag{2-81}$$

这说明在不同频率时，不仅最大转矩 T_m 保持不变，且 $\Delta n'_m$ 也基本保持不变，即机械特性的硬度不变，所以恒转矩负载时变频调速时机械特性基本上是平行的。

当 $f'_1 < f_1$ 且 f'_1 数值较低时，R_1 与 $X_1+X'_2$ 相比已不能忽略不计，在 R_1 上产生的压降使定子电动势 E_1 减小，主磁通 Φ_m 下降，即使保持 U'_1/f'_1 不变，最大转矩 T_m 也将下降。频率下降越多，T_m 越小。

（3）当 $f'_1 > f_1$ 时，$U_1=U_{1N}$，Φ_m 将下降，T_m 随之减小，参考式（2-81）可知，机械特性的硬度基本不变，保持硬的机械特性。

变频调速的机械特性如图 2-55 所示。

2.1.9.3 变极调速

三相异步电动机只有当定转子极数相等时才能产生平均电磁转矩，实现机电能量的转换。因此改变定子的极数时，转子的极数必须相应改变。绕线式异步电动机转子的极数在转子绕组制造完成后就确定了，再改变转子的极数将是非常困难的。而笼式转子的极数总是随定子极数的变化而变化，因此变极调速一般只适用于笼式异步电动机。

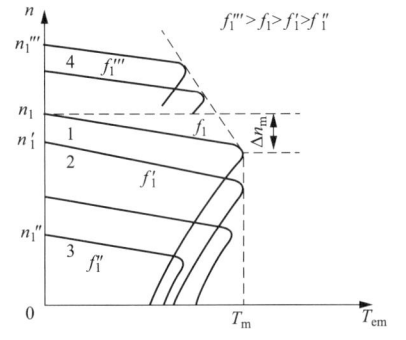

图 2-55 变频调速的机械特性

下面以单相绕组为例说明变极调速的原理。设每相定子绕组由两个线圈组成，如果将两个线圈"顺串"首尾相连［见图 2-56（a）］，电流从首端 U_1 流进，从尾端 U_2 流出。从图 2-56（a）可知，将形成一个 4 极的气隙磁场。如果将两个线圈采取"反串"或"反并"相连接［见图 2-56（b）］，则半相绕组中的电流方向发生改变，此时将形成 2 极的气隙磁场。

从以上分析可知，只要将一相中半相绕组的电流方向改变，就可使定子绕组的极数增大一倍（顺串）或减小一半（反串或反并），如 2\4、4\8 极等，这就是倍极比的变极原理。

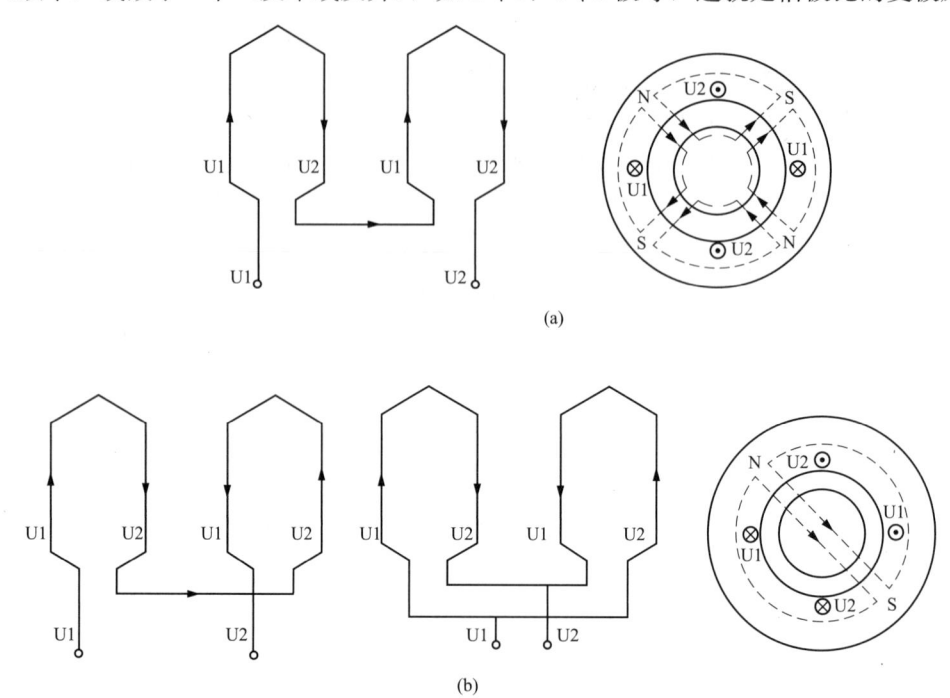

图 2-56　一相定子绕组改接改变极对数
(a) 4 极磁场；(b) 2 极磁场

必须注意，当电动机的极数倍极比变化时，三相绕组的相序也发生了变化，如 $2p=2$ 时，U、V、W 三相绕组在空间依次相差 0°（U 相）、120°、240°电角，但改接为 4 极后同一空间位置对应的电角度将变为 2 极时的 2 倍，U、V、W 三相绕组在空间所差的电角度为 0°（U 相）、240°、480°（相当于 120°），这说明变极后绕组的相序改变了。为了保证变极后电机的转向不变，在改变定子绕组接线的同时，必须在三相绕组与电源相连接时，将任意两个出线头对调。

变极调速的具体接线方法很多，这里只介绍两种常见的变极接线，如图 2-57 所示。它们的接线方式都是由"顺串"变为"反并"，为倍极比变极，分别称为 Y—YY 变极和△—YY 变极。

1. Y—YY 变极调速

其接线如图 2-57 (a) 所示。设变极后电源线电压 U_N 不变，通过每个线圈中的电流为额定相电流 I_{1N} 并保持不变（此时电动机得到充分利用），则变极前后的输出功率为

Y 连接时　　　　　$P_Y = 3\dfrac{U_N}{\sqrt{3}}I_{1N}\cos\varphi_Y\eta_Y = \sqrt{3}U_N I_{1N}\cos\varphi_Y\eta_Y$

YY 连接时，每相绕组的相电流为 $2I_{1N}$，$P_{YY} = 3\dfrac{U_N}{\sqrt{3}}2I_{1N}\cos\varphi_{YY}\eta_{YY} = 2\sqrt{3}U_N I_{1N}\cos\varphi_{YY}\eta_{YY}$

由于变极前后 $\cos\varphi\eta$ 近似不变，则 $P_{YY} = 2P_Y$。由于 Y 连接时电动机的极数是 YY 连接时的 2 倍，所以 YY 连接时的同步转速是 Y 连接时的 2 倍，转速近似为 Y 连接时的 2 倍，即 $n_{YY} = 2n_Y$。则

$$T_{YY} = 9.55\dfrac{P_Y}{n_Y} = 9.55\dfrac{2P_Y}{2n_Y} = 9.55\dfrac{P_{YY}}{n_{YY}} = T_{YY}$$

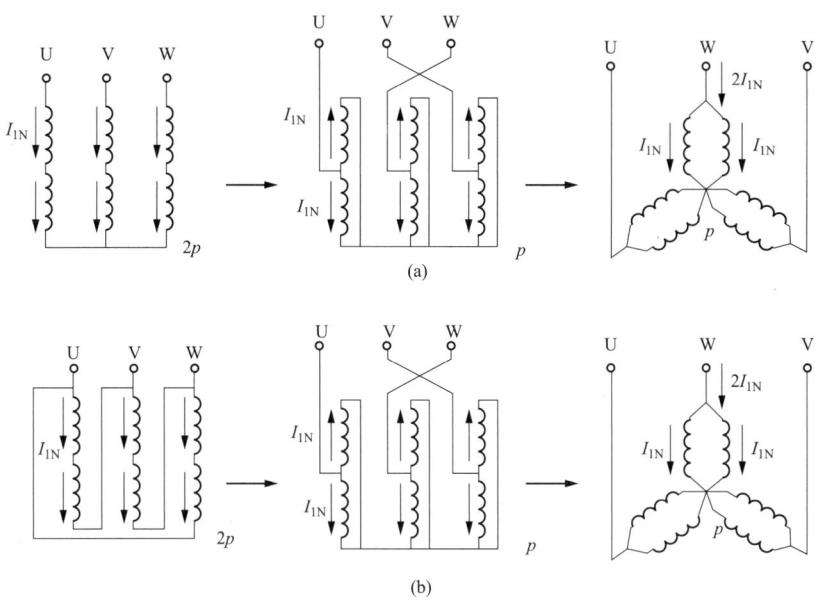

图 2-57 三相笼式异步电动机常用的两种变极接线
(a) Y—YY；(b) △—YY

从以上分析可知，从 Y 连接变为 YY 连接后，极数减少一半，转速增大一倍，输出功率增大一倍，而输出转矩基本不变，属于恒转矩调速方式，这种变极方法适用于起重机类恒转矩负载的调速。

2. △—YY 变极调速

其接线如图 2-57（b）所示。当电源线电压、线圈电流在变极前后保持为额定值不变，效率 η 和 $\cos\varphi$ 近似不变时，输出功率的比值为

$$\frac{P_{YY}}{P_\triangle} = \frac{3\dfrac{U_N}{\sqrt{3}} 2I_{1N} \cos\varphi_{YY} \eta_{YY}}{3U_N I_{1N} \cos\varphi_\triangle \eta_\triangle} = \frac{2}{\sqrt{3}} \approx 1.15$$

输出转矩之比为

$$\frac{T_{YY}}{T_\triangle} = \frac{9.55\dfrac{P_{YY}}{n_{YY}}}{9.55\dfrac{P_\triangle}{n_\triangle}} = \frac{2}{\sqrt{3}} \cdot \frac{n_\triangle}{n_{YY}} = \frac{2}{\sqrt{3}} \cdot \frac{n_\triangle}{2n_\triangle} = \frac{1}{\sqrt{3}} \approx 0.577$$

从上可见，从三角形连接变为星形连接后，极数减少一半，转速增大一倍，输出转矩近似减小一半，输出功率近似不变（二者只相差 15%），因而近似为恒功率调速方式，适用于车床切削等恒功率负载的调速。

变极调速具有操作简单、效率高、机械特性硬等特点，而且采用不同的连接方式既可用于恒转矩负载也可用于恒功率负载的调速，但它是一种有级调速，调速的平滑性较差，因而主要用于平滑性要求不高的场合。实际中为了扩大调速范围，有的变极电动机装有两套可变极的定子绕组，这种电动机调速时，可得到更多的转速级，称为多速电动机。

2.1.9.4 改变转差率调速

1. 绕线式异步电动机转子串电阻调速

由前面对机械特性的分析可知，转子回路串电阻后，最大转矩 T_m 不变，临界转差率 s_m 与

转子电阻成正比增大，机械特性变软。下面通过图 2-58 分析绕线式转子串电阻调速的原理。

设电动机拖动恒转负载，运行于固有机械特性的 A 点。转子回路串接电阻 R_{s1} 的瞬时，由于转子惯性的原因，电动机的转速来不及改变，此时电动机的运行点由 A 点变到机械特性 1 上的 B 点，由于 B 点的转子电流下降，因而 $T_{emB} < T_L$，电动机沿机械特性 1 减速。当到达 C 点时，$T_{emC} = T_L$，电动机达到新的平衡状态，以转速 n_C 稳定运行。从图中还可以看出，所串电阻越大，稳定运行转速越低。

由于负载转矩为恒转矩，稳定运行时的电磁转矩 T_{em} 保持不变，且 T_m 不变，根据机械特性的直线方程可得

$$\frac{s_m}{s_N} \approx \frac{s'_m}{s'}$$

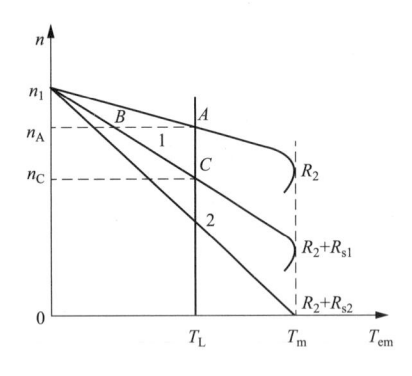

图 2-58 绕线式异步电动机转子串电阻调速

式中：s'_m 和 s' 为调速后的物理量。

又因临界转差率与转子电阻成正比，上式可写成 $\dfrac{R_2}{s_N} = \dfrac{R_2 + R_s}{s'}$，于是可求出转子所串接的附加电阻的阻值。

$$R_s = \left(\frac{s'}{s_N} - 1\right) R_2 \tag{2-82}$$

在调速过程中若 U_1 不变，则 Φ_m 基本不变，在电动机得到充分利用时，调速前后转子电流应为额定值 I_{2N} 并保持不变。

从上面分析可知：

$$\frac{R'_2}{s_N} = \frac{R'_2 + R'_s}{s'}$$

根据异步电动机的等值电路，转子串电阻后的功率因数为

$$\cos\varphi_2 = \frac{\dfrac{R'_2 + R'_s}{s'}}{\sqrt{\left(\dfrac{R'_2 + R'_s}{s'}\right)^2 + X'^2_2}} = \frac{\dfrac{R'_2}{s_N}}{\sqrt{\left(\dfrac{R'_2}{s_N}\right)^2 + X'^2_2}} = \cos\varphi_{2N}$$

根据电磁转矩的物理表达式可知，$T_{em} = C_T \Phi_m I'_{2N} \cos\varphi_2 = C_T \Phi_m I'_{2N} \cos\varphi_{2N} =$ 常数。因此绕线式异步电动机转子回路串电阻调速属于恒转矩输出。

绕线式异步电动机转子回路串电阻调速方法简单，而且调速电阻还可兼作启动和制动电阻使用，因而在起重机中得到较广泛的应用。这种调速方法的缺点是，由于转子电流较大，调速附加电阻 R_s 只能分级串入，调速的平滑性较差；而且转子串电阻后机械特性变软，转速较低时调速的稳定性差，最低转速因受静差率限制而不能太低，因而调速范围不大。从图 2-58 还可看出，在空载和轻载串电阻时调速范围不大，因此只宜带较重的负载调速。调速时由于在 R_s 上产生较大的损耗，因而调速效率很低。

例 7 一台三相异步电动机，$f_1 = 50\text{Hz}$，$n_N = 1455\text{r/min}$，转子每相电阻 $R_2 = 0.1\Omega$，额定转子电流为 50.5A，现在额定负载转矩不变时，将转速降低到 1050r/min，试求：

(1) 转子每相应串入的电阻值；
(2) 在所串电阻上的损耗。

解：（1） $s_N = \dfrac{n_1 - n_N}{n_1} = \dfrac{1500 - 1455}{1500} = 0.03$

$$s' = \dfrac{n_1 - n}{n_1} = \dfrac{1500 - 1050}{1500} = 0.3$$

转子每相应串入的电阻值为

$$R_s = \left(\dfrac{s'}{s_N} - 1\right) R_2 = \left(\dfrac{0.3}{0.03} - 1\right) \times 0.1 = 0.9 \ (\Omega)$$

（2）在所串电阻 R_s 上的损耗为

$$p_{Rs} = 3 I_2^2 R_s = 3 \times 50.5^2 \times 0.9 = 6881 \ (W)$$

2. 绕线式异步电动机的串级调速

绕线式异步电动机转子回路串电阻调速时，产生的转差功率 sP_{em} 消耗在转子电阻和所串的调速电阻上，因此调速效率很低。如果在转子回路中串入一个和转子同频率的附加电动势 E_f 吸收调速时的转差功率，则可提高调速的效率。通过改变 E_f 的大小和相位，就可以调节电动机的转速。这种调速方法称为绕线式异步电动机的串级调速。

（1）串级调速的基本原理。附加电动势 $\dot{E}_f$ 与转子电动势 $s\dot{E}_2$ 同相位时，转子电流可表达为

$$I_2 = \dfrac{sE_2 + E_f}{\sqrt{R_2^2 + (sX_2)^2}}$$

电磁转矩为

$$T_{em} = C_T \Phi_m I_2' \cos\varphi_2 = C_T \Phi_m I_2 \cos\varphi_2 = C_T' \Phi_m \dfrac{sE_2 + E_f}{\sqrt{R_2^2 + (sX_2)^2}} \cdot \dfrac{R_2}{\sqrt{R_2^2 + (sX_2)^2}}$$

$$= C_T' \Phi_m \dfrac{sE_2 R_2}{R_2^2 + (sX_2)^2} + C_T' \Phi_m \dfrac{E_f R_2}{R_2^2 + (sX_2)^2} = T_1 + T_2 \tag{2-83}$$

式中 $C_T' = C_T / k_i =$ 常数，T_1 为 E_{2s} 产生的电流与 Φ_m 作用产生的转矩，T_2 为 E_f 产生的电流与 Φ_m 作用产生的转矩。

若电机拖动恒转矩负载，串入 E_f 时由于 T_2 为正值，T_{em} 将大于 T_L，电动机加速。当电动机加速时，转差率 s 减小，sE_2 减小，转子电流将下降，T_1 及电磁转矩 T_{em} 随之减小。直到 $T_{em} = T_L$，系统稳定运行。这时电动机的稳定转速高于原来的稳定转速。

设 s 为原来的转差率，s' 为引入 E_f 后稳定运行的转差率，由于负载为恒转矩，所以稳定运行时转子电流的有功分量 $I_2' \cos\varphi_2$ 不变，且由于调速前后电动机的转差率变化很小，因此可认为 $\cos\varphi_2$ 基本不变，转子电流也可认为近似不变，转子的合成电动势也应基本不变，即

$$sE_2 = s'E_2 + E_f$$

$$s' = s - \dfrac{E_f}{E_2} \tag{2-84}$$

由上式可知，调节 E_f 可使电动机的转速均匀平滑升高。当 $E_f = sE_2$ 时，$s' = 0$，电动机的转速达到同步转速；当 $E_f > sE_2$ 时，$s' < 0$，电动机的转速将超过同步转速。因此，$\dot{E}_f$ 与 $s\dot{E}_2$ 同相时的调速称为超同步串级调速。

当 $\dot{E}_f$ 与 $s\dot{E}_2$ 相位相反时，仿照上述分析过程不难得出

$$s' = s + \dfrac{E_f}{E_2} \tag{2-85}$$

从上式可知，当 $\dot{E}_\text{f}$ 与 $s\dot{E}_2$ 相位相反时，电动机的转差率随 $\dot{E}_\text{f}$ 的增大而增大，即转速随 E_f 的增大而降低，电动机在低于原来的转速运行即在同步转速以下运行，因此称为次同步串级调速。

（2）串级调速的实现。串级调速的关键是在绕线式转子回路中串入一个大小、相位可以调节，且频率始终等于转子频率的附加电动势，要获得这样一个变频电源是很困难的。在工程实践中，通常采用中间引入电动势的办法来解决。目前，多采用晶闸管串级调速系统，如图 2-59 所示。系统工作时先将异步电动机的转子电动势 sE_2 经整流后变为直流电压 U_d，再通过晶闸管逆变器进行有源逆变，将直流电变为与电网同频率的交流电，经逆变变压器将调速时的转差功率 sP_em 回馈交流电网。逆变电压 U_β 可视为加在异步电动机转子回路中的附加电动势 E_f，改变晶闸管的逆变角即可改变 U_β 值，从而达到调节绕线式异步电动机转速的目的。

3. 改变定子电压调速

降低定子电压时，三相异步电动机的同步转速 n_1 和临界转差率 s_m 保持不变，最大转矩 T_m 随 U_1^2 下降，降低定子电压调速的机械特性如图 2-60（a）所示。

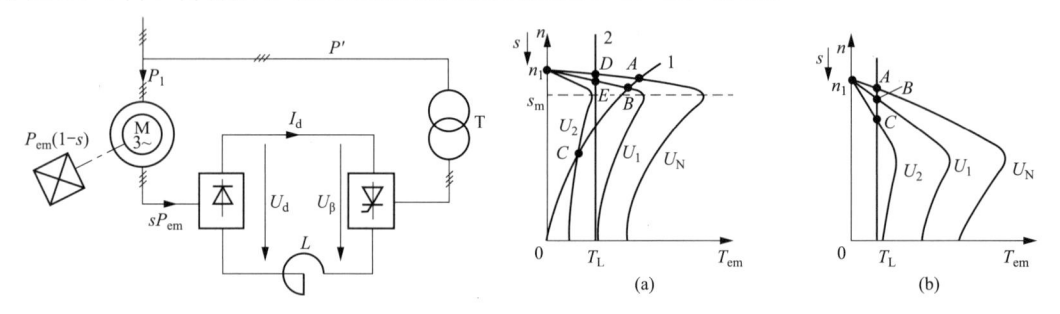

图 2-59　晶闸管串级调速原理示意图

图 2-60　降低定子电压调速的机械特性
（a）笼式异步电动机定子降压调速特性；
（b）高转差率笼式异步电动机降压调速特性

对于某些通风机类负载（如图中曲线 1），在 $s>s_\text{m}$ 时，根据拖动系统稳定运行的条件可知，拖动系统仍能稳定运行，（如图 2-60 中的 C 点），因而调速范围较大，因此，调压调速适用于通风机类负载的调速。

对于恒转矩负载（如图 2-60 中的曲线 2），从图中可知降低定子电压时电动机的调速范围很小。若采用高转差率的笼式异步电动机或在绕线式异步电动机的转子回路串入电阻，由于转子电阻较大，电动机的机械特性变软，降低电子电压可扩大调速范围［见图 2-60（b）］，但低速时的稳定性很差，且电压过低时过载能力很低，往往不能满足生产机械的要求。对于恒转矩负载如果要求较大的调速范围，应采用具有转速负反馈的调压调速系统，以改善低速时电动机的机械特性。读者可参考有关文献。

降低定子电压调速不适宜恒功率负载，这是因为降低定子电压时电磁转矩迅速下降，使电动机减速，但负载转矩却随转速的降低而增大，使电机的过载能力迅速减小，电压过低时电动机可能停转。

改变定子电压调速在速度较低时，在转子电阻上的损耗较大，因而调速效率较低。

2.1.9.5　采用电磁滑差离合器调速

电磁滑差离合器调速是将三相异步电动机转轴和生产机械转轴作软连接以传递功率的一种装置，在电磁离合器调速系统中，电动机为笼式异步电动机，本身并不调速，而是通过调整电磁离合器的励磁电流来改变机械负载的转速，带有电磁滑差离合器调速的电动机称为滑差电动机。

电磁离合器调速系统的结构如图 2-61（a）所示。离合器由电枢与磁极两部分组成。电枢是用铸钢做成的圆筒状结构，与电动机转轴作硬性连接，由电动机拖动旋转，称为主动部分。磁极由铁芯和励磁绕组两部分组成，励磁绕组通过集电环和电刷接到外部的可控直流电源上，磁极与机械负载作硬性连接，是离合器的从动部分。

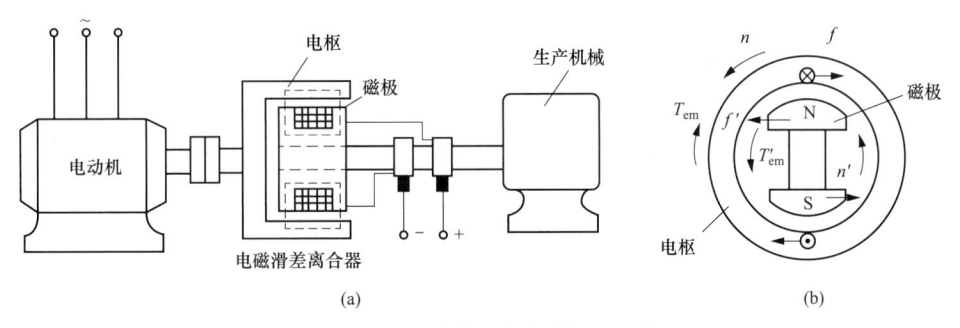

图 2-61 电磁滑差离合器调速系统
(a) 系统机构原理图；(b) 工作原理图

当电动机拖动电枢旋转时，电枢便切割磁极的磁场产生涡流［见图 2-61（b）］。电枢中的涡流与磁场相互作用而产生电磁力 f 和电磁转矩 T_{em}，T_{em} 的方向与电枢的转向是相反的，对电动机运行起制动作用。根据作用力和反作用力的原理，磁极将受到一个大小相等、方向相反的电磁力 f' 和电磁转矩 T'_{em}，在 T'_{em} 作用下，磁极带着生产机械沿电枢旋转方向旋转。

显然，当励磁电流 I_f 为零时，磁极磁通也为零，电枢不会产生涡流，也不会产生电磁转矩，磁极也就不会转动，这相当于机械负载与电动机处于"离"状态。一旦通入励磁电流 I_f，磁极便可转动，这相当于机械负载被"合上"。从以上分析可以看到，磁极和电枢的转速不能相同，若相同，电枢也就不会切割磁场而产生涡流。因此，电枢与磁极之间必然存在一个转差，所以称为电磁滑差离合器。

当负载转矩一定时，如果增大励磁电流，磁极磁场增强，则产生和负载转矩平衡的电磁转矩时所需的涡流将减小，转差也就减小，即生产机械以较高的转速运行。平滑调节励磁电流的大小，即可平滑调节生产机械的转速。

由于电枢由铸钢制成，电阻很大，因此电磁离合器的机械特性很软，如图 2-62（a）所示。由于机械特性很软，因而调速稳定性差，调速范围小。为此，在实际中采用速度负反馈的晶闸管闭环控制系统，使机械特性变硬［见图 2-62（b）］。

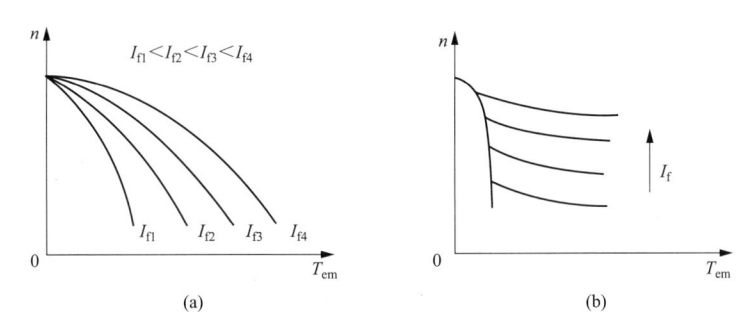

图 2-62 电磁滑差离合器调速的机械特性
(a) 采用速度负反馈前的机械特性；(b) 采用速度负反馈后的机械特性

电磁离合器调速系统结构简单,运行可靠,且可平滑调速,采用速度负反馈控制时调速范围可达 10∶1,因此被广泛应用于纺织、造纸等工业部门及通风机类负载的调速。

2.1.10 三相异步电动机的制动

在生产实践中,有时为了生产的安全需限制生产机械过高的转速,如起重机下放重物时;有时为了提高生产效率,需电动机迅速停车。这就要求对拖动系统施加一个和旋转方向相反的转矩,即对拖动系统采取制动措施。制动可分为机械制动和电磁制动两大类,机械制动是利用机械装置的制动力产生的转矩来实现的,而电磁制动则是使电动机产生和旋转方向相反的电磁转矩,使电动机处于制动状态。电磁制动的方法有反接制动、回馈制动及能耗制动。在此,仅讨论电动机的电磁制动。

2.1.10.1 反接制动

1. 电源换相反接制动

电源换相反接制动电路如图 2-63(a)所示。制动时,将三相异步电动机的任意两相定子绕组与电源的接线对调,定子电流的相序改变,旋转磁场的方向随之改变,由于机械惯性,电动机仍按原来的方向继续旋转,此时转子切割旋转磁场的方向与电动状态时相反,转子电动势、转子电流、电磁转矩的方向随之改变,电磁转矩变为制动转矩。

电源换相反接制动时的机械特性为反向电动时机械特性向第二象限的延伸[如图 2-63(b)中的曲线 2]。由于制动开始时,转子与旋转磁场的相对切割速度为 $n_1+n\approx 2n_1$,因此转子电动势 E_{2s} 与转子电流 I_2 比启动时还要大。为了限制过大的制动电流,需在转子回路中串入电阻,串电阻后的机械特性如图 2-63(b)中的曲线 3。如果所串电阻合适,从图中可知,制动开始时的制动转矩增大了,这是因为虽然串电阻后转子电流减小,但

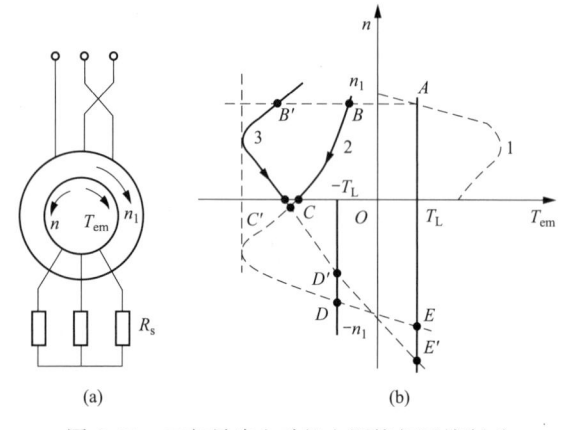

图 2-63 三相异步电动机电源换相反接制动
(a)制动原理图;(b)机械特性

转子的功率因数 $\cos\varphi_2$ 却提高了。$\cos\varphi_2$ 的增加超过 I_2 的减小时,转子电流的有功分量 $I_2\cos\varphi_2$ 增大了,电磁转矩 T_{em} 得以提高。改变所串制动电阻的阻值,可以调节制动转矩的大小以适应不同生产机械的需要。

如果负载为反抗性恒转矩负载,电动机在电动状态时运行于机械特性 1 上的 A 点,电源反接的瞬时,电动机的转速不能突变,运行点由 A 点变到机械特性 2 上的 B 点或机械特性 3 上 B' 点(制动时转子串入电阻),由于 E_{2s}、I_2 反向,T_{em} 变为负值,起制动作用。在与负载转矩的共同作用下,电动机转速迅速下降,当转速下降为零时(C 点或 C' 点),制动过程结束。我们注意到:转速为零时的电磁转矩并没有降到零,这点的电磁转矩就是电动机的反向启动转矩。对于要求停车的负载,应在转速接近零时迅速切断电源,否则 C 点或 C' 点的电磁转矩大于负载转矩,则电动机将反向启动进入反向电动状态,电动机反转最后稳定于 D 点或 D' 点。

在反接制动的过程中,转差率为

$$s = \frac{-n_1 - n}{-n_1} = \frac{n_1 + n}{n_1} > 1 \tag{2-86}$$

当负载为位能性负载时,电源反接制动结束后,反向启动转矩和位能性负载转矩共同作用使电机反转,由于反转时 T_{em} 为负值,小于负载转矩,因此电动机在反向电动状态并不能稳定运行,当电动机的转速超过反向同步转速后,电动机将进入回馈制动状态,在 E 点或 E' 点,$T_{em} = T_L$,电动机稳定运行。

设转子串电阻反接制动时的转差率为 s',对应机械特性的临界转差率为 s'_m,制动时的电磁转矩为 T_z,根据机械特性的实用表达式 $T_{em} = \dfrac{2T_m}{\dfrac{s}{s_m} + \dfrac{s_m}{s}}$ 可得

$$T_z = \frac{2T_m}{\dfrac{s'}{s'_m} + \dfrac{s'_m}{s'}}$$

整理后可得
$$s'^2_m - 2\frac{T_m}{T_z} s' s'_m + s'^2 = 0$$

解此关于 s'_m 的方程可得

$$s'_m = s'\left[\frac{T_m}{T_z} \pm \sqrt{\left(\frac{T_m}{T_z}\right)^2 - 1}\right] = s'\left[\frac{\lambda_m T_N}{T_z} \pm \sqrt{\left(\frac{\lambda_m T_N}{T_z}\right)^2 - 1}\right] \tag{2-87}$$

由于临界转差率与转子电阻成正比,由此可求出转子所串制动电阻的阻值为

$$R_s = \left(\frac{s'_m}{s_m} - 1\right) R_2 \tag{2-88}$$

式中:s_m 为正向电动状态固有机械特性的临界转差率。

在反接制动过程中,$s > 1$,电动机的电磁功率为 $P_{em} = 3I'^2_2 \dfrac{R'_2 + R'_s}{s} > 0$,电动机的机械功率为 $P_\Omega = 3I'^2_2 \dfrac{1-s}{s}(R'_2 + R'_s) < 0$。$P_{em} > 0$ 说明反接制动时电动机仍从电源吸取电功率,而 $P_\Omega < 0$,说明电动机不再输出机械功率,而是获得拖动系统所储藏的机械能。这些能量都消耗在转子回路的电阻上,所以在反接制动过程中,能量损耗是很大的。

对于笼式三相异步电动机,为了限制电源反接制动时制动电流的冲击,需在定子电路中串接限流电阻。

电源换相反接制动力矩大,但制动停车时的准确性差,制动过程中的能量损耗大。

2. 转速反向反接制动

转速反向反接制动又称为倒拉反接制动,制动原理如图 2-64(a)所示。这种制动只适用于位能性负载的低速下放,制动时在转子回路中串入较大电阻,在位能性负载的作用下,倒拉电动机反转,使电动机进入制动状态,其机械特性如图 2-64(b)所示。

设电动机稳定运行于固有机械特性 1 上的 A 点,突然在转子回路串接较大电阻,由于电动机的转速不能突变,电动机的运行点由 A 点变到 B 点,电动机的转子电流和电磁转矩大幅下降,沿机械特性 2 减速,在速度降到零时,电动机的电磁转矩仍小于负载转矩,在位能性负载的作用下,电动机被倒拉反转,随着反方向转速的增加,转子与旋转磁场的切割速度 $n_1 - (-n) = n_1 + n$ 继续增大,E_{2s}、I_2、T_{em} 进一步增大,在 D 点,$T_{em} = T_L$,电动机以 n_D 稳

定下放重物。转子回路所串电阻越大,稳定下放的速度越高[如图 2-64 (b) 中的 G 点]。在倒拉制动过程中,T_{em} 的方向没有变化,当转子的转向却变反了,电磁转矩变为制动转矩。制动过程中的转差率为

$$s = \frac{n_1 - (-n)}{n_1} > 1 \tag{2-89}$$

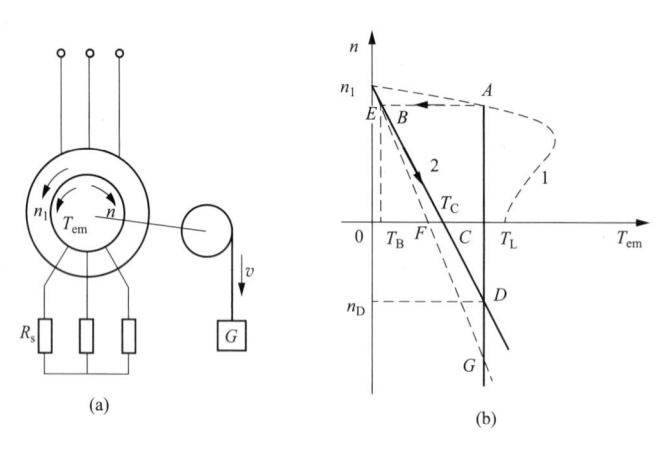

图 2-64 三相异步电动机转速反向反接制动
(a) 制动原理图;(b) 机械特性

与电源反接制动一样,转速反向反接制动时,$P_{em}>0$,$P_\Omega<0$,即电动机把从电源吸取的电能及位能性负载的机械能都消耗在转子回路电阻上,因而能耗很大。

2.1.10.2 回馈制动

当异步电动机由于某种外因,例如在位能性负载作用下(见图 2-65),使转速 n 高于同步转速 n_1。当 $n>n_1$ 时,$s<0$,转子感应电动势 sE_2 改变了方向。转子电流的有关分量为

$$I'_{2y} = I'_2 \cos\varphi_2 = \frac{E'_2}{\sqrt{\left(\frac{R'_2}{s}\right)^2 + X'^2_2}} \cdot \frac{\frac{R'_2}{s}}{\sqrt{\left(\frac{R'_2}{s}\right)^2 + X'^2_2}} = \frac{E'_2 \frac{R'_2}{s}}{\left(\frac{R'_2}{s}\right)^2 + X'^2_2} < 0 \tag{2-90}$$

转子电流的无功分量为

$$I'_{2w} = I'_2 \sin\varphi_2 = \frac{E'_2}{\sqrt{\left(\frac{R'_2}{s}\right)^2 + X'^2_2}} \cdot \frac{X'_2}{\sqrt{\left(\frac{R'_2}{s}\right)^2 + X'^2_2}} = \frac{E'_2 X'_2}{\left(\frac{R'_2}{s}\right)^2 + X'^2_2} > 0 \tag{2-91}$$

从以上两式可知,$s<0$ 时,转子电流的有功分量改变了方向,无功分量的方向则保持不变,仍与电动状态相同。据此可画出异步电动机在回馈制动状态的相量图,如图 2-66 所示。从相量图可以看出,$\dot{U}_1$ 和 $\dot{I}_1$ 之间的相位差 φ_1 大于 90°,此时定子功率 $P_1 = 3U_1 I_1 \cos\varphi_1 < 0$,说明定子有功功率的传递方向与电动状态相反,定子将向电网回馈有功功率,但 $I_1 \sin\varphi_1 > 0$ 说明电动机仍需从电网吸取建立磁场的无功功率。由于 $I'_2 \cos\varphi_2$ 改变方向,从 $T_{em} = C_T \Phi_m I'_2 \cos\varphi_2$ 可知,$T_{em}<0$,T_{em} 的方向与电动状态时相反,即 T_{em} 与 n 方向相反,变为制动转矩。此时,电动机的机械功率 $P_\Omega = T_{em}\Omega<0$,说明

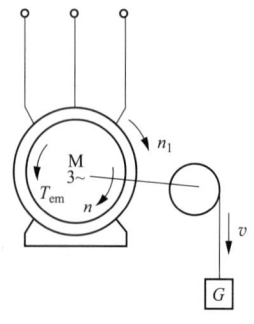

图 2-65 位能性负载下三相异步电动机的回馈制动

拖动系统向电动机输入机械功率,电动机将拖动系统的机械能转化为电能回馈电网,回馈制动时电动机处于发电状态。

回馈制动的机械特性如图 2-67 所示,在图 2-67 中,取提升重物的方向为正方向,下放时 n 为负值,回馈制动的机械特性为反向电动时的机械特性向第四象限的延伸。在 D 点处,电磁转矩等于负载转矩,电机以转速 n_D 稳定下放重物。如果在转子回路中串接电阻,其人为特性如图 2-67 中第四象限的 3 线,在负载转矩不变时,电动机的转速将稳定在更高的速度上(D'点)。为避免下放重物的速度过高,一般不在转子回路中串接电阻。

在变极或变频调速过程中,若电动机的同步转速下降较大,在过渡过程中会出现回馈制动,其机械特性如图 2-68 所示。

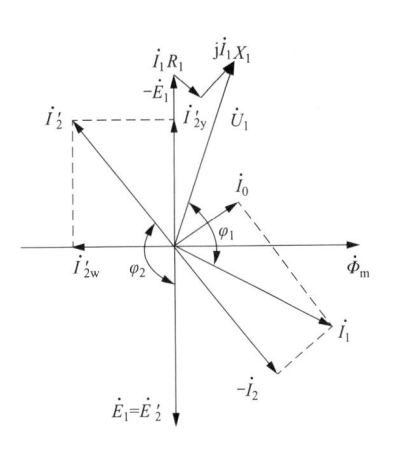

图 2-66 回馈制动状态的相量图

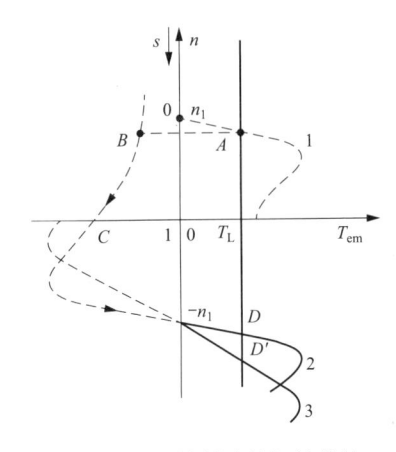

图 2-67 回馈制动的机械特性

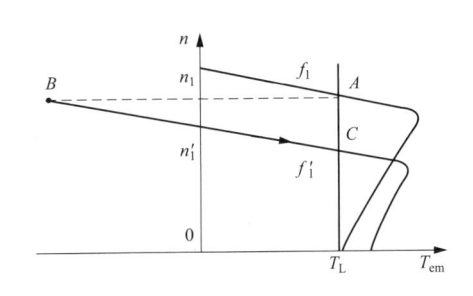

图 2-68 过渡过程中的回馈制动

2.1.10.3 能耗制动

1. 能耗制动的原理

图 2-69 是三相异步电动机能耗制动的原理图,设电动机接在交流电网上处于电动状态运行。制动时,在切断交流电源的同时,合上 QS2 将直流电流通入定子绕组,直流电流在异步电动机的气隙中产生一个静止的磁场,如图 2-70 所示。此时,转子因惯性继续旋转,转子导体切割静止磁场而产生感应电动势 E_{2s} 和电流 I_2,转子电流与直流磁场相互作用产生电磁转矩 T_{em},由左手定则可知,此电磁转矩与转速方向相反,为制动转矩,使电动机转速下降,电动机处于制动状态,如图 2-71 所示。当转速降为零时,转子感应电动势和电流、电磁转矩也降为零,制动过程结束。

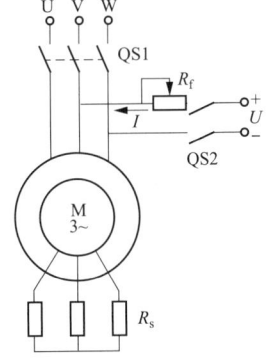

图 2-69 能耗制动接线示意图

能耗制动的本质是将转子中存储的动能通过电磁感应转变为电能,消耗在转子电路的电阻上,因而称为能耗制动。

2. 能耗制动的机械特性

从以上分析可知,能耗制动时产生转矩的原理与电动时的原理相似,其机械特性的形状也与电动状态时相似，能耗制动的机械特性为倒立过来的电动机的机械特性（见图2-72）。由于T_{em}与转速n的方向相反，T_{em}为负值，所以机械特性应在第二象限。这里不作机械特性表达式的数学推导，仅从物理概念上进行说明。

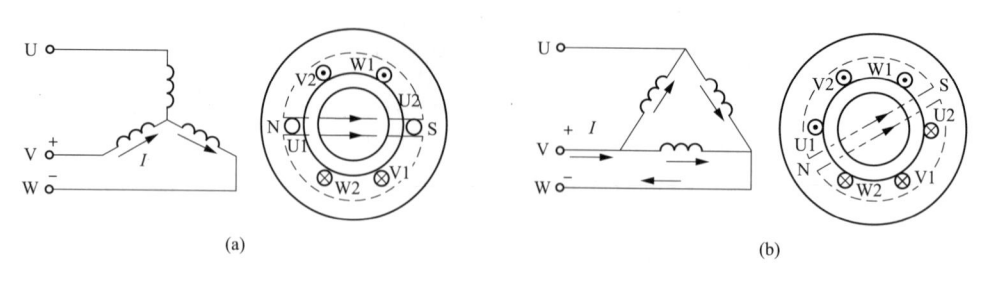

图2-70 能耗制动时直流电流产生的静止磁场
(a) 定子绕组星形连接；(b) 定子绕组三角形连接

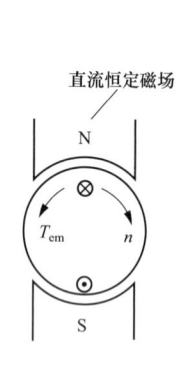

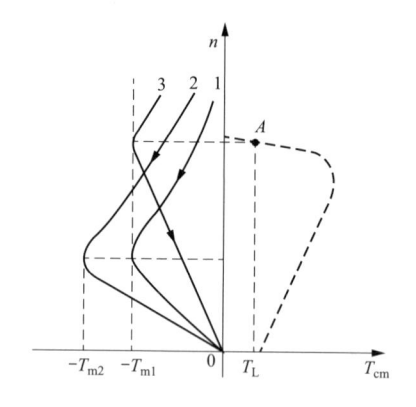

图2-71 能耗制动原理图　　图2-72 能耗制动时的机械特性

在转速为零时，转子不感应电动势，转子电流和转矩都等于零。转速n增大时，转子与静止磁场的相对切割速度增大，E_{2s}和I_2、T_{em}随之增大。达到最大转矩T_m以后，由于转子与静止磁场的切割速度已较大，转子电流的频率f_2达到较大的数值，转子绕组的感抗显著增加，E_{2s}增加时I_2的增加变缓，另一方面，转子的功率因数$\cos\varphi_2$因感抗增大而显著减小，使$I_2\cos\varphi_2$减小，T_{em}不但不再增大，反而随转速的增大而减小。

在转子回路串入电阻，机械特性将变软。如果电阻适当，既可以限制制动开始时的电流，又可以增大制动转矩，如图2-72中的曲线3所示。当转子所串电阻不变，直流励磁电流增大时，对应于最大转矩的转速不变，但最大转矩增大，如图2-72中的曲线2所示。

能耗制动制动过程平稳，对于反抗性负载可实现准确停车，但在低速段，制动转矩较小，低速时的制动效果较差。

2.1.11　三相异步电动机的检修与维护

2.1.11.1　三相异步电动机的节电运行

目前，在许多生产机械中，老式的JO₂系列及其派生的电动机还大量存在，这类电动机启动性能较差，运行效率较低，因而电能损耗较大；其次，在许多场合，经常存在"大马拉小车"，即电动机负载过低的情况，也造成大量的能量损耗；在实际中还存在由于电源电压不对称、电源电压过低和电动机使用不当的情况，也会造成电动机额外的电能损耗。

1. 三相异步电动机的节能运行方法

(1) 使用电动机时,必须按照《三相异步电动机经济运行标准》合理使用,维护维修及时,避免因管理不善而人为造成电能的大量损耗。

(2) 在其他条件允许的情况下采用 Y 系列或 Y_2 系列高效型电动机取代 JO_2 系列的电动机。

(3) 尽可能使电动机与负载相匹配,电动机正常工作时所带的负载应接近额定负载。从三相异步电动机运行特性可知,电动机的最大效率发生在 $(0.7\sim1.0)P_N$ 的范围内,电动机在此范围运行时,电动机的效率是很高的。

(4) 对于轻载运行的电动机,应适当降低电动机的工作电压。

从降压时电动机人为机械特性的分析可知,对于满载或重载的电动机,电压降低时,将导致电动机定转子电流上升,从而使与定转子电流平方成正比的铜损耗迅速增大,若长时间低电压运行,将使电动机发热严重,温升增加,严重时可能烧毁电动机。因而一般情况下,电动机正常运行时的电压应为 $(95\%\sim105\%)U_N$。

对于轻载运行的电动机,适当降低供电电压是有利于节电运行的。这是因为在降压时电动机的主磁通下降,使空载电流和铁损耗减小,功率因数得以提高。由于轻载时电动机的转速很高,转子电流很小,虽然适当降低电压时电动机的转速略有下降,但变化很小,因而转子电流的变化很小。根据磁势平衡方程式 $\dot{I}_1=\dot{I}_0+(-\dot{I}_2')$ 可知,$\dot{I}_1$ 将随 $\dot{I}_0$ 下降,定子铜损耗相应减小,运行时的效率提高了。但应注意若电压降低过多,电动机的转速急剧下降时,会造成定转子电流迅速增大,电动机的铜损耗迅速增大,当铜损耗的增加超过铁损耗的下降时,电动机的发热增加,运行效率反而降低了,因此电压降低的程度应根据负载的大小来确定。

(5) 对电动机进行无功补偿。

从三相异步电动机的运行分析可知,三相异步电动机的功率因数总是滞后的,即运行时总要从电网吸取一定的无功功率来建立磁场,如果采用电容对电动机进行无功补偿,就可以减小电动机从电网吸取的无功功率,使线路损耗减小,这对动力设备较多的工厂尤为重要。

(6) 采用新型节能装置。

随着电力电子技术的发展,出现了许多电动机的节能装置,如前面介绍的软启动器。它集软启动、软停车及电动机的各种保护于一体,避免了电动机启动、制动过程中较大的电流所造成的大量能量损耗,对于频繁启动制动的电动机节能效果尤为明显。同时在电动机工作过程中,它可以以电动机的工作电流和电压作为取样对象,自动跟踪负载的变化,将电动机的工作电压自动调整到适合负载的数值,实现节电运行。

2.1.11.2 三相异步电动机的运行监视

1. 启动前的检查

对新安装或较长时间未使用的电动机,在通电使用之前应做如下检查:

(1) 用绝缘电阻表测量电动机绕组对地及相间的绝缘电阻,对于 380V 的三相异步电动机采用 500V 绝缘电阻表测得的绝缘电阻不应小于 0.5MΩ。

(2) 检查接地是否良好。

(3) 检查电机出线标识是否正确,连接线是否符合电机接线图的规定(Y 接法或△接法),对于必须按规定方向运转的设备,应事先在电机与设备脱开的情况下,通电检查电机转向。

(4) 对绕线式异步电动机,应检查其电刷与集电环的接触是否良好;电刷压力是否正常；集电环表面是否光滑。

（5）检查紧固螺栓是否拧紧，用外力使转子转动，检查是否转动灵活，转动时有无异常响声，轴承是否缺油，传动装置是否良好，所拖动的负载是否做好启动准备。

（6）检查启动设备是否处于启动位置；熔断器是否完好；电源电压是否正常。

（7）对某些自带制动器的电动机，应在安装前单独通电检查或调试制动部分。

2. 电动机运行过程中的监视

（1）随时检查电动机的运行是否平稳，有无剧烈振动和异常噪声。

（2）监视电流表的指示值是否正常，有无突然增大或三相严重不平衡现象。

（3）监视电动机的转速是否正常，各部分的温度是否过高。

（4）对绕线式异步电动机还应检查电刷与集电环间是否有火花过大现象，有无电刷严重磨损或接触不良问题等。

2.1.11.3 三相异步电动机的检修

1. 三相异步电动机的常见故障原因及处理方法

三相异步电动机在长期运行过程中，会发生各种各样的故障，综合起来可分为电气故障和机械故障两大类。电气故障主要有定子绕组、转子绕组、定转子铁芯、开关及启动设备的故障等；机械故障主要有轴承、转轴、风扇、机座、端盖、负载机械设备等的故障。三相异步电动机的常见故障现象、故障的可能原因以及相应的处理方法见表2-5。

表2-5　　　　　　　　三相异步电动机的常见故障及处理方法

故障现象	故障可能的原因	处理方法
通电后电动机不能启动，或带负载时转速过低	（1）电源缺相； （2）电源电压过低； （3）控制设备接线错误； （4）电动机的负载过大或转子卡涩； （5）笼式转子断条或脱焊	（1）检查电源开关是否正常、熔断器熔丝是否熔断； （2）检查三相绕组接法是否正确； （3）检查控制设备，改接正确； （4）减小负载，检查机械故障； （5）检查转子的开焊点
电动机剧烈振动或噪声异常	（1）电动机安装时基础不平； （2）电动机缺相； （3）转子有扫膛现象； （4）转子不平衡； （5）风扇与风罩相擦； （6）轴承损坏或缺油； （7）机械传动机构故障	（1）重新安装电动机； （2）检查电源回路的断点并接好； （3）修理转子、更换轴承或更换转子； （4）对转子重新进行动平衡校核； （5）重新安装风扇或分罩； （6）更换轴承、及时加润滑油； （7）检查机械传动机构
电动机温升过高	（1）负载过重； （2）电源电压过高或过低； （3）定子绕组有短路或接地故障； （4）轴承磨损； （5）电动机缺相运行； （6）通风不畅或环境温度过高； （7）转子有扫膛现象	（1）减小负载； （2）调整电源电压； （3）检查并维修定子绕组； （4）更换轴承； （5）检查电源回路的断点并接好； （6）改善电动机的散热条件； （7）修理转子、更换轴承或更换转子
电动机三相电流不平衡	（1）三相电源电压不平衡； （2）定子绕组由局部短路	（1）调速电源电压，使电源电压恢复平衡； （2）修理定子绕组，消除短路故障
电动机运行时产生焦臭味	（1）由于温升过高，烧毁定子绕组； （2）绝缘老化、绝缘层烧毁； （3）绝缘受潮	（1）更换定子绕组； （2）重新安装绝缘、浸漆、烘干； （3）烘干电动机

2. 三相异步电动机的日常维护

三相异步电动机的日常维护是消除故障隐患，防止故障发生或扩大的重要措施。

（1）清扫电动机外壳，擦除运行中积累的油垢。

（2）定期测量电动机定子绕组的绝缘电阻，注意测后要重新接好线，拧紧接头螺母。

（3）定期检查电动机端盖、地脚螺栓是否紧固，若有松动应拧紧或更新螺栓。

（4）检查接地线是否可靠。

（5）定期检查、清扫电动机的通风道及冷却装置。

（6）定期拆下轴承盖，检查润滑油是否干枯、变质，并及时加油或更换洁净的润滑油，处理完毕后，应注意上好轴承盖及紧固螺栓。

（7）检查电动机与生产机械间的传动装置是否完好。

任务2　认识单相异步电动机

凡是由单相交流电源供电的异步电动机，都称为单相异步电动机。单相异步电动机具有结构简单、成本低廉、噪声小等优点。由于只需要单相电源供电，使用方便，因此被广泛应用于工业和日常生活的各个领域。但它与同容量的三相异步电动机相比较，体积较大，功率因数、效率及过载能力都较低，因此，单相异步电动机一般只做成小容量的，我国现有产品功率从几瓦到几百瓦。

单相异步电动机的基本结构与三相异步电动机相同，包括定子和转子两大部件。转子结构都是笼形的，定子铁芯也是由硅钢片叠压而成。定子铁芯上嵌有定子绕组。单相异步电动机在正常工作时，只需要单相绕组即可，但单相绕组通以单相交流电时产生的磁场是脉动磁场，单相运行时的电动机是没有启动转矩的。为了使电动机能自行启动和改善运行性能，单相异步电动机定子铁芯上除了有电动机正常运行时不可缺少的工作（主）绕组外，还装有启动（副）绕组。主、副绕组在空间分布上间隔90°电角度。

2.2.1　单相异步电动机的工作原理

1. 主绕组通电时的机械特性

当主绕组接通电源后，产生一个脉动磁势，其基波表达式为

$$f_{\varphi 1} = F_{\varphi 1} \cos \frac{\pi}{\tau} x \sin \omega t$$

一个在空间上按正弦分布，在时间上按正弦规律变化的脉动磁动势可以分解成两个幅值相等、旋转方向相反的旋转磁势，即

$$f_{\varphi 1} = \frac{1}{2} F_{\varphi 1} \sin\left(\omega t - \frac{\pi}{\tau} x\right) + \frac{1}{2} F_{\varphi 1} \sin\left(\omega t + \frac{\pi}{\tau} x\right) = f_+ + f_- \tag{2-92}$$

正序磁势 f_+ 产生正序旋转磁场，正序磁场旋转时在转子的笼形绕组中产生感应电动势和电流，电流与磁场作用而产生正序电磁转矩 T_{em+}；同理，负序磁势 f_- 产生负序旋转磁场和负序电磁转矩 T_{em-}。假设转子沿正向转动，相对于正序旋转磁场，电动机的转差率为

$$s_+ = \frac{n_1 - n}{n_1} = s \tag{2-93}$$

相对于负序旋转磁场，电动机的转差率为

$$s_- = \frac{-n_1 - n}{-n_1} = \frac{-2n_1 + n_1 - n}{-n_1} = 2 - s_+ \qquad (2\text{-}94)$$

当转子速度 n 增加时，$s_+(1→0)$，$s_-(1→2)$，正序电磁转矩 T_{em+} 与正转转差率 s_+ 的关系 $T_{em+} = f(s_+)$，相当于普通三相异步电动机正转时的机械特性，如图 2-73 中的曲线 1 所示；负序电磁转矩 T_{em-} 与 s_- 的关系 $T_{em-} = f(s_-)$，相当于三相异步电动机反转时的机械特性，如图 2-73 中的曲线 2 所示，电动机的合成电磁转矩为 $T_{em} = T_{em+} + T_{em-}$，$T_{em} = f(s)$ 的关系如图 2-73 中的曲线 3 所示。

从曲线 3 可以看出单相异步电动机有以下特点：

(1) 电动机不转时 $n=0$，$s_+ = s_- = 1$，合成电磁转矩 $T_{em} = T_{em+} + T_{em-} = 0$，电动机无启动转矩。因此，只有主绕组通电时单相异步电动机不能自行启动。

(2) 若用外力使电动机正向转动或反向转动，即 s_+ 或 s_- 不为"1"时，合成电磁转矩 $T_{em} \neq 0$，若去掉外力后，合成电磁转矩大于阻碍转矩，则电动机将加速至相应的稳定工作点。合成电磁转矩的方向取决于所加外力使转子开始旋转时的方向。

2. 两相绕组通电时的机械特性

设主绕组以 A 表示，副绕组以 B 表示，当副绕组接通电源后，也产生一个脉动磁势，假设在理想情况下，主、副绕组中的电流互差 $90°$ 电角度，即 $i_A = I_{Am}\sin\omega t$，$i_B = I_{Bm}\sin(\omega t - 90°)$。而主、副绕组在空间分布上又是间隔 $90°$ 电角度，两个绕组产生的基波磁势分别为

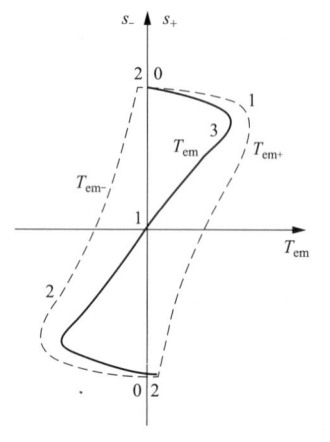

图 2-73 单相异步电动机的机械特性

$$f_{A1} = F_{A1}\cos\frac{\pi}{\tau}x \sin\omega t$$

$$f_{B1} = F_{B1}\cos\left(\frac{\pi}{\tau}x - 90°\right)\sin(\omega t - 90°)$$

合成基波磁势为

$$\begin{aligned} f_1 &= f_{A1} + f_{B1} = F_{A1}\cos\frac{\pi}{\tau}x\sin\omega t + F_{B1}\cos\left(\frac{\pi}{\tau}x - 90°\right)\sin(\omega t - 90°) = \\ &\quad \frac{1}{2}F_{A1}\sin\left(\omega t - \frac{\pi}{\tau}x\right) + \frac{1}{2}F_{A1}\sin\left(\omega t + \frac{\pi}{\tau}x\right) + \frac{1}{2}F_{B1}\sin\left(\omega t - \frac{\pi}{\tau}x\right) + \\ &\quad \frac{1}{2}F_{B1}\sin\left(\omega t + \frac{\pi}{\tau}x - 180°\right) = f'_A + f''_A + f'_B + f''_B \end{aligned} \qquad (2\text{-}95)$$

式中 $f'_A = \frac{1}{2}F_{A1}\sin\left(\omega t - \frac{\pi}{\tau}x\right)$ 为主绕组正向旋转磁势；$f''_A = \frac{1}{2}F_{A1}\sin\left(\omega t + \frac{\pi}{\tau}x\right)$ 为主绕组反向旋转磁势；$f'_B = \frac{1}{2}F_{B1}\sin\left(\omega t - \frac{\pi}{\tau}x\right)$ 为副绕组正向旋转磁势；$f''_B = \frac{1}{2}F_{B1}\sin\left(\omega t + \frac{\pi}{\tau}x - 180°\right)$ 为副绕组反向旋转磁势。参考三相异步电动机磁势的分析可得：$F_{A1} = 0.9I_A\frac{N_{1A}k_{w1A}}{p}$，$F_{B1} = 0.9I_B\frac{N_{1B}k_{w1B}}{p}$。

如果 $F_{A1} = F_{B1}$，则式（2-95）中的 f''_A 和 f''_B 大小相等，相位相反，则有

$$f_1 = F_1\sin\left(\omega t - \frac{\pi}{\tau}x\right) \qquad (2\text{-}96)$$

式（2-96）表示的是一个幅值不变的圆形旋转磁势。式中，$F_1=F_{A1}=F_{B1}$。如果$F_{A1}\neq F_{B1}$，经分析可知式（2-96）表示的是一个幅值变化的椭圆形旋转磁势。如果两个绕组在空间上相距不是90°电角度，或电流相位也不是相差90°电角度，所产生的合成磁势也是一个椭圆形磁势。单相异步电动机就是靠主、副绕组产生的圆形或椭圆形磁势来获得启动转矩。

从上面分析的结果可以看出，单相异步电动机的关键问题是如何启动，而启动应具备如下条件：

（1）定子具有空间不同相位的两个绕组。

（2）两相绕组中通入不同相位的电流。

单相异步电动机主绕组 A 是工作绕组（或称为运行绕组），副绕组 B 是启动绕组。工作绕组在电动机启动与运行时都一直接在交流电源上，而启动绕组在启动时必须通电，以形成圆形或椭圆形旋转磁场。电动机启动后，从前面分析可知，依靠工作绕组也可运行，因此电动机启动后，启动绕组也可以切除不用，但运行时的磁场变为脉动磁场，由于负序磁场的存在，运行性能较差。

单相异步电动机的优点主要是使用单相交流电源，但是单相异步电动机启动的必要条件要求两相绕组中通入相位不同的两相电流。如何把工作绕组与启动绕组中的电流相位分开，即所谓的"分相"，就变成了单相异步电动机的十分重要的问题。

2.2.2 单相异步电动机的启动和反转

单相异步电动机的分类主要是依据不同的分相方法来区别。现将各种类型的单相异步电动机的启动方法和反转方法介绍如下。

1. 单相电阻分相启动异步电动机

电阻分相启动的单相异步电动机，启动绕组通过一个启动开关和主绕组并联到单相电源上，如图 2-74（a）所示。为了使启动时主绕组中的电流与副绕组中的电流有相位差，从而产生启动转矩，通常设计副绕组匝数比主绕组的少一些，副绕组的导线截面积比主绕组的小得更多些。这样，副绕组的电抗就比主绕组的小，而电阻却比主绕组大。当两绕组并联接到单相电源时，副绕组的启动电流 $\dot{I}_B$ 将超前于主绕组的启动电流 $\dot{I}_A$，形成两相电流，如图 2-75 所示。

图 2-74 单相电阻分相启动异步电动机
启动开关和主绕组并联启动；（b）电流继电器和主绕组串联启动

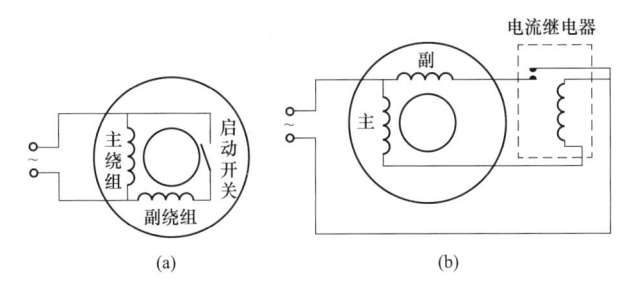

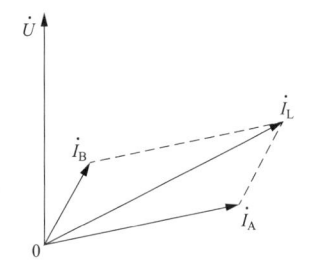

图 2-75 电阻分相启动时的电流关系

启动绕组通常按短时运行来设计，导线的截面较细，当转子转速上升到一定大小（一般为 75%～80% 的同步转速）时，启动开关打开将启动绕组予以切除。一种常用的启动开关是离心开关，它装在电动机的转轴上随着转子一起旋转，当转速升高到一定程度时，依靠离心块的离心力克服弹簧的拉力（或压力），使动触头与静触头脱离接触，切断启动绕组电路。

另一种启动开关是电流型启动继电器，继电器的吸引线圈串联在主绕组中，如图 2-73（b）所示。启动时，由于主绕组的启动电流较大，使继电器动作，电动机启动绕组通过继电器的常开触头接到电源上，电动机启动。随着转速的升高，主绕组中的电流减小，减小到一定程度时，继电器复位，启动绕组中串联的触头断开，使启动绕组脱离电源。

从图 2-74 可以看出，启动时 $\dot{I}_A$ 与 $\dot{I}_B$ 的相位差不大，因而气隙磁势椭圆度较大，启动转矩较小；正常工作时只靠主绕组单相运行，运行性能较差。

分相式单相异步电动机的转向，是由电流的相序来决定的。具体的说是由电流超前相转向电流滞后相的。因此，反转时只需把主绕组或者启动绕组中的任意一个绕组的两端对调，即可改变电流的相序，从而改变气隙磁场的旋转方向，使转子的转向随之改变，达到反转的目的。

电阻分相启动的单相异步电动机改变转向的方法是：把主绕组或者副绕组中的任意一个绕组接电源的两个出线端对调，即可改变气隙旋转磁势旋转方向，使单相异步电动机反转。

2. 单相电容分相启动异步电动机

单相电容分相启动异步电动机接线如图 2-76（a）所示，其启动绕组回路串联了一个电容器和一个启动开关，然后再和主绕组并联接到同一个电源上。电容器的作用是使启动绕组回路的阻抗呈容性，从而使启动绕组在启动时的电流领先电源电压 $\dot{U}$ 一个相位角。由于主绕组的阻抗是感性的，它的启动电流落后电源电压 $\dot{U}$ 一个相位角。如果电容器的容量合适，启动绕组电流 $\dot{I}_B$ 可超前主绕组启动电流 $\dot{I}_A$ 90°电角度，如图 2-76（b）所示。

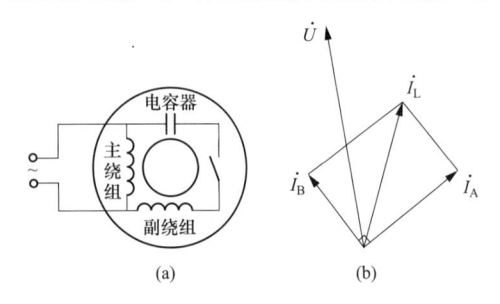

图 2-76 单相电容分相启动异步电动机
(a) 接线图；(b) 相量图

与电阻分相单相异步电动机比较，电容分相异步电动机有以下一些优点：

（1）由于 $\dot{I}_B$ 和 $\dot{I}_A$ 相位相差 90°，在 I_B、I_A 与电阻分相的电动机相同时，合成电流 $\dot{I}_L$ 比较小。所以，在获得同样大小的启动转矩时，电容分相启动单相异步电动机的启动电流较小。

（2）由于 $\dot{I}_B$ 和 $\dot{I}_A$ 相位相差 90°，在启动时能产生一个接近圆形的旋转磁势，得到较大的启动转矩。

在启动绕组中也串接了一个启动开关，当转子转速达到 75%～80% 同步转速时，启动开关动作，使启动绕组脱离电源，电动机只依靠主绕组单相运行。

电容分相启动单相异步电动机改变转向的方法同电阻分相启动单相异步电动机的一样，只要将主绕组或副绕组的两个出线端对调即可。

3. 单相电容运转异步电动机

如果把电容分相电动机的副绕组设计为长期工作，启动后电容器仍保留在启动线路中（见图 2-77），则这种电动机称为电容电动机。这时，电动机实质上是一台两相异步电动机，在运行时，定子绕组在气隙中仍产生旋转磁场，电动机在运行性能上有较大改善，它的功率因数、效率、过载能力都比电阻分相启动和电容分相启动的异步电动机要好。

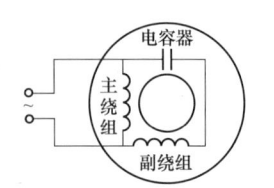

图 2-77 单相电容运转异步电动机

副绕组中串入的电容器,也应该考虑到长期工作的要求,电容器容量的选配主要考虑运行时能产生接近圆形的旋转磁势,提高电动机运行时的性能。由于异步电动机从绕组看进去的总阻抗是随转速变化的,而电容的容抗为常数,因此使之运行时接近圆形磁势的某一确定的电容量,就不可能使启动时的磁势仍接近圆形磁势,而变成了椭圆磁势。这样,造成了启动转矩较小、启动电流较大,启动性能不如单相电容分相启动异步电动机。

改变单相电容运转异步电动机转向的方法,同单相电容分相启动异步电动机改变转向的方法一样。

4. 单相电容启动与运转异步电动机

为了使电动机在启动和运转时都能得到比较好的性能,在副绕组中采用了两个并联的电容器,如图2-78所示。电容器 C 是运转时长期使用的电容,电容器 C_s 仅在电动机启动时使用,容量 $C_s > C$,C_s 与一个启动开关串联后再和电容器 C 并联起来。启动时,串联在副绕组回路中的电容为 $C+C_s$,总容量比较大,可以使电动机气隙中产生接近圆形的磁势。当电动机转到转速比同步转速稍低时,启动开关动作,将启动电容器 C_s 从副绕组回路中切除,这样使电动机运行时气隙中的磁势也接近圆形磁势。

与电容启动单相异步电动机比较,电容启动与运转单相异步电动机启动转矩、最大转矩、功率因数和效率有了提高,所以它是单相异步电动机中最理想的一种。

单相电容启动与运转异步电动机的转向改变方法与前面其他单相异步电动机相同。

5. 单相罩极式异步电动机

单相罩极式异步电动机的结构分为凸极式和隐极式两种,原理完全一样,只是凸极式结构更为简单一些。凸极式单相罩极异步电动机的主要结构如图2-79(a)所示,其转子仍然是普通的笼形转子,但其定子有凸起的磁极。在每个磁极上有集中绕组,即为主绕组。极面的一边约1/3处开有小槽,经小槽放置一个闭合的铜环K,这个闭合的铜环称为短路环。短路环把磁极的小部分罩起来,故称之为罩极式异步电动机。

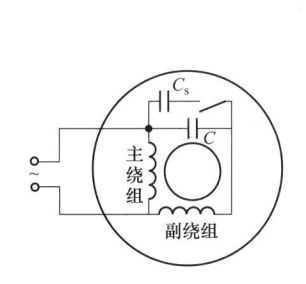

图 2-78 单相电容启动与运转异步电动机

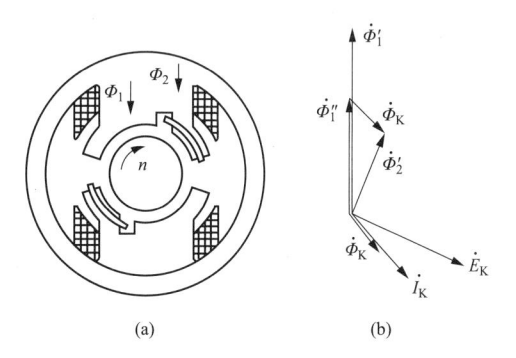

图 2-79 单相罩极式异步电动机
(a) 凸极式结构;(b) 相量图

罩极式异步电动机当主绕组通电时,产生脉动磁通 $\dot{\Phi}_1$。$\dot{\Phi}_1$ 分为两部分,$\dot{\Phi}_1'$ 为通过未罩部分的磁通,$\dot{\Phi}_1''$ 为通过被罩部分的磁通,$\dot{\Phi}_1 = \dot{\Phi}_1' + \dot{\Phi}_1''$,$\dot{\Phi}_1'$ 与 $\dot{\Phi}_1''$ 在时间上是同相位的。当 $\dot{\Phi}_1''$ 穿过短路环时,在短路环中产生感应电动势 E_k 和电流 I_k,I_k 又要在被罩部分的铁芯中产生磁通 $\dot{\Phi}_k$。因此,穿过短路环的磁通 $\dot{\Phi}_2 = \dot{\Phi}_1'' + \dot{\Phi}_k$。

罩极式异步电动机各磁通的相位关系，可以从相量图2-79（b）说明。相量图中，$\dot{E}_K$在相位上比$\dot{\Phi}_2$滞后90°。短路环像任何一个闭合绕组一样，都有漏电感的存在，因此，$\dot{E}_K$产生的电流$\dot{I}_K$要比$\dot{E}_K$滞后一个相位角。如果忽略铁损耗，则$\dot{\Phi}_K$与$\dot{I}_K$同相位，$\dot{\Phi}_K$与$\dot{\Phi}_1''$合成即为$\dot{\Phi}_2$。从向量图上看出，$\dot{\Phi}_1'$与$\dot{\Phi}_2$在时间上不同相位，$\dot{\Phi}_1'$超前于$\dot{\Phi}_2$。

由于$\dot{\Phi}_1'$与$\dot{\Phi}_2$通过磁极的不同部位，因此在空间上相差一个电角度，在时间上也相差一个电角度。它们的合成磁场是一种"扫动磁场"，扫动的方向是从通过领先磁通$\dot{\Phi}_1'$的未罩部分到通过$\dot{\Phi}_2$的被罩部分。扫动磁场实质上也是一种旋转磁场，在该磁场的作用下，电动机将获得一定的启动转矩。

由于$\dot{\Phi}_1'$与$\dot{\Phi}_2$轴线相差的空间电角度比较小，而且$\dot{\Phi}_2$本身也较小，因此启动转矩很小，一般只能用做负载转矩小于$0.5T_N$的轻载启动。但由于其结构简单、制造方便，罩极式的单相异步电动机常用于小型风扇、电唱机等启动转矩要求不大的机器中，其容量一般在几十瓦以下。

隐极式罩极电动机，其定子铁芯与三相异步电动机一样，在定子槽中放有主绕组和短路的罩极绕组，主绕组为单层分布绕组。罩极绕组可以分布，也可以集中，一般只有2～8匝，导线截面为主绕组的3～5倍，通常采用$\phi 1.5mm$左右的圆铜线绕成，并自行短路，罩极绕组与主绕组在空间相距30°～60°电角度（通常取45°左右）。

罩极式电动机中，$\dot{\Phi}_1'$永远领先$\dot{\Phi}_2$，因此电动机的转向总是从磁极的未罩部分到被罩部分，即使改变和电源连接的两个端点，也不能改变它的转向。

思考与练习

2-1 为什么三相异步电动机在电动状态时转速n总是低于同步转速n_1？

2-2 三相异步电动机主磁通的大小是由外加电源电压还是由空载电流的大小决定的？

2-3 拆修异步电动机的定子绕组时，若把每相的匝数减小，则对电动机的性能有什么影响？

2-4 为什么异步电动机空载运行时转子的功率因数$\cos\varphi_2$很高，而定子的功率因数$\cos\varphi_1$却很低，在电动机由空载到额定负载的过程中$\cos\varphi_2$、$\cos\varphi_1$怎样变化？

2-5 为什么说异步电动机的功率因数总是滞后的？

2-6 为什么三相异步电动机不应在轻载下长期运行，在什么范围内运行为宜？

2-7 什么是电力拖动，如何判定系统的运行状态？

2-8 启动电流、启动转矩的大小及启动时间的长短与负载转矩大小有什么关系？

2-9 试分析笼式异步电动机各种降压启动方法的特点。

2-10 当三相异步电动机拖动位能性恒转矩负载时，为了限制负载下降的速度可采取哪几种制动方法，试分析这几种制动过程及功率传递关系。

异步电机 MATLAB 仿真实践

异步电机主要用作电动机，它结构简单、运行可靠，因此被广泛应用于工业生产的各个领域。随着现代交流调速技术的飞速进步，由异步电动机组成的交流调速系统已成为调速系统最重要的分支之一。

1. 三相异步电动机启动的仿真

（1）三相异步电动机的直接启动仿真。

三相异步电动机直接启动时，启动电流较大，可达额定电流的 5~7 倍。一般只允许容量相对较小的异步电动机采取直接启动。

仿真实践：使用 Simulink 建立三相异步电动机的直接启动仿真模型，测取三相异步电动机直接启动过程中的转速、电磁转矩和电枢电流的变化规律。

1) 建立仿真模型。三相异步电动机的直接启动方法简单，其仿真模型如图 2-80 所示。图 2-80 中包括三相异步电动机模块（Asynchronous Machine）、电源模块（Power source）、断路器模块（Circuit breaker）和测量模块（Machine measurements）等。

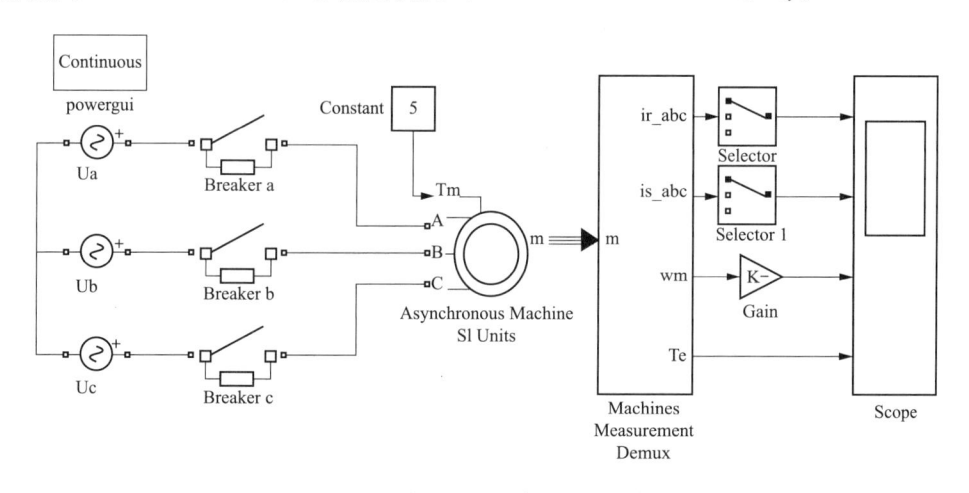

图 2-80　三相异步电动机的直接启动的仿真模型图

2) 模块参数设置。U_a、U_b、U_c 交流电压源参数："Peak amplitude"置为 220×1.414，"Phase"初相角分别置为 0°、−120°、120°，"Frequency"频率为 50Hz。（见图 2-81~图 2-85）

3) 仿真参数设置。设定仿真时间为 0.4s。

4) 仿真。仿真结果如图 2-86 所示。

从仿真图中可以看出：在电动机的电磁转矩 T_e 作用下，电动转速 n 加速近似直线升速到额定速度；转子电流的波形在 0.05s 内波动较大，在 0.1s 后接近 0；定子电流在 0.1s 内，波动较大。在 0.1s 之后，波动较小趋近于 0。启动时间大约为 0.1s。

（2）异步电动机定子串电阻启动仿真。

异步电动机定子电路中串联三相对称电阻启动，属于减压启动方法之一。

仿真实践：使用 Simulink 建立异步电动机的减压启动仿真模型，测取异步电动机定子。串联三相对称电阻启动过程中的转子电流、定子电流、转速和电磁转矩的仿真曲线。

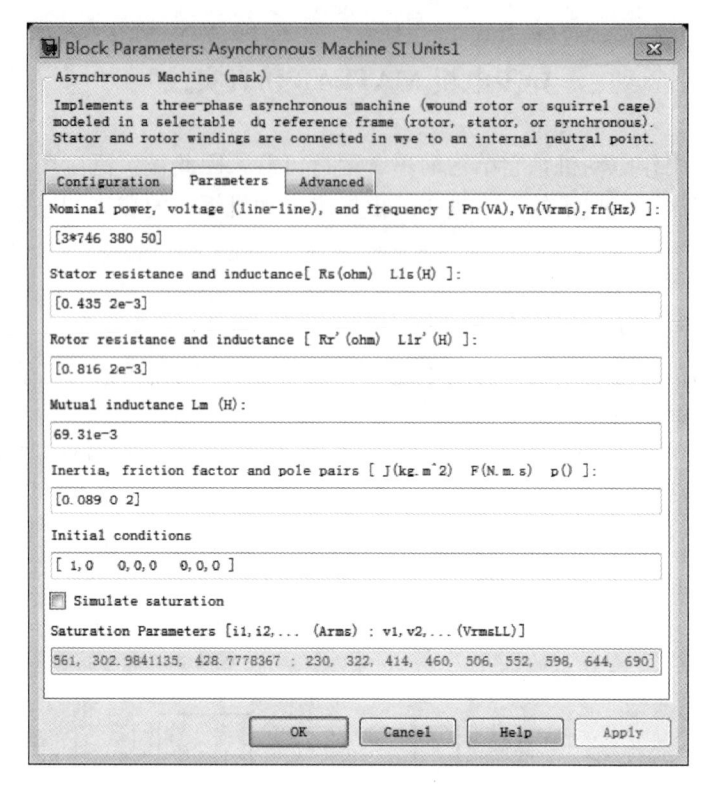

图 2-81 异步电动机模块参数设置图

图 2-82 异步电动机测量模块参数设置图

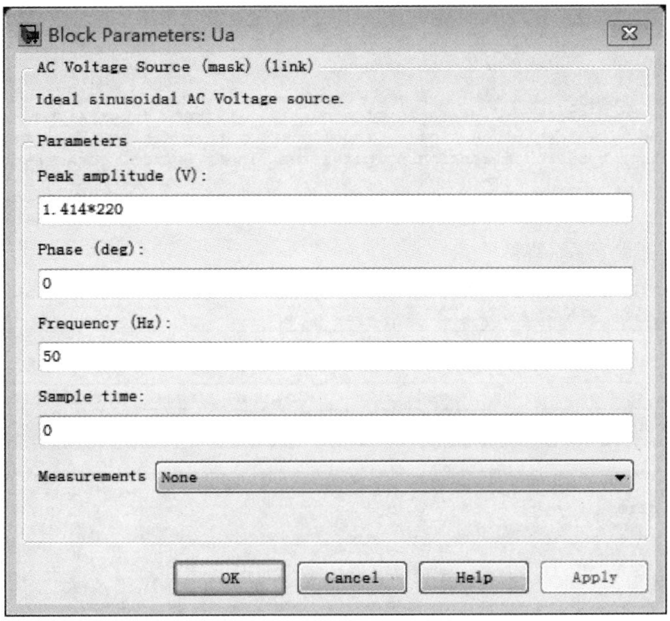

图 2-83　交流电压源参数设置

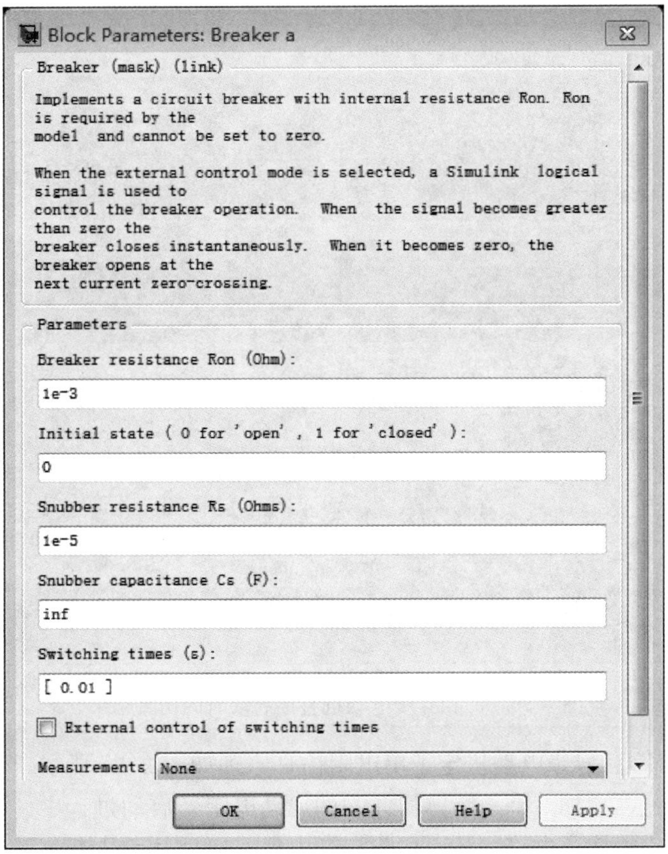

图 2-84　短路器 Breaker 参数设置

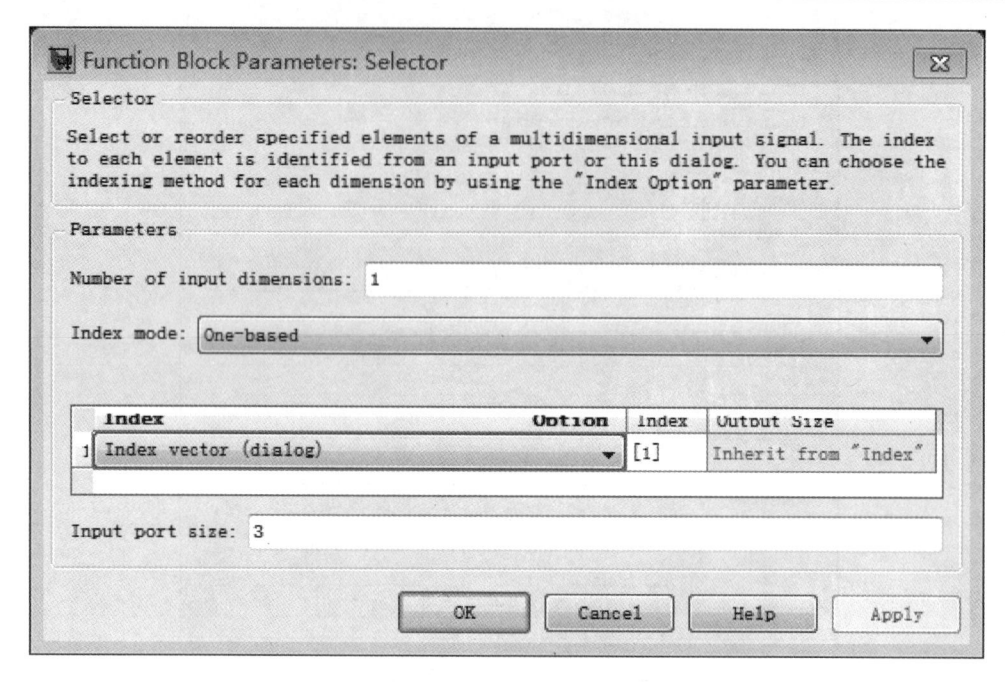

图 2-85 短路器参数设置

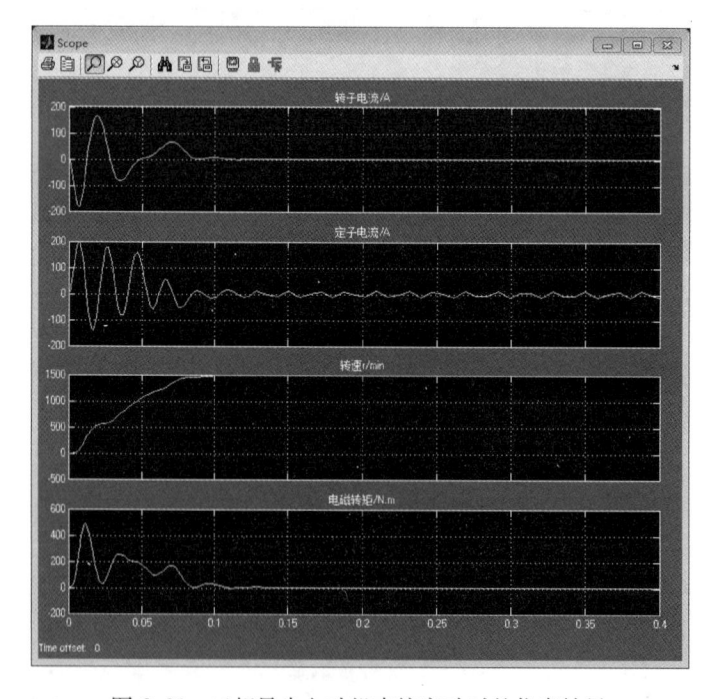

图 2-86 三相异步电动机直接启动时的仿真结果

1)建立仿真模型。异步电动机定子串电阻仿真原理如图 2-87 所示。与异步电动机的直接启动仿真模型相比,增加一个与断路器并联的启动电阻。启动过程中使断路器断开,待启动过程结束后使断路器接通电路,从而切除启动电阻,启动过程结束。

2)模块参数设置(见图 2-88)。

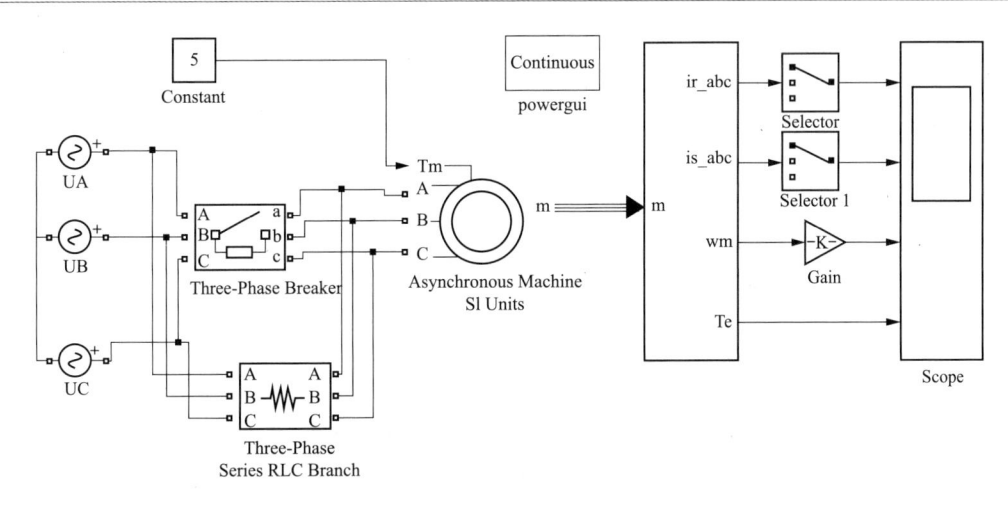

图 2-87　异步电动机定子串电阻启动仿真模型

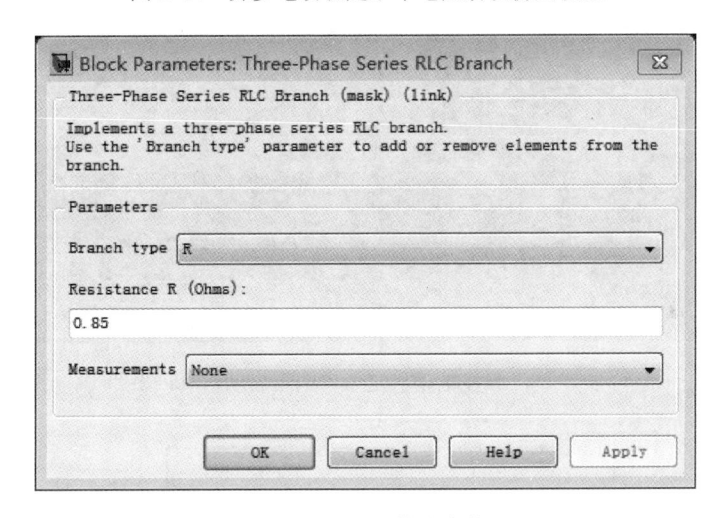

图 2-88　三相电阻模块参数设置

3) 仿真参数设置。设定仿真时间为 0.4s。

4) 仿真。仿真结果如图 2-89 所示。

从仿真图可以看出：启动转矩和启动电流得到了有效的控制，但启动时间比直接启动时间稍长。

2. 异步电动机能耗制动仿真

三相异步电动机能耗制动时，在三相电源断开的同时需要在定子回路中进入直流电流，在电动机内形成一个固定的直流磁场，当异步电动机因惯性而继续旋转时，转子中将产生感应电流，该电流与直流磁场相互作用产生与转子转向相反的电磁转矩，使电动机迅速停止转动。

仿真实践：异步电动机的能耗制动可以通过在定子电路中施加直流电流实现。使用 Simulink 建立异步电动机的能耗制动仿真模型，测取异步电动机的能耗制动过程中的转速、电磁转矩和电枢电流的仿真的曲线。

(1) 建立仿真模型。异步电动机能耗制动的仿真原理图如图 2-90 所示。与异步电动机直接启动仿真模型（见图 2-80）相比，增加了在定子电路中施加直流励磁电流的控制电路，它由直流电压源和电阻串联组成，用一个单相断路器对其进行控制，图中使用单相断路器的接入，达到在断开异步电动机的同时接入能耗制动电路的目的。

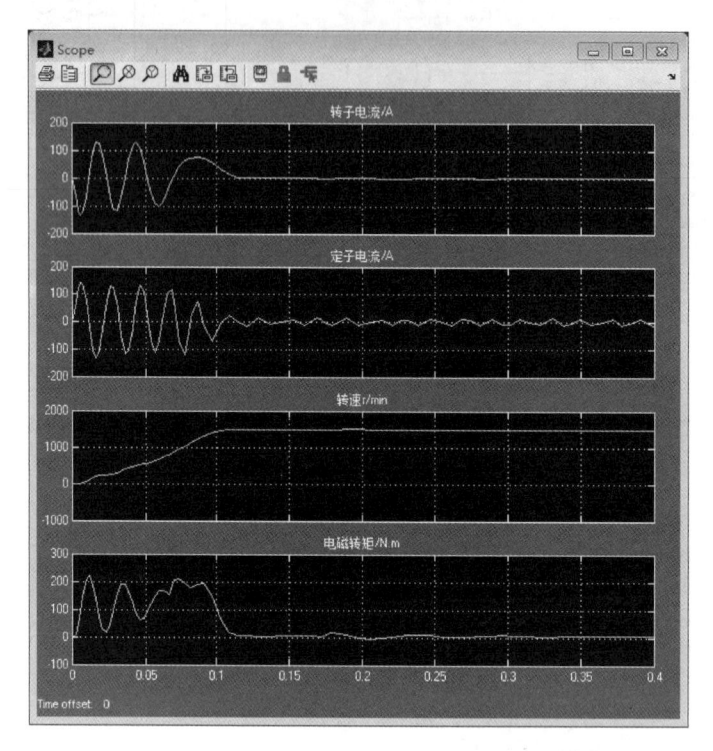

图 2-89 异步电动机定子串电阻启动仿真结果

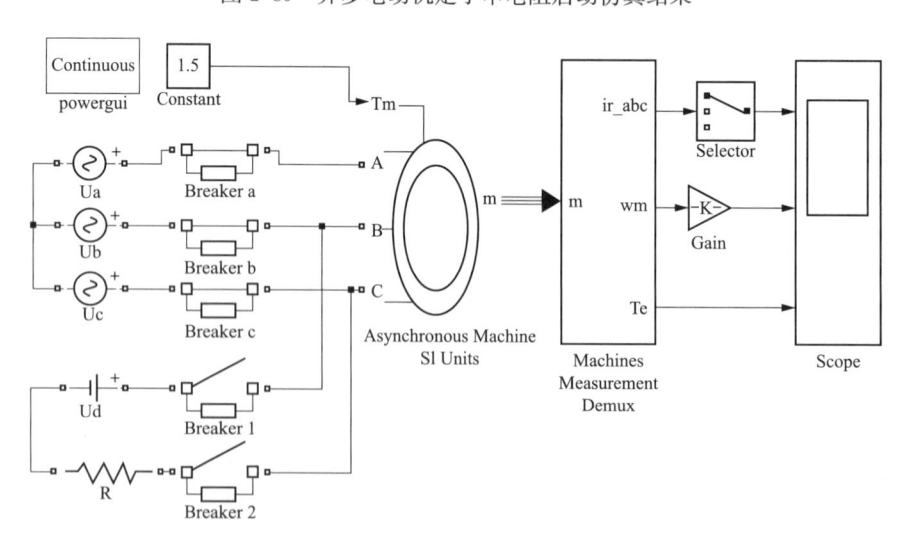

图 2-90 三相异步电动机能耗制动的仿真模型

（2）模块参数设置（见图 2-91）。
（3）仿真参数设置。设定仿真时间为 4s。
（4）仿真。仿真结果如图 2-92 所示。

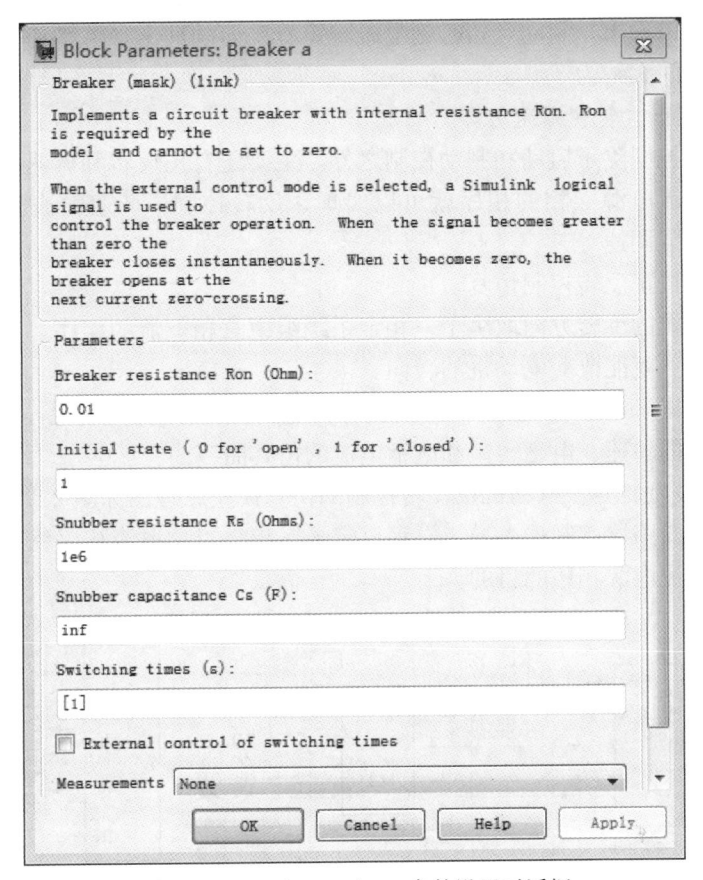

图 2-91　Breaker a、b、c 参数设置对话框

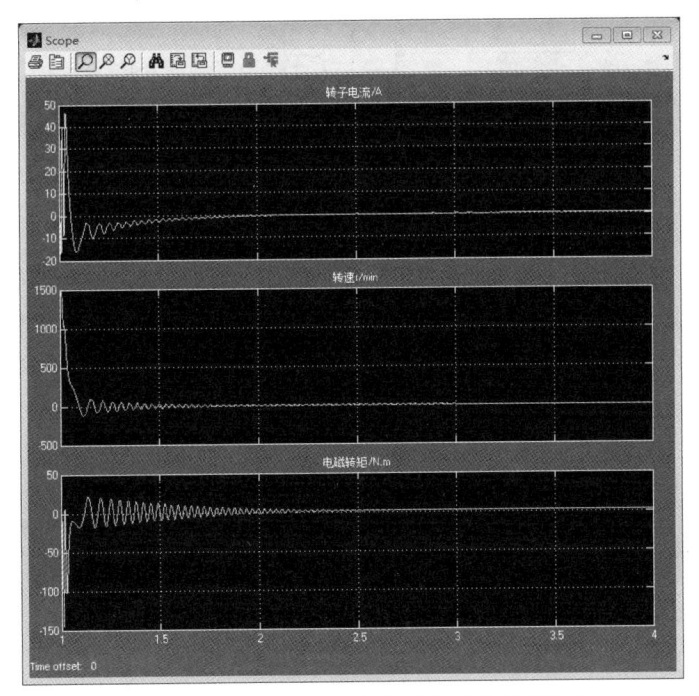

图 2-92　三相异步电动机能耗制动的仿真结果

从仿真图中可以看出，制动开始时刻电磁转矩有反向的冲击，这是使电动机快速制动的内在原因，制动时间大约为 3s。

3. 异步电动机正反转和调速仿真

异步电动机的控制除了启动和制动控制之外，主要还有正反转和调速控制。正反转控制相对简单，改变交流电源三相的相序就可以实现正反转控制。调速方法主要有改变电压调速、变极调速和变频调速等。

（1）异步电动机正反转控制仿真。

三相异步电动机的旋转方向取决于三相定子绕组中三相电流的相序，因此交换任意两相绕组与电源的连接，就能改变电动机的转向。

仿真实践：使用 Simulink 建立异步电动机的正反转控制的仿真模型，测取异步电动机的正反转控制过程中的转速、电磁转矩和电枢电流的仿真曲线。

1）建立仿真模型。异步电动机正反转控制的仿真模型原理图如图 2-93 所示。

使用两个三相断路器控制接入异步电动机定子三相绕组的电流相序就可以达到改变异步电动机定子三相交流电源相序的目的。

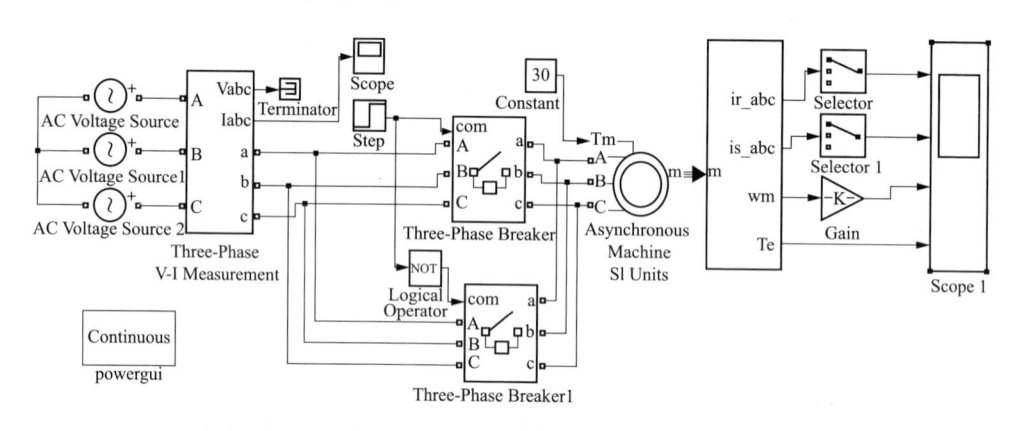

图 2-93 异步电动机正反转控制的仿真模型

2）模块参数设置（见图 2-94～图 2-97）。

3）仿真参数设置。设定仿真时间为 3s。

4）仿真。仿真结果如图 2-98 所示。

从仿真图中可以看出，异步电动机从正转切换到反转时，产生了非常大的电磁转矩冲击，定子电流也有较大的冲击，这是由于在反转控制时没有串联电阻等限制电流措施，在开始反转时，异步电动机的转差率近似为 2，比启动时刻的转差率大很多，体现在电磁转矩上有很大的冲击。

（2）异步电动机调压调速仿真。

调节三相异步电动机的定子电压就能改变机械特性，从而达到调节转速的目的。

仿真实践：使用 Simulink 建立三相异步电动机的调节定子电压调速的仿真模型，测取三相异步电动机在调压过程中的转速、电磁转矩和电枢电流的仿真曲线。

1）建立仿真模型。三相异步电动机的调压调速仿真原理如图 2-99 所示。图中使用了两个断路器控制接入三相异步电动机定子电源的电压。两个三相电源分别设置不同的电压，模拟三相异步电动机的定子电压的变化。

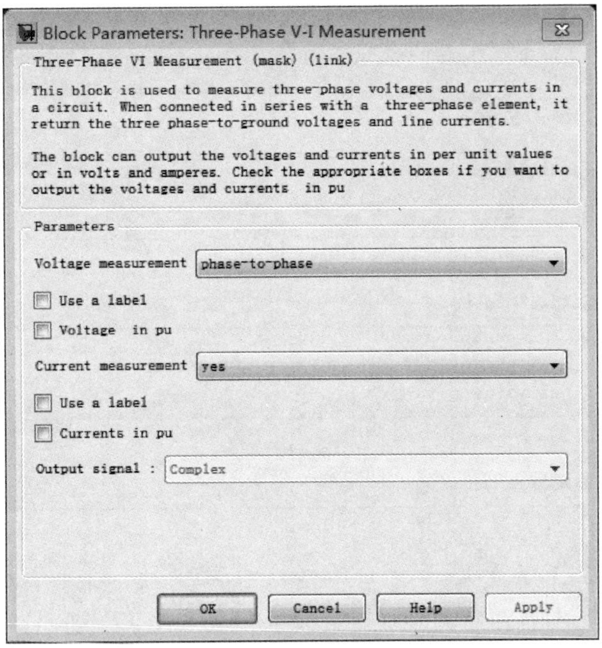

图 2-94 三相电压电流测量模块参数设置图

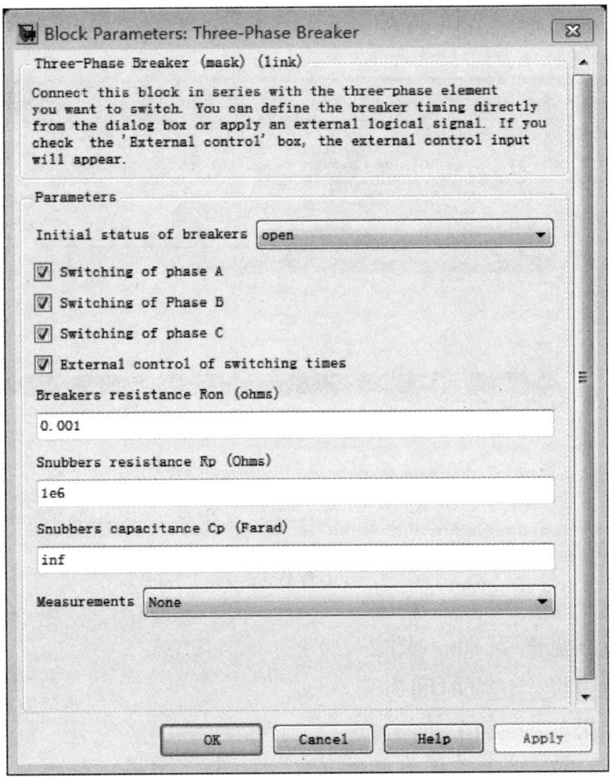

图 2-95 三相断路器参数设置图

图 2-96 阶跃模块参数设置图

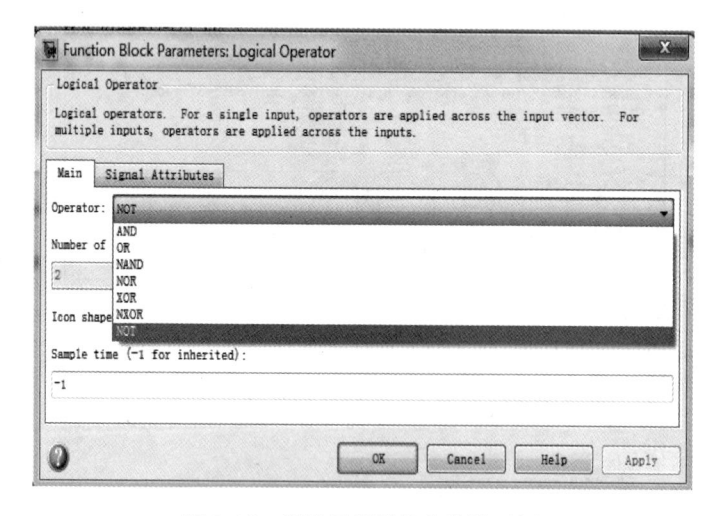

图 2-97 逻辑运算模块参数设置图

2) 模块参数设置（见图 2-100～图 2-102）。
3) 仿真参数设置。设定仿真时间为 5s。
4) 仿真。仿真结果如图 2-103 所示。

从仿真结果可以看出，三相异步电动机的转速随着定子电压的降低而降低；而转速、电磁转矩、定子电流都在电压变化的瞬间产生比较大的冲击。

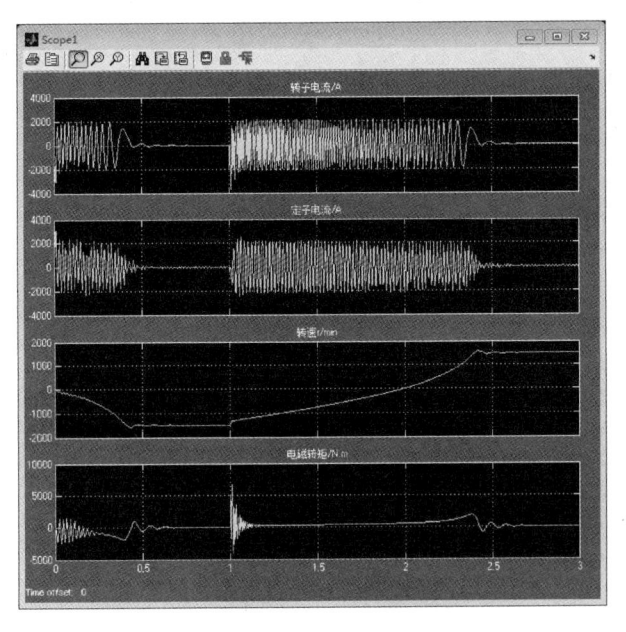

图 2-98 异步电动机正反转控制的仿真结果

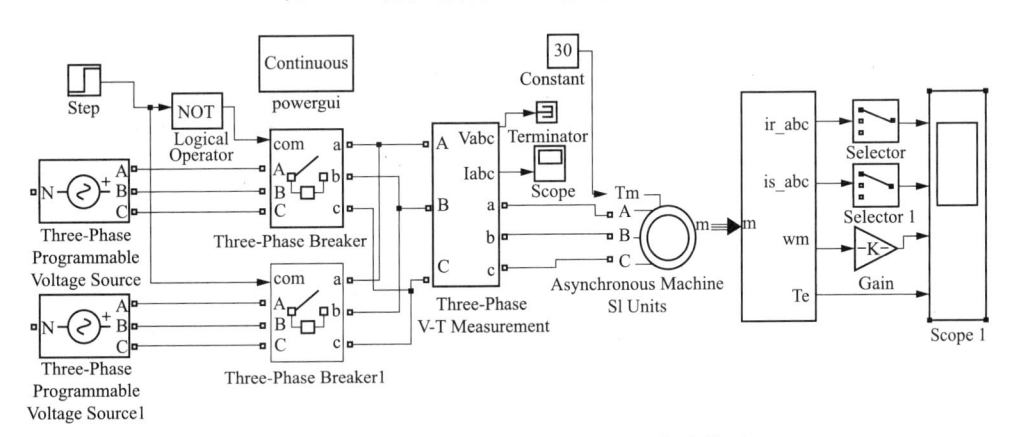

图 2-99 三相异步电动机的调压调速仿真模型

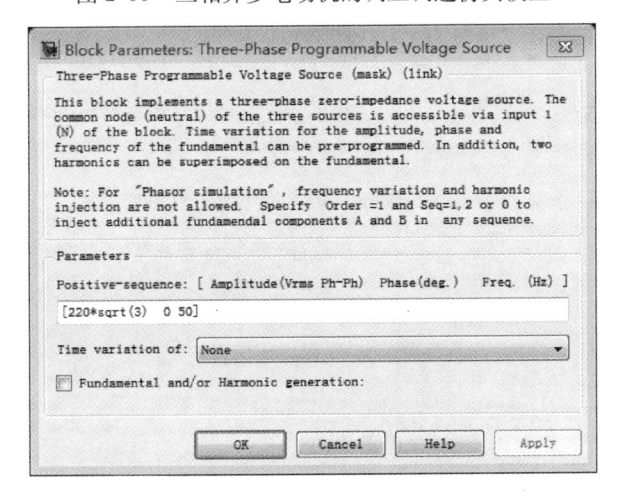

图 2-100 第一个三相电源模块参数设置图

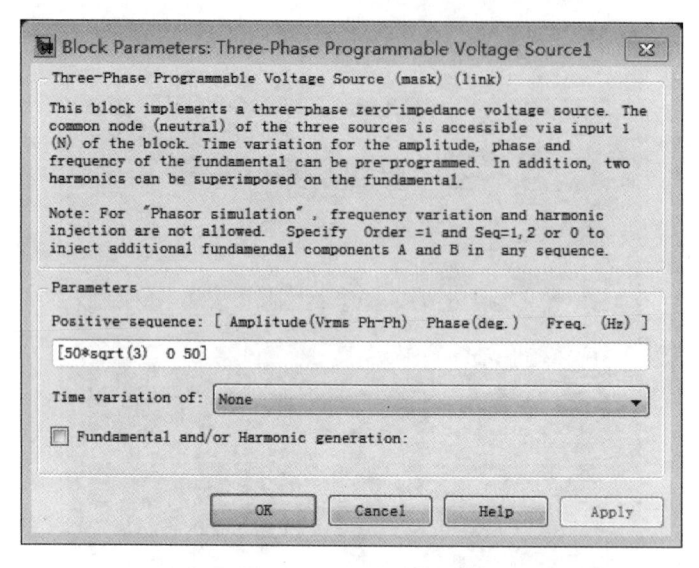

图 2-101 第二个三相电源模块参数设置图

图 2-102 阶跃模块的参数设置

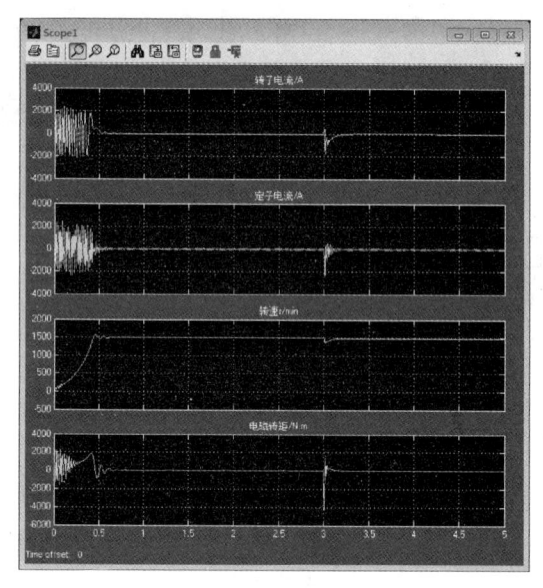

图 2-103 三相异步电动机的调压调速仿真结果

项目三　直流电机的运行与维护

直流电机包括直流发电机和直流电动机。其中将机械能转化为电能的电机为直流发电机，将电能转化为机械能的电机为直流电动机。直流电动机与交流电动机相比，具有良好的启动性能和调速性能，能在较宽的范围内实现平滑无级调速，所以一般应用于对启动和调速要求较高的场合。

目标要求

（1）掌握直流电机的基本工作原理及其结构。
（2）理解直流电动机的电枢电动势和电磁转矩公式、电枢绕组。
（3）掌握直流电动机的运行原理。
（4）掌握他励直流电动机的固有特性和人为机械特性。
（5）掌握拖动系统稳定运行的充要条件。
（6）掌握直流电动机启动、调速和制动的不同方法和特点。

任务1　认识直流电机

3.1.1　直流电机的工作原理及结构

3.1.1.1　直流发电机的工作原理

图 3-1 是一台两极直流发电机的工作原理图。固定部分称为定子，主要由 N、S 两个磁极组成，它产生电动机工作时的主磁通；转动部分称为转子，在它上面有一个用导体绕成的线圈 abcd，线圈的两端分别接到相互绝缘的两个半圆环铜片 1 和 2 上，半圆环 1 和 2 叫换向

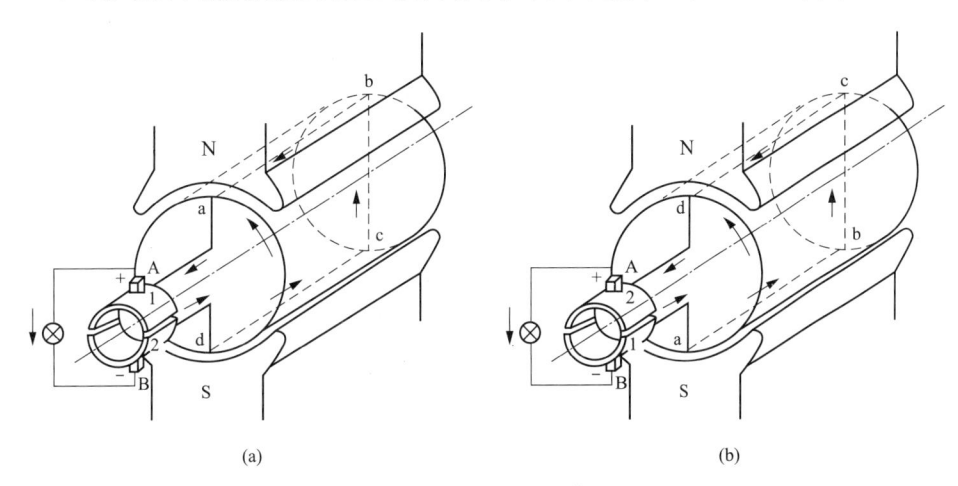

图 3-1　直流发电机的工作原理图
(a) 导体 ab 和 cd 分别处在 N 极和 S 极下；(b) 导体 ab 和 cd 分别处在 S 极和 N 极下

片，它们组合在一起称为换向器。在每个换向片上分别放置一个固定不动而与之滑动接触的电刷 A 和 B，旋转的线圈 abcd 通过换向器和电刷和外电路相连。

当原动机拖动发电机以逆时针旋转时，由电磁感应定律可知，在线圈 abcd 中，由于导线 ab 和 cd 切割磁力线而产生感应电动势，其方向可由右手定则确定。在图 3-1（a）所示的瞬间，导线 ab 中感应电动势的方向由 b 指向 a；导线 cd 中感应电动势的方向由 d 指向 c。因为电动势是从低电位指向高电位，这时电刷 A 呈正极性，电刷 B 呈负极性。外电路中的电流由 A 刷经负载流向 B 刷。

当电枢逆时针转过 180°时，如图 3-1（b）所示。导线 ab 和 cd 互换位置，导线 ab 的感应电动势方向变为由 a 指向 b，导线 cd 中感应电动势的方向由 c 指向 d。由于换向片是随线圈一起转动的，电刷是固定不动的，所以电刷 A 不在经过换向片 1 与导线 ab 相连，而是经过换向片 2 和已转到 N 极下的 cd 相连了，这时电刷 A 仍呈正极性，电刷 B 仍呈负极性。外电路中的电流仍是由 A 刷经负载流向 B 刷。

电枢每转一周，线圈 abcd 中感应电动势的方向就交变两次。电枢不断地转动，线圈中电动势的方向就不断地变化，只要电枢转向不变，换向器就会及时地改变导线与电刷的连接，使电刷 A 总是呈正极性，电刷 B 总是呈负极性，这就是直流发电机的基本工作原理。

综上所述，直流发电机是在原动机的拖动下旋转，使电枢上的导线切割磁力线产生交变电动势，再经过换向器的整流作用，变成电刷两端输出的直流电动势，从而实现将机械能转换成直流电能的目的。

3.1.1.2 直流电动机的工作原理

图 3-2 是直流电动机的工作原理图。若将外部直流电源的正极接电刷 A，负极接电刷 B，这时电流从电刷 A 流入线圈 abcd 中，并从电刷 B 流出。在图 3-2（a）所示的瞬间，在 N 极下导线 ab 中的电流由 a 到 b，在 S 极下导线 cd 中的电流由 c 到 d。通电导体 ab 和 cd 处在 N、S 极磁场中将受到磁场力的作用，用左手定则可以判断电磁力的方向，导线 ab 受力的方向向左，导线 cd 受力的方向向右，两个电磁力所形成的电磁转矩将使电动机逆时针旋转。此时电磁转矩若能克服转子上的制动转矩，电动机就能在电磁转矩的驱动下，按逆时针旋转起来。

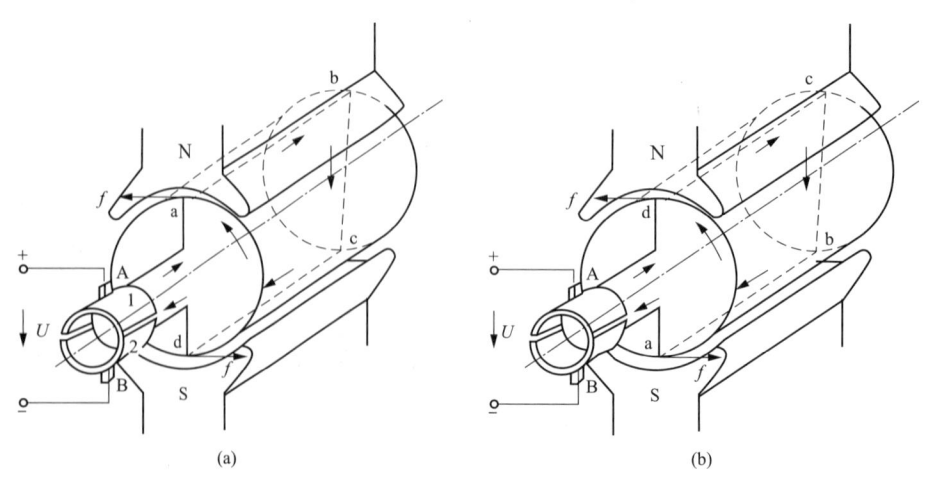

图 3-2 直流电动机工作原理图
（a）起始位置；（b）转过 180°位置

当线圈转过180°，换向片2转至与电刷A接触，换向片1转至与电刷B接触。这时导线ab转到S极下，导线cd转到N极下，如图3-2（b）所示。电流由正极经换向片2流入线圈，从换向片1流出，导线中电流的方向是由d到c和由b到a，从左手定则可知，电磁转矩的方向仍为逆时针，这样可使电动机沿着逆时针方向一直转下去。这就是直流电动机的基本工作原理。

综上所述，直流电动机是在外加直流电压的作用下，使处在磁场中的通电导线受到电磁力的作用而产生电磁转矩。由于换向器的作用，使每一极性下的导体中的电流方向始终不变，从而保证电磁转矩方向不变，使直流电动机能连续旋转，把直流电能转换成机械能输出。

由以上分析可知，同一台直流电机，只要改变外界条件，就可以作为发电机运行，也可以作为电动机运行。如果将原动机拖动直流电机旋转，就可以从电刷两端引出直流电压对负载供电；如果将直流电源加于电刷，输入电能，则直流电机就可以带动轴上负载旋转做功。同一台电机，既能作发电机运行，又能作电动机运行的原理，称为电机的可逆原理。

3.1.1.3 直流电机的结构

直流电机的结构由定子和转子两大部分组成。在定子和转子之间存在气隙。定子主要用来产生磁通，它由机座、主磁极、换向极、端盖、轴承和电刷装置等组成。转子主要用来产生电磁转矩和感应电动势，是机械能变为电能（发电机）或电能变为机械能（电动机）的枢纽，所以通常又称为电枢，它由转轴、电枢铁芯、电枢绕组、换向器和风扇等组成。

图3-3是一台直流电机的结构图外形，图3-4是一台直流电机的径向剖面图，下面介绍主要部件的构造和作用。

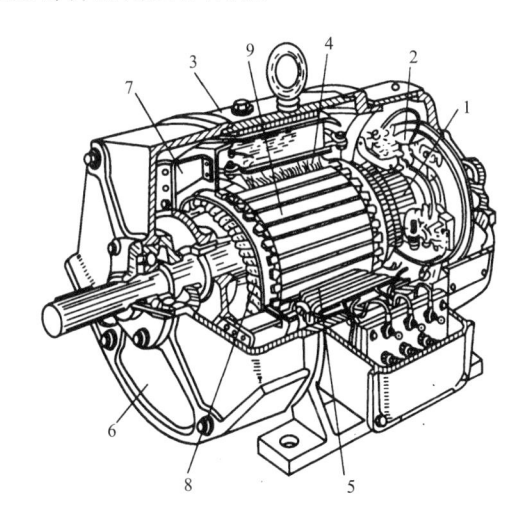

图3-3 直流电机的结构图
1—换向器；2—电刷装置；3—机座；4—主磁极；
5—换向极；6—端盖；7—风扇；8—电枢绕组；9—电枢铁芯

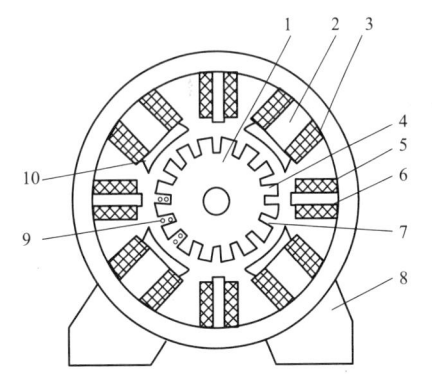

图3-4 直流电机的径向剖面图
1—电枢铁芯；2—主磁极；3—励磁绕组；
4—电枢齿；5—换向绕组；6—换向极；
7—电枢槽；8—底脚；9—电枢绕组；10—极靴

1. 定子部分

（1）主磁极。

主磁极的作用是产生气隙磁场，电枢绕组在此磁场中旋转而产生感应电动势。主磁极由主磁极铁芯和励磁绕组两部分组成。主磁极铁芯一般用1~1.5mm厚的低碳钢板冲片叠压铆接而成，主磁极铁芯柱体部分称为极身，靠近气隙一端较宽的部分称为极靴（极掌），极靴与极身交接处形成一个突肩部，用以支撑住励磁绕组。极靴做成圆弧形，以使磁极下气隙磁通较均匀。励磁绕组用圆形截面或矩形截面的绝缘铜导线绕制而成，套在主磁极铁芯上。整个主磁极用螺钉固定在机座上，如图3-5所示。

主磁极总是N、S两极成对出现。各主极上的绕组线圈一般都是串联起来的，连接时要保证励磁绕组通以电流时相邻磁极的极性按N、S交替排列。

（2）机座。

电机定子的外壳称为机座，一般用铸钢铸成，或用厚钢板焊接而成。其作用有两个，一是用来固定主磁极、换向极和端盖，并起整个电机的支撑和固定作用；二是机座本身也是磁路的一部分，借以构成磁极之间磁的通路，磁通通过的部分称为磁轭，磁轭下部的支撑部分叫底座。对于换向要求较高的电机，机座也可用薄钢板冲片叠压而成。

（3）换向极。

换向极又叫附加极，装在相邻主磁极之间的中心线上，其作用是改善直流电机的换向。换向极由铁芯和套在铁芯上的绕组构成，换向极的数目一般与主磁极相等，如图3-6所示。换向极铁芯一般用整块钢制成，但对于换向要求较高的电机，换向片铁芯用1～1.5mm厚的钢片叠压而成。由于换向极绕组与电枢绕组串联，通过的电枢电流较大，因此换向极绕组导线截面较大，匝数较少。在1kW以下的小容量直流电机中，有时换向极的数目只有主磁极的一半，或不装换向极。

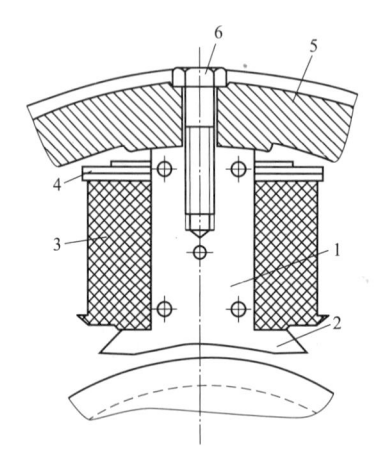

图3-5 直流电机主磁极的结构
1—主磁极铁芯；2—励磁绕组；3—机座；4—极靴；
5—绕组绝缘；6—螺杆

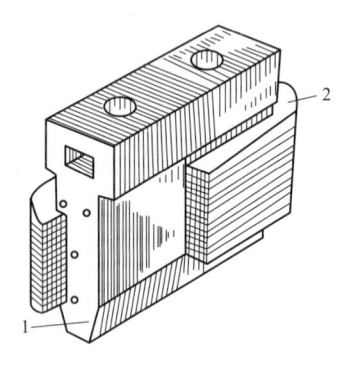

图3-6 直流电机的换向极
1—换向铁芯；2—换向极绕组

（4）电刷装置。

电刷装置的作用是把转动的电枢绕组与外电路相连，使电流经电刷从电枢绕组流出或流入，并且通过电刷与换向器的配合，在电刷两端获得直流电压。电刷装置由电刷、刷握、刷杆和刷杆座等组成，如图3-7所示。电刷一般用石墨和铜粉压制烧焙成导电块，装在刷握的盒内，用弹簧压紧，使电刷与换向器之间具有良好的滑动接触，刷握固定在刷杆上，刷杆装在圆环形的刷杆座上，彼此之间应有良好的绝缘。刷杆座固定在端盖或轴承内盖上，刷杆座应能移动，用以调整电刷的位置。根据电流的大小，每个刷杆上可以有几个电刷组成的电刷组，刷杆的数目通常等于磁极的数目。

2. 转动部分

（1）电枢铁芯。

电枢铁芯用来嵌放电枢绕组，并作为主磁极和换向磁极磁路的一部分，因此应具有良好的导磁性能。当电枢旋转时，铁芯中磁通发生变化，在电枢铁芯中产生涡流和磁滞损耗，为了减少损耗，电枢铁芯通常用 0.5mm 厚的涂有绝缘漆的硅钢片冲片叠成，如图 3-8 所示。铁芯表面有均匀分布的齿和槽，槽中嵌放电枢绕组。电枢铁芯固定在转轴或转子支架上。铁芯较长时，为了加强冷却，可把电枢铁芯沿轴向分成数段，段与段之间留有通风孔。电枢铁芯和电枢绕组如图 3-9 所示。

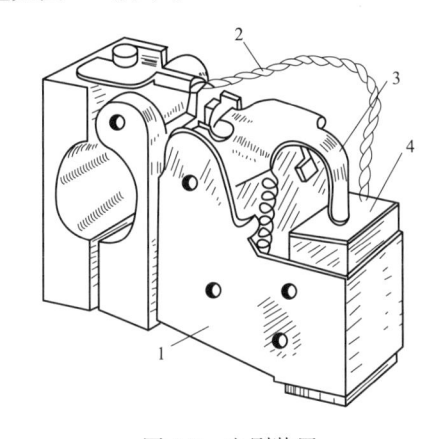

图 3-7 电刷装置
1—刷握；2—电刷；3—压紧弹簧；4—铜丝辫

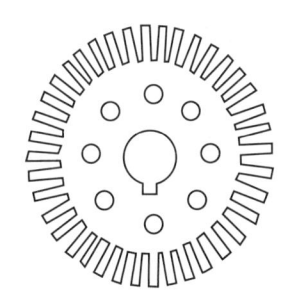

图 3-8 电枢铁芯冲片

（2）电枢绕组。

电枢绕组的作用是用以产生电磁转矩和感应电动势，来实现机电能量转换的。它是由许多用绝缘铜线绕制成的线圈按一定规律嵌放到电枢铁芯槽中，并与换向器相连接。不同线圈的线圈边分上下两层嵌放在电枢槽中，线圈与铁芯之间以及上、下两层线圈边之间都必须妥善绝缘。为防止电枢旋转时产生的离心力将线圈边甩出槽外，绕组在槽内部分用槽楔锁住，如图 3-10 所示。伸出槽外端接部分用无纬玻璃丝带绑扎在绕组支架上。绕组线圈的端接头按

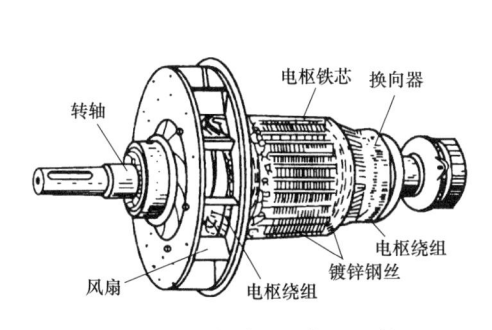

图 3-9 电枢铁芯和绕组元件

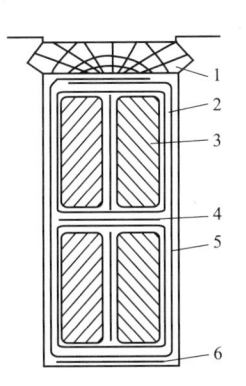

图 3-10 电枢槽的结构
1—槽楔；2—线圈绝缘；3—电枢导体；
4—层间绝缘；5—槽绝缘；6—槽底绝缘

一定的规律焊在各换向片上。

（3）换向器。

换向器的作用是与电刷一起将直流电动机输入的直流转换成电枢绕组内的交变电流，或是将直流发电机电枢绕组中的交变电动势转换成输出的直流电压。图 3-11 是换向器的结构图，换向器由许多燕尾形、互相绝缘的铜质换向片组成一个圆筒。换向片与片之间都垫有 0.6～1mm 厚的云母片。每片换向片的一端有高出的部分，上面铣有线槽，供电枢绕组引出端焊接用。在整个圆筒的两端用两个 V 形钢环和螺旋压圈紧紧夹住固定在钢套筒上，在 V 形环和换向片组成的圆筒之间垫以 V 形的云母绝缘垫圈。换向器要与转轴固定在一起。

3. 气隙

气隙是定子磁极与电枢之间自然形成的间隙，它是主磁路的一部分。气隙中的磁场是电机进行电能量转换的媒介。气隙的数值很小，但磁阻很大，对电机的运行性能有很大影响。在小容量电机中，气隙为 0.5～3mm，在大容量电机中，气隙则可达到 10～12mm。

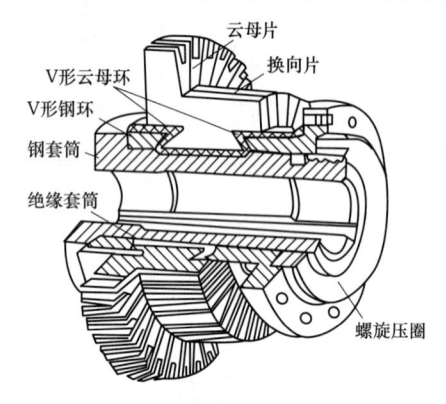

图 3-11 直流电机换向器

3.1.1.4 直流电机的励磁方式

直流电机的主磁极磁场是在励磁绕组中通以直流励磁电流建立的。根据励磁绕组和电枢绕组的连接方式不同，可把直流电机分为他励和自励两大类，自励又可分为并励、串励和复励三种。下面分别介绍这几种励磁方式，说明它们的接法特点。各种励磁方式如图 3-12 所示。

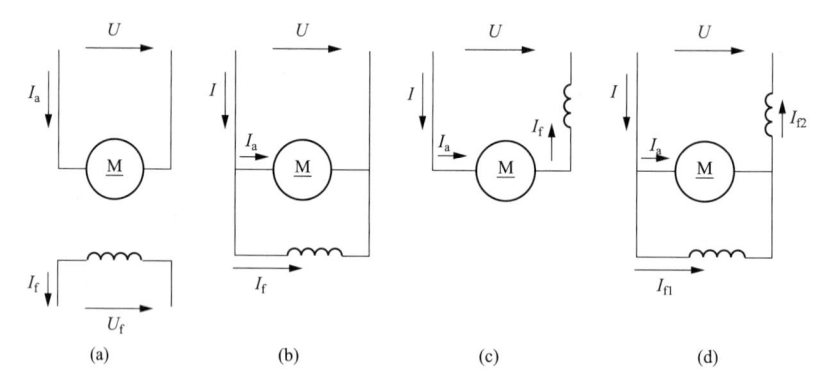

图 3-12 直流电机的励磁方式
（a）他励电动机；（b）并励电动机；（c）串励电动机；（d）复励电动机

1. 他励直流电机

励磁绕组和电枢绕组分别由两个相互独立的直流电源 U_f 和 U 供电，接线原理如图 3-12（a）所示，所以励磁电流 I_f 的大小不会受电枢端电压 U 及电枢电流 I_a 的影响。对于发电机，电枢电流 I_a 是指发电机的负载电流；对于电动机，电枢电流 I_a 是指电动机的输入电流。永磁直流电机也属于他励直流电机，因为它的励磁磁场与电枢电流无关。

2. 并励直流电机

并励直流电机的特点是励磁绕组与电枢绕组并联，励磁电压等于电枢绕组端电压，对于直流发电机,是电机本身发出来的端电压供给励磁,即 $I_f=I_a-I$;对于电动机而言,励磁绕组和电枢共用同一电源,即 $I=I_a+I_f$。图 3-12(b)所示的是并励直流电动机的接线原理图。

3. 串励直流电机

串励直流电机的特点是励磁绕组与电枢绕组串联,励磁电流等于电枢绕组电流,又等于电机出线端电流,即 $I_a=I_f=I$。图 3-12(c)所示的是串励直流电动机的接线原理图。

4. 复励直流电机

复励直流电机的主磁极上有两套励磁绕组。一套与电枢绕组并联,称为并联绕组;一套与电枢绕组串联,称为串联绕组。复励直流电机的接线原理如图 3-12(d)所示。两个励磁绕组产生的磁动势方向相同时,称为积复励;两个励磁绕组产生的磁动势的方向相反时,称为差复励。工业中通常采用积复励直流电机。

3.1.1.5 直流电机的铭牌

每个电机都有一个铭牌,铭牌上标出了电机的型号和额定值,如图 3-13 所示。额定值是指按照国家标准,根据电机的设计和试验数据而规定的每台电机高效长期运行的主要性能指标。它可以指导用户正确合理地使用电机。

直流电动机			
型 号	Z₂-72	产品编号	7001
结构类型	____	励磁方式	他励
功 率	22kW	励磁电压	220V
电 压	220V	工作方式	连续
电 流	116.3A	绝缘等级	B级
转 速	1500r/min	重 量	__kg
标准编号	JB1104-68	出厂日期	__年__月

图 3-13 直流电机铭牌

1. 型号

国产直流电机的型号一般采用汉语拼音字母和阿拉伯数字组合来表示。型号的含义如下:

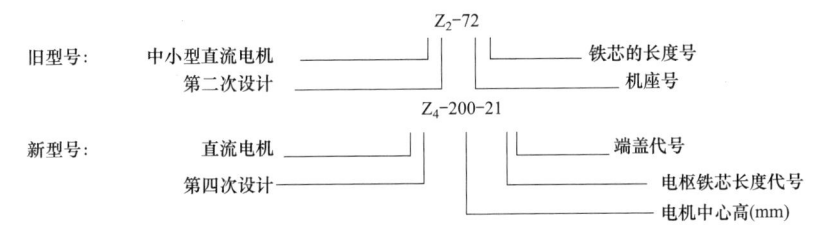

```
                    Z₂-72
旧型号:  中小型直流电机 ┘  └ 铁芯的长度号
         第二次设计 ────────── 机座号
                    Z₄-200-21
新型号:  直流电机 ┘    │  └ 端盖代号
         第四次设计 ─────── 电枢铁芯长度代号
                      └── 电机中心高(mm)
```

2. 直流电机的额定值

(1) 额定功率 P_N。

额定功率是指电机按照规定的工作方式,在额定状态下运行时的输出功率。对于电动机来说,额定功率是指转轴上输出的机械功率,$P_N=U_N I_N \eta_N$(η_N 为电机的额定效率);对于发电机来说,额定功率是指电枢输出的电功率,$P_N=U_N I_N$,单位为 kW。

(2) 额定电压 U_N。

额定电压是在电机电枢绕组能够安全工作所规定的外加电压或输出电压。对电动机是指输入电压,对发电机是指输出电压,电压的单位为 V。

(3) 额定电流 I_N。

额定电流是指电机在额定状态下运行时,电枢绕组允许流过的电流,单位为 A。

直流发电机的额定电流为
$$I_N = \frac{P_N}{U_N} \tag{3-1}$$

直流电动机的额定电流为
$$I_N = \frac{P_N}{U_N \eta_N} \tag{3-2}$$

(4) 额定转速 n_N。

额定转速是指电机在额定电压、额定电流和额定输出额定功率的情况下运行时电机的转速，单位为 r/min。

此外，直流电机的铭牌上还标出了励磁方式、额定励磁电压、工作方式以及绝缘等级等内容。直流电机在额定状态下运行时，电机得到充分利用，并具有良好的性能。在轻载时，电机得不到充分利用，而过载时，易引起电机过热损坏。为此选择电机时，应根据负载的要求，尽量让电机工作在额定状态。

3.1.2 直流电机的电枢绕组

电枢绕组是电枢上按一定规律连接起来的所有线圈的总称。它是直流电机的重要部件之一，是电机实现机电能量转换的关键部分。直流电机对电枢绕组的要求是：要满足电能的需要，即感应出规定的电动势，并允许通过规定的电流；应尽可能地节约有色金属和绝缘材料；力求结构简单，运行安全可靠。

电枢绕组为双层分布绕组，根据连接方式的不同，可将电枢绕组分为叠绕组和波绕组两种类型。叠绕组又分为单叠绕组和复叠绕组；波绕组又分为单波绕组和复波绕组。此外还有叠绕组和波绕组组成的混合绕组，即蛙形绕组。图 3-14 是单叠绕组元件图。图 3-15 是单波绕组元件图。下面只分析单叠绕组和单波绕组。

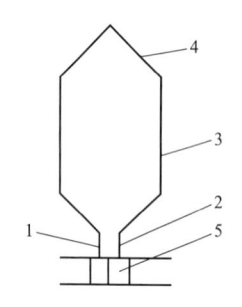

图 3-14 单叠绕组元件
1—首端；2—末端；3—元件边；4—端接部分；5—换向片

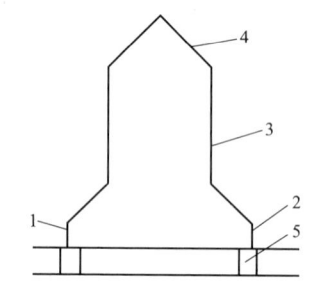

图 3-15 单波绕组元件
1—首端；2—末端；3—元件边；4—端接部分；5—换向片

3.1.2.1 电枢绕组的基本知识

1. 电枢绕组的基本概念

线圈是组成绕组的单元，一个线圈就是一个绕组元件。绕组元件是由一匝或多匝绝缘铜线绕制而成。元件的直线部分放置在电枢槽中，称为有效边，有效边的作用是切割磁力线，产生感应电动势。连接有效边的部分称为端部，不切割磁力线。每个元件有两个出线端，元件的开始端头称为首端，终了的端头称为末端。

每个元件的两个有效边，一个有效边嵌放于一个槽的上层，另一个有效边则嵌放在其他槽的下层。嵌放于槽上层的称为上层边，嵌放于下层的称为下层边。绕组元件在槽中的位置如图 3-16 所示。每一元件的下层边按照一定的规律和另一元件的上层边相连，接到同一个换向片上，即一个换向片对应不同元件的两个有效边，所以元件数 S 总等于换向片数 K，即 $S=K$；而每个电枢槽分上下两层嵌放两个元件边，所以元件数 S 又等于槽数 Z，即

$$S = K = Z \tag{3-3}$$

为了改善电机的性能，往往需要较多的绕组元件，但由于工艺和其他方面的原因，电枢

铁芯开槽数不能太多,实际电机中是在每个槽内的上、下层并排放置若干个有效边,如图3-17所示。通常把一个上层边和一个下层边在槽内占据的空间称为一个虚槽。把电枢上实际的槽称为实槽。如果一个电机有 Z 个实槽,每个实槽中有 u 个虚槽,那么电枢铁芯的总的虚槽数 Z_u 为

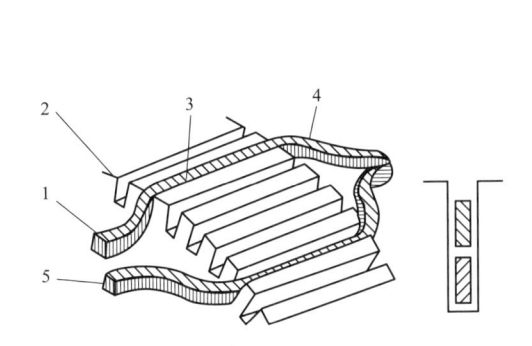

$$Z_u = uZ \tag{3-4}$$

图 3-16 绕组元件在槽中的位置

1—元件首端;2—铁芯;3—线圈有效部分;4—端接部分;5—元件末端

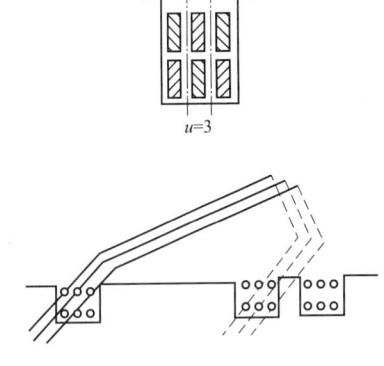

图 3-17 实槽与虚槽

由于一个虚槽中有两个有效边,所以元件总数 S 和虚槽数 Z_u 相等。每个换向片又接不同元件的两个有效边,所以在包含虚槽的电机中,元件数 S、换向片数 K 和虚槽数 Z_u 是相等的。即

$$S = K = Z_u \tag{3-5}$$

2. 绕组的节距

为了正确地把绕组元件按一定规律嵌放在电枢槽中,并将出线端正确地连接在换向片上,必须确定绕组在电枢表面的几何关系,通常用绕组的"节距"来确定。所谓节距,是指被连接起来的两个元件边或换向片之间的距离,以所跨过的虚槽数或换向片数来表示。直流电机电枢绕组的节距有第一节距 y_1、第二节距 y_2、合成节距 y 和换向器节距 y_k 4 种。

(1) 极距 τ。

一个磁极在电枢外圆上所占的弧长叫极距。用字母 τ 来表示。如果用 D 表示电枢直径,p 表示磁极对数,则

$$\tau = \frac{\pi D}{2p} \tag{3-6}$$

习惯上极距用一个磁极表面所占有的虚槽数来表示,则

$$\tau = \frac{Z_u}{2p} \tag{3-7}$$

(2) 第一节距 y_1。

第一节距是指一个元件的两个有效边在电枢表面的距离,如图3-18所示。在图中,下层边是用虚线表示的。在直流电机中,节距是用虚槽数表示的。为了使元件中的感应电动势最大,要求第一节距应等于或接近于极距。当 $y_1 = \tau$ 时,称为整距绕组;$y_1 > \tau$ 时,称为长距绕组;$y_1 < \tau$ 时,称为短距绕组。长距绕组由于电动势较整距绕组小,且端线较长,铜耗较

多,因此一般不采用。在实际嵌线时,节距 y_1 应为整数,而极距可能是小数,此时,第一节距应按下式选取,以使 y_1 凑为整数。

$$y_1 = \frac{Z_u}{2p} \mp \varepsilon \tag{3-8}$$

式中:ε 为使 y_1 凑成整数的一个小数。

(3) 第二节距 y_2。

第二节距是指相串联的两个相邻线圈中,第一个元件的下层边与相邻的第二个元件的上层边之间的距离,也用虚槽数表示。第二节距用以确定连接到同一换向片的两个不同元件的有效边之间的距离,如图 3-18 所示。

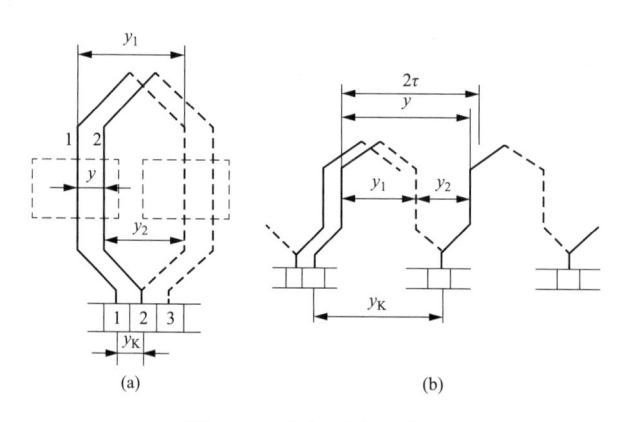

图 3-18 绕组画法和节距
(a) 单叠绕组;(b) 单波绕组

(4) 合成节距 y。

合成节距 y 是指互相串联的两个元件对应边之间的距离,用虚槽数表示,如图 3-18 所示。

(5) 换向器节距 y_k。

换向器节距 y_k 是指每个元件的首、末两端所连接的换向片在换向器圆周上所跨的距离,用换向片数表示,称为换向器节距。由图 3-18 可见,换向器节距 y_k 与合成节距 y 总是相等的,即

$$y_k = y \tag{3-9}$$

3.1.2.2 单叠绕组

单叠绕组是直流电机电枢绕组中最基本的一种形式,它的特点是元件的首端和末端分别接到相邻的两个换向片上,下一个元件叠在前一个元件之上,元件的连接如图 3-18 (a) 所示。从图中可以看出,单叠绕组的合成节距 $y=y_k=1$。

现以一台 $2p=4$,$S=K=Z_u=16$ 的直流电机为例,通过绕组展开图说明单叠绕组的特点。

绕组各个节距为:第一节距 $y_1 = \frac{Z_u}{2p} \mp \varepsilon = \frac{16}{4} = 4$;合成节距与换向器节距 $y = y_k = 1$;第二节距 $y_2 = y_1 - y = 4 - 1 = 3$。

1. 绘制绕组展开图

为了便于绘出绕组展开图,可先编一个绕组次序表,如图 3-19 所示。

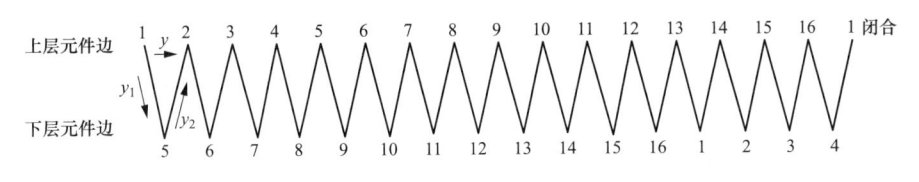

图 3-19 单叠绕组连接次序表

绘制绕组展开图时，先画出 16 个槽和 16 个换向片。为绘图方便，使换向片的宽度等于一个槽距，再将绕组元件、槽编号。放在第 1 槽上层有效边对应的元件是 1 号元件，由上层边引出来的首端接到 1 号换向片上。这样，换向片号、上层边对应的元件号以及该元件上层边所在的槽号都是相同的。绘图时，从第 1 号换向片出发，接第 1 号元件的上层边 1，跨过 $y_1=4$ 槽，在第 5 号槽的下层放 1 号元件的下层边，再接到第 2 号换向片；从第 2 号换向片出发，接第 2 号元件的上层边 2，跨过 $y_1=4$ 槽，在第 6 号槽的下层放第 2 号元件的下层边，再接到第 3 号换向片。依次类推，最后，在第 4 号槽的下层放第 16 号元件的下层边，再接到第 1 号换向片，从而组成一个闭合绕组，如图 3-20 所示。

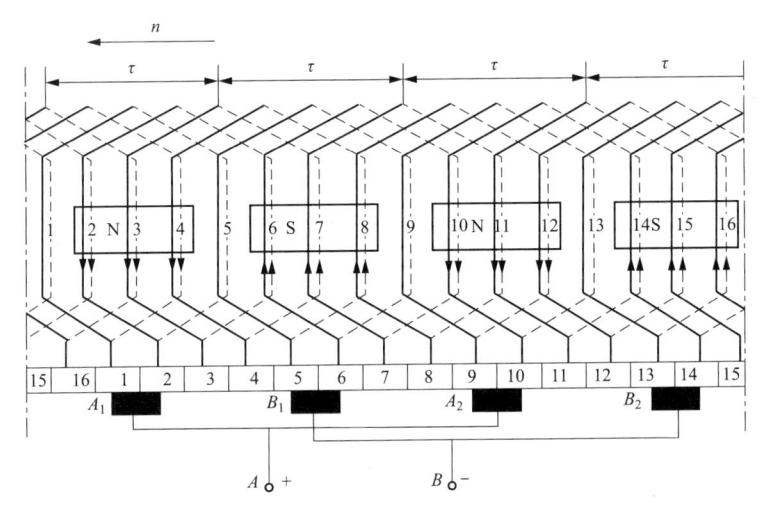

图 3-20 单叠绕组展开图

2. 放置磁极

电机的磁极在定子圆周上是对称分布的，每个磁极在电枢圆周应占有相同的范围。在放置磁极时，从某一槽开始（如从图中 1 号槽），根据极距的大小，即可确定每个磁极在电枢圆周上对应的范围。本例中由于 $\tau=4$，在图中所示的时刻，第一个磁极占有的范围是从槽 1～槽 5；第二个极距范围从槽 5～槽 9；第三个为从槽 9～槽 13；第四个为从槽 13～槽 1。在每个极距的中央画出磁极，磁极的宽度应为极距的 0.7 倍，并且使磁极 N、S、N、S 交替排列。图中表示磁极在电枢的上方，因此 N 极磁力线的方向是进入纸面的，S 极的磁力线则从纸面穿出。

3. 放置电刷

电刷的位置是根据电机空载时相邻两个电刷之间获得最大电势的原则确定的。

设电机作发电机运行。在原动机的拖动下，电枢从右向左旋转，根据右手定则可判断出

N极下有效边感应电动势的方向是向下的，而S极下是向上的。在图中所示的位置，元件1、5、9、13正好处在N、S之间的几何中性线上，此处的磁通密度为零，这四个元件的感应电动势也为零。我们可以看到，上层边在N极下的三个元件感应电动势的方向是相同的，S极下的三个元件感应电动势的方向也相同，但与N极下的相反。为了使电刷间获得最大的电动势，电刷必须与处于几何中性线的元件相连接，这样才能使电刷间元件的电动势是相加的。否则，若电刷位置偏移，则会有一部分电动势相互抵消。由于元件的端部是对称的，电刷要与处于几何中性线的元件相连接，则电刷的实际位置应放在磁极的中心线上。为了分析简便，电刷的宽度画为和换向片的宽度相等（实际电刷的宽度是换向片宽度的2～2.5倍）。从图中还可以看到，同一极性磁极下电刷的极性是一致的。如图中A_1、A_2的极性为正，B_1、B_2的极性为负。由于元件1、5、9、13的感应电动势为零，因此被电刷短路时不会产生短路电流。

如果电机工作在电动机状态，设电枢的转向不变，根据左手定则可判断出电流的方向与发电机时相反，但由于电动机的电枢电流由外接电源提供，电刷的极性不变。

画出图3-20中元件的连接及有关的换向片和电刷，就成了绕组的并联支路图，如图3-21所示。从图中可以看出，单叠绕组是将同一磁极下相邻的元件依次串联起来，形成一条支路，即每对应一个磁极就有一条支路，即

$$2a = 2p \tag{3-10}$$

式中：a为并联支路对数；p为磁极对数。

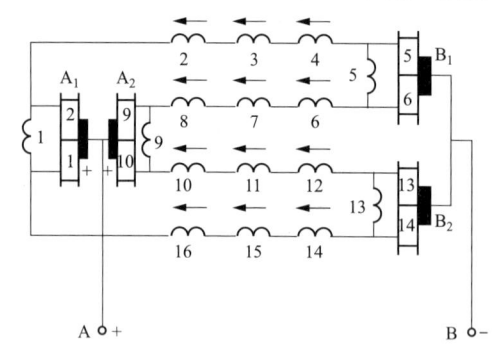

图3-21 单叠绕组并联支路图

从图3-21中可知，由于每条支路中对应元件所处的磁场位置相同，因此每条支路的感应电动势大小相等，但相邻两条支路感应电动势的方向相反，因此，在整个回路中的电动势互相抵消，总电动势为零，因此不会在回路中产生环流。由于电枢和主磁极在空间的位置固定，当电枢旋转时，虽然各元件的位置在不断变化，但每条支路包含的线圈数并没有改变。

3.1.2.3 单波绕组

单波绕组是直流电机电枢绕组的另一种基本形式。由于线圈连接呈波浪形，所以称作波绕组。从图3-18（b）可以看到，单波绕组元件的两个端点相距较远，每个元件是与相距约两个极距的元件相串联（$y \approx 2\tau$）。对于p对磁极的电机，每绕一周要经过p个元件。元件的末端应回到和出发的换向片相邻的换向片上，以便于第二周继续绕下去。为此，换向器节距应满足以下关系：

$$py_k = K \pm 1 \text{ 或 } y = y_k = \frac{K \pm 1}{p} \tag{3-11}$$

上式首先应满足y或y_k为整数的条件。当取正号时，第p个元件的末端将位于第1个换向片的右边，称右行绕组或交叉绕组；当取负号时，第p个元件的末端将位于第1个换向片的左边，称左行绕组或不交叉绕组，如图3-22所示。在实际中一般选不交叉绕组，这样端接部分稍短，可以节省铜线，比较经济。

第一节距y_1的确定原则上与单叠绕组相同。

第二节距

$$y_2 = y - y_1 \tag{3-12}$$

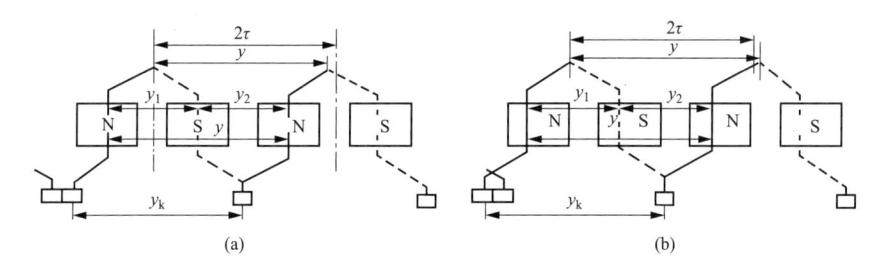

图 3-22 单波绕组形式及节距
(a) 左行绕组；(b) 右行绕组

现以一台 $2p=4$，$Z_u=S=K=15$ 的直流电机为例，说明单波绕组的连接规律。绕组各个节距计算如下：

第一节距
$$y_1=\frac{Z_u}{2p}\mp\varepsilon=\frac{15}{4}-\frac{3}{4}=3$$

合成节距与换向器节距
$$y=y_k=\frac{K-1}{p}=\frac{15-1}{2}=7$$

第二节距
$$y_2=y-y_1=7-3=4$$

根据以上数据可列出单波绕组连接顺序表如图 3-23 所示。

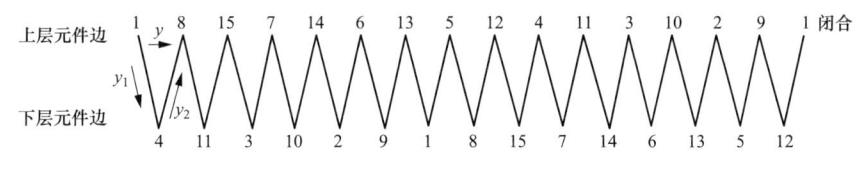

图 3-23 单波绕组连接次序表

根据图 3-23 中的连接顺序表可做出单波绕组的展开图如图 3-24 所示。从图中可知，单波绕组所有元件串联后构成一闭合回路。单波绕组的电刷、磁极及电刷极性的判断都与单叠绕组一样。在端接对称情况下，电刷中心线仍要对准磁极中心线。因为本例的极距 $\tau=\dfrac{Z_u}{2p}=\dfrac{15}{4}=3\dfrac{3}{4}$

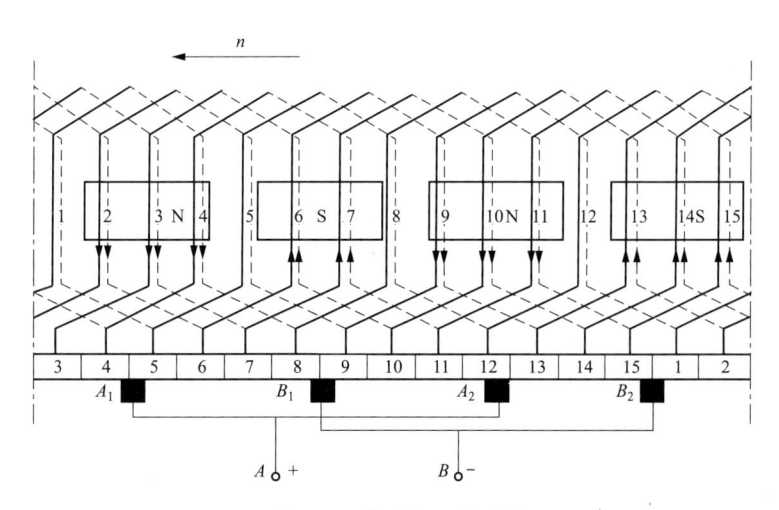

图 3-24 单波绕组展开图

不是整数，所以相邻主磁极中心线之间的距离不是整数，相邻电刷中心线之间的距离用换向片数表示时也不是整数。

按图 3-24 中各元件的连接顺序，将此刻不与电刷接触的换向片省去不画，可以得到单波绕组的并联支路图，如图 3-25 所示。由图可知，单波绕组是将同一极性磁极下所有元件串联起来组成一条支路，由于磁极极性只有 N 和 S 两种，所以单波绕组只有两条并联支路，即 $a=1$，与磁极对数 p 无关，从支路对数来看，单波绕组有两个电刷就可以进行工作，但为了减少电刷的电流密度与缩短换向器的长度，节省用铜，故在实际中一般仍安装与极数相等的电刷组数，称为全额电刷。

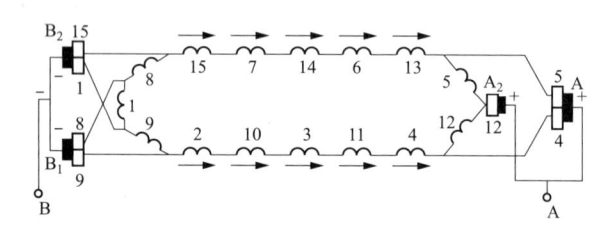

图 3-25 单波绕组并联支路图

单叠绕组与单波绕组的主要区别在于并联支路对数的多少。单叠绕组可以通过增加极对数来增加并联支路对数，适用于电压较低和电流较大的电机；单波绕组的支路数少，但每条并联支路串联的元件数较多，故适用于电压较高和电流较小的电机。

3.1.3　直流电机的磁场和换向

由直流电机基本工作原理可知，直流电机无论作发电机运行还是作电动机运行，都必须有磁场的存在，磁场是直流电机进行能量转换的媒介。因此，了解电机的磁场分布对掌握电机的性能有着非常重要的意义。

3.1.3.1　直流电机空载时的磁场

1. 空载磁场

直流电机不带负载时的运行状态称为空载运行。空载运行时电枢电流为零或接近于零，所以空载磁场是指主磁极励磁磁势单独产生的磁场。

图 3-26 是一台四极直流电机空载时的磁场分布。从图中可以看出，从 N 极出来磁力线，绝大部分穿过气隙和电枢齿，通过电枢铁芯的磁轭（电枢磁轭），到 S 极下的电枢齿，又通过气隙回到定子的 S 极，再经机座（定子磁轭）形成闭合回路。这部分与励磁绕组和电枢绕组都交链的磁通叫主磁通，用 Φ 表示。它使旋转的电枢绕组感应电动势，并和电枢绕组电流相互作用产生电磁转矩，是电机实现能量转换的基础。还有一小部分磁通从磁极出来，不进入电枢而直接进入相邻的磁极或磁轭，形成闭合回路，这部分磁通称为漏磁通，用 Φ_δ 表示。它只与励磁绕组相连，而不与电枢绕组相连，所以不产生感应电动势和电磁转矩，只是增加了磁极和定子磁轭中的饱和程度。由于漏磁路的磁阻远大于主磁路的磁阻，因此漏磁通比主磁通小得多，一般 $\Phi_\delta=(0.15\sim0.2)\Phi$。

从图 3-26 可以看出，直流电机的主磁路由两断气隙、电枢齿、电枢磁轭、主磁极、定子磁轭组成。除了气隙，其余部分都由铁磁材料构成。由于铁磁材料的磁导率远大于空气的磁

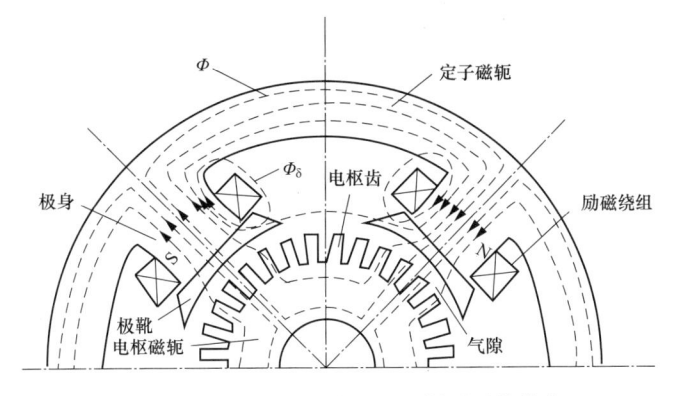

图 3-26 直流电机的主磁通和漏磁通的分布

导率,在忽略铁磁材料的磁阻时,对于任意一条闭合的磁力线,主磁极的励磁磁势降落在两端气隙上,每一端气隙磁势 F_δ 为励磁磁势的一半,这样气隙中任一点处的气隙宽度 $B_{\delta x}$ 为

$$B_{\delta x} = \mu_0 H_{\delta x} = \mu_0 \frac{F_\delta/2}{\delta_x} \tag{3-13}$$

式中:δ_x 为气隙中任一点处的气隙宽度;$H_{\delta x}$ 为这一点处的磁场强度。

从上式可知,主磁极下气隙磁密的分布取决于气隙 δ 的大小,一般情况下,磁极极靴宽度约为极距的 75% 左右,如图 3-27(a)所示。在极靴内,气隙较小且大小均匀,磁通密度较大且为常数。在靠近两极尖处,气隙逐渐增大,磁通密度逐渐减小,超出极尖范围,气隙逐渐增大,磁通密度迅速减小。在磁极之间的几何中性线处,气隙磁通密度下降为零,因此,在一个磁极极距范围内,空载气隙磁通密度分布为一个平顶波,如图 3-27(b)所示。

2. 直流电机的磁化曲线

表征电机空载时励磁绕组磁势 F_f 和主磁通 Φ 的关系曲线,叫作直流电机的磁化曲线,即 $\Phi = f(F_f)$。当励磁绕组的匝数 N_f 一定时,$F_f \propto I_f$ 所以磁化曲线也可用 $\Phi = f(I_f)$ 表示,如图 3-28 所示。

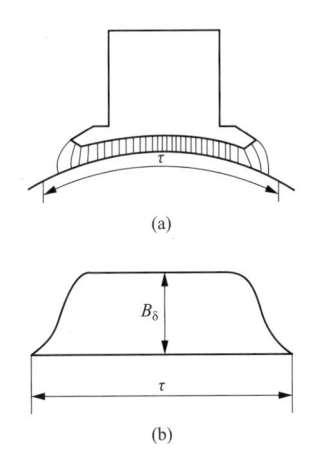

图 3-27 空载气隙磁密分布曲线　　图 3-28 电机的磁化曲线

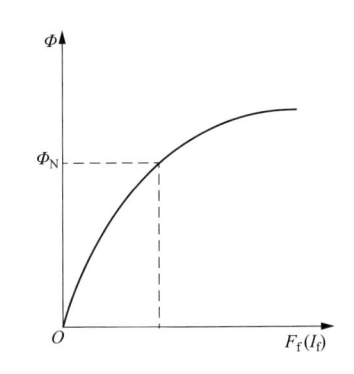

从图 3-28 可知,电机的磁化曲线具有饱和的特点。当磁通 Φ 较小时,电机磁路中铁磁材料未饱和,磁阻很小,磁通 Φ 和磁势 F_f 成正比,磁化曲线几乎是一条直线。当磁通 Φ 较

大时，铁磁材料的饱和程度迅速增大，磁化曲线逐渐弯曲；当磁通 Φ 很大时，铁磁材料进入饱和状态，此后，随着励磁磁势的增加，磁通 Φ 几乎不在增加，磁化曲线变得平缓。磁化曲线的形状反映磁路的饱和程度。为了合理地利用铁磁材料，电机在额定运行时的磁通一般选在磁化曲线开始弯曲的部分（称为膝部），这样既可以获得较大的励磁磁通，又不需要太大的励磁电流。此时的磁通 Φ，就是电机在空载情况下，电压为额定电压时的每极额定磁通 $Φ_N$。

3.1.3.2 直流电机负载时的磁场

1. 电枢磁场

当直流电机负载运行时，电枢绕组中便有电流流过，如图 3-29（a）所示。设电刷放在几何中性线上（实际为与处于几何中性线的有效边相接触），电枢上半周，电流流出纸面。从前面分析可知，经过电刷后，电流将改变方向，故在电枢下半周，电流是流进纸面的。根据右手螺旋定则，可判断电枢电流将产生一个与主极轴线正交的电枢电势，称为交轴电枢磁势。交轴电枢磁势将在电机的磁路中建立一个交轴电枢磁场，磁场的分布如图 3-29（a）所示（为了方便分析电枢磁场的特点，图中未画出主磁场）。

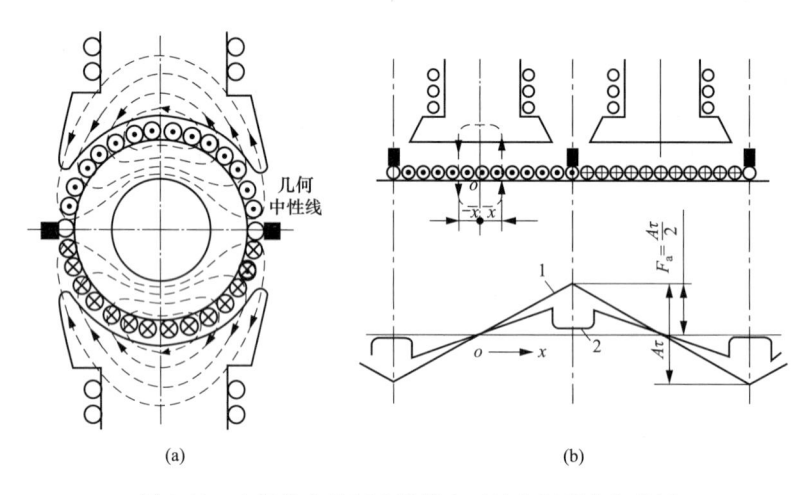

图 3-29 电枢放在几何中性线上时的电枢磁势和磁场
(a) 枢磁场；(b) 电枢磁通势和磁场分布

为了进一步分析交轴电枢磁场的分布规律，现假想把电机从几何中性线处展开[见图 3-29（b）]。以主磁极轴线与电枢表面的交点 O 为原点，在一个极距范围内，距原点 x 处取一磁力线，根据全电流定律，作用在此回线上的磁势等于此回线包围的全电流，即

$$i_a N_x = i_a \frac{N}{\pi D} \cdot 2x = \frac{N i_a}{\pi D} \cdot 2x = A \cdot 2x \tag{3-14}$$

式中：i_a 为导体中的电流即支路电流；N 为电枢绕组的总导体数；D 为电枢外径；$\frac{N}{\pi D} \cdot 2x$ 为回线所包围的导体数；A 为电枢圆周单位长度对应的安培导体数，称为电机的线负荷。

如果忽略铁芯中的磁压降，则以上磁势只降落在两端气隙上，则距原点 x 处的气隙中电枢产生的磁势为

$$F_{ax} = \frac{1}{2} i_a N_x = Ax \tag{3-15}$$

式（3-15）表明，电枢表面上的不同点，电枢磁势的大小是不同的，其分布曲线如图 3-29（b）所示。图中磁势为正，表示电枢磁通从电枢表面进入主磁极一侧；磁势为负，表示电枢磁通从主磁极另一侧进入电枢表面。从图可知，气隙磁势在气隙中呈三角波分布。$x=0$ 处，$F_{ax}=0$；在 $x=\tau/2$ 处（即几何中性线处），F_{ax} 达到最大值 F_a，$F_a = A \cdot \dfrac{\tau}{2}$。

在 x 点处的气隙中，由 F_{ax} 产生的电枢磁通密度为

$$B_{ax} = \mu_0 H_{ax} = \mu_0 \frac{F_{ax}}{\delta_x} \tag{3-16}$$

式中：H_{ax} 为 x 点处的电枢磁场强度。

在极靴下，气隙是均匀的，$\delta_x =$ 常数。因此，B_{ax} 与 F_{ax} 成正比。当超出极尖范围，δ_x 急剧增大，使 B_{ax} 迅速减小，气隙密度形成马鞍形曲线。

电枢磁场的出现，必将对主磁场产生一定的影响，使气隙磁场密度的分布情况发生变化，这种电枢磁场对主磁场的影响称为电枢反应。

2. 电枢反应

（1）电枢在几何中性线处的电枢反应。当电枢在几何中性线处时，产生的电枢磁场为交轴电枢磁场，此时的电枢反应称为交轴电枢反应。

为了分析交轴电枢磁场对主磁场的影响，在图 3-29 的基础上标出主磁极的极性，如图 3-30（a）所示。根据图中电流的方向，应用左手定则和右手定则可判断出电动机为顺时针旋转，发电机为逆时针旋转。

将 3-30（a）展开，并在图中画出主磁场和电枢磁场的分布曲线，根据前面的分析，磁通从主磁极一侧进入电枢，磁密为负，故图中 N 极下的主极磁密为负值，S 极下的主极磁密则应为正值。若不计磁路饱和，则磁路为线性磁路，根据叠加原理，将 B_{ax} 与 B_δ 逐点叠加，即可得到负载时气隙磁场的合成磁密 $B_{\delta x}$，其曲线如图 3-30（b）中曲线 3 所示。比较 B_δ 和 $B_{\delta x}$ 两条曲线，即可看出交轴电枢反应的影响。

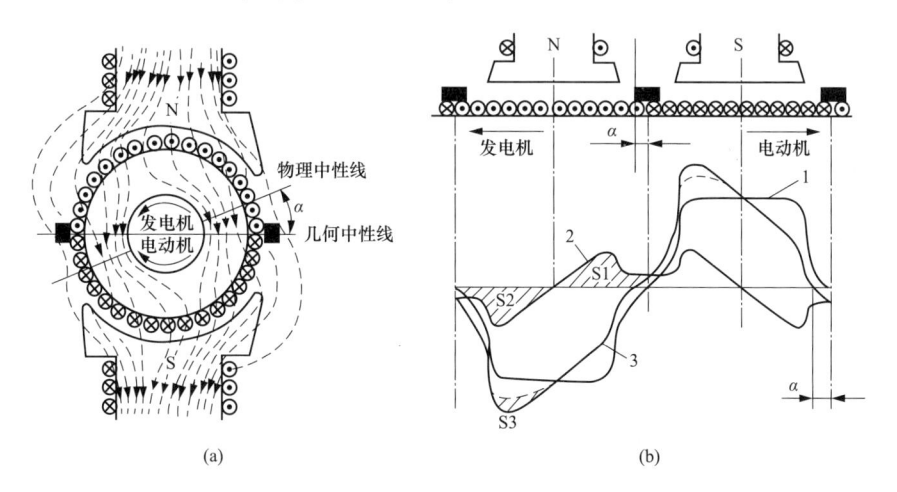

图 3-30　交轴电枢反应
（a）合成磁场的分布；（b）磁通密度的分布曲线
1—主磁场磁通密度分布曲线；2—电枢磁场磁通密度分布曲线；3—气隙合成磁场磁通密度分布曲线

1）使气隙磁场发生畸变。从图中可以看出，合成磁场对主极轴线已不再对称，而发生

了畸变，主磁极磁场一半被加强，一半被削弱。空载时，电机的物理中性线（磁密为零的位置）和几何中性线是重合的，而负载时，电机的物理中性线和几何中性线将不在重合，而是位移了一个角度 α。当电机为发电机运行时，主磁极的前极尖（电枢进入的极尖）的磁场被削弱；主磁极的后极尖（电枢退出的极尖）的磁场被加强了。物理中性线顺着电机旋转的方向位移动一个角度 α。当电机为电动机运行时，前极尖磁场被加强，后极尖磁场被削弱，物理中性线逆着电机旋转方向移动了一个角度 α。

2) 产生附加去磁作用。当电机的磁路未饱和时，整个磁极下磁通的增加量与减小量是相等的，每极下的总的磁通量保持不变。但电机正常工作时，一般运行于磁化曲线的膝部，因此，增磁的部分磁路更加饱和，从而使实际增磁的量比不饱和时略低［如图 3-30（b）中虚线］，即气隙磁密比不饱和时略低，而去磁的部分和不饱和时的去磁作用基本一样，因此，磁通密度的增加量要比磁通密度的减少量少一些。这样，每极下的磁通量将会由于交轴电枢反应的作用有所削弱，这种现象称为电枢反应的附加去磁作用。附加去磁作用将使每极的合成磁通比空载时减小，电枢绕组的感应电动势因此而有所下降。

（2）电枢不在几何中性线上的电枢反应。由于装配误差或其他原因，当电刷不在几何中性线上时，电枢电流的分布如图 3-31 所示。由于电刷位置的移动，以电刷轴线为界的电流分布，以及电枢磁场的轴线也随之移动。

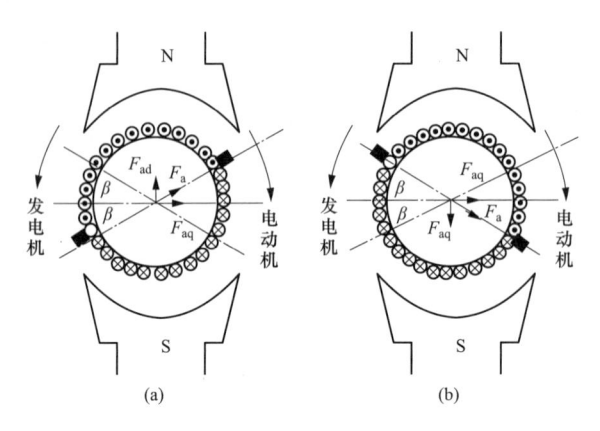

图 3-31 电枢不在几何中性线上的电枢反应
(a) 发电机顺电枢旋转方向移动电刷；(b) 发电机逆电枢旋转方向移动电刷

以发电机为例，如果将电刷顺电枢旋转方向移动一个角度 β，如图 3-31（a）所示，电枢磁势的轴线也将随之移动同样的角度。这时电枢磁势可以分解为两个相互垂直的分量，其中 2β 范围内的导体电流产生磁势 F_{ad}，其轴线与主磁极轴线重合，称为直轴电枢磁势；而 2β 范围以外的电流则产生交轴电枢磁势 F_{aq}。交轴电枢磁势 F_{aq} 和直轴电枢磁势 F_{ad} 如图 3-31（a）所示。如果将发电机的电刷逆电枢旋转方向移动时，电枢磁势的轴线也随电刷轴线逆旋转方向移动同样的角度。同样可将电枢磁势分为交轴和直轴分量，如图 3-30（b）所示。所不同的是：发电机顺电枢旋转方向移动电刷时，直轴电枢磁势与主磁势方向相反，如图 3-30（a）所示，起去磁作用；若发电机逆电枢旋转方向移动电刷时，直轴电枢磁势与主磁势方向相同，起增磁作用。当发电机逆旋转方向移动电刷时，将使被电刷短路的元件正处在应畸变而增强的磁场中（主磁极的后极尖），会引起很大的短路电流，在电刷下发生强烈的火花，影响发电机的正常工作。因此在发电机运行时，不允许逆电枢方向移动电刷。

当电刷从几何中性线移动时,电动机的电枢反应除了交轴电枢反应外还和发电机一样出现直轴电枢磁势,所不同的是:当电刷顺电枢旋转方向移动时,直轴电枢磁势与主磁势方向相同,起增磁作用;当电刷逆旋电枢转方向移动时,直轴电枢磁势与主磁势方向相反,起去磁作用。因此在电动机运行时,不允许顺电枢旋转方向移动电刷。

3.1.3.3 直流电机的换向

由直流电机绕组分析可知,直流电机的电枢绕组是一闭合绕组,电刷把这一闭合电路分成几个支路,每个支路的元件数相等,一个电刷两边所连接的两条支路中电流方向相反,当电枢绕组的元件旋转时,绕组元件从一个支路经电刷短路,进入另一个支路,电流方向改变。绕组元件中电流改变方向的过程称为换向。换向时常在电刷和换向器片之间常出现有害的火化,严重的会使电机烧毁。所以,直流电机运行的可靠性,在很大程度上取决于电机的换向情况。因此要讨论影响换向的因素以及产生电火花的原因,进而采取有效的方法改善换向,保障电机的正常运行。

3.1.3.4 直流电机的换向过程

1. 理想换向情况

图 3-32 表示一个单叠绕组元件的换向过程。电刷不动,电枢以恒速从左向右移动。为了分析方便,设电刷的宽度与换向片的宽度相等,并忽略换向片间绝缘层的厚度。

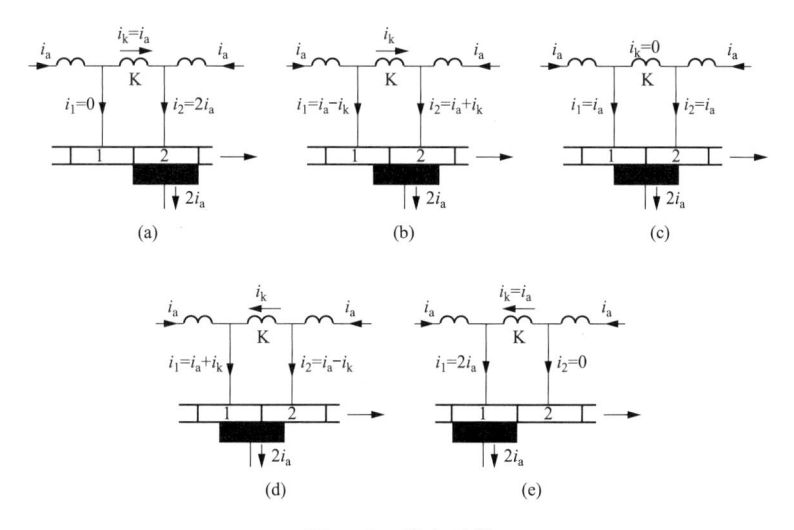

图 3-32 换向过程

(a) 电刷仅与换向片 2 接触;(b) 电刷仅与换向片 1 接触一小部分;(c) 电刷与换向片 1、2 的接触面积相等;
(d) 电刷与换向片 1 接触一大部分;(e) 电刷仅与换向片 1 接触

换向开始时,如图 3-32(a)所示。电刷仅与换向片 2 接触,此时换向元件 K 位于电刷的左面,是左侧支路元件之一,元件 K 中流过的电流为 $i_K = +i_a$,由相邻两条支路来的电流为 $2i_a$,经换向片 2 流入电刷。

当转到 3-32(b)的位置,电刷的一小部分与换向片 1 接触,此时换向元件 K 被电刷短路,由相邻两条支路的电流 $2i_a$ 经换向片 1、2 流入电刷。为了分析元件 K 中电流的变化,暂不考虑元件 K 中的任何电动势,并忽略元件与换向片的电阻。在元件 K 被电刷短路的回路中,根据基尔霍夫定律可得

$$i_1 R_1 - i_2 R_2 = 0$$
$$\frac{i_1}{i_2} = \frac{R_2}{R_1} = \frac{S_1}{S_2} \tag{3-17}$$

式中：i_1、i_2 分别为流过换向片 1、2 的电流；R_1、R_2 分别为换向片 1、2 与电刷的接触电阻；S_1、S_2 分别为电刷与换向片 1、2 的接触面积。

这时，从左侧支路来的电流 i_a 一部分经换向片 1，另一部分经换向元件 K 流向换向片 2，元件 K 中的电流 i_K 方向不变，但数值已减小，此时 $i_1 = i_a - i_K$，$i_2 = i_a + i_K$。流过电刷的电流仍为 $2i_a$。

当电刷转到图 3-32（c）的瞬间，电刷与换向片 1、2 的接触面积相等，$i_1 = i_2$，元件 K 的电流 $i_K = 0$。

当电刷继续旋转时，$S_1 > S_2$，如图 3-32（d）所示。这时 $i_1 > i_2$，右侧支路来的电流 i_a 的一部分从换向片 2 流出；另一部分经换向元件 K 与左侧支路来的电流汇合，经换向片 1 流出。从图中可知，元件 K 中的电流与原来相反了。在 3-32（e）所示的瞬间，电刷仅与换向片 1 接触，元件 K 已转到电刷的右侧，成为右侧支路的元件之一，这时 $i_K = -i_a$（负号代表电流不变了方向），元件的换向过程结束。从换向开始到换向结束经过的时间称为换向周期 T_K。换向周期一般只有千分之几秒。

从式（3-17）可知，
$$\frac{i_1}{S_1} = \frac{i_2}{S_2} = \frac{i_1 + i_2}{S_1 + S_2} = \frac{2i_a}{S} \tag{3-18}$$

式中：S 为电刷的面积。

上式说明在换向过程中电刷的电流密度是均匀的，在 i_a 不变时，电流密度保持不变。

在换向过程开始后的 t，换向片 1 和电刷的接触面积为 S_1，经过 T_K 后，接触面积变为 S，设电机的转速不变，则

$$\frac{S_1}{S} = \frac{t}{T_K} \tag{3-19}$$

将式（3-19）代入式（3-18）中，得

$$i_1 = 2i_a \cdot \frac{S_1}{S} = 2i_a \cdot \frac{t}{T_K} \tag{3-20}$$

换向元件中的电流为

$$i_K = i_a - i_1 = (1 - 2t/T_K)i_a \tag{3-21}$$

上式表明，换向元件中的电流随时间按线性规律变化，如图 3-33 中的曲线 1 所示。因此这种理想的换向过程又称为直线换向。

2. 附加电流的影响

在实际的换向过程中，换向元件在换向过程中会产生几种感应电动势，这些电动势将影响换向元件中电流的变化规律。

（1）电抗电动势。

在换向过程中，由于换向元件中电流从 $+i_a$ 变为 $-i_a$，从而使换向元件产生自感电动势 e_L；在实际直流电机中，电刷的宽度大于换向片的宽度，因此电机运行中一般都是几个元件同时进行换向，这样各换向元件之间便会产生互感电动势 e_M，自感电动势和互感电动势的总和称为电抗电动势 e_x，$e_x = e_L + e_M$。根据楞次定律，e_x 总是阻碍换向元件中电流变化的，即 e_x 方向与换向前电流的方向一致。

(2) 电枢反应电势。

换向元件在换向时切割换向区域的电枢磁场产生的电动势称为电枢反应电动势，用 e_v 表示。当电刷放置在几何中性线上时，换向元件也处于几何中性线位置上。在直流电机负载运行时，电枢反应使气隙磁场发生畸变，使几何中性线处的磁通密度不为零，这时换向元件切割电枢磁场而产生电枢反应电动势 e_v，如图 3-34 所示。按右手定则，可确定 e_v 的方向与元件换向前的电流方向一致，它也是阻碍换向元件中电流变化的。

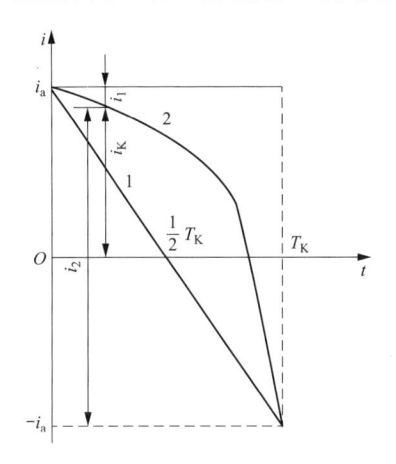

图 3-33 换向电流变化过程　　图 3-34 换向元件中的电枢反应电势

由于电抗电动势和电枢反应电动势的存在，在换向元件被电刷短路的回路中，产生一附加电流 i_c，如图 3-35 所示。$i_c = (e_x + e_v)/(R_1 + R_2)$。由于 e_x 和 e_v 都和换向前元件电流的方向一致，因此附加电流 i_c 也与换向元件换向前的电流一致，即阻碍换向元件电流的变化，使得换向元件中的电流从 $+i_a$ 变化到零所需的时间比直线换向延时了，如图 3-33 中的曲线 2 所示，这也称延迟换向。

附加电流 i_c 影响如图 3-35 所示。从图中可知，由于 i_c 与元件换向前电流的方向一致，在直线性换向电流（图中下标加 z 的

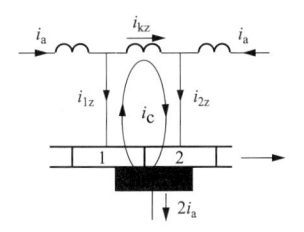

图 3-35 延迟换向的附加电流

电流）的基础上叠加 i_c，将使电刷后端电流密度增大，电刷前端电流密度减小，因而破坏了电刷下电流密度的均匀分布。如 i_c 超过某一临界值，在换向过程的末期，仍保持很大的附加电流。换向过程结束时，换向元件的短路回路由于脱离电刷而断开，元件储存的电磁能量 $\frac{1}{2} L_K i_c^2$ 以电弧火花的形式在电刷后端放出。

电抗电动势和电枢反应电动势的大小均和电枢电流成正比，也和电机转速成正比，因此，大负载高转速的电机会给换向带来更大的困难。

必须指出，电机运行中产生的换向火花，除了上述电磁原因外，还要受到机械、电热、电化学等各种因素的影响。实践证明，如果火花在电刷上的范围很小，亮度很弱，呈蓝色，对电刷和换向器没有烧伤，这种情况对电机运行无大碍。如果火花范围扩大并达到一定强度时，就会烧坏电刷和换向器，使电机不能继续运行。

3.1.3.5　改善换向的方法

电机换向不良主要由附加电流 i_c 引起，因此，改善换向应从减小或消除附加电流 i_c 着手。

1. 装置换向极

由换向元件的感应电动势可知,当电刷放在几何中心线上时,换向元件只切割电枢磁场,如果在几何中性线装置换向极,用换向极产生一个与电枢磁势反方向的换向极磁势,使换向元件切割换向极磁场产生的旋转电动势 e_h 抵消换向元件切割电枢磁场产生的电枢反应电动势 e_v 和换向元件的电抗电动势 e_x,使换向元件的合成电动势 $\sum e = e_h - (e_v + e_x) \approx 0$,附加电流 $i_c = (e_h - e_v - e_x)/(R_1 + R_2) \approx 0$,因而改善换向。

由于 e_x 与 e_v 和电枢电流大小成正比,所以产生换向极磁场的换向极绕组应与电枢绕组串联,同时使换向极铁芯处在不饱和状态,这样换向元件产生的旋转电动势 e_h 能随 e_x 与 e_v 的变化而变化。在任何负载时,e_h 都能抵消 e_x 与 e_v 的影响,使电机处于理想的换向状态。另外换向极的极性必须正确,发电机的换向极极性与旋转方向前方的主磁极极性相同,电动机的换向极极性与旋转方向后方的主磁极极性相同,如图 3-36 所示。

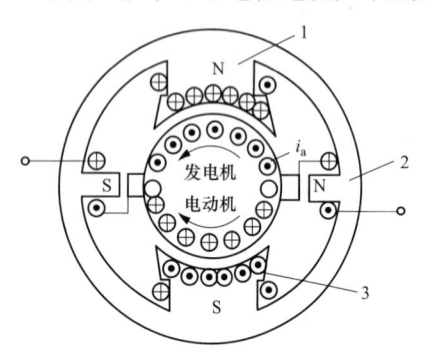

图 3-36 用换向极改善换向
1—主磁极;2—换向极;3—补偿绕组

2. 正确选用电刷

增加电刷与换向片间接触电阻可以减少附加电流。在直流电机中,要求电刷应有足够大的载流量和足够大的接触电阻压降。电刷的接触电阻主要与电刷材料有关,目前常用的电刷有石墨电刷、电化石墨电刷和金属石墨电刷等。石墨电刷的接触电阻较大,金属石墨电刷的接触电阻最小。从改善换向的角度来看,应该采用接触电阻大的电刷,但接触电阻大,则接触压降也增大,使能量损耗和换向器发热加剧,对换向也不利,所以合理选用电刷是一个重要的问题。根据长期运行经验,对于换向并不困难,负载均匀,电压在 80~120V 的中小型电机通常采用石墨电刷,一般正常使用的中小型电机和电压在 220V 以上或换向较困难的电机采用电化石墨电刷,而对于低压大电流的电机则采用金属石墨电刷。

3. 装配补偿绕组

装有换向极的电机,虽然抵消了换向区域内交轴电枢反应的影响,但是换向区域以外的交轴电枢反应,仍然使电机主磁场发生畸变,在过载时,磁场的畸变更为严重。处于磁通增强区域(发电机在主磁极的退出端,电动机在进入端)的绕组元件中,感应电动势显著增加。因而使得与这些元件连接的换向片间电压增大,当这种换向片间电压的数值超过一定限度,就会使换向片间的空气游离而击穿,在换向片间产生一种持续性火花,这种火花叫电位差火花。

当电机受到冲击性负载时,由于电枢电流急剧上升,换向元件的电抗电动势也急剧增大。这时,虽然换向极磁势相应增大,但由于换向磁极铁芯中产生的涡流起阻尼作用,使换向磁通不能马上增大,因此旋转电动势 e_h 不能及时补偿电抗电势 e_x,使电机处于严重的延迟换向状态,从而在电刷后端产生强烈的换向火花。若换向火花延伸到片间电压较大处,换向火花与电位差火花连成一片,将导致正负电刷之间有很长的电弧连通,这种布满整个换向器表面的环形电弧,叫环火。环火是直流电机严重的短路事故,它能使电机在很短的时间内毁坏。

装置补偿绕组能改善工作在负载急剧变化的电机的换向,是防止环火最有效的方法。如图 3-36 所示,补偿绕组嵌放在主磁极极靴上专门冲出的槽内或励磁绕组外面,该绕组与电枢绕组串联,产生的磁势与电枢反应磁势方向相反,从而减少了由电枢反应引起气隙磁场的畸变。但装配补偿绕组使电机结构复杂，成本增加。因此，只有在负载变化很大的大、中型直流电机中使用。

另外还可以将换向磁极的铁芯改为叠片式以减小涡流效应；在电刷之间装置消弧隔板等措施来防止或减少环火的危害。

3.1.4 直流电机电枢绕组感应电动势和电磁转矩

3.1.4.1 直流电机电枢绕组感应电动势

我们知道，直流电机无论是作为发电机还是作为电动机，当它们运行时，电枢都以一定的转速在磁场中旋转，根据电磁感应定律，电枢绕组的导体在磁场中切割磁力线都要产生一定的电动势，它们本质是一样的，计算方法也是相同的。

电枢绕组的感应电动势是指直流电机正、负电刷之间的感应电动势，但无论是叠绕组还是波绕组，正、负电刷间的电动势就是支路电动势，它等于一条支路中所有串联元件感应电动势之和。电枢是旋转的，对于某一个元件而言，其感应电动势的大小和方向都是变化的，但从电刷两端看，每条支路在任何瞬间所串联的元件数是相等的，构成支路的情况相同，因此每条支路中各元件电动势瞬时值总和是不变的。

为了求出支路电动势，可以先求出一根导体在一个极距范围内切割气隙磁场产生的平均电动势，再乘上一条支路的导体数就是支路电动势即电枢绕组的感应电动势 E_a。

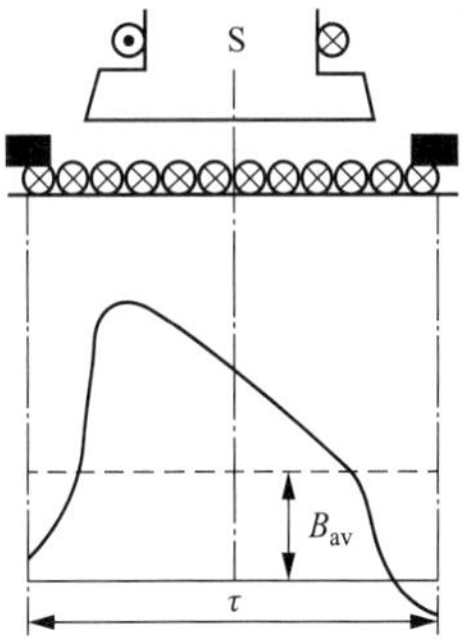

直流电机中，由于气隙合成磁密在一个极下的分布是不均匀的，如图 3-37 所示。为分析推导方便起见，可先求出一个磁极极距范围内的平均磁通密度 B_{av}，其表达式为

$$B_{av} = \frac{\Phi}{\tau l} \qquad (3-22)$$

式中：Φ 为每极磁通量，Wb；τ 为极距；l 为电枢导体的有效长度，m。

图 3-37 气隙合成磁场磁通密度分布

电枢中任意一根导体，它的平均电动势为

$$e_{av} = B_{av} l v \qquad (3-23)$$

式中：v 为电枢导体运动的线速度，m/s。

电枢每转一周，电枢表面上的线圈有效边经过的距离为 $2p\tau$，以 n 表示电枢每分钟的转数，则每分钟有效边经过的距离为 $2p\tau n$，每秒钟通过的距离就是线速度 v，即

$$v = 2p\tau \frac{n}{60} \qquad (3-24)$$

将式（3-22）和式（3-24）代入式（3-23），可得

$$e_{av} = 2p\Phi \frac{n}{60} \qquad (3-25)$$

设电枢绕组的总导体数为 N，则每条支路的导体数为 $\frac{N}{2a}$，所以电枢绕组的感应电动势为

$$E_a = \frac{N}{2a} 2p\Phi \frac{n}{60} = \frac{pN}{60a}\Phi n = C_e \Phi n \qquad (3-26)$$

$$C_e = \frac{pN}{60a}$$

式中：C_e 为电动势常数。

上式表明：电枢绕组的感应电动势与每极磁通 Φ 和转速 n 的乘积成正比。感应电动势的方向可用右手定则判断。在直流电动机中，E_a 的方向与电枢电流 I_a 的方向相反，故 E_a 在电动机中为反电动势。在直流发电机中，E_a 和 I_a 方向一致。

3.1.4.2 电磁转矩

无论直流电动机还是直流发电机，当电枢绕组通过电流时，在磁场中都要受到电磁力的作用，电磁力对转轴所产生的转矩叫作电磁转矩。电磁转矩的方向可用左手定则判断。直流发电机的电磁转矩是制动性转矩，其方向与电机旋转方向相反；直流电动机的电磁转矩是拖动性转矩，其方向与电机旋转方向相同。

根据电磁力定律，任一导体所受到的电磁力为

$$f = Bli_a \tag{3-27}$$

式中：B 为导体所处位置的磁通密度；i_a 为导体中流过的电流，即支路电流。

由于直流电机的气隙磁场分布不均匀，每根导体所处的磁场位置不同，为了简化计算，引入平均磁通密度 B_{av}，$B_{av}=\Phi/l\tau$。

一根导体所受到的平均电磁力 f_{av} 为

$$f_{av} = B_{av} l i_a \tag{3-28}$$

将每个导体受到的平均电磁力乘以转动半径，即可得到每根导体产生的平均电磁转矩，即

$$T_{av} = f_{av} \frac{D}{2} = B_{av} l i_a \frac{D}{2} \tag{3-29}$$

$$D = 2p\tau/\pi$$

式中：D 为电枢的直径。

设电枢电流为 I_a，则流过每个导体的电流为

$$i_a = \frac{I_a}{2a} \tag{3-30}$$

将 $B_{av}=\Phi/l\tau$ 和式（3-30）代入式（3-29）得

$$T_{av} = \frac{p}{2\pi a} \Phi I_a \tag{3-31}$$

总的电磁转矩是各导体转矩的代数和，也就是等于导体的平均转矩乘以总导体数 N，则总的电磁转矩为

$$T_{em} = \frac{pN}{2\pi a} \Phi I_a = C_T \Phi I_a \tag{3-32}$$

$$C_T = \frac{pN}{2\pi a}$$

式中：C_T 为转矩常数，由电机的结构决定。

式（3-32）表明：对于已制成的电机，电磁转矩 T_{em} 与每极磁通 Φ 和电枢电流 I_a 成正比。

电枢电动势 $E_a=C_e\Phi n$ 和电磁转矩 $T_{em}=C_T\Phi I_a$ 是直流电机的两个重要公式。对于同一台直流电机，转矩常数 C_T 和电动势常数 C_e 之间具有确定的关系，即

$$\frac{C_T}{C_e} = \left(\frac{pN}{2\pi a}\right) \bigg/ \left(\frac{pN}{60a}\right) = \frac{60}{2\pi} = 9.55$$

$$C_T = 9.55 C_e \tag{3-33}$$

例 1 已知一台直流发电机，$2p=4$，电枢绕组是单叠绕组，整个电枢总导体数 $N=216$，

额定转矩 $n_N=1460$r/min，每极磁通 $\Phi=2.2\times10^{-2}$Wb，求：

（1）此直流发电机电枢绕组的感应电动势。

（2）若作为电动机使用，当电枢电流 $I_a=700$A 时，求电磁转矩。

解：电机的极对数 $p=2$，单叠绕组的并联支路对数 $a=p$，于是可求电动势常数为

$$C_e = \frac{pN}{60a} = \frac{2\times 216}{60\times 2} = 3.6$$

感应电动势为　　　　$E_a = C_e\Phi n = 3.6\times 2.2\times 10^{-2}\times 1460 = 115.6$（V）

$$C_T = 9.55C_e = 9.55\times 3.6 = 34.4$$

电磁转矩为　　　　$T_{em} = C_T\Phi I_a = 34.4\times 2.2\times 10^{-2}\times 700 = 530$（N·m）

任务2　直流电机的运行分析

3.2.1　直流电动机的运行分析

3.2.1.1　直流电动机的损耗

1. 机械损耗 p_Ω

当直流电动机转动时，必须克服摩擦阻力而产生机械损耗，它包括轴承的摩擦损耗，电刷与换向器的摩擦损耗以及电枢转动部分与空气的摩擦损耗，这些损耗主要与转速有关，随转速的升高而增大。一般电机的机械损耗为额定功率的1%~3%。

2. 铁损耗 p_{Fe}

电枢铁芯在磁场中旋转时，穿过电枢铁芯的磁通量不断发生变化，由此而在电枢铁芯中产生磁滞和涡流损耗即产生铁损耗。铁损耗与磁通量在电枢铁芯中交变的频率（即与转速）以及电压有关。

机械损耗和铁损耗在电机空载时即存在，把它们合起来称为空载损耗 p_0。电机正常工作时电压一定，转速变化很小，在运行过程中 p_0 几乎不变，所以空载损耗也称作不变损耗。

3. 铜损耗 p_{Cu}

铜损耗包括电枢电路电阻损耗和励磁电路电阻损耗，电枢电路电阻损耗有包括电枢绕组和其串联的各绕组的电阻损耗以及电刷与换向器的接触损耗。由于电枢电路电阻损耗随电枢电流的变化而变化，因而为可变损耗。

4. 附加损耗 p_s

附加损耗又称杂散损耗，它大致包括：结构部件在磁场内旋转而产生的损耗；因电枢齿槽影响，当电枢旋转时，气隙磁通发生脉动而在主极铁芯中和电枢铁芯中产生的脉动损耗；因电枢反应使磁场畸变而在电枢铁芯中产生的损耗；由于电流分布不均匀而增加的电刷接触损耗；换向电流所产生的损耗等。这些损耗有的与负载大小有关，属于可变损耗；有的与负载无关，属于不变损耗。它们产生的原因很复杂，也很难精确计算，通常采用估算的办法确定。国家标准规定直流电机的附加损耗为额定功率的0.5%~1%。

3.2.1.2　直流电动机的基本方程式

1. 电压平衡方程式

图3-38所示为并励直流电动机原理接线图，稳定运行时，设电枢两端外加电压为 U，电枢电流为 I_a，电枢电动势为 E_a，从电动机的工作原理［见图3-38（a）］可以知道，这时 E_a

与 I_a 是反向的，即 E_a 为反电动势。若以 U、E_a、I_a 的实际方向为正方向 [见图 3-38（b）]，则可列出电枢回路的电压平衡方程式，即

$$U = E_a + I_a R_{as} + 2\Delta U_b = E_a + I_a R_a \tag{3-34}$$

式中：R_{as} 为电枢绕组电阻；$2\Delta U_b$ 为每对电刷的接触电阻压降；R_a 为包括电枢绕组电阻和电刷接触电阻在内的电枢电阻。

2. 功率平衡方程式

直流电动机工作时，从电网输入的电功率 P_1 为

$$P_1 = UI = U(I_a + I_f) = UI_a + UI_f = UI_a + p_f \tag{3-35}$$

式中，$p_f = UI_f$ 是励磁电路的电阻损耗，UI_a 是输入电枢电路的功率，在式（3-1）的两端同乘以 I_a 可得

$$UI_a = E_a I_a + I_a^2 R_{as} + 2\Delta U_b I_a = E_a I_a + I_a^2 R_a = E_a I_a + p_{Cua} \tag{3-36}$$

在上式中，UI_a 中的一小部分供给电枢的铜损耗 p_{Cua}，$p_{Cua} = I_a^2 R_a$（p_{Cua} 包括电枢绕组的电阻损耗 $p_{Cuas} = I_a^2 R_{as}$ 和电刷与换向器的接触损耗 $p_{Cub} = 2\Delta U_b I_a$），其余大部分为平衡反电动势所需的电磁功率 P_{em}，$P_{em} = E_a I_a$。

电磁功率 P_{em} 又可表达为

$$P_{em} = E_a I_a = \frac{pN}{60a} \Phi n I_a = \frac{pN}{2\pi a} \Phi I_a \cdot \frac{2\pi n}{60} = T_{em} \cdot \Omega \tag{3-37}$$

从上式可知，电磁功率将转化为电动机轴上的全部机械功率，因此电磁功率在电动机中是能量转换的关键环节。电磁功率转化为机械功率后，其中一小部分消耗在电机的空载损耗 p_0 和附加损耗 p_s 上，其余大部分为电动机轴上输出的机械功率 P_2，即

$$P_2 = P_{em} - p_0 - p_s \tag{3-38}$$

并励直流电动机的功率流程如图 3-39 所示。

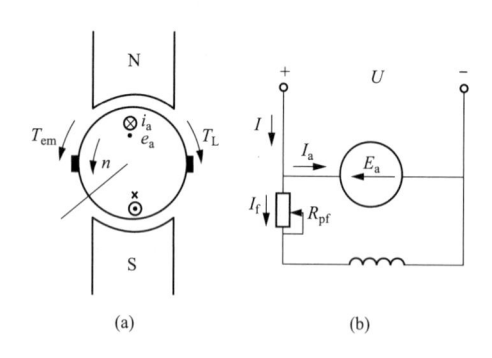

图 3-38 并励直流电动机
(a) 工作原理；(b) 电路图

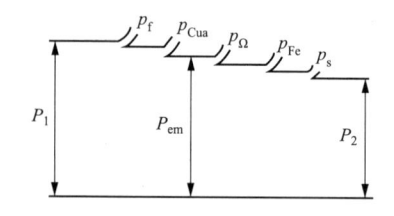

图 3-39 并励直流电动机的功率流程图

3. 转矩平衡方程式

在式（3-38）的两端除以电动机旋转的角速度 Ω，可得

$$\frac{P_2}{\Omega} = \frac{P_{em}}{\Omega} - \frac{p_0 + p_s}{\Omega}$$

$$T_2 = T_{em} - T_0 \tag{3-39}$$

上式为直流电动机的转矩平衡方程式，其中 T_2 为电动机的输出转矩，T_0 为电动机的空

载转矩，它主要由空载损耗产生，对电动机的旋转起阻碍作用。电动机产生的电磁转矩并不能全部向外输出，还需克服空载转矩的阻碍作用。在电动机稳定运行时，输出转矩 T_2 与负载转矩 T_L 相平衡。因此上式又可表达为 $T_{em}=T_L+T_0$，它表明电动机稳定运行时，驱动转矩与总的阻碍转矩相平衡。

3.2.1.3 直流电动机的工作特性

1. 他励（并励）直流电动机的工作特性

当电枢电压不变时，他励与并励电动机并无本质上的区别，它们的工作特性是一样的。

他励（并励）直流电动机的工作特性是指在 $U=U_N$、电枢回路不串附加电阻，励磁电流为额定值时，电动机的转速 n、电磁转矩 T_{em} 和效率 η 与输出功率 P_2 之间的关系。在实际应用中，由于电枢电流 I_a 较易测量，且 I_a 随 P_2 的增大而增大，故也可将工作特性表示为 n、T_{em}、η 与 I_a 的关系。

(1) 转速特性 $n=f(P_2)$。

以 $E_a=C_e\Phi n$ 代入电压平衡方程式 $U=E_a+I_aR_a$，即可得到转速公式

$$n=\frac{U_N-I_aR_a}{C_e\Phi}=\frac{U_N}{C_e\Phi}-\frac{R_a}{C_e\Phi}I_a=n_0-\Delta n \tag{3-40}$$

式中 $n_0=\frac{U_N}{C_e\Phi}$ 称为电动机的理想空载转速，$\Delta n=\frac{R_a}{C_e\Phi}I_a$ 为负载引起的转速降。

上式对各种励磁方式的电动机都适用。当 $U=U_N$ 时，影响转速的因素有两个：一是电枢回路的电阻压降 I_aR_a；二是磁通 Φ。因为励磁电流为额定值，因此磁通仅受电枢反应的影响。当负载增加时，电枢电流 I_a 增大，电枢压降 I_aR_a 也随之增大，使转速下降；而电枢电流 I_a 增大时电枢反应的去磁作用也增强，使 Φ 减小，转速 n 上升，这两个因素的相反作用，结果使电动机的转速变化很小。若 I_aR_a 的影响很大，则转速随负载增大而下降；反之若电枢反应的去磁作用影响大，则转速将随负载的增大而上升，这将影响电机的稳定运行。实际上，在设计电动机时，同时考虑了上述两个因素的影响，而使电动机具有略为下降的转速特性。某些并励电动机，为了使之工作稳定，有时在主极铁芯上加上一个匝数很少的串励绕组，称为稳定绕组（串励磁动势仅占总磁动势的 10%），以补偿电枢反应的去磁作用，并励电动机的转速变化很小，额定负载时 Δn_N 为 $(2\%\sim8\%)n_0$。他励直流电动机的转速特性如图 3-40 中曲线 1 所示。

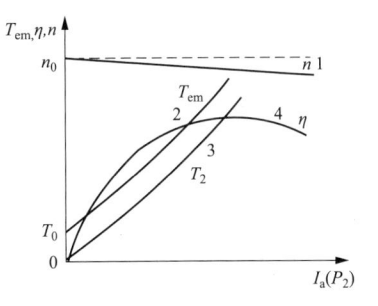

图 3-40 他励直流电动机的工作特性

(2) 转矩特性 $T_{em}=f(P_2)$。

输出功率 $P_2=T_2\cdot\Omega$，输出转矩 $T_2=\frac{P_2}{\Omega}=9.55\frac{P_2}{n}$，当转速不变时，$T_2=f(P_2)$ 为一条通过原点的直线。实际上，当 P_2 增加时，转速 n 略有下降，因此 $T_2=f(P_2)$ 曲线将稍向上弯曲（如图 3-40 中曲线 3）。由于 $T_{em}=T_2+T_0$，T_0 主要由不变损耗引起，T_0 基本不变，因此只要在 $T_2=f(P_2)$ 曲线上加上空载转矩 T_0，便可得到转矩特性 $T_{em}=f(P_2)$，如图 3-40 中曲线 2 所示。

(3) 效率特性 $\eta=f(P_2)$。

直流电动机的损耗 p_Ω 和 p_{Fe} 在电机正常运行是基本不变的，铜损耗 p_{Cu} 则随负载的变化

而变化。附加损耗 p_s 中一部分不随负载变化，归结到不变损耗的范围，有一部分随负载变化而变化，归结到可变损耗的范围。不变损耗用 p_0 表示，可变损耗与负载电流的平方成正比，基本为电枢的铜损耗，以 $I_a^2 R_a$ 表示。

根据效率公式可得

$$\eta = \frac{P_2}{P_1} \times 100\% = \frac{P_2}{P_2 + p_0 + I_a^2 R_a} \times 100\% \tag{3-41}$$

当电机在空载或轻载时，I_a 很小，可变损耗 $I_a^2 R_a$ 与不变损耗 p_0 比较可略去不计，由上式可知，η 随 P_2 的增加而很快增加，随着负载的增加，I_a 增加，可变损耗随电流的平方成正比增加，式中分母增大的速度加快，效率增加变缓，当负载增加一定程度，可变损耗增加迅速，当分母增加的速度超过分子增加的速度，η 反而随 P_2 的增加而下降，在此过程中出现最大效率。效率曲线如图 3-40 中曲线 4 所示。

将上式对 I_a 求导，并令 $d\eta/dI_a=0$，可求得 $p_0 = I_a^2 R_a$，即当不变损耗和可变损耗相等时，电动机的效率最高。通常在设计电机时，使最大效率出现在 $(3/4 \sim 1) P_N$ 范围内，这样电机在实际使用时，能够处在较高的效率下运行，比较经济。

2. 串励直流电动机的工作特性

因为串励电动机的励磁绕组与电枢串联，故励磁电流 $I_f = I_a$，这就是说，串励电动机的气隙磁通 Φ 将随负载的变化而变化，这是串励电动机的特点（他励或并励电动机，若不计电枢反应，可以认为 Φ 与负载无关），正是由于这一特点，使串励电动机的工作特性与他励电动机有很大差别。

(1) 转速特性。

串励电动机当输出功率 P_2 增加时，电枢电流 I_a 随之增大，电枢回路的电阻压降也增大，同时因为 $I_f = I_a$，所以气隙磁通也必然增大。从转速式（3-40）可知，这两个因素均使转速下降。因此转速 n 随输出功率的增加而迅速下降。当负载很轻时，因为 I_a 很小，磁通 Φ 也很小，因此电枢必须以很高的转速旋转，才能产生足够的电动势 E_a 与电网电压相平衡。所以串励电动机绝对不允许在空载或负载很小的情况下启动或运行。在实际应用中，为了防止转速过高造成意外，规定串励电动机与生产机械之间不准采用带或链条传动，而且负载转矩不得小于额定转矩的 1/4。

(2) 转矩特性。

由于串励电动机的转速 n 随 P_2 的增加而迅速下降，因为 $T_2 = P_2/\Omega$，所以轴上的输出转矩 T_2 将随 P_2 的增加而迅速增加。也就是说，$T_{em} = f(P_2)$ 曲线将随 P_2 的增加而很快地向上弯曲，这也可以从 $I_f = I_a$ 说明。

因为 $T_{em} = C_T \Phi I_a$，当负载较小，磁路未饱和时 $\Phi \propto I_a$，所以 $T_{em} \propto I_a^2$。负载较大时，因磁路饱和，Φ 近似于不变，$T_{em} \propto I_a$。一般情况下，随着 P_2、I_a 的增大，可认为电磁转矩 T_{em} 以高于电流一次方的比例增加。与他励（并励）直流电动机比较，在相同的 I_a 下，串励电动机具有较大的启动转矩和过载能力。当负载增大时，电动机转速会自动下降，电磁转矩迅速增大，这对于某些生产机械十分适宜，因此串励电动机常作为牵引电机应用在电力机车上。

(3) 效率特性。

串励电动机的效率特性与他励电动机基本相同，需要指出的是，串励电动机的铁耗不是不变的，而是随 I_a 的增大而增大。此外因负载增加时转速降低很多，所以机械损耗随负载增加而减小。因此若不计附加损耗的话，$p_0=p_\Omega+p_{Fe}$ 基本上仍保持不变，而串励电动机的励磁损耗 $p_f=I_a^2R_f$ 与 I_a 的平方成正比，是一可变损耗，这样当 $p_0=p_{Fe}+p_\Omega=I_a^2(R_a+R_f)$ 时，串励电动机的效率最高。

串励直流电动机的工作特性如图 3-41 所示。

例 2 一台他励直流电动机，$P_N=10\text{kW}$，$U_N=220\text{V}$，$I_N=52\text{A}$，$n_N=1200\text{r/min}$，电枢回路总电阻 $R_a=0.27\Omega$，试求额定运行时：

(1) 电枢电动势；
(2) 电磁功率 P_{em}；
(3) 电磁转矩、输出转矩、空载转矩；
(4) 额定效率。

解： (1) 额定电枢电动势为 $\quad E_{aN}=U_N-I_NR_a=220-52\times0.27=205.96\text{（V）}$

(2) 额定状态下的输入功率为 $\quad P_1=U_NI_N=220\times52=11440\text{（W）}$

电枢铜损耗为 $\quad p_{Cua}=I_N^2R_a=52^2\times0.27=730.1\text{（W）}$

额定电磁功率为 $\quad P_{emN}=P_1-p_{Cua}=11440-730.1=10709.9\text{（W）}$

或 $\quad P_{emN}=E_{aN}I_N=205.96\times52=10709.9\text{（W）}$

(3) 额度电磁转矩为 $\quad T_{emN}=9.55\dfrac{P_{emN}}{n_N}=9.55\times\dfrac{10709.9}{1200}=85.23\text{（N·m）}$

输出转矩为 $\quad T_2=9.55\dfrac{P_N}{n_N}=9.55\times\dfrac{10000}{1200}=79.58\text{（N·m）}$

空载转矩为 $\quad T_0=T_{emN}-T_2=85.23-79.58=5.65\text{（N·m）}$

(4) 额定效率为 $\quad \eta_N=\dfrac{P_N}{P_1}\times100\%=\dfrac{10000}{11440}\times100\%=87.4\%$

3.2.2 直流发电机的运行分析

3.2.2.1 直流发电机的基本方程式

按励磁方式分类，直流发电机可分为他励和自励两大类，按励磁绕组与电枢绕组的连接方式不同，自励发电机又可分为并励、串励和复励三种。下面以并励发电机为例讨论。

1. 电动势平衡方程式

并励发电机的工作原理如图 3-42 所示。励磁电路与电枢采取并联关系，电枢电流 $I_a=I+$

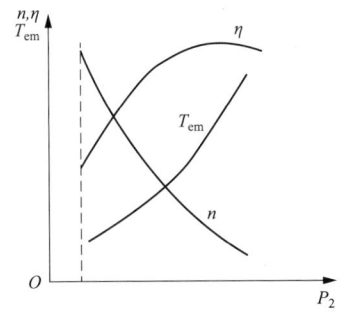

图 3-41 串励电动机的工作特性

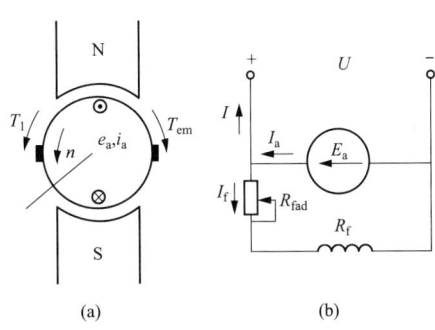

图 3-42 并励直流发电机
(a) 工作原理；(b) 电路图

I_r。空载时，$I=0$，由于励磁电流很小，故电枢电流 I_a 很小，可认为电枢电动势 E_a 等于端电压 U。负载运行时，在 E_a 作用下，电枢有电流 I_a 流过，若以 E_a、I_a、U 的实际方向为正方向 [见图 3-42 (b)]，根据基尔霍夫第二定律，可得出电枢回路的电动势平衡方程式：

$$E_a = U + I_a R_{as} + 2\Delta U_b = U + I_a R_a \tag{3-42}$$

2. 转矩平衡方程式

当发电机负载运行时，电枢电流 I_a 与气隙磁场相互作用产生电磁转矩 T_{em}，从图 3-42 (a) 可知，T_{em} 与转速方向相反，为制动转矩。原动机拖动电机旋转时，输入转矩 T_1 除克服空载阻转矩 T_0 外，还需克服电磁转矩 T_{em} 的阻碍作用。当发电机稳定运行时，驱动转矩应与阻碍转矩相平衡，即发电机的转矩平衡方程为

$$T_1 = T_{em} + T_0 \tag{3-43}$$

3. 功率平衡方程式

将式 (3-43) 移相后，$T_{em} = T_1 - T_0$，在方程两侧同乘以角速度 Ω，可得

$$P_{em} = P_1 - p_0 = P_1 - p_\Omega - p_{Fe} - p_s \tag{3-44}$$

上式说明，发电机工作时，原动机向发电机输入机械功率 P_1，P_1 中一小部分被机械摩擦、铁损耗和附加损耗所消耗，其余绝大部分便转化为电功率 P_{em}。

从电枢回路看，负载时电枢产生电动势 E_a，在 E_a 作用下产生电枢电流 I_a，显然电枢产生的电功率为 $P_{em} = E_a I_a$，$P_{em} = E_a I_a = \frac{pN}{60a}\Phi n \cdot I_a = \frac{pN}{2\pi a}\Phi I_a \cdot \frac{2\pi n}{60} = T_{em} \cdot \Omega$。$T_{em}\Omega$ 是原动机为克服电磁转矩所需输入的机械功率，$E_a I_a$ 则为电枢发出的电功率，两者相等，所以 P_{em} 就是机械功率转换为电功率的部分，P_{em} 称为电磁功率。从以上分析可以看出，无论对电动机还是发电机，电磁功率 P_{em} 都是机电能量转换的关键。

将式 (3-42) 两侧同乘以 I_a，可得

$$P_{em} = E_a I_a = UI_a + I_a^2 R_a = U(I + I_f) + I_a^2 R_a = UI + UI_f + I_a^2 R_a = P_2 + p_f + p_{Cua}$$

$$P_2 = P_{em} p_f - p_{Cua} \tag{3-45}$$

上式说明，电磁功率扣除励磁损耗和电枢回路的铜损耗后，便是输出的电功率 P_2。并励直流发电机的功率流程如图 3-43 所示。

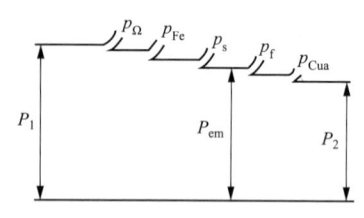

图 3-43 并励直流发电机的功率流程图

3.2.2.2 他励直流发电机的运行特性

1. 空载特性

空载特性是指 $n = n_N$，负载电流 $I = 0$，空载电压 U_0 与励磁电流 I_f 之间的关系，即 $U_0 = f(I_f)$，此特性曲线可用试验方法求得，接线如图 3-44 所示。试验时，保持 $n = n_N$，打开开关 QS2，合上开关 QS1，并调节励磁回路中的磁场调节电阻 R_{pf}，使励磁电流 I_f 从零开始逐渐增大，直到 $U_0 = (1.1 \sim 1.3)U_N$ 为止。然后逐步减小 I_f，当 I_f 减小到零时，U_0 并不等于零，此电压称为剩磁电压 U_r，其值为 U_N 的 2%~5%；然后改变励磁电流的方向，并逐渐增大，则空载电压由剩磁电压减小到零后，又反方向逐渐升高，直到反方向空载电压为 $(1.1 \sim 1.3)U_N$ 为止。重复上述过程可测到一系列 I_f 和对应的 U_0 值，根据测量的数据可绘出 $U_0 = f(I_f)$ 曲线，如图 3-45 所示。曲线呈一回线，分为上下两条支，一般取其平均值作为空载特性曲线，如图中的虚线所示。

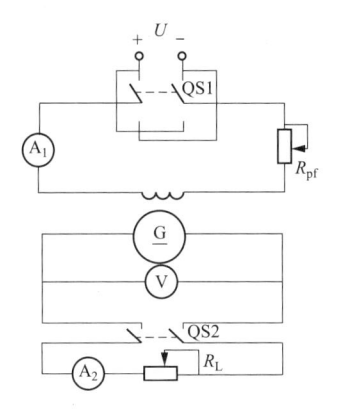

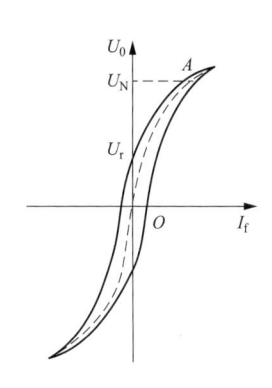

图 3-44　他励直流发电机试验接线原理图　　图 3-45　直流发电机的空载特性

空载特性曲线的形状与电机的磁化曲线形状相似，因为空载时 $U_0=E_a$，根据电动势公式，当转速一定时，$E_a \propto \Phi$。所以改变磁化曲线的坐标，就可以得到空载特性。

2. 外特性

外特性是指 $n=n_N$，$I_f=I_{fN}$ 时，端电压 U 与负载电流 I 之间的关系 $U=f(I)$。

外特性曲线也可由试验求得，仍按图 3-44 接线，试验时保持 $n=n_N$，并将开关 QS2 合上，调节负载电阻 R_L 和磁场调节电阻 R_{pf}，使电机在额定负载（$I=I_N$）时 $U=U_N$，此时的励磁电流即为额定励磁电流 I_{fN}。在试验过程中，保持 $I_f=I_{fN}$ 不变，此后逐步增大负载电阻 R_L，负载电流 I 逐步减小，电枢电压 U 逐步增加，直到空载。根据测得的一系列 I 值和对应的 U 值，即可绘出发电机的外特性曲线，如图 3-46 中的曲线 1。

从图可知，他励发电机的外特性是条略微下垂的曲线，即随着负载的增加，电机的端电压将有所下降。引起

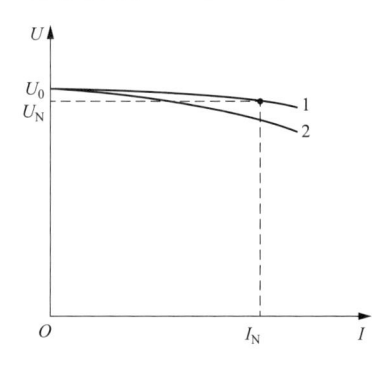

图 3-46　直流发电机的外特性

端电压下降的因素有两个：①负载增加时，电枢反应的去磁作用增强，使电枢电动势 E_a 比空载时有所降低。②电枢回路的电阻压降 $I_a R_a$ 随负载增大，使端电压下降。

发电机端电压随负载变化的程度，用电压变化率 ΔU 来衡量，他励发电机的电压变化率是指在 $n=n_N$，$I_f=I_{fN}$ 时，发电机从额定负载过渡到空载时，端电压升高的数值与额定电压的百分比，即

$$\Delta U = \frac{U_0 - U_N}{U_N} \times 1001 \tag{3-46}$$

一般他励发电机的 ΔU 为 5%～10%。

3.2.2.3　并励发电机的特性

1. 自励过程

并励发电机的励磁绕组是与电枢并联的，励磁电流靠发电机自身产生的电压提供，并励发电机在开始阶段有一个自我励磁的过程。

设发电机已由原动机拖动至额定转速，由于主磁极有一定的剩磁，电枢绕组切割剩磁磁通便会产生感应电动势，在发电机的端点就会有一个不大的剩磁电压。剩磁电压在励磁绕组

产生一个不大的励磁电流，产生一个不大的励磁磁动势。如果励磁绕组与电枢的连接正确，则励磁磁动势产生的磁场与剩磁同方向，使电机的磁场得到加强，从而使电机的端电压升高。在这一较高端电压的作用下，励磁电流又进一步增大，如此反复作用下去，发电机的端电压便"自励"起来，但是发电机的电压能否稳定在某一数值，还需作进一步的分析。

由于空载时负载电流为零，电枢电流等于励磁电流，它的大小仅为额定电流的2%～3%，因此电枢反应和电枢电阻压降可忽略不计，发电机空载时的电压 $U_0 \approx E_a$，所以从电枢回路来看 I_f 与 U_0 的关系也可以用空载特性表示，如图3-47中曲线1所示。另一方面，若从励磁回路来看，I_f 与 U_0 的关系又必须满足欧姆定律，即 $I_f = U_0/R_f$（R_f 为励磁回路总电阻），当 R_f 一定时，I_f 与 U_0 呈线性关系，如图3-47中的直线2，该直线的斜率为 $\tan\alpha = i_f R_f / i_f = R_f$，直线2称为磁场电阻线。由此可见，$I_f$ 与 U_0 的关系既要满足空载特性，又要满足磁场电阻线，则最后稳定点必然是两者的交点 A，A 点所对应的电压即是空载时建立的稳定电压。调节励磁回路中的电阻，可改变磁场

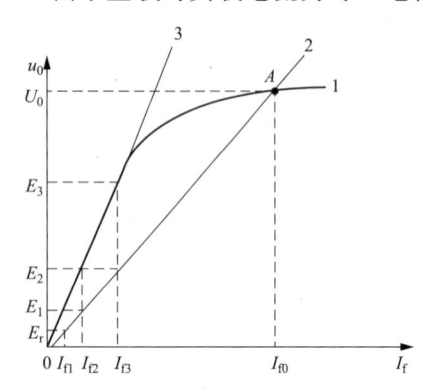

图3-47 并励发电机的自励过程

电阻线的斜率，即可调节空载电压的稳定点。如果逐步增大磁场调节电阻，磁场电阻线斜率增大，空载电压稳定点就沿空载特性向原点移动，空载电压减小；当磁场电阻线与空载特性的直线部分相切时，空载电压变为不稳定，如图3-47中的直线3，这时对应的励磁回路的总电阻称为临界电阻，当 R_f 大于临界电阻时，发电机将不能自励。

从并励发电机的自励过程可以看出，要使发电机能够自励，必须满足以下三个条件：

（1）发电机的主磁极必须要有一定的剩磁，这是电机自励的必要条件。

（2）励磁绕组与电枢的连接要正确，使励磁电流产生的磁场与剩磁同方向。必须指出，若在某一转向下，励磁绕组与电枢的连接能使电机自励，则改变转向后，电机便不能自励，这是因为发电机的转向改变后，剩磁电压的方向也随之改变，由此产生的励磁电流对剩磁起去磁作用。所以，所谓励磁绕组与电枢的连接正确是对某一旋转方向而言的。因此，发电机应按制造厂规定的旋转方向运行。

（3）励磁回路的总电阻要小于临界电阻。

并励发电机首先要在空载时建立电压，然后才能带负载运行。

2. 外特性

并励发电机的外特性是指 $n = n_N$，$R_f = R_{fN} =$ 常数时，$U = f(I)$ 的关系曲线。

并励发电机的外特性如图3-9中的曲线2所示。从图可知，并励发电机的外特性比他励发电机的外特性软，这是因为在并励发电机中，除了电枢反应和电枢电阻压降外，它的励磁电流将随端电压的降低而减小，使磁通减小。并励发电机的电压变化率一般在30%左右。

例3 一台并励直流发电机，$P_N = 20\text{kW}$，$U_N = 230\text{V}$，$n_N = 1500\text{r/min}$，电枢回路总电阻 $R_a = 0.15\Omega$，励磁回路总电阻 $R_f = 73.5\Omega$，机械损耗和铁损耗共 1.1kW，附加损耗 $p_s = 1\%P_N$，试求额定运行时各绕组的铜损耗、电磁功率、输入功率及额定效率。

解：额定电枢电流为
$$I_N = \frac{P_N}{U_N} = \frac{20000}{230} = 86.96 \text{ (A)}$$

励磁电流为 $I_f = \dfrac{U_N}{R_f} = \dfrac{230}{73.5} = 3.13$ (A)

电枢电流为 $I_a = I_N + I_f = 86.96 + 3.13 = 90.09$ (A)

电枢电路铜损耗为 $p_{Cua} = I_a^2 R_a = 90.09^2 \times 0.15 = 1217.4$ (W)

励磁电路铜损耗为 $p_f = I_f^2 R_f = 3.13^2 \times 73.5 = 720.1$ (W)

额定电磁功率为 $P_{emN} = P_N + p_{Cua} + p_f = 20000 + 1217.4 + 720.1 = 21937.5$ (W)

输入功率为 $P_1 = P_{emN} + p_\Omega + p_{Fe} + p_s = 21937.5 + 1100 + 0.01 \times 20000 = 23237.5$ (W)

稳定效率为 $\eta_N = \dfrac{P_N}{P_1} \times 100\% = \dfrac{20000}{23237.5} \times 100\% = 86.07\%$

任务3　直流电动机的电力拖动

3.3.1　他励直流电动机的机械特性

表征电动机运行状态的两个主要物理量是转速 n 和电磁转矩 T_{em}，把 n 与 T_{em} 的关系即 $n = f(T_{em})$ 称为直流电动机的机械特性，首先先推导机械特性的表达式。

3.3.1.1　机械特性的方程式

他励直流电动机的接线如图 3-48 所示。直流电动机在启动和调速时还将在电枢回路串入附加电阻 R_{pa}，此时电枢回路的总电阻为 $R = R_a + R_{pa}$，这时电动机的电压平衡方程式为

$$U = E_a + I_a(R_a + R_{pa}) = C_e \Phi n + I_a R \quad (3-47)$$

由此可求得电动机的转速为

$$n = \dfrac{U - I_a R}{C_e \Phi} = \dfrac{U}{C_e \Phi} - \dfrac{I_a R}{C_e \Phi} \quad (3-48)$$

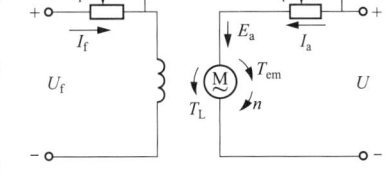

图 3-48　他励直流电动机接线图

由 $T_{em} = C_T \Phi I_a$ 可得：$I_a = T_{em}/C_T \Phi$，代入上式可得机械特性的方程式：

$$n = \dfrac{U}{C_e \Phi} - \dfrac{R}{C_e C_T \Phi^2} T_{em} \quad (3-49)$$

当 U、R、Φ 不变时，上式可写为

$$n = n_0 - \beta T_{em} = n_0 - \Delta n \quad (3-50)$$

从上式可知，当 U、R、Φ 不变时，n 与 T_{em} 呈线性关系。式中 n_0 称为直流电动机的理想空载转速，即 $T_{em} = 0$ 时的转速。实际上，电动机空载运行时，$T_{em} = T_0 \neq 0$，电动机的实际空载转速略低于 n_0；$\Delta n = \dfrac{R}{C_e C_T \Phi^2} T_{em} = \beta T_{em}$ 为某一负载时的转速降；$\beta = \dfrac{R}{C_e C_T \Phi^2}$ 表示直线的斜率。

3.3.1.2　固有机械特性

他励直流电动机的固有机械特性是指电动机的工作电压和磁通均为额定值，电枢电路中没有串入附加电阻时的机械特性，其方程式为

$$n = \dfrac{U_N}{C_e \Phi_N} - \dfrac{R_a}{C_e C_T \Phi_N^2} T_{em} \quad (3-51)$$

固有机械特性如图 3-49 所示。由于电枢电路中没有串入附加电阻，而电枢本身的电阻 R_a 非常小，此时固有机械特性的斜率 β 最小，即机械特性向下倾斜的程度最小，固有机械特

性是很硬的。额定负载时的转速降 Δn_N 为 $(2\%\sim8\%)n_0$。

因为他励直流电动机的机械特性为一直线,绘制时取两点连接即可。一般取理想空载点 A 和额定负载点 B。A 点的转速为 n_0,电磁转矩 $T_{emA}=0$;B 点的转速为额定转速 n_N,电磁转矩为额定电磁转矩 T_{emN}。n_N 可从电动机的铭牌查出,n_0 和 T_{emN} 则可根据铭牌有关数据求到,步骤如下:

(1) 从铭牌查到 P_N、U_N、I_N 和 n_N,根据式(3-52)可求出 $C_e\Phi_N$,即

$$C_e\Phi_N = \frac{E_{aN}}{n_N} = \frac{U_N - I_N R_a}{n_N} \tag{3-52}$$

式中 R_a 可从产品说明书查到或从实验测到,也可用近似的方法估算,一般电动机额定运行时,铜损耗占总损耗的 $1/2\sim2/3$,则电枢电阻 R_a 为

$$R_a = \left(\frac{1}{2}\sim\frac{2}{3}\right)\frac{U_N I_N - P_N}{I_N^2} \tag{3-53}$$

(2) 理想空载转速 $n_0 = U_N/C_e\Phi_N$。

(3) 求 $C_T\Phi_N$。

因为 $C_e = pN/60a$,$C_T = pN/2\pi a$,所以 $C_T/C_e = C_T\Phi_N/C_e\Phi_N = 60/2\pi = 9.55$。

$$C_T\Phi_N = 9.55 C_e\Phi_N \tag{3-54}$$

(4) 额定电磁转矩 $T_{emN} = C_T\Phi_N I_N$。

3.3.1.3 人为机械特性

他励电动机的人为机械特性是人为地改变电动机参数或电枢电压而得到的机械特性,可分为电枢回路串接电阻、改变电枢电压、减弱磁通 3 种人为机械特性。

1. 串接电阻时的人为机械特性

当电源电压和磁通为额定值时,在电枢回路串入附加电阻 R_{pa},即得到串接电阻时的人为机械特性,这时的机械特性方程为

$$n = \frac{U_N}{C_e\Phi_N} - \frac{R_a + R_{pa}}{C_e C_T \Phi_N^2} T_{em} \tag{3-55}$$

与固有机械特性相比,电枢回路串接电阻时的人为机械特性的特点是:①理想空载转速 n_0 保持不变。②机械特性的斜率 β 随 R_{pa} 的增大而增大,转速降 Δn 增大,机械特性变软,R_{pa} 越大,特性越软。电枢回路串接电阻时的人为机械特性如图 3-50 所示。

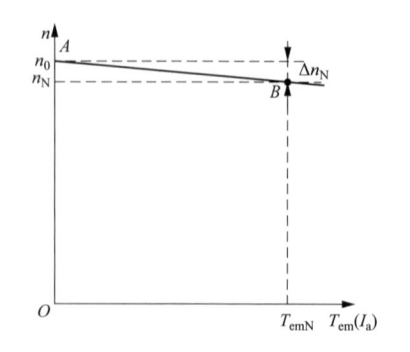

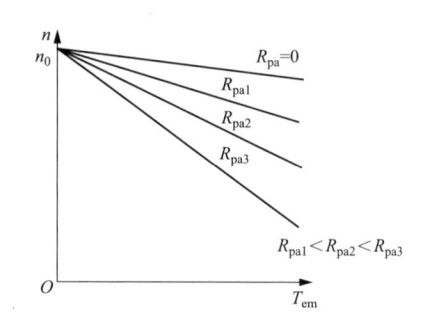

图 3-49 他励直流电动机的固有机械特性　　图 3-50 电枢回路串接电阻时的人为机械特性

2. 改变电枢电压时的人为机械特性

保持磁通为额定值不变,电枢回路也不串电阻,改变电枢电压时可得到另一种人为机械

特性。由于电动机的工作电压以额定电压为上限，因此在改变电压时，只能在低于额定电压的范围内调节。改变电枢电压时的人为机械特性方程为

$$n = \frac{U}{C_e\Phi_N} - \frac{R_a}{C_e C_T \Phi_N^2} T_{em} \tag{3-56}$$

与固有机械特性相比较，改变电枢电压时人为特性的斜率不变，理想空载转速 n_0 随电压减小成正比减小，因此改变电压时的人为特性是一组低于固有机械特性而与之平行的直线，如图 3-51 所示。

3. 减弱磁通（弱磁）时的人为机械特性

保持电动机的电枢电压为额定值不变，电枢回路不串接电阻，改变励磁回路的调节电阻或改变励磁电压，就可以改变励磁电流，从而改变磁通。改变磁通的人为机械特性为

$$n = \frac{U_N}{C_e\Phi} - \frac{R_a}{C_e C_T \Phi^2} T_{em} \tag{3-57}$$

电动机在额定磁通 Φ_N 时，磁路已接近饱和，若增加磁通，将使铁芯过饱和，因此，磁通一般从额定值 Φ_N 往下减弱。与固有机械特性相比，减弱磁通人为机械特性的是：①理想空载转速 n_0 与磁通成反比，减弱磁通时，n_0 升高。②机械特性的斜率 β 与磁通的平方成反比，弱磁时 β 增大，机械特性变软。弱磁时的人为机械特性如图 3-52 所示。

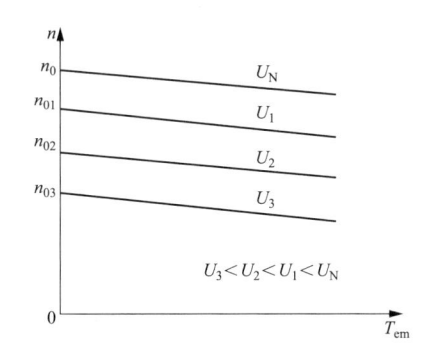

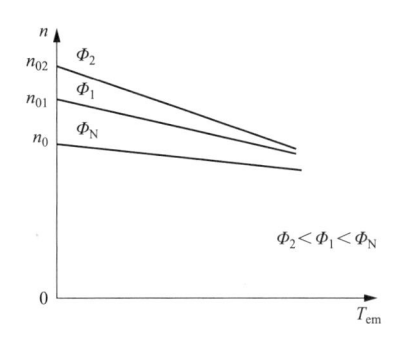

图 3-51 降低电枢电压时的人为机械特性　　图 3-52 减弱磁通时的人为机械特性

3.3.1.4 直流电动机电力拖动的稳定运行

通过项目二的学习可知电力拖动系统稳定运行的条件为 $\frac{dT_{em}}{dn}$，$\frac{dT_L}{dn}$ 由于直流电动机具有向下倾斜的机械特性，因此无论对恒转矩、恒功率、通风机类等负载，在电动机机械特性和负载特性的交点处，均满足稳定运行的条件，即系统能稳定运行。但如果电动机的机械特性由于电枢反应较强烈，去磁作用严重，将使机械特性上翘（见图 3-53），则对恒转矩、恒功率等大多数负载不能满足稳定运行的条件，拖动系统有"飞车"的可能，从而造成严重的事故。为避免这种情况发生，有时在主极铁芯上加上一个匝数很少的串励绕组（称为稳定绕组，串励磁动势仅占总磁动势的10%）或装置补偿绕组，以补偿电枢反应的去磁作用。

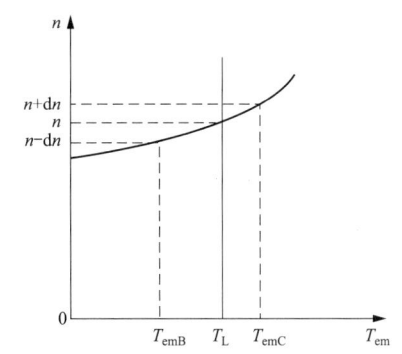

图 3-53 拖动系统的不稳定运行

例 4 一他励直流电动机的铭牌数据为：$P_N=22\text{kW}$，$U_N=220\text{V}$，$I_N=116\text{A}$，$n_N=1500\text{r/min}$。试绘出：

（1）固有机械特性。

（2）下列三种情况时的人为机械特性：①电枢电路中串入电阻 $R_{pa}=0.7\Omega$ 时；②电源电压降至 110V 时；③磁通减弱至 $\frac{2}{3}\Phi_N$ 时。

解：（1）绘制固有机械特性。

根据式（3-7），$R_a=\left(\frac{1}{2}\sim\frac{2}{3}\right)\dfrac{U_N I_N-P_N}{I_N^2}$ 估算电枢电阻 R_a，本例中系数取 $\frac{2}{3}$ 进行计算。

$$R_a=\frac{2}{3}\frac{U_N I_N-P_N}{I_N^2}=\frac{2}{3}\times\frac{220\times116-22000}{116^2}=0.175(\Omega)$$

$$C_e\Phi_N=\frac{U_N-I_N R_a}{n_N}=\frac{220-116\times0.175}{1500}=0.133$$

理想空载转速为 $$n_0=\frac{U_N}{C_e\Phi_N}=\frac{220}{0.133}=1654 \text{（r/min）}$$

$$C_T\Phi_N=9.55 C_e\Phi_N=9.55\times0.133=1.27$$

额定电磁转矩为 $$T_{emN}=C_T\Phi_N I_N=1.27\times116=147.32 \text{（N·m）}$$

连接理想空载点（$T_{em}=0$，$n_0=1654\text{r/min}$）和额定运行点（$T_{emN}=147.32\text{N·m}$，$n_N=1500\text{r/min}$），即可绘出固有机械特性，如图 3-54 中的曲线 1。

（2）绘制人为机械特性。

1）电枢电路串入电阻 $R_{pa}=0.7\Omega$ 时，理想空载转速仍为 $n_0=1654\text{r/min}$，当 $T_{em}=T_{emN}$ 时，电动机的转速为

$$n=n_0-\frac{R_a+R_{pa}}{C_e C_T\Phi_N^2}T_{em}=1654-\frac{(0.175+0.7)\times147.32}{0.133\times1.27}=895(\text{r/min})$$

电枢电路串入电阻 $R_{pa}=0.7\Omega$ 时的人为机械特性为通过理想空载点（$T_{em}=0$，$n_0=1654\text{r/min}$）和点（$T_{em}=147.32\text{N·m}$，$n=895\text{r/min}$）两点的直线，如图 3-54 中的曲线 2。

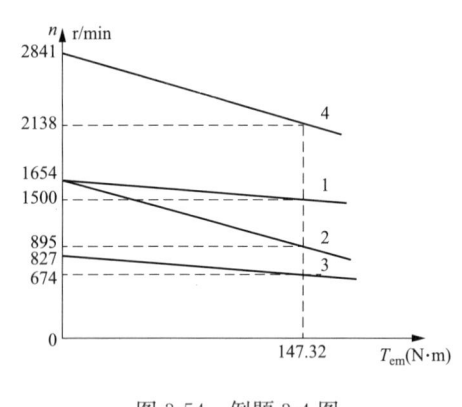

图 3-54 例题 3-4 图

2）电源电压降至 110V 时，理想空载转速为 $n_0'=\dfrac{U}{C_e\Phi_N}=\dfrac{110}{0.133}=827(\text{r/min})$。由于 $\Phi=\Phi_N$ 不变，当 $T_{em}=T_{emN}$ 时，电枢电流仍为 $I_N=116\text{A}$，此时电动机的转速为

$$n=\frac{U-I_a R_a}{C_e\Phi_N}=N_0'-\frac{I_a R_a}{C_e\Phi_N}=827-\frac{116\times0.175}{0.133}=674(\text{r/min})$$

电源电压降至 110V 时的人为机械特性为通过点（$T_{em}=0$，$n_0'=827\text{r/min}$）和点（$T_{em}=147.32\text{N·m}$，$n=674\text{r/min}$）两点的直线，如图 3-54 中的曲线 3。

3）磁通减弱至 $\frac{2}{3}\Phi_N$ 时，电动机的理想空载转速为：$n_0''=\dfrac{U_N}{C_e\Phi}=\dfrac{220}{\frac{2}{3}\times C_e\Phi_N}=\dfrac{220}{\frac{2}{3}\times0.133}$

(r/min)，当 $T_{em}=T_{emN}$ 时，

$$n = n_0'' - \frac{R_a}{C_e C_T \Phi^2} T_{em} = n_0'' - \frac{R_a}{\frac{2}{3}C_e\Phi \times \frac{2}{3}C_T\Phi_N} \times 147.32 = 2841 - \frac{0.175}{\frac{4}{9} \times 0.133 \times 1.27} \times 147.32 = 2138(\text{r/min})$$

磁通减弱至 $\frac{2}{3}\Phi_N$ 时的人为机械特性为通过点（$T_{em}=0$，$n_0''=2841\text{r/min}$）和点（$T_{em}=147.32\text{N}\cdot\text{m}$，$n=2138\text{r/min}$）两点的直线，如图 3-54 中的曲线 4。

3.3.2 他励直流电动机的启动

直流电动机的启动是指直流电动机从接入电网开始，一直到达到稳定运行的过程。启动瞬时（$n=0$）的电枢电流称为启动电流，用 I_{st} 表示。启动瞬时的启动转矩称为启动转矩，用 T_{st} 表示，$T_{st}=C_T\Phi I_{st}$。

对直流电动机的启动要求与对三相异步电动机的要求相同，其中主要有：①要有足够大的启动转矩。②启动电流不可过大，要限制在一定的范围内。③启动设备要简单可靠，操作方便。

3.3.2.1 直接启动

直接启动是将电动机的电枢绕组直接接到额定电压的电源上启动，又称为全压启动。启动瞬时 $n=0$，电枢感应电动势 $E_a=0$，启动电流为 $I_{st}=(U_N-E_a)/R_a=U_N/R_a$，由于 R_a 很小，I_{st} 可达 $(10\sim20)I_N$，这样大的启动电流将使换向器产生强烈的火花，由于 I_{st} 非常大，启动转矩也非常大，过大的启动转矩可能会使电动机受到不允许的机械冲击，所以直接启动只限于容量很小的直流电动机。一般直流电动机是不容许直接启动的。

直流电动机常用的启动方法有降压启动和电枢回路串电阻启动两种。不论是哪一种启动方法，启动时均应保证电动机的磁通达到额定值，这是因为在同样启动电流下，磁通大则启动转矩也大。

3.3.2.2 降压启动

降压启动是在启动时将加在电枢两端的电源电压降低，以减小启动电流 I_{st}，为了获得足够的启动转矩，I_{st} 通常限制在 $(1.5\sim2)I_N$，则启动电压为

$$U_{st} = I_{st}R_a = (1.5\sim2)I_N R_a \tag{3-58}$$

随着转速的上升，E_a 逐渐增大，I_a 逐渐减小，电磁转矩也相应减小，为了保证启动过程的平滑性，缩短启动时间，要求启动过程中有足够大的电磁转矩，则电枢电压应随转速的升高而不断升高，启动过程结束时，电压升高到额定电压 U_N。

目前，电压可调节的直流电源一般采用晶闸管整流装置。

3.3.2.3 电枢回路串电阻启动

电动机启动时，保持电源电压和磁通为额定值，在电枢电路串接启动电阻 R_{st}，可起到限制启动电流的目的。启动过程中，随着转速的升高，电枢反电动势 E_a 逐渐增大，使电枢电流越来越小，电磁转矩也随之减小，这样转速的上升就逐渐缓慢下来。为了缩短启动时间，就要求在启动过程中，随着电动机转速的增加，应将启动电阻逐步切除。他励直流电动机的启动电阻采取分级串入，分级串电阻的接线如图 3-55 所示。图 3-56 为电枢回路分级串电阻启动时的机械特性。

启动时，为了限制过大的启动电流，应将启动电阻全部串入。此时电动机的启动电流为 $I_1=U_N/(R_a+R_{st1}+R_{st2}+R_{st3})=U_N/R_1$，对应的机械特性如图 3-56 中的机械特性 1。由于启

动时 $T_{st1} > T_L$，电动机从 a 点沿特性 1 加速，n 增加时，E_a 增加，电枢电流 I_a 下降，T_{em} 逐渐减小。当 T_{em} 减小到 T_{st2} 时（b 点），接触器 KM1 主触头闭合，切除 R_{st1}，电枢总电阻变为 $R_2 = R_a + R_{st2} + R_{st3}$，对应于机械特性 2。由于切除电阻时转速不能突变，即 $E_a = C_e \Phi n_1$ 不能突变，根据 $I_a = (U_N - E_a)/(R_a + R_{st2} + R_{st3}) = U_N/R_2$ 可知，电枢电流 I_a 回升，T_{em} 增大，电动机的运行点由 b 点变到 c 点，如果所串电阻适当，机械特性配合合适，c 点的电枢电流可恢复到 I_1，电磁转矩恢复到 T_{st1}。此后，电动机沿机械特性 2 加速，到 T_{em} 又减小到 T_{st2} 时（d 点），接触器 KM2 主触头闭合，切除 R_{st2}，电枢总电阻变为 $R_1 = R_a + R_{st3}$，电动机的运行点由 d 点变到 e 点，T_{em} 又增大到 T_{st1}，电机将沿机械特性 3 加速，在 f 点时 KM3 主触头闭合，切除 R_{st3}，电动机运行点由 f 点变到 g 点，沿固有机械特性加速到 A 点时，$T_{emA} = T_L$，电动机以转速 n_A 稳定运行，启动过程结束。

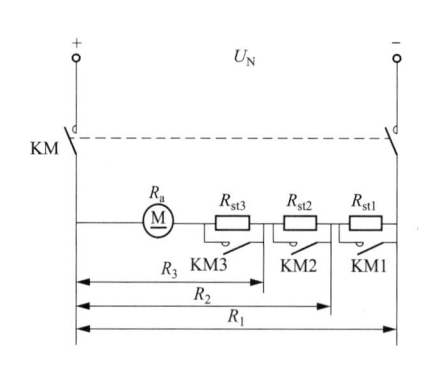

图 3-55　他励直流电动机电枢回路分级串电阻启动 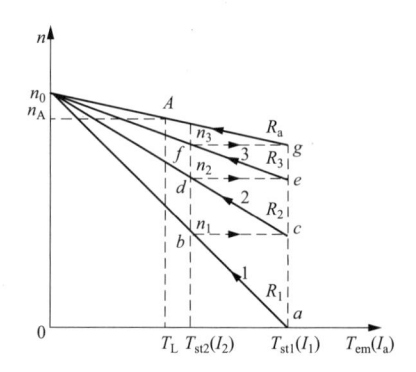　　图 3-56　他励直流电动机电枢回路分级串电阻启动时的机械特性

3.3.2.4　他励直流电动机的反转

要使电动机反转，就必须改变电磁转矩的方向，由 $T_{em} = C_T \Phi I_a$ 可知，只要将磁通 Φ 或电枢电流 I_a 任一物理量的方向改变，就可以改变电动机的转向。

1. 改变电枢电压的极性

保持励磁绕组两端的电压方向不变，将电枢绕组反接，电枢电流 I_a 的方向即发生改变。

2. 改变励磁电流的方向

保持电枢两端的电压方向不变，将励磁绕组反接，使励磁电流改变方向，磁通 Φ 即改变方向。

由于他励直流电动机励磁绕组的匝数多，主极磁通经过的磁路磁阻小，因而励磁绕组的电感大，励磁电流从正向到反向经历的时间长，反方向磁通建立过程缓慢，而且在励磁绕组反接断开瞬间，绕组中将产生很大的自感电动势，可能造成绕组绝缘击穿，所以实际中一般采用改变电枢电压极性的方法使电动机反转。

3.3.3　他励直流电动机的调速

根据直流电动机的机械特性方程 $n = \dfrac{U}{C_e \Phi} - \dfrac{R_a + R_{pa}}{C_e C_T \Phi^2} T_{em}$ 可知，在电枢回路串入附加电阻 R_{pa}、降低电枢电压 U、减弱磁通 Φ 都可以调节电动机运行时的转速。

3.3.3.1　改变电枢回路串联电阻调速

电枢回路串电阻调速时，保持电源电压和磁通为额定值不变，根据前面对电枢回路串电阻人为机械特性的分析可知，理想空载转速 n_0 不变，机械特性变软，所串电阻越大，特性越软。

电枢回路串电阻调速时的机械特性如图 3-57 所示，设电动机带恒转矩负载运行于固有机械特性 1 上的 a 点，调速时在电枢电路中串入电阻 R_{pa1}，在刚接入电阻的瞬时，由于系统机械惯性的原因，电动机转速来不及突变，在转速为 n_1 时，电动机的工作点由 a 点跃变到人为机械特性上的 b 点，由于电枢电动势 $E_a=C_e\Phi n$ 来不及突变，电枢电流 I_a 随电阻的增大而减小，电磁转矩因此而减小，$T_{em}<T_L$，电动机沿机械特性 2 减速，随着 n 的下降，E_a 减小，电枢电流 I_a 和电磁转矩逐渐回升，直到 $n=n_2$ 时（人为机械特性上的 c 点），$T_{em}=T_L$，电动机以转速 n_2 稳定运行。电枢电路中串入的电阻值不同，可以得到不同的稳定转速，串入的电阻值越大，最后稳定运行的转速就越低。

这种调速方法，在额定负载下，转速只能从额定转速往下调，以额定转速为最高转速。在低速时，由于机械特性变软，静差率增大，因此允许的最低转速较高，调速范围 D 一般小于 2；由于电枢电流较大，电阻只能分级串入调速的平滑性差。从调速的经济性来看，如果负载为恒转矩负载，则电动机在调速前后，电磁转矩是相等的，因磁通未变，所以调速前后电枢电流 I_a 是相等的，调速后，电动机从电网上吸取的功率与调速前相等，仍为 $P_1=U_N I_a$，而输出的机械功率 $P_2=T_2\Omega$ 随 n 的下降而减小（忽略 T_0 时，$T_{em}=T_2$），减小的部分就是在调速电阻上的损耗，因此这种调速方法是不经济的。

电枢回路串电阻调速适用于小容量的电动机，由于调速时磁通 Φ 不变，在保持电枢电流为额定值时，输出转矩不变，为恒转矩输出，适宜带恒转矩负载。

需要指出的是，作为调速用的调速电阻不能用启动电阻来代替，因为启动电阻是短时工作的，而调速电阻则应按长期工作来考虑。

3.3.3.2 降低电枢电压调速

降低电枢电压调速时，保持 $\Phi=\Phi_N$ 不变，电枢回路不串入电阻，这时理想空载转速 n_0 减小，机械特性的硬度不变，降低电枢电压调速时的机械特性如图 3-58 所示。

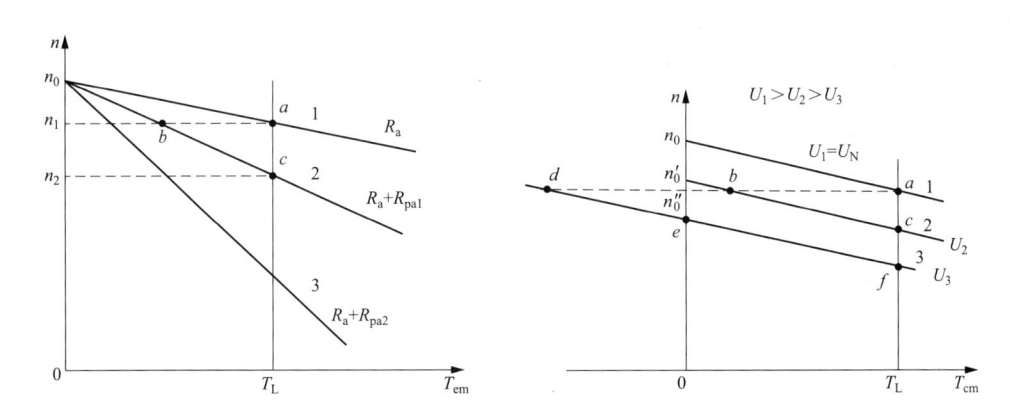

图 3-57 电枢回路串电阻调速时的机械特性　　图 3-58 降低电枢电压调速时的机械特性

设电动机带恒转矩负载，设电动机带恒转矩负载运行于固有机械特性 1 上的 a 点，降低电枢电压时，n 不能突变，电动机的工作点跃变到特性 2 上的 b 点，由于 E_a 不能突变，I_a 随电压减小而减小，使 b 点的电磁转矩小于负载转矩，电动机减速，到达 c 点，$T_{em}=T_L$，电动机稳定运行，调速结束。

在降压幅度较大时，如图中从 U_1 降到 U_3 时，理想空载转速下降较大，机械特性如图中的曲线3所示，此时电动机工作点由 a 点跃变到 d 点，d 点的电磁转矩变为负值，即和 n 的方向相反，变为制动转矩，电动机在调速时将经历回馈制动过渡过程。

降压调速机械特性的硬度不变，静差率较小，故调速稳定性好，调速范围广；电源电压可平滑调节，调速的平滑性好；调速是通过减小输入功率来降低转速的，故调速时损耗小，调速的经济性好。

3.3.3.3 弱磁调速

弱磁调速时，保持电动机端电压为额定电压，电枢回路不串入电阻，通过增大励磁回路的磁场调节电阻，就可以减小励磁电流，使磁通减弱，达到调速的目的。

弱磁调速时的机械特性如图3-59所示，曲线1为电动机的固有机械特性曲线，曲线2为减弱磁通的人为机械特性曲线。调速前，电动机工作在固有机械特性上的 a 点，这时电动机的磁通为 Φ_1，转速为 n_1。当磁通由 Φ_1 减小到 Φ_2 时，转速来不及变化，考虑到电磁惯性远小于机械惯性，这时电枢电动势 E_a 将随 Φ_1 的减小而减小，由于 R_a 非常小，根据 $I_a = (U_a - E_a)/R_a$，E_a 的减小引起 I_a 急剧增加，一般情况下，I_a 增加的相对数量比磁通减小的相对数量要大，从而使电磁转矩增大。此时电动机的工作点由 a 点沿水平方向过渡到机械特性2上的 b 点，$T_{emb} > T_L$，电动机沿机械特性2加速。转速升高时 E_a 逐步回升，I_a 和 T_{em} 逐渐减小，当到达 c 点时，$T_{em} = T_L$，电动机稳定运行。

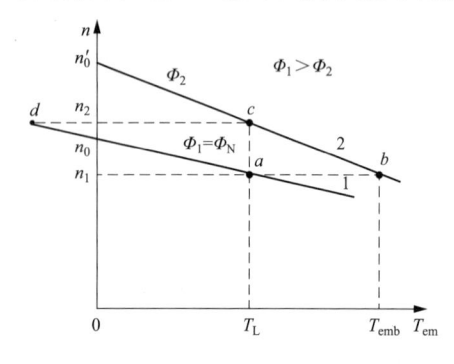

图3-59 弱磁调速时的机械特性

对于恒转矩负载，调速前后电动机的电磁转矩相等，因 $\Phi_1 < \Phi_1$，所以调速后稳定的电枢电流 I_{a2} 大于调速前的 I_{a1}，因电磁转矩不变，$\dfrac{I_{a2}}{I_{a1}} = \dfrac{\Phi_1}{\Phi_2}$；当忽略电枢反应的影响和电枢电阻压降 $I_a R_a$ 的变化时，可近似认为磁通与转速成反比，即 $\dfrac{n_2}{n_1} \approx \dfrac{\Phi_1}{\Phi_2}$。

弱磁调速时，在保持电枢电流为额定值时，根据 $n = \dfrac{U_N - I_N R_a}{C_e \Phi}$ 可得：$\Phi = \dfrac{U_N - I_N R_a}{C_e n} = \dfrac{K}{n}$，（式中 K 为常数），在忽略空载转矩 T_0 的情况下，电动机的允许输出转矩为

$$T_2 = T_{em} = C_T \Phi I_N = C_T \dfrac{K}{n} I_N = \dfrac{K'}{n} \quad (3-59)$$

电动机的允许输出功率为

$$P_2 = \dfrac{T_{em} n}{9.55} = \dfrac{K'}{9.55} = 常数 \quad (3-60)$$

从上式可知，弱磁调速属于恒功率调速，适宜于带恒功率负载。

综上所述可以看出，弱磁调速是在电动机额定转速以上调节，其优点是：调节是在电流较小的励磁回路中进行，控制方便，能量损耗小，设备简单，并且调速的平滑性也好。对于恒转矩负载，虽然弱磁调速因电枢电流增大，使电动机的输入功率变大，但由于转速升高，输出功率也增大，电动机的效率基本不变，因此，弱磁调速的经济性是比较好的；但由于最高转速受到电动机本身换向条件和机械强度的限制，同时如果磁通过弱，电枢反应的去磁作

用显著,将使电动机运行的稳定性受到破坏。一般情况下,弱磁调速的调速范围 $D \leqslant 2$。

最后还应指出,他励电动机在运行时励磁电路突然断线,则电动机处于严重的弱磁状态(主极磁通仅为剩磁),此时电枢电流将大大增加,会产生"飞车"的严重事故,因此必须采取相应的保护措施。

例 5 一台他励直流电动机,$P_N=22\text{kW}$,$U_N=220\text{V}$,$I_N=116\text{A}$,$n_N=1500\text{r/min}$,$R_a=0.175\Omega$ 在额定负载转矩下,试求:

(1) 电枢回路中串入 $R_{pa}=0.575\Omega$ 的电阻时,电动机的稳定转速。
(2) 电枢回路不串电阻,电源电压下降到 110V 时,电动机的稳定转速。
(3) 电枢回路不串电阻,减弱磁通使 $\Phi=0.9\Phi_N$,电动机的稳定转速。

解: $C_e\Phi_N = \dfrac{U_N - I_N R_a}{n_N} = \dfrac{220 - 116 \times 0.175}{1500} = 0.133$

(1) 由于负载转矩为额定转矩不变,在磁通 Φ 不变时,调速前后的电枢电流为额定值不变。电枢回路中串入 $R_{pa}=0.575\Omega$ 电阻时,电动机的稳定转速为

$$n = \frac{U_N - I_N(R_a + R_{pa})}{C_e\Phi_N} = \frac{220 - 116 \times (0.175 + 0.575)}{0.133} = 1000(\text{r/min})$$

(2) 电源电压下降到 110V 时,电动机的稳定转速为

$$n = \frac{U - I_N R_a}{C_e\Phi_N} = \frac{110 - 116 \times 0.175}{0.133} = 674(\text{r/min})$$

(3) 由于负载转矩不变,调速前后 $\dfrac{I_a}{I_N} = \dfrac{\Phi_N}{\Phi}$,$\Phi = 0.9\Phi_N$ 时的电枢电流 $I_a = \dfrac{\Phi_N}{\Phi} I_N = \dfrac{116}{0.9} = 128.9\text{A}$,稳定运行的转速为

$$n = \frac{U_N - I_a R_a}{C_e\Phi} = \frac{220 - 128.89 \times 0.175}{0.9 \times 0.133} = 1649.5(\text{r/min})$$

3.3.4 他励直流电动机的制动

电动机的电磁制动是使电动机产生一个与旋转方向相反的电磁转矩进行制动。对电动机制动的要求是:要有足够大的制动转矩,而且制动电流不超过电机换向和发热允许的数值。电磁制动可分为能耗制动、反接制动和回馈制动。

3.3.4.1 能耗制动

能耗制动的接线原理如图 3-60 所示。能耗制动时,保持励磁电流不变,把正在运行的电动机的电枢从电网断开(KM1 主触头断开),并立即把它接到一个外接制动电阻 R_{zd} 上(KM2 主触头闭合)。由于此时电动机的转速来不及改变,电枢电动势 E_a 的大小和方向不变。在 E_a 的作用下,在电枢闭合回路中产生电流 I_a,由于 $U=0$,I_a 可表达为

$$I_a = \frac{U - E_a}{R_a + R_{zd}} = -\frac{E_a}{R_a + R_{zd}} \quad (3-61)$$

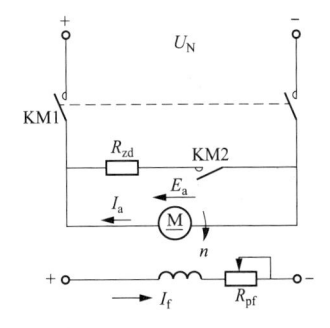

图 3-60 能耗制动接线原理图

I_a 变为负值,与电动状态时的方向相反,由 I_a 产生的电磁转矩 T_{em} 也随之反向,成为制动转矩而对电动机起制动作用。这时电动机由生产机械的惯性作用拖动而发电,将生产机械贮存的动能转换成电能,消耗在电阻 $R_a + R_{zd}$ 上,直到电动机停止转动为止,所以这种制动方式称为能耗制动。

能耗制动时，电枢电压 $U=0$，$n_0=0$，电枢回路总电阻为 R_a+R_{zd}，所以能耗制动时的机械特性方程为

$$n=-\frac{R_a+R_{zd}}{C_eC_T\Phi_N^2}T_{em} \tag{3-62}$$

从上式可知，能耗制动时的机械特性是一条通过原点、斜率为 $\beta=\frac{R_a+R_{zd}}{C_eC_T\Phi_N^2}$，位于第二和第四象限的直线，如图 3-61 所示。设电机原来拖动恒转矩负载运行工作在固有机械特性上的 a 点，则开始制动时，因转速不变，工作点跃变到能耗制动特性上的 b 点，此时电磁转矩变为制动转矩，在和负载转矩的共同作用下，电动机减速，工作点沿能耗制动时的特性下降，制动转矩也逐渐减小，当到达原点时，$T_{em}=0$，$n=0$，电动机停转。

如果电动机拖动的是位能性负载，下放重物时采用能耗制动，转速降到零时，在位能性负载的作用下，电动机开始反转，此时 n、E_a 的方向与电动状态时相反，

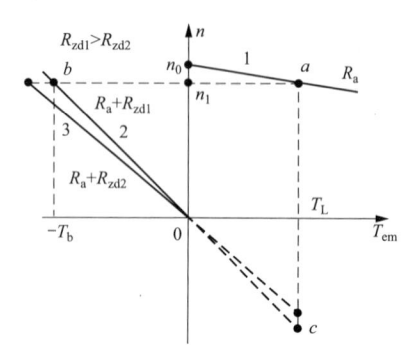

图 3-61 能耗制动时的机械特性

而 I_a 与 T_{em} 则与电动状态时相同，因 T_{em} 与 n 反向，仍对电动机起制动作用。机械特性位于第四象限（见图 3-14 中的虚线）。随着反向转速的增加，制动转矩也不断增大，当制动转矩与负载转矩平衡时，系统稳定运行（见图 3-14 中的 c 点），此状态称为稳定能耗制动运行。从图可知，制动电阻越大，稳定运行转速就越高。

从图 3-61 可以看出，特性的斜率决定于制动电阻的大小，R_{zd} 越大，特性越陡；R_{zd} 越小，特性越平，制动转矩越大，制动作用越强。但 R_{zd} 又不宜太小，否则在制动开始瞬时会产生很大的电流冲击。通常限制最大制动电流 I_{zd} 不超过 $(2\sim2.5)I_N$，也就是说，在选择 R_{zd} 时，应满足

$$R_a+R_{zd}\geqslant-\frac{E_a}{I_{zd}}$$

制动电阻 R_{zd} 为
$$R_{zd}\geqslant-\frac{E_a}{I_{zd}}-R_a \tag{3-63}$$

式中：I_{zd} 为制动瞬时的电枢电流，$I_{zd}<0$。

对能耗制动下放位能性负载，由式（3-62）可得稳定下放时的转速：

$$n=-\frac{I_{zd}(R_a+R_{zd})}{C_e\Phi_N} \tag{3-64}$$

式中：I_{zd} 为能耗制动稳定下放时的电流，$I_{zd}>0$。

能耗制动控制简单，制动过程中不需要从电源吸取电功率，比较经济。但转速较低时，制动转矩较小，制动作用较弱。常用于反抗性负载的制动停车。

3.3.4.2 反接制动

反接制动有电枢反接制动与倒拉反接制动两种方式。

1. 电枢反接制动

电枢反接制动线路如图 3-62 所示。当电动机在电动状态下运行时（KM1 主触头闭合，KM2 主触头打开），反接制动时，维持励磁电流不变，突然改变电枢两端外施电压的极性

(KM1 主触头打开，KM2 主触头闭合)，电压变为负值，由原来与 E_a 反向变为与 E_a 同向。电源反接的瞬时，转速不能突变，即 E_a 不能突变，这时作用在电枢回路的电压为 $-U_N-E_a \approx -2U_N$，由于 R_a 非常小，这样高的电压将在电枢回路引起非常大的电流，因此在电源反接的同时必须在电枢回路中串入制动电阻限制制动时的电枢电流，制动时电流允许的最大值不大于 $2.5I_N$。电枢反接制动时，电枢电流为

$$I_a = \frac{-U_N - E_a}{R_a + R_{zd}} = -\frac{U_N + E_a}{R_a + R_{zd}} \tag{3-65}$$

由于 I_a 变负，电磁转矩 T_{em} 变为制动转矩，在 T_{em} 的作用下，电动机迅速减速。电枢反接时的机械特性方程为

$$n = \frac{-U_N}{C_e\Phi_N} - \frac{R_a + R_{zd}}{C_e C_T \Phi_N^2} T_{em} = -n_0 - \frac{R_a + R_{zd}}{C_e C_T \Phi_N^2} T_{em} \tag{3-66}$$

机械特性是通过 n_0 点，斜率为 $\beta = \dfrac{R_a + R_{zd}}{C_e C_T \Phi_N^2}$ 的一条直线，如图 3-63 所示。由于制动时 n 为正，T_{em} 为负，所以电枢反接制动时的机械特性为电动机反转（电枢串入 R_{zd}）时的机械特性向第二象限的延伸。反接制动时，电动机由原来的工作点 a 跃变到反接制动特性上的 b 点，电动机进入制动运行，当 $n=0$ 时，制动过程结束。从图中可以看出，当 $n=0$ 时，$T_{em} = T_e \neq 0$。对于反抗性负载，如果 c 点的电磁转矩大于负载转矩，电动机将反向启动，并沿特性曲线加速到 d 点，稳定运行在反向电动状态。若制动的目的是为了停车，则应在电动机转速 n 接近于零时，及时断开电源；对于位能性负载，则最后稳定运行于回馈制动状态（e 点）。

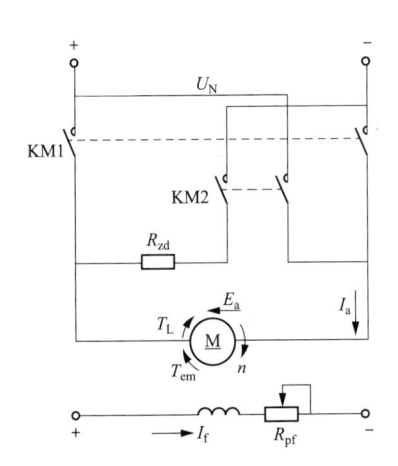

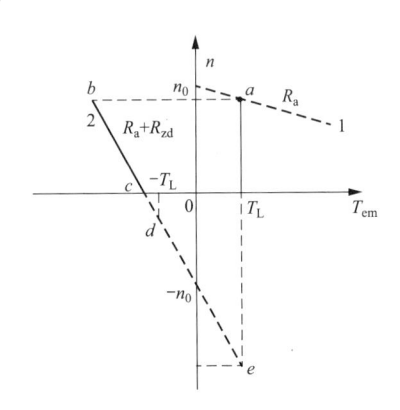

图 3-62 电枢反接制动接线原理图　　图 3-63 电枢反接制动时的机械特性

电枢反接制动时制动转矩大，制动过程迅速；但停车时的准确性差，且在制动过程中，电动机从电源吸取的电功率 $P_1 = U_N I_a > 0$，电磁功率 $P_{em} = T_{em} \cdot \Omega < 0$，说明电动机将从电源吸取的电能和系统的动能或位能性负载的势能全部消耗在 $R_a + R_{zd}$ 上，制动时的能量损耗是很大的。

2. 倒拉反接制动

倒拉反接制动只有在位能性负载下放的情况下才能出现，其制动线路如图 3-64 所示。

在电动机提升重物时，KM1、KM2 主触头闭合，电动机在电动状态运行，制动时，将 KM2 主触头打开，把阻值很大的附加电阻 R_{zd} 串入电枢回路中。由于串入电阻的瞬时电动机

的转速不能突变，E_a不能突变，而R_{zd}又很大，根据$I_a=(U-E_a)/(R_a+R_{zd})$可知，I_a将急剧减小，使$T_{em}<T_L$，电动机减速。当速度降为零时，$E_a=0$，由$I_a=U/(R_a+R_{zd})$产生的T_{em}仍小于T_L，电动机将被负载倒拉反转，此时T_L变为驱动转矩，T_{em}变为制动转矩，n变为负值，E_a反向，电枢电流$I_a=(U+E_a)/(R_a+R_{zd})$，随着反方向n的增加，反方向E_a增大，I_a、T_{em}继续增大，当$T_{em}=T_L$时，转速n不再变化，系统以稳定的速度下放重物。

倒拉反接制动时的机械特性是电动机电枢串电阻时的机械特性向第四象限的延伸，如图 3-65 所示。在电动状态时，电动机稳定运行于特性 1 上的 a 点，串入 R_{zd} 时，工作点跃变到特性 2 上的 b 点，过 c 点后电动机进入倒拉反接制动状态，在 d 点 $T_{em}=T_L$，系统稳定运行。从图中可知，R_{zd} 越大，稳定下放重物的速度越高。必须指出，在实际运用中，都是直接从堵转点开始的，即串入电阻后再加电枢电压。

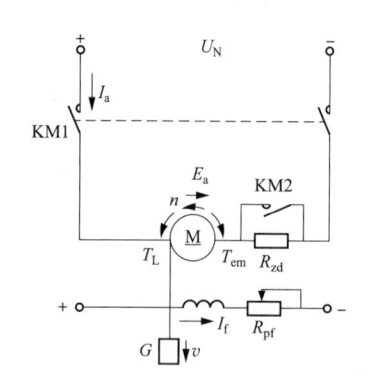

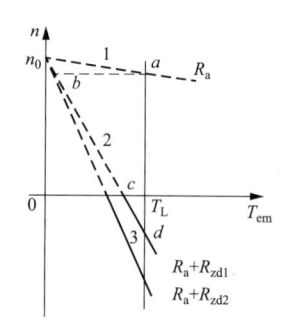

图 3-64　倒拉反接制动接线原理图　　图 3-65　倒拉反接制动时的机械特性

倒拉反接时的能量关系与电枢反接时相同，即电动机将从电源吸取的电能和位能性负载的势能全部消耗在 R_a+R_{zd} 上。

3.3.4.3　回馈制动

当电动机由于某种外因，例如在位能性负载作用下，使转速 n 高于理想空载转速 n_0，电动机便处于回馈制动状态。回馈制动有稳定回馈制动运行状态和过渡回馈制动运行状态两种运转状态。

1. 稳定回馈制动运行状态

起重机下放重物时的机械特性如图 3-66 所示，在此图中取提升重物的方向为正方向，故下放重物时的机械特性为电动机反转时的机械特性。当电动机开始下放重物时，电动机处于反向电动状态，电磁转矩为驱动转矩，在和重物位能性转矩的共同作用下，拖动系统将不断加速，电枢感应电动势 $|E_a|$ 不断增大，根据 $I_a=\dfrac{-U-(-E_a)}{R_a}=\dfrac{-U+E_a}{R_a}$ 可知，电枢电流 $|I_a|$ 和电磁转矩 $|T_{em}|$ 不断减小。当 $n=-n_0$ 时（b 点），$I_a=0$，$T_{em}=0$，电动机处于理想空载状态。但电动机并不能在此点稳定运行，在位能性负载的作用下，电动机继续加速，当 $|n|>|-n_0|$ 时，$|E_a|>|-U|$，$I_a>0$，$T_{em}>0$，T_{em} 的方向与 n 相反，变为制动转矩，电动机进入制动状态，随着 n 的增大，I_a、T_{em} 进一步增大，在 d 点 $T_{em}=T_L$，系统以稳定的速度下放重物。从以上分析可以看到，制动时的机械特性为反向电动时的机械特性向第四象限的延伸。从图中可知，在电枢回路串入电阻时将使稳定下放的速度增大，为防止转速过高，一般不在电枢回路串接电阻。

由于制动时 $E_a>U$，电枢电流 I_a 改变了方向，即 I_a 与 E_a 方向一致，$P_1=UI_a<0$。此时电机处于发电状态，即把位能性负载的势能转化为电能回馈电网，因而称为回馈制动。

2. 过渡回馈制动运行状态

电动机在降低电枢电压调速时，若电压降低较多，则会产生过渡回馈制动过程。在图 3-11 中，在电压由 U_1 降为 U_3 的瞬时，因转速不能突变，电动机的工作点由特性 1 上的 a 点跃变到特性 3 上的 d 点，由于 E_a 也不能突变，这时 $E_a>U_3$，I_a、T_{em} 变为负值，电动机进入回馈制动运行状态，转速迅速降低，当转速降到 n_0'' 时，制动过程结束。从 n_0'' 降到稳定运行转速，属于电动运行状态的过渡过程。

当他励电动机增加磁通时，也可能会出现过渡回馈制动过程，如图 3-66 所示。

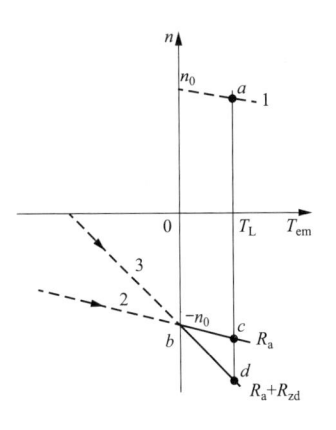

图 3-66 回馈制动时的机械特性

例 6 一台他励直流电动机，$P_N=5.6\text{kW}$，$U_N=220\text{V}$，$I_N=31\text{A}$，$n_N=1000\text{r/min}$，$R_a=0.4\Omega$，负载转矩 $T_L=50\text{N·m}$，制动时最大制动电流不超过 $2I_N$，忽略空载转矩，试求：

（1）设负载为反抗性负载，停车时采用能耗制动，电枢回路中应串入多大的电阻值？若采用电枢反接制动，又应串入多大的电阻？

（2）若负载为位能性恒转矩负载，要求以 400r/min 的速度下放重物，分别采用能耗制动和倒拉反接制动，电枢回路中分别应串入多大的电阻？

（3）电枢回路不串电阻，在回馈制动状态下，稳定下放重物的转速是多少？

解：（1）计算能耗制动电阻和电枢反接制动电阻。

$$C_e\Phi_N = \frac{U-I_NR_a}{n_N} = \frac{220-31\times0.4}{1000} = 0.208$$

在电动状态的稳定运行时，$T_{em}=T_L$，稳定运行转速为

$$n = \frac{U_N}{C_e\Phi_N} - \frac{R_a}{C_eC_T\Phi_N^2}T_{em} = \frac{220}{0.208} - \frac{0.4}{9.55\times0.208^2}\times50 = 1009(\text{r/min})$$

能耗制动电阻为 $R_{zd} \geqslant -\frac{E_a}{I_{zd}} - R_a = \frac{C_e\Phi_N n}{-2I_N} - R_a = \frac{-0.208\times1009}{-2\times31} - 0.4 = 2.99（\Omega）$

电枢反接制动电阻可由式（3-65）求得，注意：电枢反接制动时，I_a 为负值。

$$R_{zd} \geqslant -\frac{U_N+E_a}{I_{zd}} - R_a = -\frac{220+0.208\times1009}{-2\times31} - 0.4 = 6.53(\Omega)$$

（2）计算能耗制动运行和倒拉反接制动运行时的电阻。

稳定下放时，$T_{em}=T_L$，稳定下放时的电枢电流 I_{zd} 为

$$I_{zd} = \frac{T_{em}}{C_T\Phi_N} = \frac{T_L}{9.55C_e\Phi_N} = \frac{50}{9.55\times0.208} = 25.18(\text{A})$$

位能性负载能耗制动运行时，n 的方向和电动状态相反，n 为负值。稳定运行时的制动电流 I_{zd} 为正值，根据式（3-63），可求得 R_{zd} 为

$$R_{zd} = -\frac{E_a}{I_{zd}} - R_a = -\frac{C_e\Phi_N n}{I_{zd}} - R_a = -\frac{0.208\times(-400)}{25.17} - 0.4 = 2.91(\Omega)$$

倒拉反接制动电阻为 $R_{zd} = \dfrac{U_N - E_a}{I_{zd}} - R_a = \dfrac{220 - 0.208 \times (-400)}{25.17} - 0.4 = 11.65$ （Ω）

（3）电枢回路不串电阻时，在回馈制动状态下，稳定下放重物的转速为

$$n = \dfrac{-U_N - I_{zd}R_a}{C_e \Phi_N} = \dfrac{-220 - 25.17 \times 0.4}{0.208} = -1106 (\text{r/min})$$

思考与练习

3-1　直流电机有哪些主要部件？各部分的主要作用是什么？

3-2　什么叫电枢反应？电枢反应对气隙磁场有什么影响？

3-3　怎样判别直流电机是运行于发电机状态还是运行于电动机状态？

3-4　直流电机中存在哪些损耗？哪些属于不变损耗？哪些属于可变损耗？

3-5　为什么串励电动机不能在空载下运行？

3-6　如何判断直流电机是电动机运行还是发电机运行？它们的电磁转矩、电枢电动势有何不同？

3-7　为什么直流电动机一般不允许直接启动？直接启动会造成什么后果？

3-8　如何改变他励直流电动机的转向？对于并励和串励电动机，只改变电源电压的极性，电动机能否反转？

3-9　他励直流电动机有几种调速方法？各有什么特点？

3-10　如何区分直流电动机是处于电动状态还是制动状态？

直流电机 MATLAB 仿真实践

直流电动机是将直流电能转换为机械能的电动机。因其良好的调速性能曾在电力拖动系统中得到广泛应用。但由于机械换向器的存在所带来的一系列问题，使其应用范围受到了限制。

1. 直流电动机直接启动仿真

直流电动机直接启动时，启动电流很大，可达额定电流的10～20倍，由此产生很大的冲击转矩。在实际运行时不允许直流电动机直接启动。

仿真实践：使用 Simulink 对直流电动机的直接启动过程建立仿真模型，通过仿真获得直流电动机的直接启动电流和电磁转矩的变化过程。

（1）建立仿真模型。仿真模型如图3-67所示。图中主要包括直流电动机模块（DC Machine）、直流电源模块（DC Voltage Source）、理想开关模块（Ideal Switch）、开关模块（Switch）、增益模块（Gain）、电阻模块（RLC branch）、示波器模块（Scope）等。仿真模型中，通过理想开关模块控制直流电源的接通和断开。使用开关模块控制电机的转矩，使电机在启动过程中的转矩为空载启动，当转速达到设定值之后，是电机工作在给定的负载转矩。

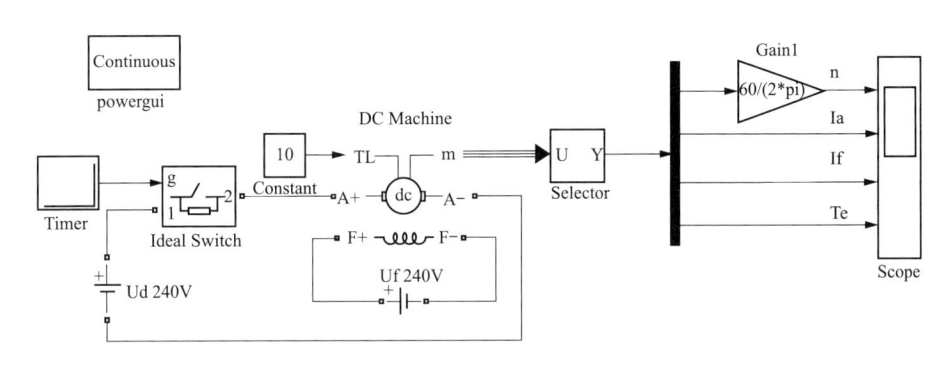

图 3-67 他励直流电动机直接启动仿真模型图

（2）模块参数设置（见图3-68～图3-71）。
（3）仿真参数设置。设定仿真时间为5s。
（4）仿真。仿真结果如图3-72所示。

仿真结果显示：启动电流冲击很大，同时电磁转矩的冲击也较大，转速能够在较短的时间内达到稳定。

2. 直流电动机电枢串联电阻启动仿真

直流电动机在电枢回路串联电阻启动是限制启动电流和启动转矩的有效方法之一。

仿真实践：建立他励直流电动机电枢串联三级电阻启动的仿真模型，仿真分析其串联电阻启动过程，获得启动的电枢电流、转速和电磁转矩的变化曲线。

（1）建立仿真模型。他励直流电动机串联启动电阻的仿真模型如图3-73所示，和直流电动机直接启动仿真模型相比图中主要增加了电阻控制子模块（motor starter）。

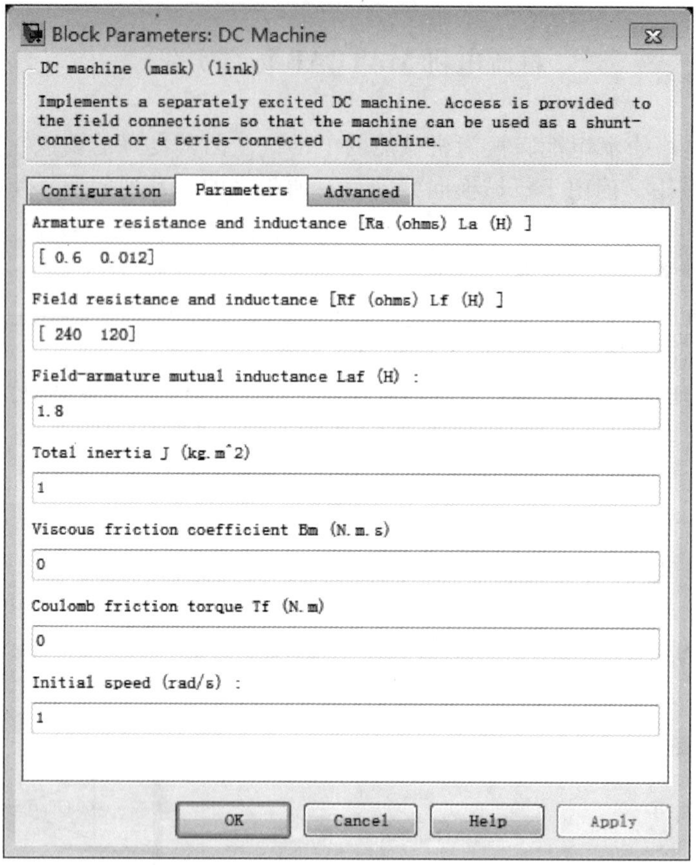

图 3-68　直流电动机模块参数设置图

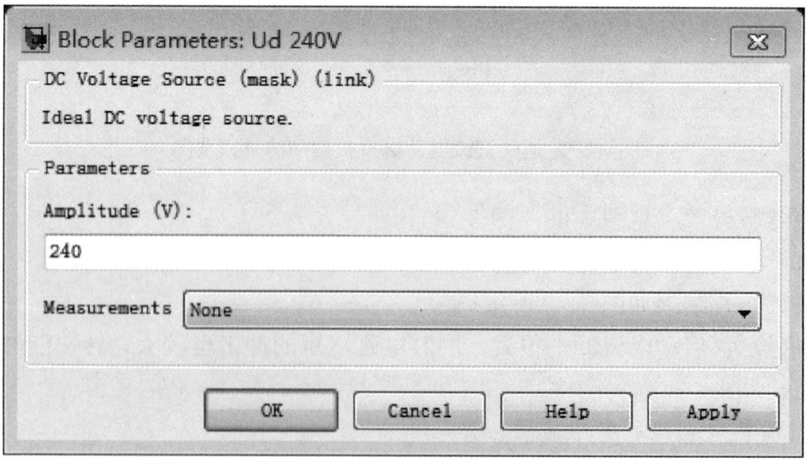

图 3-69　直流电源块参数设置图

子模块的建立可以采用从 Simulink 库中拖入子系统模块（subsystem）的方法。鼠标双击子模块打开子模块内部原理图窗口，在该原理图窗口中按照需要修改其仿真原理图，例如，增加仿真模块和输入、输出端口等。串联启动电阻控制子模块原理如图 3-74 所示。

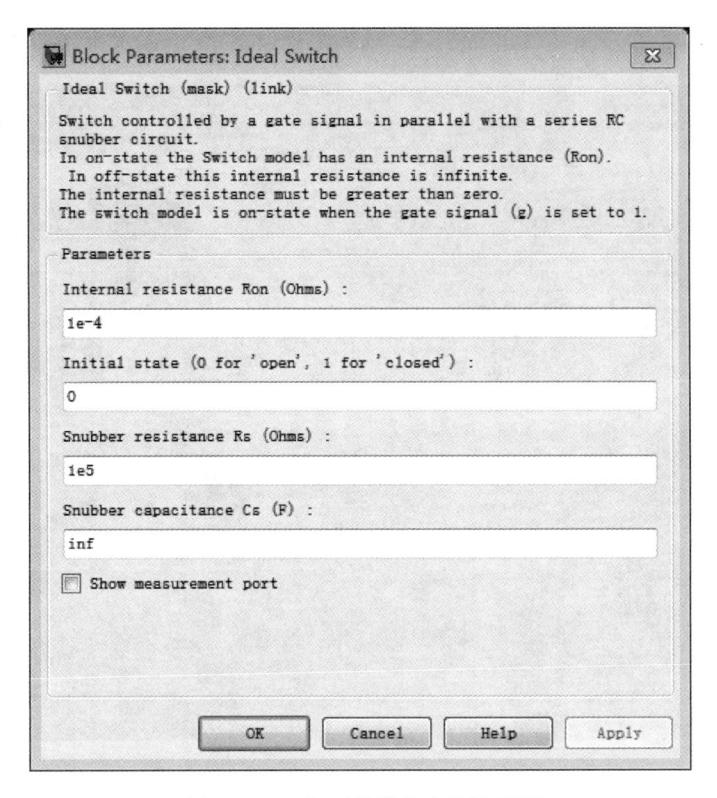

图 3-70　理想开关模块参数设置图

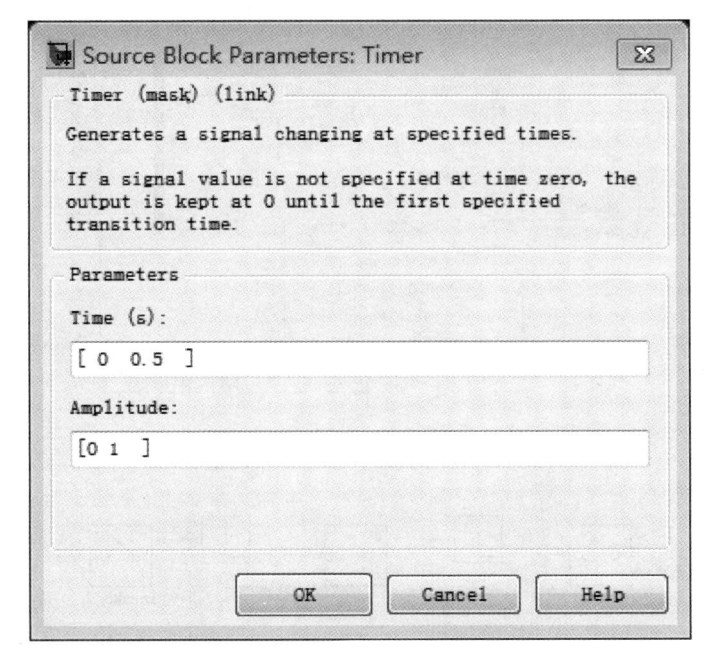

图 3-71　定时模块参数设置图

(2) 模块参数设置。封装编辑器窗口如图 3-75 所示。
(3) 仿真参数设置。设定仿真时间为 10s。

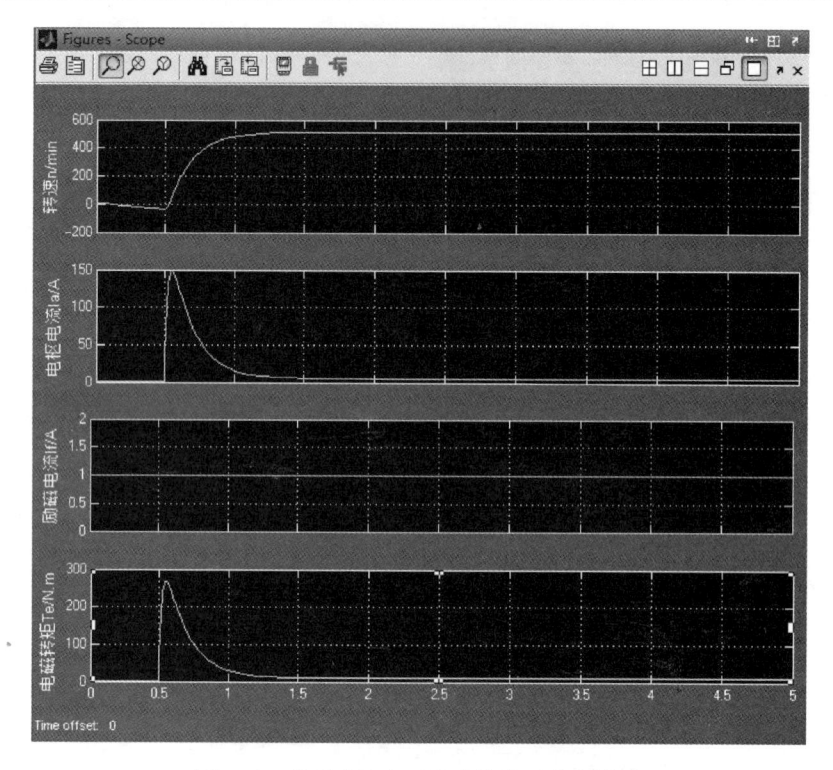

图 3-72 他励直流电动机直接启动仿真结果

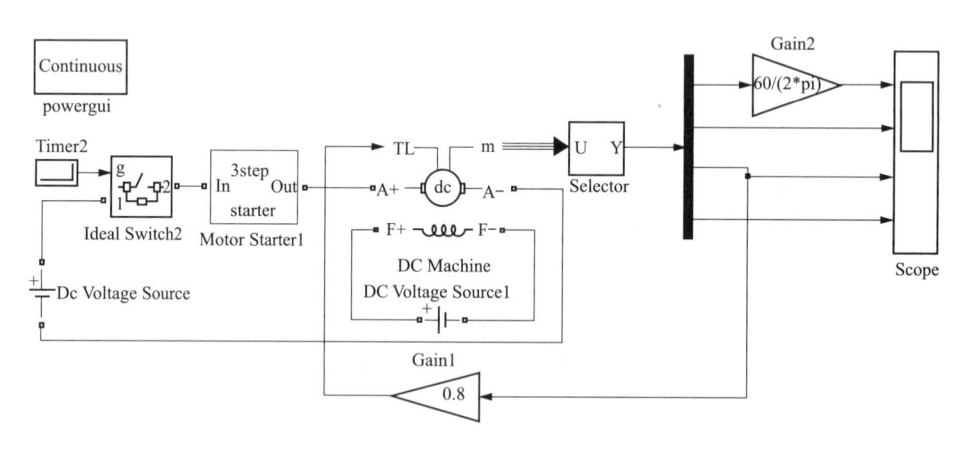

图 3-73 他励直流电动机串联启动电阻的仿真模型图

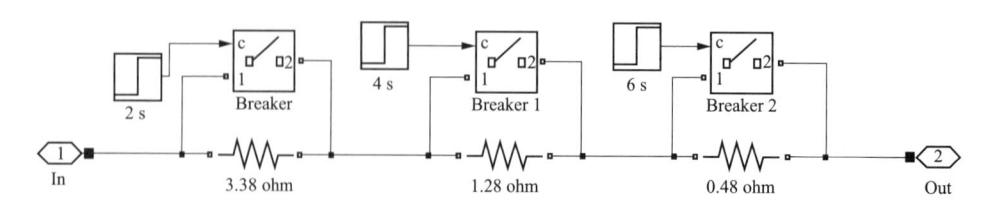

图 3-74 串联启动电阻控制子模块原理图

（4）仿真。仿真结果如图 3-76 所示。

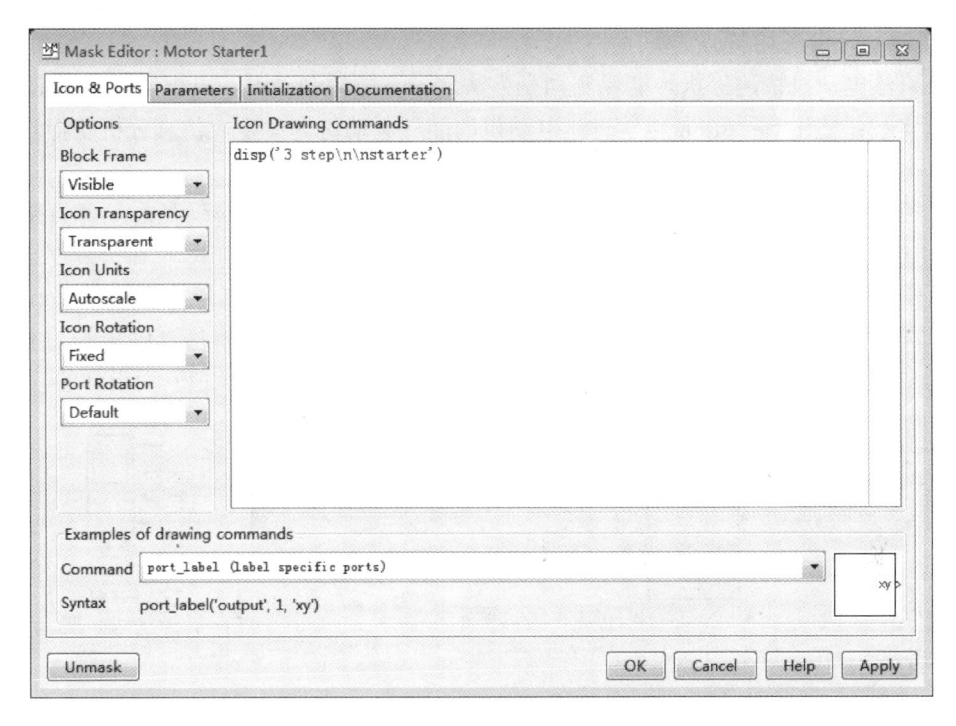

图 3-75　封装编辑器窗口

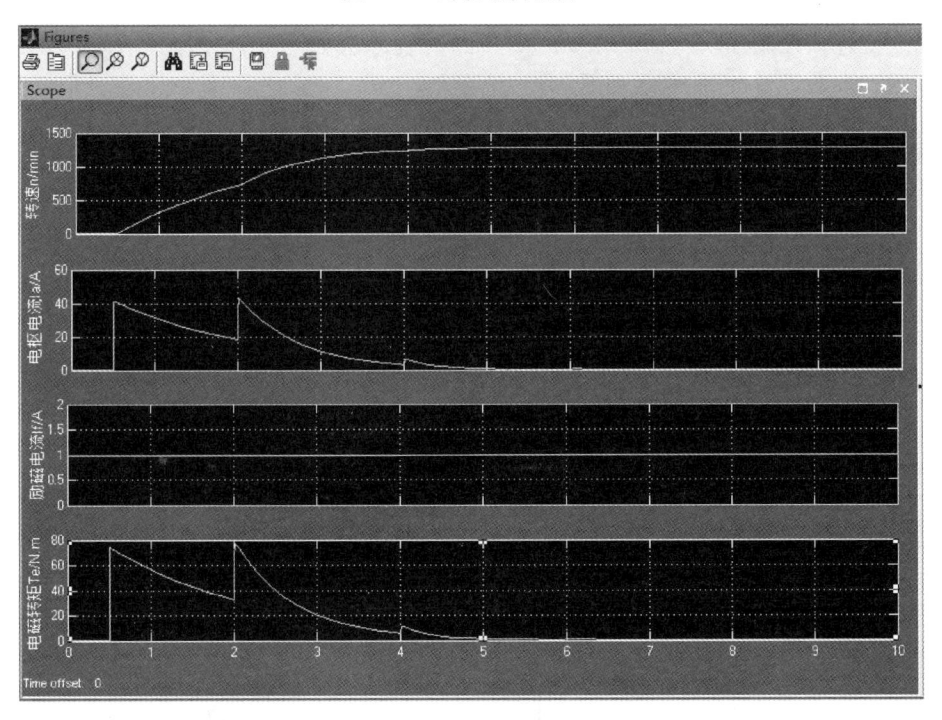

图 3-76　他励直流电动机串联启动电阻仿真结果

从仿真图可以看出通过设定合适的串联启动电阻的投入时间,和直接启动相比,启动电流可以控制在一定的范围内,同时电磁转矩也能得到有效的降低。转速需要在较长时间内才能达到稳定。

3. 直流电动机能耗制动仿真

要使直流电动机快速停机,能耗制动是方法之一。能耗制动时,电枢通过电阻 R_h 短接。

仿真实践:使用 Simulink 建立直流电动机的能耗制动仿真模型,仿真分析获得转速、电枢电流和电磁转矩上网暂态过程曲线。

(1)建立仿真模型。他励直流电动机能耗制动的仿真模型如图 3-77 所示,和直接启动仿真模型相比主要增加了经过封装的电路改变连接控制模块(Vary Connect)和仿真停止控制部分。仿真停止控制部分包括逻辑比较模块(Relation operator)和仿真停止模块(Stop Simulation)。仿真停止模块(Stop Simulation)部分实现了当转速小于零时将仿真停止的功能,无需等到仿真时间结束,这样是为了使仿真结果符合实际(转速不会出现负值)而设计的。

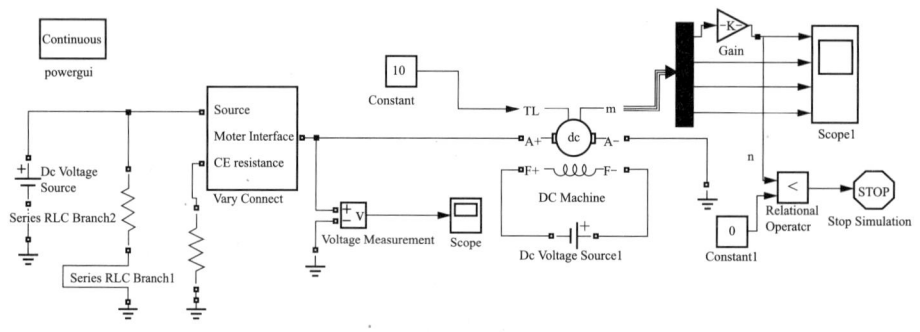

图 3-77 他励直流电动机能耗制动仿真模型图

电路改变连接控制模块(Vary Connect)的封装方法如图 3-78 和图 3-79 所示,电路子模块原理图和参数设置如图 3-80 和图 3-81 所示。

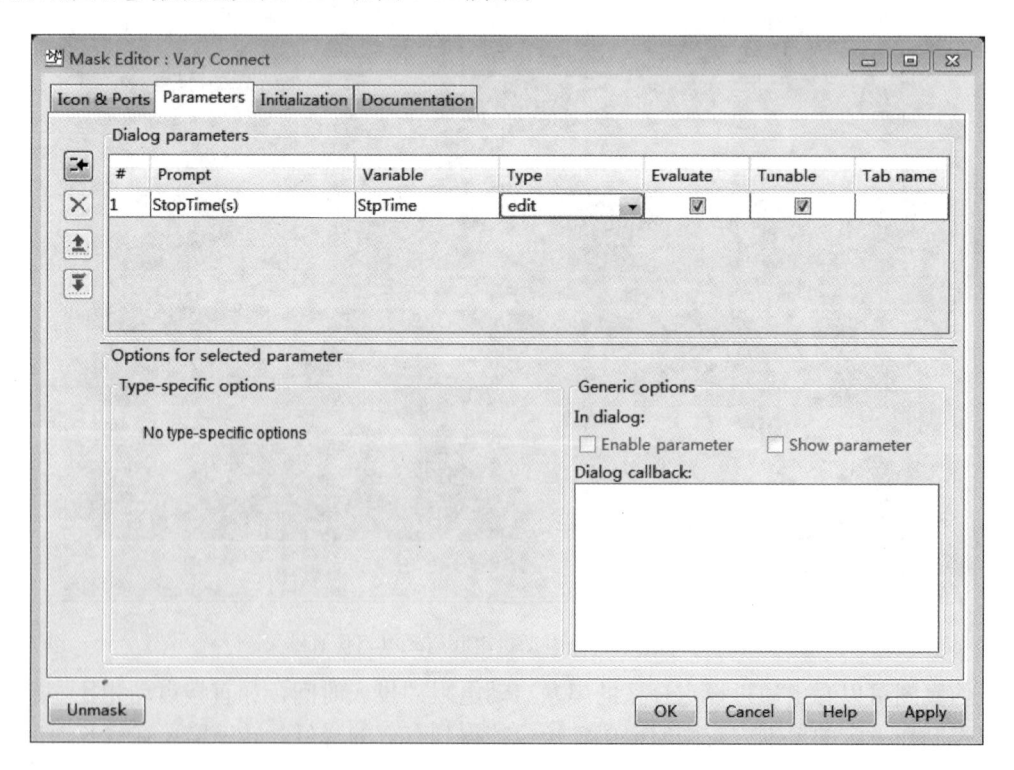

图 3-78 封装编辑器窗口的参数设定标签

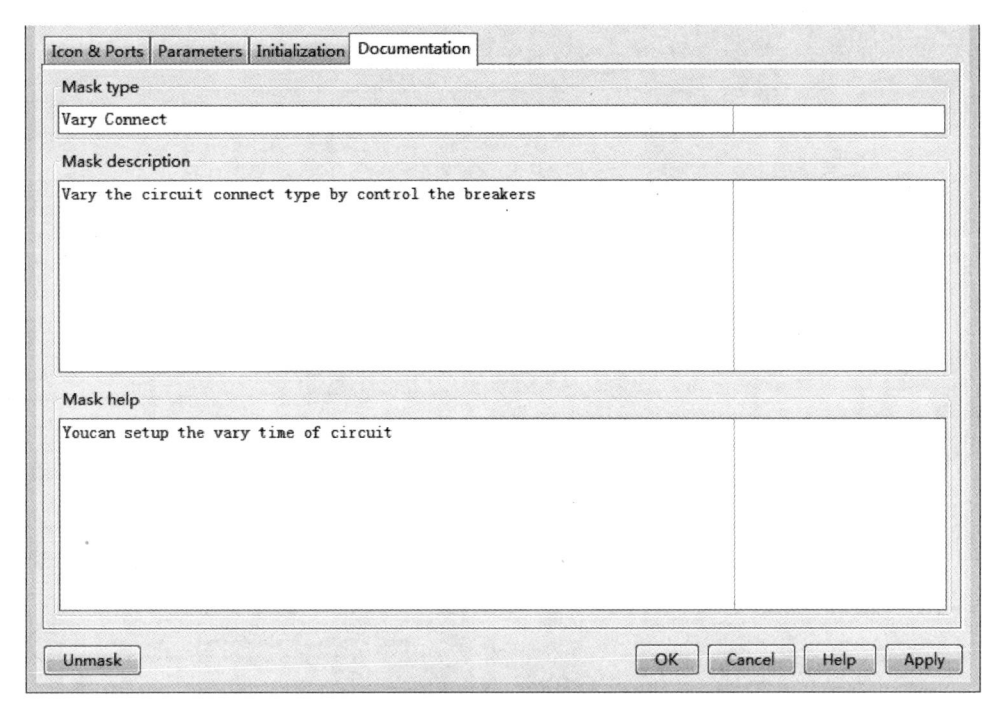

图 3-79　封装编辑器窗口文档设定标签

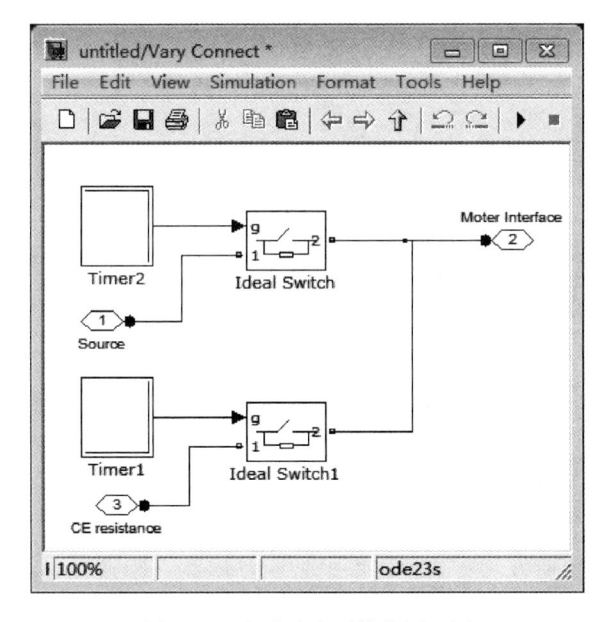

图 3-80　电路改变子模块原理图

(2) 模块参数设置。本例只介绍子模块定时器参数的设置，其他设置同直流电动机的串联电阻启动的设置。定时器 Time2 的参数设置如图 3-82 所示，定时器 Time1 的参数设置如图 3-83 所示。

(3) 仿真参数设置。设定仿真时间为 10s。

(4) 仿真。仿真结果如图 3-84 所示。

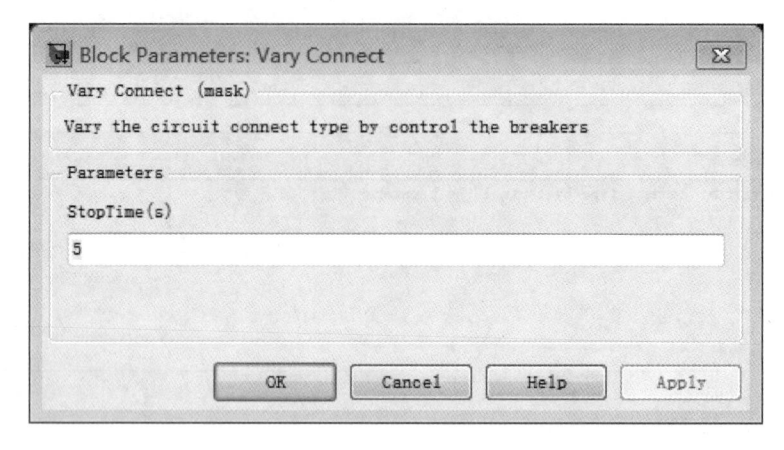

图 3-81　改变电路连接子模块的参数设置图

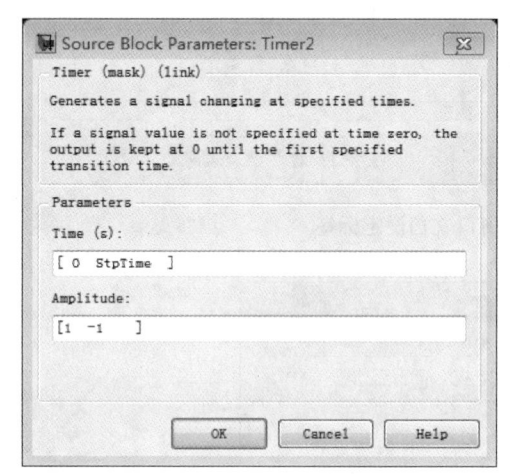

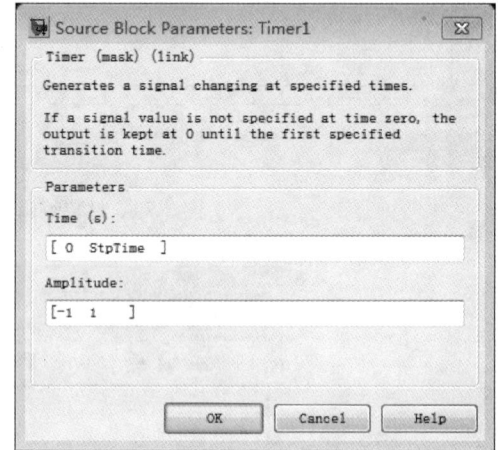

图 3-82　定时器 Time2 的参数设置　　图 3-83　定时器 Time1 的参数设置

图 3-84 中给出了制动开始前一段时间到仿真结束的结果。使用示波器结果窗口中工具栏上缩放按键可以对仿真结果波形进行缩放，观察仿真结果波形的细节。直流电动机的转速能够在能耗制动开始停车的 4s 时间内达到完全停车（转速为零），能够实现较快的停车速度。在能耗制动开始的时间，可以观察到存在较大的反向电磁转矩和反向的电枢电流，这是能够实现快速停车的根本原因。

4. 直流电动机调速仿真

他励直流电动机的调速方法有三种，即电枢回路串联电阻调速、改变电枢电压调速和改变励磁电流（减弱磁通）调速。采用 Simulink 库中的可控电压源实现电压的控制，具有实现简单方便的优点。控制直流电源电压可以改变直流电动机的转速，也可以控制励磁电源的电压对直流电动机进行调速。

仿真实践：使用 Simulink 建立他励直流电动机的改变电枢电压的仿真模型，仿真分析获得转速、电枢电流和电磁转矩的暂态过程曲线。

（1）建立仿真模型。他励直流电动机改变电枢电压调速仿真模型原理如图 3-85 所示，与直流电动机能耗制动模型相比增加了直流工作电源控制子模块。使用上一节使用过的封装方法，构建了一个改变电压的子模块（VVVS）。电压控制子模块实现在可以设定的时刻从电压值 V1 到电压值 V2 的功能，其原理如图 3-86 所示。其参数设置如图 3-87 所示，可以设定电压改变时间（Change time From V1 to V2）、电压值 V1（Voltage 1）和电压值 V2（Voltage 2）。

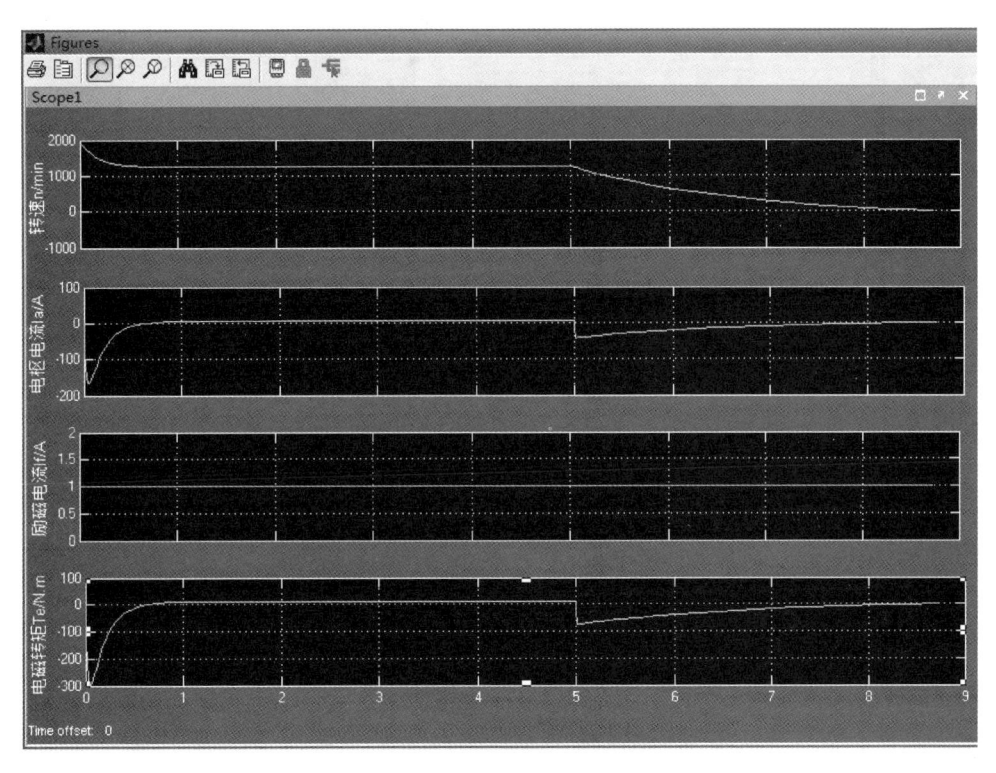

图 3-84　他励直流电动机能耗制动仿真结果

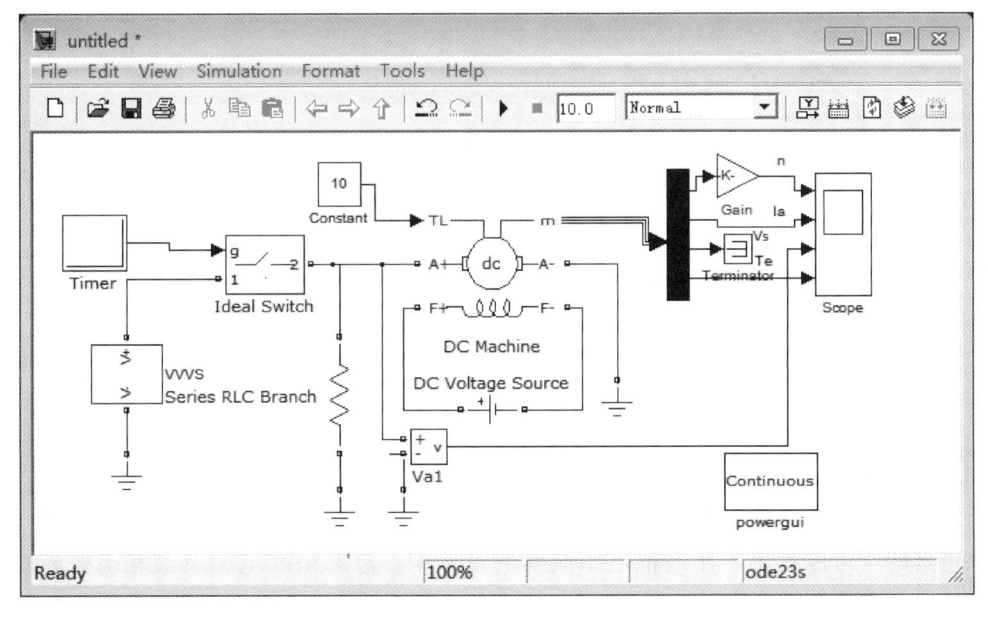

图 3-85　他励直流电动机改变电枢电压调速仿真模型原理图

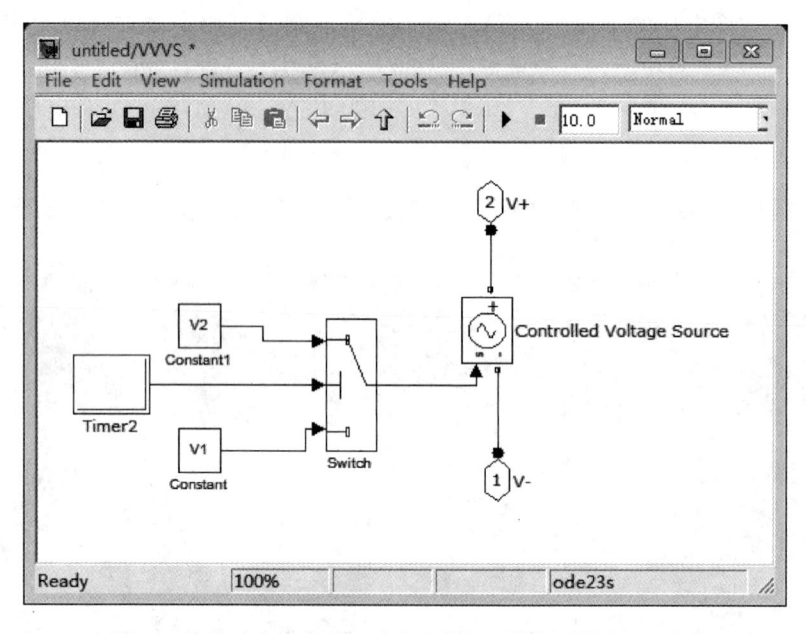

图 3-86　他励直流电动机改变电枢电压控制子模块原理图

（2）模块参数设置（见图 3-87）。

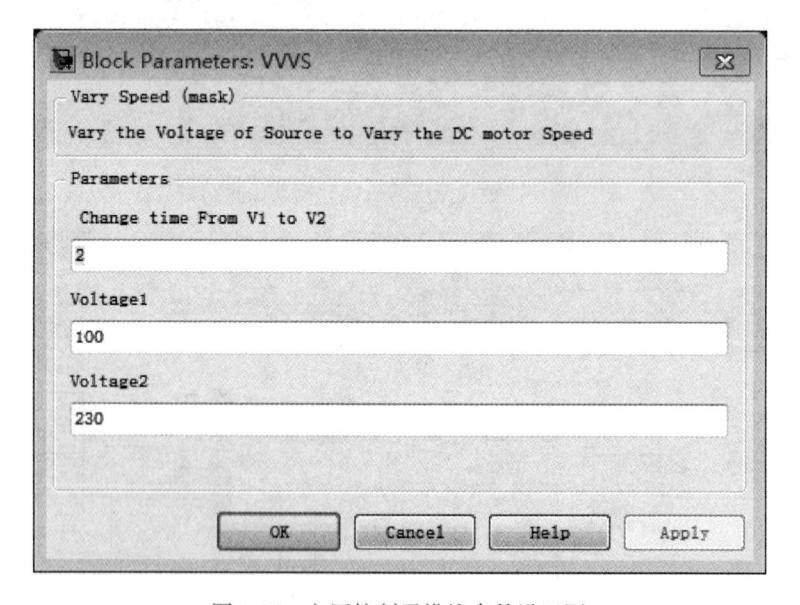

图 3-87　电压控制子模块参数设置图

（3）仿真参数设置。设定仿真时间为 5s。
（4）仿真。仿真结果如图 3-88 所示。
从仿真图中可以看出，在电枢电压改变的过程中，总会引起电枢电流和电磁转矩的冲击。改变电枢电压能够实现转速的改变。

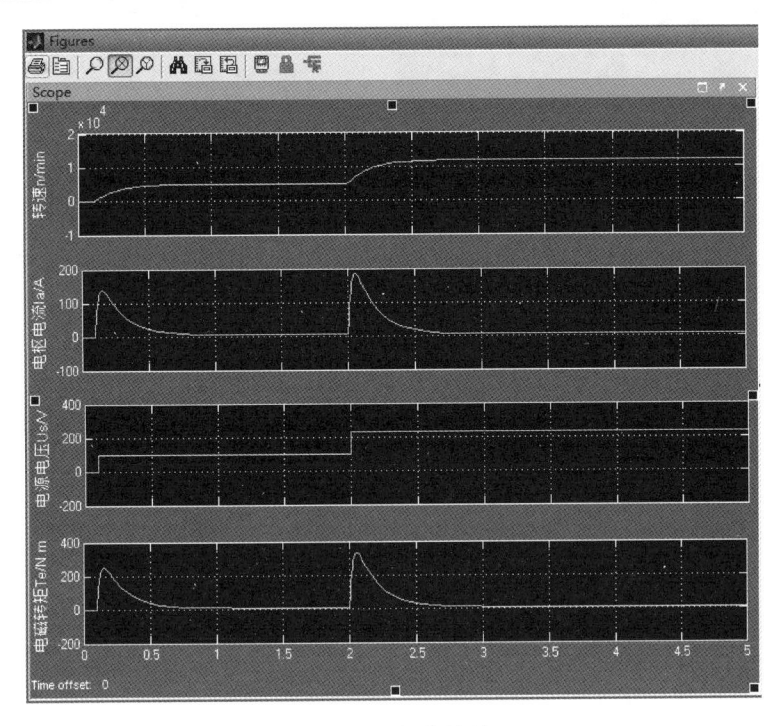

图 3-88 仿真结果

项目四 微控电机

微控电机是现代自动控制系统中具有特殊性能的小功率电机的总称。它们在自动控制系统中，有的可以用来检测转速；有的可以用来作为转角的传输、变换或指示；有的可以用来进行坐标变换或者进行某些三角运算；有的则能对电脉冲信号作出准确而迅速的反应，并将它转换为角位移。根据控制电机的性能和用途，可以将它分为伺服电动机、步进电机、测速发电机、自整角机和旋转变压器等多种。

目标要求

(1) 掌握直流伺服电机的机械特性。
(2) 掌握交流伺服电机的控制方法。
(3) 掌握步进电动机的工作原理。
(4) 掌握步进电动机主要性能指标。
(5) 掌握直流测速发电机工作原理及其运行情况。
(6) 掌握交流测速发电机工作原理及输出特性。

任务1 认识伺服电动机

伺服电动机在自动控制系统中用作执行元件，它的任务是将所接收到的控制电压信号转换为转轴上的角位移或者角速度输出，改变控制电压，就可以改变伺服电动机的旋转方向和转速的大小。

在自动控制系统中，伺服电动机有着广泛的应用，它具有服从控制信号的要求而动作的职能。在信号来到之前，转子静止不动；信号来到之后，转子立即转动；当信号消失，转子能及时自行停转。由于这种"伺服"的性能，因此而得名。伺服电动机把输入的电压信号变为转轴的角位移或角速度输出，转轴的转向与转速随输入电压信号的方向和大小而改变，输入电压信号又称为控制电压，用 U_k 表示。

伺服电动机的工作条件与一般动力用的电动机有很大差别，它的启动、制动和反转十分频繁，电机长时间在接近于零的低速状态和过渡过程中运行，因此对伺服电动机必须以下几点基本要求。

(1) 可控性好，加控制电压信号就转；控制电压信号一撤除即停转；控制信号电压反向，电动机就反转。
(2) 响应快，转速的高低和方向随控制电压信号变化而迅速变化，反应灵敏。
(3) 稳定性好，是指转速能随转矩的增大均匀下降。
(4) 调速范围大，转速能根据电压信号的变化在较大范围内调节。

(5) 控制功率小、质量轻、体积小、耗电省。

常用的伺服电动机有两大类,以直流电源工作的称为直流伺服电动机;以交流电源工作的称为交流伺服电动机。前者输出功率较大,一般可达几百瓦;后者输出功率较小,一般为几十瓦。

4.1.1 直流伺服电动机

直流伺服电动机就是微型的他励直流电动机,其结构与工作原理都与他励直流电动机相同。励磁方式有永磁式和电磁式两种。永磁式直流伺服电动机的磁极是永久磁铁,而电磁式直流伺服电动机的磁极则是电磁铁,磁极外面套着励磁绕组。

1. 控制方式

直流伺服电动机的工作原理和普通直流电动机相同。按照控制方式的不同,可分为电枢控制和磁极控制两种方式。电枢控制是指励磁电压 U_f 恒定,以电枢电压作控制电压。当负载转矩一定时,升高电枢电压 U_k,电机的转速也随之增高;减小电枢电压 U_k,电机的转速也随之降低;若电枢电压为零,电机停转。当电枢电压极性改变之后,电机的旋转方向也随之改变。电枢绕组也称为控制绕组。而磁极控制方式是指电枢电压恒定,励磁绕组用作控制绕组,加在其上的电压为控制电压 U_k。由于电枢控制方式可以得到线性的机械特性和调节特性,而且电枢电路的电感较小,电磁惯性小,反应较灵敏,所以用得较多。下面就电枢控制方式的主要特性进行分析,以便正确使用直流伺服电动机。为便于分析,假定磁路不饱和,并且不计电枢反应,在小功率的直流伺服电动机中,这两个假定是允许的。

2. 电枢控制时直流伺服电动机的特性

电枢控制时,直流伺服电动机的线路如图 4-1 所示。电枢控制时,将励磁绕组接于恒定电压 U_f 的直流电源上,使其通过励磁电流 I_f 产生磁通 Φ,当控制绕组接到控制电压 U_k 以后,电动机就转动;控制电压消失,电动机就停转。电枢控制时,直流伺服电动机的机械特性和他励式直流电动机改变电枢电压时的人为机械特性一样,由机械特性表达式可知:

$$n = \frac{U_k}{C_e\Phi} - \frac{R_a}{C_e C_T \Phi^2} T_{em} \qquad (4-1)$$

式中:C_e 为电动势常数;C_T 为转矩常数;R_a 为电枢电阻;Φ 为每极磁通。

由于认为磁路是不饱和的,并且不计电枢反应,可得 $\Phi \propto I_f \propto U_f$,或

$$\Phi = C_\Phi U_f \qquad (4-2)$$

式中:C_Φ 为比例常数。

控制电压 U_k 与励磁电压 U_f 的比值称为信号系数 α,即

$$\alpha = \frac{U_k}{U_f} \qquad (4-3)$$

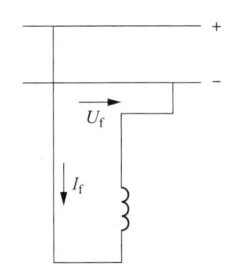

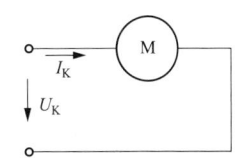

图 4-1 直流伺服电动机电枢控制线路图

将式 (4-2) 及式 (4-3) 代入式 (4-1),则得出

$$n = \frac{1}{C_e C_\Phi}\alpha - \frac{R_a}{C_e C_T C_\Phi^2 U_f^2} T_{em} \qquad (4-4)$$

当电枢不动(即 $n=0$)且控制电压等于励磁电压(即 $\alpha = 1$)时的电磁转矩 T_B 为

代入上式可得
$$T_B = \frac{C_T C_\Phi U_f^2}{R_a} \tag{4-5}$$

$$n = \frac{1}{C_e C_\Phi}\alpha - \frac{1}{C_e C_\Phi}\frac{T_{em}}{T_B} \tag{4-6}$$

$\alpha = 1$（即控制电压等于励磁电压）时的理想空载转速 n_B 为

$$n_B = 1/C_e C_\Phi \tag{4-7}$$

若以 n_B 为转速基准值，转速的相对值可表示为

$$\frac{n}{n_B} = \alpha - \frac{T_{em}}{T_B} \tag{4-8}$$

$$\upsilon = \alpha - m \tag{4-9}$$

上式中，$\upsilon = n/n_B$ 为转速的相对值。$m = T_{em}/T_B$ 是以 T_B 为基准值的电磁转矩的相对值。上式即为以相对值表示的直流伺服电动机的机械特性。

从式（4-9）可知，当 $\alpha =$ 常数时，直流伺服电动机的机械特性显然是线性的，在不同 α 值下，机械特性是一组平行的直线，如图 4-2 所示。

实际上，直流伺服电动机在空载时，总存在空载转矩，m 不可能为零，因此实际的空载转速比理想空载转速略低。

从图 4-2 可见，控制电压越高（α 越大），则 $\upsilon = 0$ 时的 m 越大，越有利于直流伺服电动机的启动。

若式（4-9）中 $m = T_{em}/T_B$ 为常数，则该式称为调节特性方程。所谓调节特性是指当 m 为常数时，υ 与信号系数 α 的关系，显然调节特性也是呈线性的。取不同的 m 值，调节特性是一组平行的直线，如图 4-3 所示。

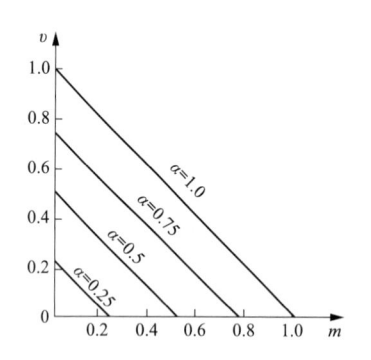

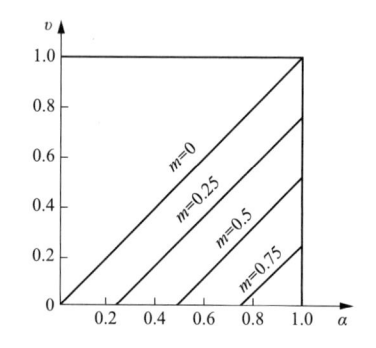

图 4-2 电枢控制时直流伺服电动机的机械特性 　　　图 4-3 电枢控制时的调节特性

从以上分析可得出，电枢控制时直流伺服电动机的两个主要特性——机械特性和调节特性都是线性的，并且特性的线性关系与电枢电阻无关，这种特性是很可贵的。

4.1.2 交流伺服电动机

1. 基本结构

现代交流伺服电动机都是两相异步电动机，其结构与单相异步电动机相似。在定子上相距 90°电角度放置两相绕组：一相为控制绕组 k；一相为励磁绕组 f。励磁绕组接单相交流电压 $\dot{U}_f$，控制绕组接控制电压 $\dot{U}_k$。定子的基本结构有两种：一为隐极式，绕组为分布绕组嵌放在槽内；一为凸极式，绕组为集中绕组，套在磁极上。常用的转子结构有两种形式：一种

为笼形转子，其结构与一般三相异步电动机的笼形转子相同；一种是非磁性杯形转子。非磁性杯形转子交流伺服电动机的结构如图 4-4 所示。

杯形转子 3 由非磁性导电材料（青铜或铝合金）制成空心杯状，杯子底部固定在转轴上，为减小磁阻，在杯形转子内部装有内定子 2，由硅钢片冲制叠压后固定在一端端盖 5 上，内定子上一般不装绕组，但对功率很小的交流伺服电动机，常将励磁绕组和控制绕组分别安装在内、外定子铁芯的槽内。杯形转子壁厚只有 0.3mm 左右，其优点是转动惯量小、摩擦转矩小，因此响应快、适应性强；另外运转平滑、无抖动现象。缺点主要是由于存在内定子，气隙较大、励磁电流大，因而效率低、功率因数低、体积也较大。

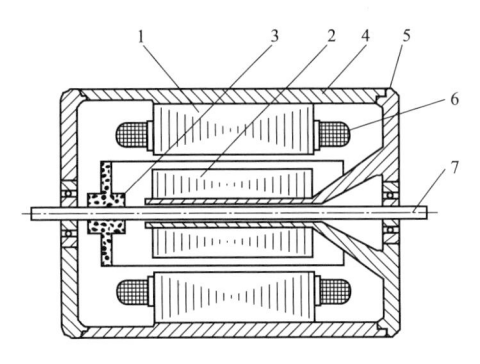

图 4-4 杯形转子交流伺服电动机结构示意图
1—外定子；2—内定子；3—空心转子；4—机壳；
5—端盖；6—定子绕组；7—转轴

2. 工作原理

图 4-5 所示是交流伺服电动机的原理图。两个绕组 f 和 k 装在定子上，它们在空间相差 90°电角度。绕组 f 是由定值交流电压励磁，称为励磁绕组；绕组 k 是由伺服放大器供电而进行控制的，故称为控制绕组。转子为笼形。

交流伺服电动机的工作原理与单相异步电动机相似，当它在系统中运行时，励磁绕组固定地接到电源上，控制电压为零时，气隙内磁场为脉动磁场，电动机无启动转矩，转子不转。若有控制电压加在控制绕组上，且控制绕组内流过的电流和励磁绕组内的电流不同相，则在气隙内建立起一个旋转磁场。此时就电磁过程而言，就是一台分相式的单相异步电动机，电动机因此产生启动转矩而旋转。但一旦受控启动以后，即使信号消失，即控制电压除去，电动机会和单相异步电动机一样，在单相励磁作用下，还会继续转动，这样，电动机就失去控制，伺服电动机的这种失控而自行旋转的现象称为"自转"。

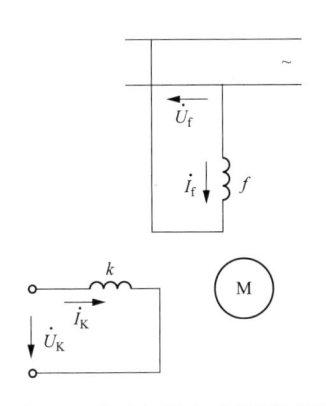

图 4-5 交流伺服电动机原理图

自转现象显然不符合可控性的要求。应从单相异步电动机的机械特性入手，去寻求克服交流伺服电动机"自转"现象的解决方法。

从单相异步电动机的工作原理可知，其机械特性由正序旋转磁场产生的正向机械特性和由负序旋转磁场产生的反向机械特性合成，我们知道，异步电动机的最大转矩所对应的临界转差率 s_m 随转子电阻的增加而变大，机械特性变软。若 $R_2' \geqslant X_1 + X_2'$，则临界转差率 $s_m \geqslant 1$。$R_2' = X_1 + X_2'$（$s_m = s_{m+} = 1$）（$s_m = s_{m+} = 1$）时的机械特性如图 4-6 所示。从图中可知，当 $R_2' = X_1 + X_2'$ 时，正、反向的机械特性必呈现 $s_+ = 1$，$T_{em+} = T_{m+}$，$s_- = 1$，$T_{em-} = T_{m-}$，从合成的机械特性看出，当控制电压为零，控制信号消失，单相励磁时，在电动机运行范围内（以正转为例，在此区间 $0 < s_+ < 1$），$T_{em-} > T_{em+}$，合成转矩为负值，起制动作用，当转速降为零时，合成转矩也降为零，转子自行停转。所以为了克服自转现象，防止误动作，必须将转子电阻设计为满足 $R_2' \geqslant X_1 + X_2'$。

增大转子电阻，也可以使正常两相运行时的机械特性变软，机械特性向下倾斜的程度增大，临界转差率增大，如图 4-7 所示。由于下降的机械特性区域是电动机的稳定运行区，所以增大转子电阻还可以扩大交流伺服电动机的稳定运行范围。但是转子电阻过大时，会降低交流伺服电动机的启动转矩（如图 4-7 中曲线 3），以致影响其速应性。

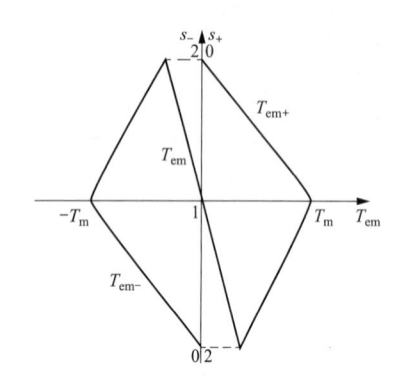

图 4-6　$s_{m-}=s_{m+}=1$ 时单相励磁时的机械特性 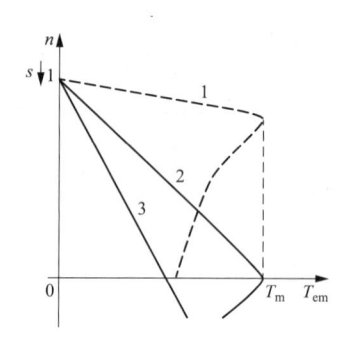　　　图 4-7　交流伺服电动机两相运行时的机械特性

3. 控制方法

交流伺服电动机的励磁绕组接额定励磁电压后，改变控制电压的相位和幅值，即可改变电机的转速和转向。

对于交流伺服电动机来说，两相绕组的磁势轴线在空间上互差 90°电角度，只有励磁绕组电流 $\dot{I}_f$ 与控制绕组电流 $\dot{I}_k$ 相位差 90°，而且产生的磁势幅值相等时，才可能建立圆形的旋转磁势。若 $\dot{I}_f$ 与 $\dot{I}_k$ 相位差不是 90°，或者是由它们产生的两相磁势幅值不同，则合成磁势为椭圆形旋转磁势，椭圆形磁势可分解为正序、反序两个大小不同的旋转磁势，如图 4-8 所示，这两个旋转磁势建立的旋转磁场分别对转子作用产生正、反向电磁转矩。设励磁绕组与控制绕组的阻抗相等，则电流的不对称程度决定于控制电压 $\dot{U}_k$ 与励磁电压 $\dot{U}_f$ 是否满足有效值相等且相位上相差 90°电角度的条件，如这个条件不满足，则气隙合成磁势不是一个圆形旋转磁势，而是一个椭圆形的旋转磁势。磁势的椭圆度越大，正向旋转磁场越弱，反向旋转磁场越强，因而正向旋转磁场产生的正向转矩越小，反向旋转磁场产生的反向转矩越大，电机正转时的合成转矩变小。电磁转矩改变了，交流伺服电动机的转速也相应

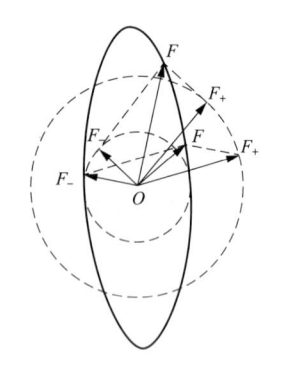

图 4-8　椭圆形磁势的分解

改变。由此可见，改变控制电压的相位和幅值，即可改变电机的转速。

如果将交流伺服电动机控制电压 $\dot{U}_k$ 的相位反相，则控制绕组电流 $\dot{I}_k$ 及其建立的磁势在时间上也相应反相。若控制绕组电流 $\dot{I}_k$ 超前励磁绕组电流 $\dot{I}_f$，合成磁势为正转磁势，交流伺服电动机正向旋转。而 $\dot{U}_k$ 反相后，$\dot{I}_k$ 也随之反相而滞后于励磁电流 $\dot{I}_f$，两者合成磁势为反转磁势，交流伺服电动机也就反向旋转了。因此，控制电压 $\dot{U}_k$ 改变相位 180°，即可改变交流伺服电动机的转向。

交流伺服电动机的控制方法有幅值控制、相位控制和幅-相控制三种。

（1）幅值控制。由改变加在控制绕组上信号电压的幅值大小来控制交流伺服电动机转速的控制方式称为幅值控制。

幅值控制接线如图 4-9 所示，励磁绕组 f 直接接交流电源，电压大小为额定值。控制绕组所加电压为 $\dot{U}_k$，其相位与励磁绕组电压 $\dot{U}_f$ 相差 90°电角度。$\dot{U}_k$ 的大小可以改变。信号系数 $\alpha = U_k/U_f$，实际上由于励磁绕组和控制绕组匝数不同，为便于比较，将励磁绕组电压 $\dot{U}_f$ 折算到控制绕组，折算值为 U'_f，则 U_k 与 U'_f 的比值称为有效信号系数 α_e，即 $\alpha_e = U_k/U'_f$，α_e 最大值为 1。当 $\alpha_e = 1$ 时，控制电压 $\dot{U}_k$ 与励磁电压 $\dot{U}'_f$ 有效值相等且相位上相差 90°电角度，气隙磁势为圆形旋转磁势；$\alpha_e = 0$ 时，气隙磁势为脉动磁势；$0 < \alpha_e < 1$ 时，气隙磁势为椭圆形旋转磁势，α_e 越小，椭圆度越大。

幅值控制时的机械特性如图 4-10（a）所示。图中 m 为输出转矩对 $\alpha_e = 1$ 圆形磁势时启动转矩的相对值，v 为电动机转速对同步转速的相对值。从图中看出，机械特性不是直线。当有效信号系数 $\alpha_e = 1$ 时，气隙磁势为圆形磁势，在一定的转速下 m 最大。$\alpha < 1$ 时，正序磁势减小，负序磁势出现，在一定转速下的 m 比 $\alpha_e = 1$ 时小。同时还可以看出，$\alpha_e = 1$ 时，理想空载转速为同步转速；而 $\alpha_e < 1$ 时，理想空载转速小于同步转速，α_e 越小，理想空载转速越低。

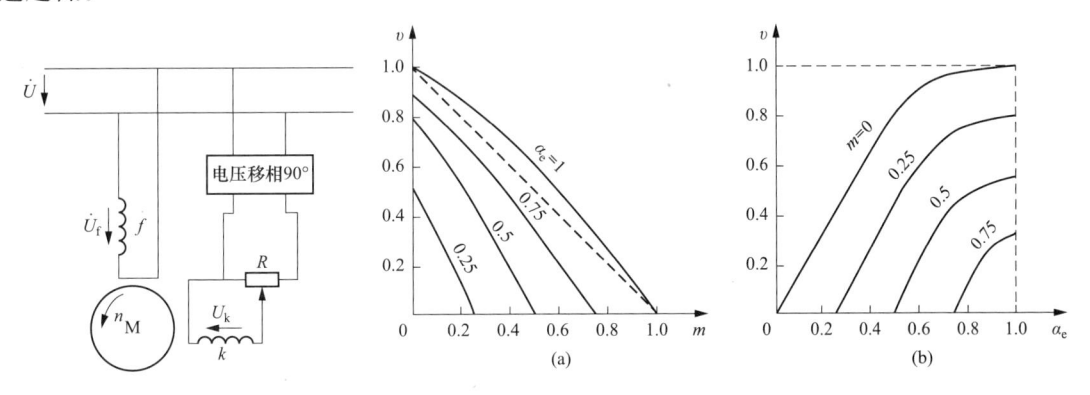

图 4-9 交流伺服电动机幅值控制接线图

图 4-10 幅值控制时的机械特性与调节特性
（a）机械特性；（b）调节特性

所谓调节特性是在 m 一定的条件下，v 与有效信号系数 α_e 的关系。调节特性可从机械特性得来，如在机械特性上作许多平行于纵轴的转矩线，每一转矩线与机械特性有很多交点，将这些点的 v 与对应的控制信号值画成曲线，就得出该输出转矩下的调节特性。不同的转矩线，可得到不同转矩下的调节特性，如图 4-10（b）所示。幅值控制时调节特性也不是直线，只有在 v 较小时近似为直线。

（2）相位控制。

由加在控制绕组上信号电压的相位来控制交流伺服电动机转速的控制方式称为相位控制。

相位控制接线如图 4-11 所示。励磁绕组接在大小和相位不变的交流电源上，控制绕组所加信号

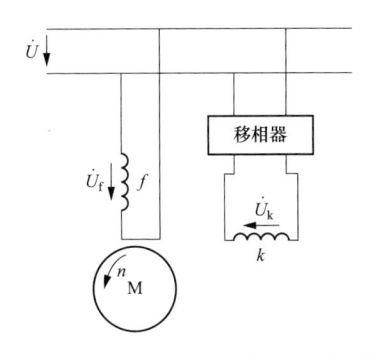

图 4-11 交流伺服电动机相位控制接线图

电压的大小为恒定值，并且使 $U_k = U'_f$。但 $\dot{U}_k$ 的相位可以改变。$\dot{U}_f$ 与 $\dot{U}_k$ 同频率，相位上 $\dot{U}_k$ 滞后于 $\dot{U}_f$ β电角度，有效信号系数 α_e 取控制电压滞后于励磁电压 90°的分量 $U_k\sin\beta$ 与 U'_f 的比值，即

$$\alpha_e = \frac{U_k\sin\beta}{U'_f} = \frac{U_k\sin\beta}{U_k} = \sin\beta \tag{4-10}$$

一般情况下，0＜β＜90°，交流伺服电动机气隙磁势为椭圆旋转磁势，当 β=90°，sinβ=1 时，$\dot{F}_f$ 和 $\dot{F}_k$ 二者幅值大小相等，空间轴线相差 90°，时间相位相差 90°，气隙合成磁势为圆形旋转磁势，而当 β=0°，sinβ=0 时，$\dot{U}_k$ 与 $\dot{U}_f$ 二者同相位，电机气隙磁势为脉动磁势，当 0＜β＜90°，即 0＜sinβ＜1 时，β 越大，sinβ 越大，气隙磁势越接近圆形旋转磁势；β 越小，sinβ 越小，气隙磁势椭圆度越大，越接近脉动磁势。

相位控制的机械特性和调节特性如图 4-12 所示。相位控制时的机械特性与幅值控制时的机械特性很相似，sinβ=1，电机气隙磁势为圆形磁势，m 最大。0＜sinβ＜1，气隙磁势为椭圆形磁势，sinβ 越低，椭圆度越大，m 越小，同时，理想空载转速低于同步转速。相位控制时的调节特性也不是直线，但线性度比幅值控制时稍好一些，使用时也应在 υ 较低的区域。

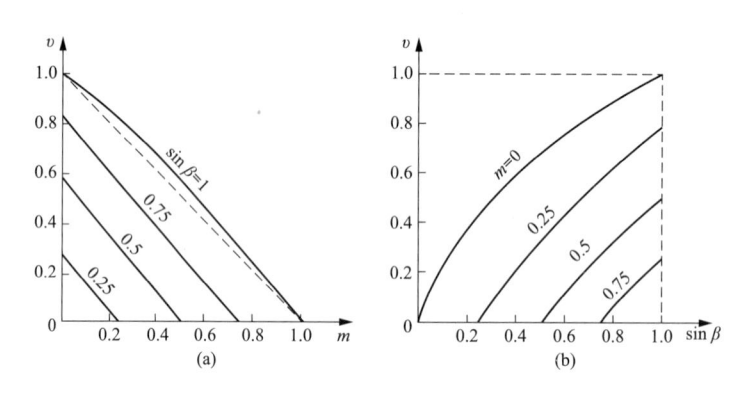

图 4-12 相位控制时的机械特性与调节特性
(a) 机械特性；(b) 调节特性

（3）幅-相控制。交流伺服电动机幅-相控制时接线如图 4-13 所示。励磁绕组外串电容器后再接到交流电源上，励磁绕组的电压不再等于电源电压，也不与电源电压同相位，而随电动机的运行情况变化。控制绕组 $\dot{U}_k$ 与电源电压同频率、同相位，其大小可以调节分压电阻的大小改变，通过改变控制电压的幅值实现对电动机的调速。我们知道，定子绕组的电流随转速的变化而变化，当改变控制电压使转速变化时，励磁绕组中的电流随之改变，相应地分相电容和励磁绕组端电压的大小和相位也改变，这就是幅-相控制的基本原理。

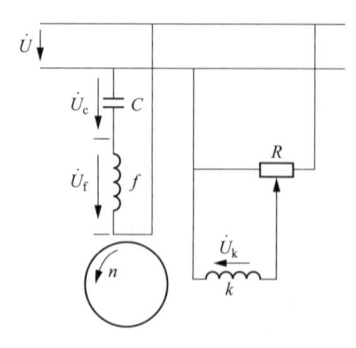

图 4-13 交流伺服电动机幅-相控制接线图

幅-相控制时的电压信号系数 α 定义为控制电压与电源电压的比值，即 $\alpha = U_k/U$。为了提高系统的动态性能，实际中常按电动机启动时使气隙合成磁势为圆形旋转磁势来选择电容，满足这个要求的控制电压为 U_{k0}，电压信号系数为

α_0，$\alpha_0 = U_{k0}/U$，也就是说，当 $\alpha = \alpha_0$ 时，启动时磁势 $\dot{F}_f$ 与 $\dot{F}_k$ 的幅值相等、相位相差 90°，合成磁势为圆形旋转磁势。当控制电压 U_k 的大小改变后，$\alpha \neq \alpha_0$，合成磁势为椭圆形磁势。

幅-相控制时，电容器电压 U_c 大小与流过的电流成正比，电动机运行后的电流比启动时电流小，因此从启动到运行，U_c 逐渐变小；而电源电压不变，励磁绕组两端电压则逐渐变大。这就使得在一定的转速范围内，与同样大小有效控制信号时的幅值控制和相位控制相比，转矩反而会加大。

幅-相控制时的机械特性和调节特性如图 4-14 所示。由于交流伺服电动机在启动和运行时转差率 s 是变化的，与电容分相的单相异步电动机一样，启动时气隙磁势为圆形磁势，运行时就不再是圆形磁势，变成了椭圆形磁势，因此理想空载转矩小于同步转速，与幅值控制和相位控制时圆形磁势的情况不同。

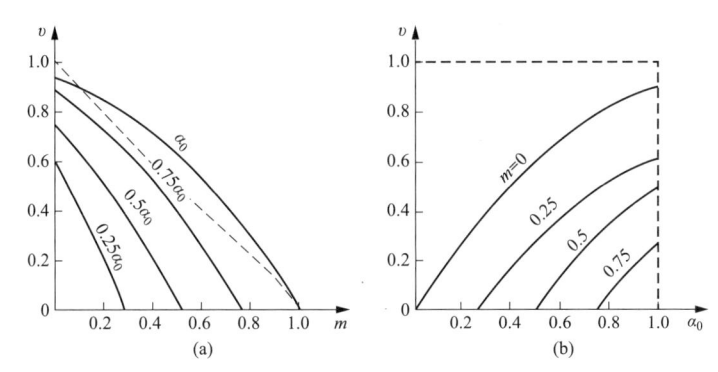

图 4-14 幅-相控制时的机械特性与调节特性
（a）机械特性；（b）调节特性

幅-相控制时的机械特性由于上述原因，线性度不如幅值控制和相位控制；其调节特性如图 4-14（b）所示，线性度也差一些。

交流伺服电动机三种控制方法相比较，由于幅-相控制方式的设备简单，不用移相装置，并有较大的输出功率，虽然机械特性与调节特性的线性度差一些，实际上采用的较多。

任务 2　认识步进电动机

步进电动机是数字控制系统中的一种执行元件，它可以把脉冲信号转变成角位移或直线位移，其位移量（角度或者长度）与输入脉冲信号有严格的对应关系，转子转速与输入脉冲频率能保持同步，所以又称为脉冲电动机。

步进电动机角位移量 θ 或线位移量 s 与脉冲个数 k 成正比，转速 n，或线速度 v 与脉冲频率 f 成正比。在所能承受的负载范围内，步进电动机的步距（或转速）不受电压波动、负载变化、环境条件的影响，而只与脉冲频率成正比。步进电动机在不丢步情况下运行时，角位移的误差不会长期积累，因此可以看成是一种具有较高定位精度的执行元件。

在速度和位置控制系统中，步进电动机驱动系统具有运行可靠、结构简单、成本低、维修方便等优点。可以在很宽的范围内通过改变脉冲频率来调速；能够快速启动、反转和制动。目前在数控、工业控制、计算机外部设备以及航空系统、办公自动化设备、医疗设备、自动记录仪表等方面得到很多应用。

4.2.1 步进电动机的工作原理

步进电动机按励磁方式可分为反应式、永磁式和混合式（感应子式），其中反应式步进电动机结构比较简单，使用也比较普遍，因此本节主要以此类电机为例来进行分析。

1. 结构及其运行方式

三相反应式步进电动机的定、转子是用硅钢片或其他软磁材料制成。定子上有三对磁极，每对极上绕有一相控制绕组，三相定子绕组接成带中线的对称星形。转子上只有两个齿，没有绕组。其结构示意图如图4-15所示。

当A相控制绕组通以直流电，而B相和C相都不通电时，步进电动机的气隙磁场与A相绕组轴线重合。由于磁力线总是力图从磁阻最小的路径通过，并使自己的长度缩成最短，所以转子上就受到一个转矩的作用。这个转矩称为反应转矩，它使转子旋转到其轴线与A相绕组轴线一致的位置上，使整个磁路的磁阻变为最小。此时反应转矩为零、转子上只受径向力作用，故在这个位置上，转子有自锁能力。如果由A相绕组换接到B相绕组通电，转子就要转到其轴线与B相绕组轴线相重合的位置。此时，转子在空间顺时针转过60°，也称作前进了一步，这个角度就叫作步距角，以 θ_b 表示。

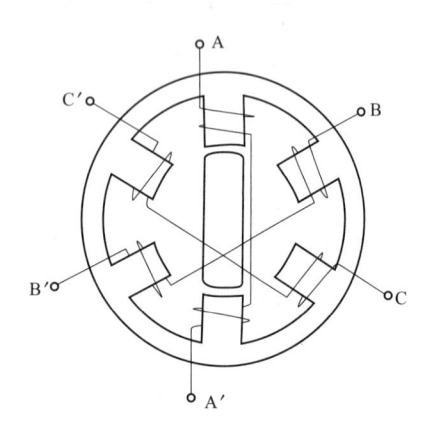

图4-15 三相反应式步进电动机示意图

如此按A-B-C-A的顺序不断接通和断开控制绕组，转子就按顺时针方向一步步旋转，若按A-C-B-A方式通电，转子就按逆时针方向一步步旋转。步进电动机中，控制绕组每换接一次称为一拍，每过一拍转子就转过一个步距角。按上述方式运行时，绕组每换接三次构成一个循环，每次只有一相绕组单独通电，故称为三相单三拍运行。

若A、B两绕组同时通电，则转子轴线力图与AB相合成磁场的轴线一致。如此按AB-BC-CA-AB的顺序通电，转子每前进一步也是60°，每一循环也是换接三次，但每次为两相绕组同时通电，故称为三相双三拍运行。

若按A-AB-B-BC-C-CA-A的顺序通电，显然此时每前进一步为30°（步距角减小一半），但每一循环，绕组需换接六次，每次有单相单独通电，也有两相同时通电，故称为三相六拍运行。

2. 步进电动机的步距角的计算

步进电动机步距角的大小直接关系到次系统的控制精度。但以上结构的步进电动机，无论采取哪种运行方式，步距角都太大，通常满足不了生产实践提出的要求。所以实际上大多采用转子齿数很多，定子磁极上带有小齿的反应式结构，其典型结构示意图如图4-16所示。

需要注意的是：在此种结构中，除定、转子的齿距要相同外，定、转子的齿数一定要适当配合。转子齿数可根据步距角的要求初步决定，但准确的转子齿数还要

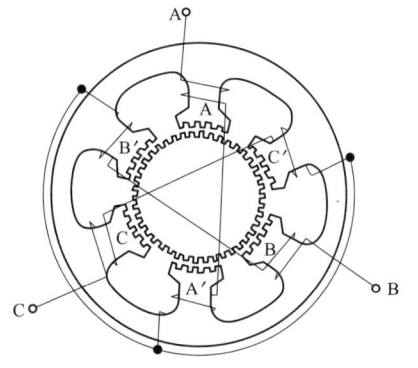

图4-16 三相反应式步进电动机典型结构示意图

满足自动错位的条件,即每个定子磁极下的转子齿数不能为正整数,而应相差 $1/m$ 个转子齿距,那么每个定子磁极下的转子齿数应为: $\dfrac{Z_r}{2mp}=K\pm\dfrac{1}{m}$(式中,$Z_r$ 为转子齿数;m 为相数;$2p$ 为一相绕组通电时在气隙圆周上形成的磁极数;K 为正整数)。

转子总的齿数为

$$Z_r = 2mp\left(K\pm\frac{1}{m}\right) \tag{4-11}$$

转子齿数满足上式时,电机的每个通电循环（N 拍）,转子转过一个转子齿距,用机械角度表示则为

$$\theta = \frac{360°}{Z_r} \tag{4-12}$$

一拍转子转过的机械角即步距角为

$$\theta_b = \frac{360°}{Z_r N} \tag{4-13}$$

式中：N 为一转子转过一个齿距的运行拍数,即每一循环的拍数。

要想提高步进电动机在生产中的精度,可以增加转子的齿数,在增加的同时还要满足式(4-11)才行。图 4-17 是一种步距角较小的反应式步进电机的定、转子展开图,其转子上均匀分布着 40 个齿,定子上有三对磁极,每对磁极上绕有一组绕组,A、B、C 三相绕组接成星形。定子的每个磁极上都有 5 个齿,而且定子齿距与转子齿距相同,若作三相单三拍运行,则 $N=m=3$,那么每个转子齿距所占的空间角为

$$\theta_1 = \frac{360°}{Z_r} = \frac{360°}{40} = 9°$$

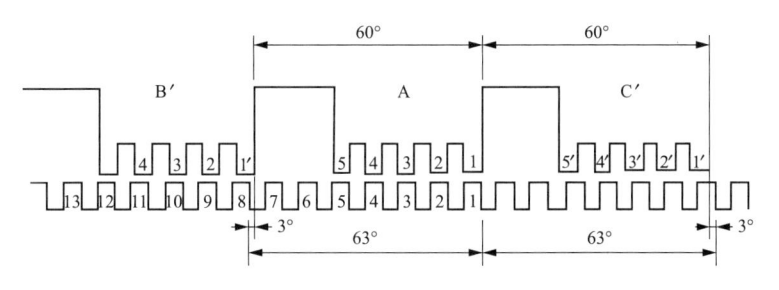

图 4-17 定、转子展开图

每一定子极距所占的空间角为

$$\theta_2 = \frac{360°}{2mp} = \frac{360°}{2\times3\times1} = 60°$$

每一定子极距所占的齿数为

$$\frac{Z_r}{2mp} = \frac{40}{2\times3\times1} = 6\frac{2}{3} = 7-\frac{1}{3}$$

其步距角为

$$\theta_b = \frac{360°}{Z_r N} = \frac{360°}{40\times3} = 3°$$

若步进电动机作三相六拍方式运行,则步距角为

$$\theta_{\mathrm{b}} = \frac{360°}{Z_{\mathrm{r}}N} = \frac{360°}{40 \times 6} = 1.5°$$

为了进一步减小步距角，还可以通过增加定子的相数（即增大每一循环的拍数）来实现。但定子相数和转子齿数越多，电机本身结构越复杂，而且步进电动机的驱动电源也变得越复杂。因此，一般的步进电动机有三相、四相、五相和六相，超过六相的就很少了。

如果步进电动机运行时，输入的脉冲频率很高，步进电动机就不是断续地步进旋转，而是像普通的同步电动机一样连续地旋转。其转速 n 为

$$n = \frac{60f\theta_{\mathrm{b}}}{360°} = \frac{60f}{Z_{\mathrm{r}}N} \tag{4-14}$$

式中：f 为脉冲频率。

4.2.2 步进电动机的主要性能指标

反应式步进电动机的主要性能指标有步距角、矩角特性、最大静转矩、稳定区域、启动频率、启动转矩及矩频特性等。

1. 步距角

步距角为每运行一拍对应的转子角位移，由于转子每 N 拍前进一个齿距，故可用机械角度表示，即

$$\theta_{\mathrm{b}} = \frac{360°}{Z_{\mathrm{r}}N}$$

步距角的大小不仅直接影响到步进电动机本身的工作特性，还反映了步进电动机拖动系统的控制精度。外形尺寸相同的步进电动机，步距角小的往往启动频率和运行频率较高，但转速和输出功率则不一定高。使用时可根据需要的脉冲当量（即每一脉冲步进电动机带动负载所转过的角度或移动的直线位移），结合可选用的传动比来加以选择。

2. 矩角特性与最大静转矩

当步进电动机空载，且在一相控制绕组中通以大小不变的电流时，这一相极下的定、转子齿轴线必然重合，步进电动机产生的转矩为零。如图 4-18 (a) 所示，此位置称为转子的初始平衡位置。如有负载转矩作用于轴上，则转子离开初始平衡位置，定、转子齿轴线发生偏离，它们之间的夹角称为失调角，用电角度 θ 表示。当 $\theta \neq 0$ 时，显然在转子上将出现一个由定、转子之间的磁作用力产生的转矩，用于平衡负载转矩，此转矩即为步进电动机产生的静态转矩，静态转矩 T 与失调角 θ 之间的函数关系 $T = f(\theta)$，即称为步进电动机的矩角特性。

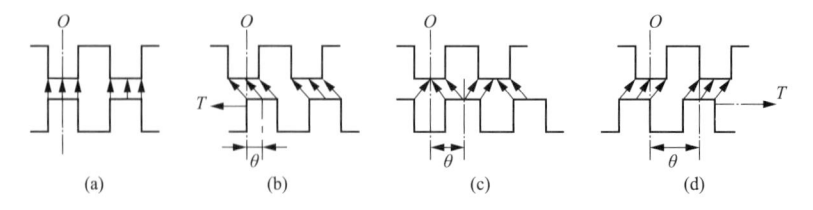

图 4-18 定、转子间的作用力

反应式步进电动机的矩角特性为图 4-19 所示的近似正弦曲线。由于定子控制绕组的通电状态变化一个循环（相当于定子磁场旋转一周），转子正好转过一个齿距，所以转子的齿数相当于一般旋转电机的极对数 p，转子转过一个齿距角就为 2π 电角度。图中，θ 为正，表示

顺时针方向转角。当 $0<\theta<\pi$ 范围内，转矩的方向与 θ 角增加方向相反，如图 4-18（b）所示，故转矩为负值。当转子转过半个齿距时，即 $\theta=\pi$，此时转子齿正与定子槽相对，如图 4-18（c）所示，转子齿左右两方向所受磁位力相等，步进电动机所产生的转矩为零。当 $-\pi<\theta<0$ 范围内，转矩的方向与正 θ 角增加方向相同，如图 4-18（d）所示，转矩取正值。

两相或三相同时通电的矩角特性为各相单独通电时的矩角特性的合成。

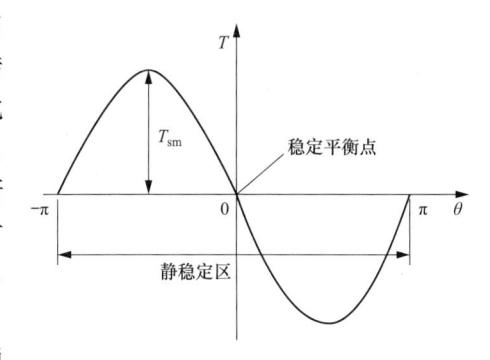

图 4-19 反应式步进电动机的矩角特性

步进电动机矩角特性中的最大转矩值（$\theta=\pm\pi/2$ 时），称为最大静转矩 T_{sm}，它表明了步进电动机承受负载的能力。

3. 稳定区域

步进电动机有静稳定区和动稳定区两个关于稳定区域的概念。

（1）静稳定区：从矩角特性上可以看出，当转子在外力的作用下产生一定大小的失调角 θ 时，只要满足 $-\pi<\theta<\pi$，则转矩 T 总是与 θ 变化的方向相反，在外力取消后，转子总能在 T 的作用下回到 $\theta=0$ 的位置，图 4-20 中的 a 点是 A 相通电时转子的稳定平衡点，区间 $(-\pi,\pi)$ 为静稳定区。若 θ 超出此范围，则 T 改变方向，它将使 θ 的数值继续增大，直至 $\theta=2\pi$ 或 $\theta=-2\pi$，即移动一个齿距角为止。

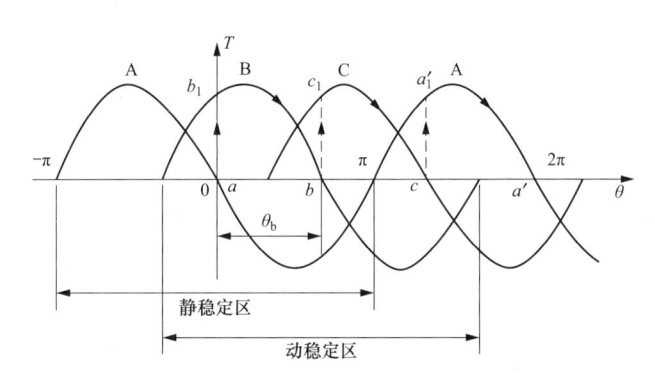

图 4-20 步进电动机的稳定区域

（2）动稳定区：在图 4-20 中，曲线 A、B、C 分别为 A 相、B 相和 C 相通电时的矩角特性，它们在横坐标上相距一个步距角 θ_b（用电角度表示）。从图中可看出，在 A 相绕组换接到 B 相绕组后，新的转子稳定平衡点为 b，对应于它的静稳定区为 $(-\pi+\theta_b,\pi+\theta_b)$。在换接的瞬间，转子的位置只要在这个区域内，就能趋向新的稳定平衡点，所以此区域称为步进电动机的动稳定区。

显然，步距角越小，动稳定区越接近于静稳定区，步进电动机的稳定性越好。用动稳定区的概念可以分析步进电动机的各种运行状态，以及在运行过程中可能发生的失步、丢步、振荡等现象。

4. 启动频率和启动转矩

由于转子转动惯量的作用，步进电动机从静止到被拉入同步的过程中，转子跟上脉冲的更迭需要一定的时间,这就使其启动频率受到一定的限制。以图 4-21 所示三相单三拍运行为例,若每拍末转子都能进入其对应的平衡位置,则下一拍开始时步进电动机的最大失调角均为步距角 θ_b,这样,转子即可按给定脉冲频率不失一步地被拉入同步。若频率过高,则第一拍末转子可能未达到相应的平衡位置,而第二拍即已开始。对于第二拍而言,这时转子的实际失调角显然大于步距角 θ_b,见图 4-21 中的 θ_1。由于 θ_1 仍在第二拍的动稳定区内,故转子继续向前转动,但在第三拍开始时转子失调角更大,如此进行下去,在某一拍上必然产生失调角超出动稳定区的情况,致使转子受反向转矩的作用而减速,这种现象称为失步。空载时使转子从静止不失步地被拉入同步的最大脉冲频率称为启动频率 f_{st}。显然,采用较多的运行拍数,即步距角越小时,f_{st} 越高。

当步进电动机带有负载 T_L 时,A 相通电的稳定平衡点将由图 4-22 中的 O_A 点上升到 a 点,失调角为 θ_a。此时,当 A 相绕组换接到 B 相绕组的瞬间,矩角特性跃变为曲线 B,对应的电动机转矩变为 T_B。从图中可看出,由于 $T_B > T_L$,转子可以在加速转矩($T_B - T_L$)作用下沿曲线 B 向新平衡点 b 运行,最后转过一个步距角到达 b 点。但若负载转矩 T_L 大于 A、B 两相矩角特性交点处的转矩 T_{st},类似分析可知,电机此时不能做步进运动,所以两曲线交点所对应的转矩 T_{st} 是电动机的最大负载转矩,也称为启动转矩。显然 $T_{st} < T_{sm}$,T_{sm} 为最大静转矩,这在选用步进电动机时一定要加以注意。

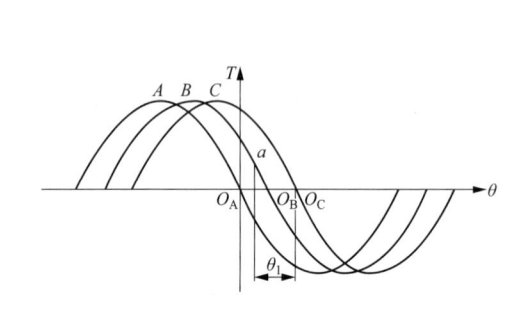

图 4-21 三相三拍运行方式时步进电动机的启动过程

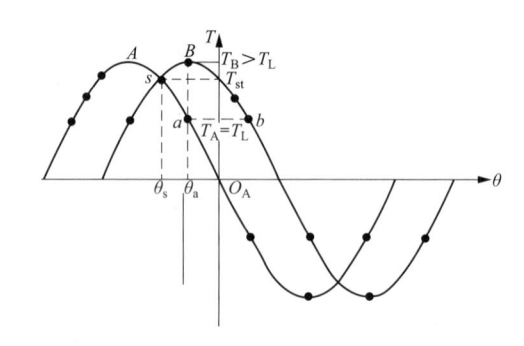

图 4-22 步进电动机的启动转矩

5. 矩频特性和动态转矩

步进电动机在运行时,若输入脉冲频率逐步增加,电机转速逐步升高时,步进电动机所能带动的负载转矩值将逐步下降。这就是说电动机转动时所产生的转矩随着脉冲频率的升高而减小。电动机转动时产生的转矩称为动态转矩,动态转矩与步进电动机驱动电源脉冲频率的关系称为运行矩频特性,它是一条如图 4-23 所示的下降曲线。

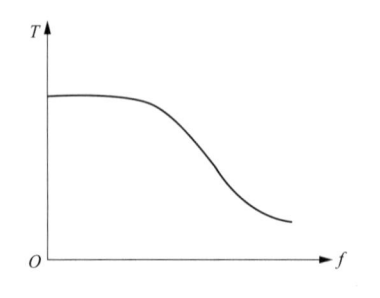

图 4-23 步进电动机的运行矩频特性

脉冲频率升高后,步进电动机的负载能力下降,主要是受定子绕组电感的影响。因为电感有延缓电流变化的作用,当某相绕组加上了电压,但绕组中的电流不会立即上升到规定的数值,而是按指数规律上升。同样,当绕组断电时,绕组中的电流也不会立即下降到零,而是通过放电回路并按指数规律下降,其波形如图 4-24 所示。

当输入脉冲频率比较低时,每相绕组通电和断电的周期 T 比较长,电流 i 的波形还比较接近于矩形波,如图 4-24(a)所示。这时,通电时间内电流的平均值也比较大。当频率升高后,周期 T 缩短,如图 4-24(b)所示,电流 i 的波形就和理想的矩形波有了较大的差别。当频率进一步升高,周期 T 进一步缩短时,电流 i 的波形就将接近于三角形波,幅值也降低,因而电流的平均值大大减小,如图 4-24(c)所示,电机产生的平均转矩大大降低,负载能力也明显下降。

此外,随着频率的提高,步进电动机铁芯中的涡流损耗也将很快增加,这也是使输出功率和输出转矩下降的一个因素,所以输入脉冲频率增高后,步进电动机的负载能力就逐渐下降,到达某一频率后,步进电动机几乎带不动任何负载,只要受到一个很小的扰动,就会振荡,失步以至停转。

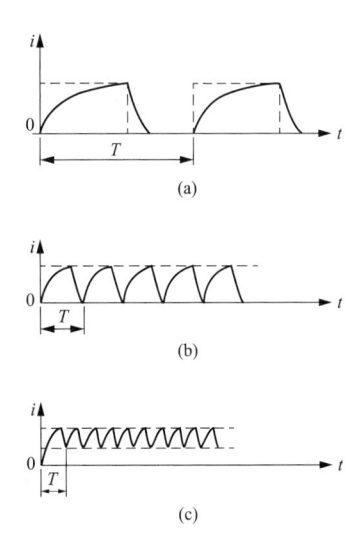

图 4-24 不同频率时的控制绕组电流波形

需要注意的是,驱动电源的形式不同,对于电流的波形的影响也不同,如常用的高低压切换型驱动电源比之单一电压型驱动电源,在电流波形方面就能得到很大改善,电动机运行矩频特性也很好,负载能力自然也能提高。

任务 3 测 速 发 电 机

在自动控制系统及计算装置中,测速发电机是一种检测元件,其基本任务是将机械转速转换为电气信号。它具有测速、阻尼及计算的职能,所以其用途有:①产生加速或减速的信号;②在计算装置中作计算元件;③对旋转机械作恒速控制等。

自动控制系统对测速发电机的主要要求如下:

(1) 发电机的输出电压与转速保持严格的线性关系,且不随外界条件(如温度)的改变而改变。

(2) 电机的转动惯量要小,以保证电机反应迅速。

(3) 电机的灵敏度要高,即测速发电机的输出电压对转速的变化反应灵敏,也就是要求测速发电机的输出特性斜率要大。

测速发电机可分为直流测速发电机和交流测速发电机两大类,交流测速发电机又可分为异步测速发电机和同步测速发电机。近年来还出现了利用霍尔效应的测速发电机。

下面仅就常用的直流测速发电机和交流异步测速发电机做具体的介绍。

4.3.1 直流测速发电机

直流测速发电机是一种微型直流发电机,它的定子、转子结构和直流伺服电动机基本相同。按励磁方式可以分为电磁式和永磁式两大类。如按电枢的结构形式可以分为无槽电枢、有槽电枢和其他电枢等。

直流测速发电机的工作原理与一般直流发电机相同,其原理如图 4-25 所示。当转子在定子恒定磁场中旋转

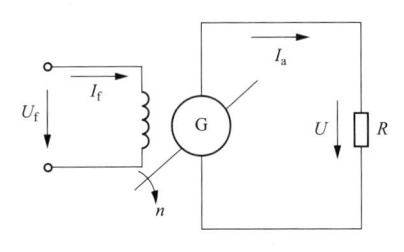

图 4-25 直流测速发电机原理图

时，在电刷两端可得直流电动势。

1. 输出特性

输出特性是指励磁磁通 Φ 和负载电阻 R 为常数时，输出电压 U 随转子转速 n 的变化曲线，即 $U = f(n)$。

直流发电机的感应电动势为 $E_a = C_e \Phi n$。设负载电阻为 R，电枢电路总电阻为 R_a，当定子每极磁通 Φ 为常数时，根据直流发电机的电势平衡方程可得

$$U = E_a - I_a R_a = E_a - \frac{U}{R} R_a$$

$$U = \frac{E_a}{1+\frac{R_a}{R}} = \frac{C_e \Phi}{1+\frac{R_a}{R}} n = \frac{C_1}{1+\frac{R_a}{R}} n = Cn \tag{4-15}$$

式中：C 为常数。

从上式可知，输出电压 U 与转速 n 成正比，$U = Cn$ 为直线，如图 4-26 所示为不同负载电阻时的输出特性。

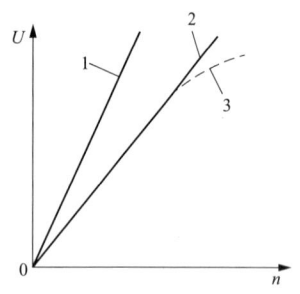

负载电阻 R 越大，输出特性的斜率也越大。图 4-26 中曲线 1 为空载时的输出特性，曲线 2 为某一负载时的输出特性。线性的输出特性是假设磁通 Φ 和电刷接触电阻为常数的条件下得到的，是理想的输出特性。然而，实际的输出特性可能与线性的输出特性有偏差，产生的原因和改进方法有以下几点：

图 4-26 直流测速发电机输出特性

（1）电枢绕组和电刷接触压降的影响。当转速一定时负载电阻越小或负载电阻一定时电机转速越高，都将使电枢电流增大，电枢反应的附加去磁作用加大，磁通 Φ 减小；由于电枢电路总电阻中包括电刷与换向器的接触电阻，而这个接触电阻是随负载电流变化而变化的，因而在输出特性上造成线性误差。

由于电枢反应的去磁作用，使磁通减小 $\Delta\Phi$，这样负载时的感应电动势可表达为

$$E_a = C_e(\Phi - \Delta\Phi)n = C_e \Phi n - C_e \Delta\Phi n$$

设电枢反应的去磁作用与负载电流成正比，即 $\Delta\Phi = K\frac{U}{R}$，则上式可写为

$$E_a = C_e(\Phi - \Delta\Phi)n = C_e \Phi n - C_e K \frac{U}{R} n = C_1 n - C' \frac{U}{R} n \tag{4-16}$$

考虑电刷接触电阻的压降，电势平衡方程表达为

$$E_a = U + I_a R_{as} + 2\Delta U_b = U + \frac{U}{R} R_{as} + 2\Delta U_b \tag{4-17}$$

上式中 R_{as} 为电枢绕组的电阻，$2\Delta U_b$ 为每对电刷的接触压降。由上两式可得

$$C_1 n - C' \frac{U}{R} n = U + \frac{U}{R} R_{as} + 2\Delta U_b$$

整理后可得

$$U = \frac{C_1 n}{\left(1+\frac{R_{as}}{R}\right) + C'\frac{n}{R}} - \frac{2\Delta U_b}{\left(1+\frac{R_{as}}{R}\right) + C'\frac{n}{R}} \tag{4-18}$$

比较式（4-15）和式（4-18）可以看出，由于 $C'\frac{n}{R}$ 和 $2\Delta U_b$ 的存在，使输出电压 U 和转

速 n 不再是线性关系。在 n 增大时，由于 $C'\dfrac{n}{R}$ 的出现使上式的分母也增大，与式（4-15）相比，U 增加得慢一些，使输出特性向下弯曲（见图 4-26 中虚线）；由于存在 $2\Delta U_b$，当转速较低使 $C_1 n < 2\Delta U_b$ 时，输出电压 U 为零，输出特性出现"无信号区"，并不通过原点。电刷接触压降的影响如图 4-27 所示，其中特性 1 为理想输出特性，特性 2 为考虑电刷接触压降影响的实际输出特性。

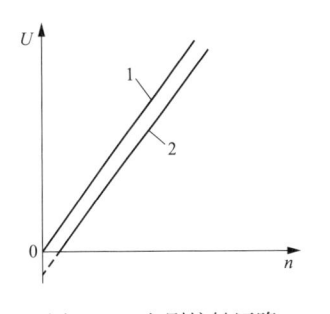

图 4-27 电刷接触压降对输出特性影响

从式（4-18）可以分析出改善输出特性应采取的措施：①对电磁式直流测速发电机，可以在定子磁极上安装补偿绕组。②限制测速发电机转速不得超过额定数据中所标的最大转速。③使用时，负载电阻不应小于额定值。④为了减小电刷接触压降的影响，在直流测速发电机中应采用接触压降较小的铜—石墨电刷。在高精度的直流测速发电机中还可以采用铜电刷，并在它与换向器相接触的表面上镀银。

（2）温度的影响。在电磁式直流测速发电机中，因励磁绕组中长期通过电流而发热，它的电阻值也相应增大，并使励磁电流减小。由此引起电机气隙磁通 Φ 的下降，从而造成线性误差。

为了减小温度对励磁电流的影响，实际使用中，可在直流测速发电机的励磁绕组回路中串联一个温度系数较低、阻值比励磁绕组大 3~5 倍的附加电阻，它用康铜或锰铜绕制而成，这样，当励磁绕组温度升高时，励磁回路的总电阻值变化很小。因此励磁电流几乎不变。此外，还可以在设计时使直流测速发电机的磁路处于较饱和状态，这样，即使励磁电流有较大波动，电机的气隙磁通却变化不大。

2. 性能指标

（1）线性误差 $\Delta U\%$。它表明在工作转速范围内，实际输出特性与理想输出特性之间最大电压差值 ΔU_m 与最大理想输出电压之比，即

$$\Delta U\% = \dfrac{\Delta U_m}{U_m} \times 100\% \tag{4-19}$$

式中：U_m 为最高转速 n_{max} 时的输出电压。一般要求 $\Delta U\% = 1\% \sim 2\%$，较精密的系统要求 $\Delta U\% = 0.25\% \sim 1\%$。

（2）最大线性工作转速 n_{max}。它表示在允许线性误差范围内的电枢最高转速，也就是测速发电机的额定转速。

（3）负载电阻 R。它指保证输出特性在线性误差范围内的最小负载电阻值。在使用时，接到电枢两端的负载电阻应不小于此值。

（4）不灵敏区 Δn。当 $n < \Delta n$ 时，输出电压 $U = 0$。

（5）静态放大系数 C。它表示输出特性的斜率，即 $C = \mathrm{d}U/\mathrm{d}n$，$C$ 值越大越好。采用较大的负载电阻，可提高 C 值。

（6）变温输出误差 δU_t。它指直流测速发电机在一定转速下，由于温度变化引起输出电压变化值，对该转速下常温输出电压的比值，即

$$\delta U_t = \dfrac{U_{t1} - U_{t0}}{U_{t0}} \times 100\% \tag{4-20}$$

式中：U_{t1} 为温度为 t_1 时的输出电压；U_{t0} 为温度为 t_0 时的输出电压。

4.3.2 交流测速发电机

交流测速发电机可分为异步测速发电机和同步测速发电机，下面介绍应用较广的异步测速发电机。

1. 结构特点

交流异步测速发电机的结构和交流伺服电动机的结构一样，为了提高系统的快速响应和灵敏度，减小转动惯量，目前异步测速发电机的转子都采用空心杯结构，其结构如图 4-28 所示，在机座号小的测速发电机中，定子槽内嵌放空间位置相差 90°的两相绕组，其中一相为励磁绕组，另一相为输出绕组。在机座号较大的测速发电机中，外定子上嵌放励磁绕组，内定子上嵌放输出绕组，以便调节内、外定子间的相对位置，使剩余电压最小。转子是空心杯，用高电阻率非磁性材料制成，如磷青铜、硅锰青铜等，杯子底部固定在转轴上。空心杯转子异步测速发电机的转动惯量很小，另外和笼形转子相比，其转子电阻大得多，转子漏电抗小得多，使输出特性的线性度较好。

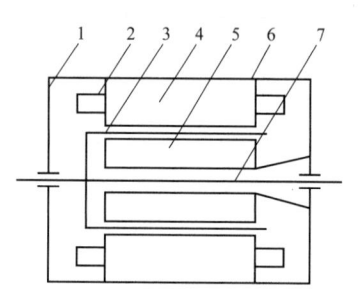

图 4-28 杯形转子异步测速发电机结构示意图
1—端盖；2—定子绕组；3—杯形转子；
4—外定子；5—内定子；6—机壳；7—轴

2. 工作原理

异步测速发电机的工作原理如图 4-29 所示。励磁绕组接于电压 U_1 和频率 f 恒定的交流电源，输出绕组接负载，励磁绕组的轴线为 d 轴，输出绕组的轴线为 q 轴。

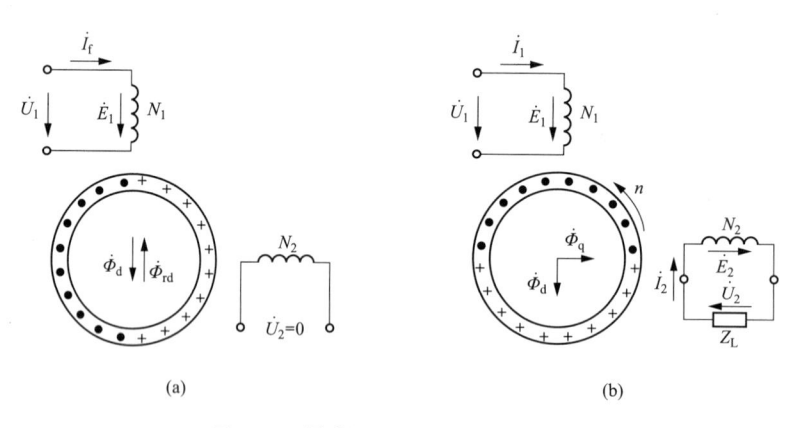

图 4-29 异步测速发电机工作原理图
(a) 转子静止时；(b) 转子旋转时

（1）图 4-29（a）表示转子静止不动时的情况。当励磁绕组中有励磁电流流过时，产生 d 轴方向的脉动磁势 $\dot{F}_d$ 和脉动磁通 $\dot{\Phi}_d$，$\dot{\Phi}_d$ 叫作直轴磁通。杯形转子可看成由无数根并联导体组成的笼式绕组，当 $\dot{\Phi}_d$ 穿过转子时，由于 $\dot{\Phi}_d$ 交变的作用，将在转子导体中产生感应电动势和感应电流，这种电磁关系和二次侧短路的变压器一样，励磁绕组相当于变压器的一次绕组，杯形转子就是短路的二次绕组，此时的感应电动势和电流称为变压器电动势和电流。根据楞次定律可决定杯形转子中电动势和电流的方向。如图 4-29（a）所示为 $\dot{\Phi}_d$ 增加时的情况。由转子电流引起的转子磁势 $\dot{\Phi}_{rd}$ 是一个轴线与 d 轴重合的脉动磁势，所以 d 轴方向磁通应由励磁磁势与转子直轴磁势共同建立。由于电源不变，合成磁通仍维持 $\dot{\Phi}_d$ 不变，根据磁势平衡原理，励磁绕组中的电流需增加一个相应的分量补偿转子电流的影响。由于 $\dot{\Phi}_d$ 与输出绕组轴线 q 轴互相垂直，不会在输出绕组中感应电动势，所以，当交流异步测速发电机的转速为零时，输出绕组的电压信号为零。

(2) 当转子由原动机拖动以转速 n 转动时，这时除了 $\dot{\Phi}_d$ 在杯形转子中感应变压器电动势和电流以外，由于转子导体切割气隙磁通 $\dot{\Phi}_d$，在转子导体中又感应产生切割电动势 $\dot{E}_r$ 及相应的电流 $\dot{I}_r$，$\dot{E}_r$ 的正方向由右手定则确定，如图 4-29（b）所示，其有效值为

$$E_r = C\Phi_d n \tag{4-21}$$

式中：C 为与电机结构有关的常数。

从上式可知，$E_r \propto \Phi_d n$。

由于转子杯材料具有高电阻率，使转子的电阻值很大，而杯形转子的漏电抗值却很小，这样可以忽略转子的漏电抗，而认为转子电路是纯电阻性的。因此 $\dot{I}_r$ 与 $\dot{E}_r$ 同相位，由 $\dot{I}_r$ 建立的磁势 $\dot{F}_{rq}$ 作用在 q 轴方向，其大小正比于 $\dot{E}_r$，即 $F_{rq} \propto I_r \propto E_r \propto \Phi_d n$。

$\dot{F}_{rq}$ 产生在 q 轴方向的磁通 $\dot{\Phi}_q$，$\dot{\Phi}_q$ 称为交轴磁通。在线性磁路下，$F_{rq} \propto \Phi_q$。$\dot{\Phi}_q$ 在 q 轴上的输出绕组中感应电动势 $\dot{E}_2$，由于 $\dot{\Phi}_d$ 以频率 f 交变，其引起的 $\dot{E}_r$、$\dot{I}_r$、$\dot{F}_{rq}$ 和 $\dot{E}_2$ 也都随时间以频率 f 交变。输出绕组中感应电动势 E_2 的大小与 F_{rq} 成正比，即

$$E_2 = 4.44 f N_2 k_{w2} \Phi_q \propto \Phi_q \propto F_{rq} \propto \Phi_d n$$

上式说明，当 Φ_d ＝常数时，空载输出电压 $U_{20} = E_2$，即 U_{20} 与转子转速 n 成正比。如果转子转向相反，则输出电压的相位也相反。这是因为，当转子反向旋转时，杯形转子产生的切割电动势和电流以及磁通 $\dot{\Phi}_q$ 均反相。这样，可以从该电机输出电压的大小及相位来测定电机的转速和转向。

3. 输出特性

输出特性是指测速发电机输出电压与转速之间的关系曲线，即 $U_2 = f(n)$。当忽略励磁绕组的漏阻抗时，$U_1 = E_1$，只要电源电压 $\dot{U}_1$ 恒定，Φ_d 为常数。如上所述，E_2 以及空载电压 U_{20} 都与 n 成正比，忽略输出绕组的漏阻抗时，输出电压 U_2 与 n 也成正比。输出特性 $U_2 = f(n)$ 为直线，如图 4-30 曲线 1 所示。但由于误差的存在，实际的输出特性并不是严格的线性关系。下面对误差产生的主要原因及减小误差的方法进行分析。

(1) 幅值及相位误差。为了使输出电压 U_2 与 n 成正比，要求直轴磁通 $\dot{\Phi}_d$ 不变，但由于励磁绕组漏阻抗的存

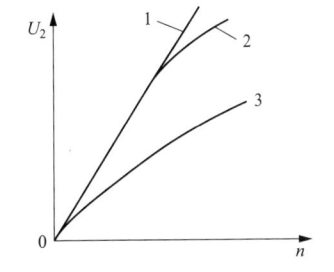

图 4-30 异步测速发电机输出特性

在，使励磁绕组感应电动势与励磁电压与之间相差一个漏阻抗压降，漏阻抗压降越大，$\dot{\Phi}_d$ 的大小和相位变化越大，输出电压的幅值和相位误差就越大。

当转子旋转时，$\dot{\Phi}_q$ 除了在输出绕组中产生变压器电动势外，转子杯切割 $\dot{\Phi}_q$，也在杯形转子中产生切割电动势及电流，并建立 d 轴方向的磁势 $\dot{F}_{rd}$，且 $F_{rd} \propto \Phi_q n \propto n^2$。也就是说，当转子以转速 n 旋转时，作用于 d 轴方向的磁势有两个：一个是 $\dot{F}_d$，大小与 n 无关；另一个是 $\dot{F}_{rd}$，大小与 n^2 成正比，由 $\dot{F}_d$ 与 $\dot{F}_{rd}$ 共同建立的直轴方向的磁通 $\dot{\Phi}_d$，也包含了与转速无关的和与转速平方成正比的两个分量。而 $\dot{F}_{rd}$ 与 $\dot{F}_d$ 方向相反，有去磁作用。随着 n 的增加，去磁分量 $\dot{F}_{rd} \propto n^2$，使 Φ_d 不再是常数。

此外，只有当转子电路电阻很大时，才可以忽略转子的漏电抗，认为转子是纯电阻电路。这时由切割电动势 $\dot{E}_r$ 产生的电流 $\dot{I}_r$ 才与 $\dot{E}_r$ 同相位，由 $\dot{I}_r$ 建立的磁势只有交轴方向的磁势 $\dot{F}_{rq}$。若转子电阻 R_2 不够大，则转子漏电抗 X_2 不能忽略，转子阻抗角 $\varphi_2 = \tan^{-1} X_2 / R_2$ 不为零，即 $\dot{I}_r$ 在时间上滞后 $\dot{E}_r$ 电角度为 φ_2，表现在空间分布上差一个 φ_2 空间角，在同一瞬间，转子杯中的电流方向如图 4-31 的外圈符号所示。这样该电流建立的磁势除交轴分量外，还有直轴分量，即 $\dot{F}_r = \dot{F}_{rq} + \dot{F}'_{rd}$，其中 $\dot{F}_{rq}$ 的作用如前所述，而 $\dot{F}'_{rd}$ 则要产生 d 轴方向的磁通，并且 $\dot{F}'_{rd} = F_r \sin\varphi_2 \propto E_r \propto \Phi_d n$，因此电机中直轴方向的磁势有与转速无关的、与转速成正比的和与转速平方成正比的三个磁势，当电阻 R_2 不太大时，与转速有关的两个磁势较大，输出特性非线性较严重。Φ_d 的减小使 U_2 比理想的线性特性小，呈现非线性，如图 4-30 曲线 2 所示。

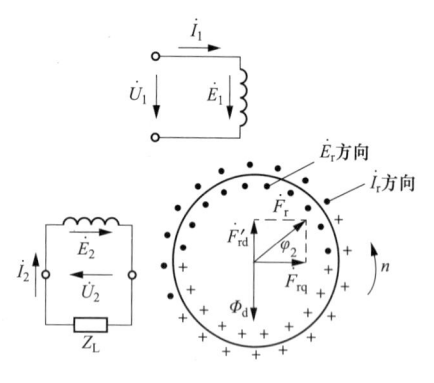

图 4-31 笼形转子磁势

当测速发电机输出绕组接有负载阻抗 Z_L 时，便有输出电流 I_2 流过输出绕组，此时输出电压为 $\dot{U}_2 = \dot{E}_2 - \dot{I}_2 Z_2$（$Z_2$ 为输出绕组的漏阻抗）。负载运行时，交流异步测速发电机的输出电压不仅与电动势 $\dot{E}_2$ 有关，而且还与负载的大小和性质有关，负载的大小和性质不同，$\dot{I}_2$ 的大小和相位也不同，$\dot{U}_2$ 的幅值和相位随之改变。图 4-30 曲线 3 所示为纯电阻或纯电感负载时的输出特性，这时 $U_2 < E_2$，比空载电动势低。

减小幅值及相位误差可采取以下措施：

1) 增加转子电阻。这是因为转子电阻大，相同的附加切割电动势在转子中引起的电流及相应的去磁磁势 F_{rd} 就小，对合成磁通 Φ_d 的影响不大，使输出特性更接近直线。此外，只有当转子电路电阻很大时，才可以忽略转子的漏电抗，认为转子是纯电阻电路。

2) 提高电源的频率 f。造成异步测速发电机误差的主要原因是直轴方向的合成磁通 Φ_d 不是常数。如前所述，它随着转速的增加而减小，并与负载无关，使转速较高时输出特性的非线性度增大。因此，提高电源的频率 f，降低电机的相对转速 $v = n/n_1$（n_1 为异步测速发电机的同步转速），可减小线性误差。当 $v \leq 0.2 \sim 0.25$，从理论上分析线性误差就非常小了。空心杯转子异步测速发电机电源频率一般为 400 Hz。

3) 适当增大负载阻抗，这样可减小输出绕组的电流，减小输出绕组漏阻抗压降的影响。

(2) 剩余电压。从原理上讲，测速发电机转子不动时，输出绕组并没有感应电动势，也就没有输出电压。但由于在电机加工和装配过程中，存在机械上的不对称及定子磁性材料性能在各个方向的不对称使 $\dot{F}_\mathrm{d}$ 产生的磁通出现了 q 轴分量，因而在转子静止时也有磁通穿过输出绕组，在输出绕组中感应变压器电动势从而产生剩余电压。

减小剩余电压需要提高材料质量和工艺水平，也可以在电机中加补偿绕组，还可以在实际使用时采取一些补偿措施，目前异步测速发电机剩余电压可以做到小于 10mV。

思考与练习

4-1 交流伺服电动机的控制方式有哪几种？如何改变交流伺服电动机的旋转方向？

4-2 改变控制电压的大小和相位为什么能对交流伺服电动机进行控制？

4-3 什么是步进电动机的三相单三拍、三相六拍和三相双三拍工作方式？它们的通电顺序分别是什么？

4-4 什么叫步进电动机的步距角？步距角的大小由哪些因素决定？通过哪些途径可以减小步进电动机的步距角？

4-5 步进电动机的转速是由哪些因素决定的？

4-6 为什么直流测速发电机的转速不得超过规定的最高转速？负载电阻不能小于给定值？

4-7 交流异步测速发电机的误差包括哪些方面？怎样减小误差？

控制电机 MATLAB 仿真实践

步进电机是将电脉冲信号转变为角位移或线位移的开环控制元件。在非超载的情况下，电机的转速、停止的位置只取决于脉冲信号的频率和脉冲数，而不受负载变化的影响，即给电机加一个脉冲信号，电机则转过一个步距角。这一线性关系的存在，加上步进电机只有周期性的误差而无累积误差等特点。使得在速度、位置等控制领域用步进电机来控制变得非常的简单。

利用 MATLAB 软件独立完成步进电机转速控制仿真实践。

项目五 电动机容量的选择

在电力拖动系统中,电动机是核心部件,要使电力拖动系统安全、可靠、经济地运行,必须正确地选择电动机,包括选择电动机的额定功率、种类、结构形式、额定电压、额定转速等。因此合理选择电动机的容量具有很重要的意义。

目标要求

(1) 掌握电动机的发热和冷却及工作方式。
(2) 掌握电动机额定功率的选择。
(3) 掌握电动机额定数据的选择。

任务1 电动机的发热和冷却及工作方式

电动机的额定功率是根据电动机工作发热时温升不超过绝缘材料的允许温升来确定的。其温升变化规律与其工作特点有关。因此,为了合理选择电动机的功率,应先分析电动机工作过程的发热情况。

5.1.1 电动机的发热和冷却

1. 电动机的发热

电动机工作时,由于其内部存在铁损耗、铜损耗、机械损耗以及附加损耗,这些损耗以热量的形式表现出来,使电动机发热。电动机工作时,其内部产生的热量一部分散发到周围的空气中,另一部分由电动机吸收使其本身的温度升高,电动机的温度高于周围环境温度时,电动机就要向周围散热,电动机温度越高,散热越快。当电动机在单位时间内产生的热量与单位时间内散发到周围介质中的热量相等时,电动机的温度就不再升高,达到了热稳定状态。此时的温度与环境温度的差值称为温升,其大小取决于电动机的负载,为了简化分析,假设电动机为一均匀体,它各点的温度都一样,并且各处的散热能力完全相同。

设电动机在恒定负载下运行,它的损耗是不变的,即单位时间内电动机损耗所产生的热量 Q 不变,则 dt 时间内产生的热量为 Qdt;其中,使电动机温度升高部分的热量为 $Q_1 = Cd\tau$(C 为电动机温度每升高1℃所需的热量,称为热容量;$d\tau$ 为电动机温度升高增量);向周围散发出去的热量为 $Q_2 = A\tau dt$(A 为电动机温度高出环境温度1℃时,单位时间内向周围介质散发出去的热量,称为散热系数;τ 为电动机温升)。

由能量守恒定理,可列出热平衡方程式:

$$Qdt = Cd\tau + A\tau dt \tag{5-1}$$

整理得出

$$\tau + \frac{Cd\tau}{Adt} = \frac{Q}{A} \tag{5-2}$$

在发热过程开始时，电动机所产生的热量全部用来提高本身的温度，所以温度上升很快。随着电动机温度升高的同时，散出的热量也跟着增加，则本身吸收热量越来越小，电动机的温升越来越慢。经过一定时间，电动机温度不再提高（$d\tau = 0$），这时电动机的温升达到稳定值 $\tau = \tau_w$，电动机产生的全部热量完全发散到周围介质中去。则

$$Qdt = A\tau_w dt \tag{5-3}$$

由此得到发热达到稳定状态时，电动机的稳定温升为

$$\tau_w = \frac{Q}{A} \tag{5-4}$$

将式（5-4）代入式（5-2）得

$$\tau + \frac{C}{A}\frac{d\tau}{dt} = \tau_w \tag{5-5}$$

$$\tau + T\frac{d\tau}{dt} = \tau_w \tag{5-6}$$

其中，$T = \dfrac{C}{A}$ 为发热时间常数。

式（5-6）是一阶常系数线性微分方程，通过解微分方程可导出电动机的温升变化过程表达式：

$$\tau = \tau_w + (\tau_0 - \tau_w)e^{-\frac{t}{T}} \tag{5-7}$$

式中：τ_0 为初始温升，即 $t = 0$ 时的温升；τ_w 为稳定温升。

由式（5-7）可画出电动机发热过程的温升曲线如图 5-1 所示。

由图 5-1 可知，电动机发热时温升是按指数规律上升的。图 5-1 中曲线 1 是初始温升不为零的发热曲线，曲线 2 是初始温升为零的发热曲线。

2. 电动机的冷却过程

（1）电动机负载减少时的冷却过程。电动机在运行过程中，如果减小它的负载，其内部的损耗减小，产生的热量也随之减少，原来的热平衡状态被破坏，变成了发热少于散热，电动机的温度就要下降。随着温升降低，单位时间内散出的热量逐渐减少，直到重新达到稳定温升（即发热等于散热）时，温升不再变化，此时，电动机达到了一个新的稳定状态。

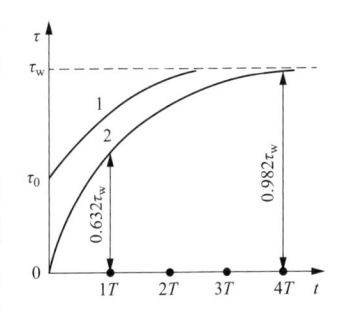

图 5-1 电动机的发热曲线

类似于发热过程的推导，可得出冷却过程的温升曲线表达式为

$$\tau = \tau'_w + (\tau'_0 - \tau'_w)e^{-\frac{t}{T}} \tag{5-8}$$

式中：τ'_0 为冷却开始时的初始温升；τ'_w 为电动机新的稳定温升。

从式（5-8）可知，冷却曲线仍为指数规律，如图 5-2 中曲线 1 所示。

（2）电动机断开电源时的冷却过程。电动机断开电源后，电动机的损耗为零，不再产生热量，电动机的温升逐渐下降，直到与周围环境温度相同为止。此时，稳定温升 $\tau_w = 0$，因

图 5-2 电动机的冷却曲线

此曲线方程可改写为下式：

$$\tau = \tau'_0 e^{-\frac{t}{T}} \tag{5-9}$$

此时冷却过程的温升曲线如图 10-2 中曲线 2 所示。

由图 5-2 冷却曲线可见，在电动机冷却时，发热减小或不发热，原来储存在电动机中的热量逐渐散发出来，使电动机的温升下降。冷却开始时，电动机的温升大，散热快，温升下降曲线较陡，随着温升的不断下降，散热量越来越小，温升下降慢，曲线变得平缓，最后接近于稳定温升或等于零。

（3）电动机的绝缘等级。电动机的发热过程是十分复杂的，每一部分材料的热容量、散热系数和发热量都不相同，因此电机内部各点温度不均匀，发热多而散热不易的地方，如槽底处温度最高，电动机外壳表面温度最低。电动机的稳定温升各点不同。实际上，电动机的温升是各部分分开计算的。

从发热方面来看，决定电动机容量的一个主要因素是绕组绝缘材料的耐热能力，也就是绕组绝缘材料所能容许的温度。电动机在运行中最高温度不能超过绕组绝缘的最高允许温度，超过这一极限时，电动机使用年限就大大缩短，甚至因绝缘很快烧坏而不能使用。根据国际电工委员会规定，电工用的绝缘材料可分为 7 个等级，见表 5-1。电动机中常用的有 A、E、B、F、H 5 个等级，电动机的允许温升，既和所用绝缘材料等级有关，还和周围环境温度有关，由于环境温度变化很大，为统一起见，我国规定 40℃ 为标准环境温度，绝缘材料或电动机的温度减去 40℃ 即为允许温升。

表 5-1　　　　　　　　　　绝 缘 材 料 等 级

绝缘等级	绝缘材料	最高允许温度	允许温升
Y	用油漆浸渍的棉纱、丝绸、纸板、木材等天然有机材料	90℃	50℃
A	经过浸渍处理的棉、丝、木材、纸板等，普通绝缘漆	105℃	65℃
E	环氧树脂、聚酯薄膜、聚乙烯醇、青壳纸、三醋酸纤维薄膜、高强度绝缘漆	120℃	80℃
B	用提高了耐热性能的有机漆作黏合剂的云母带、石棉和玻璃纤维组合物	130℃	90℃
F	用耐热优良的环氧树脂黏合或浸渍的云母、石棉和玻璃纤维组合物	155℃	115℃
H	用硅有机树脂黏合或浸渍的云母、石棉和玻璃纤维组合物、硅有机橡胶	180℃	140℃
C	不用胶合物的陶瓷、云母、玻璃纤维、石棉等	180℃以上	

5.1.2　电动机的工作方式

电动机工作时，负载持续时间的长短对电动机的发热情况影响很大，因而对电动机功率的选择影响也很大。按电动机发热的不同情况，可分为以下 3 种工作方式。

1. 连续工作方式

连续运行方式是指电动机工作时间 $t_g > (3 \sim 4)T$，即连续工作时间 t_g 很长，可达几小时、几天或数月，温升可以达到稳态值而不会超过允许值，也称连续工作制。这种工作方式，一般来说负载是稳定的，如图 5-3 中的负载曲线（负载图）$P = f(t)$ 为直线。连续工作方式电动机在铭牌上标注 S_1 或在铭牌上不标出，属于这类生产机械的有水泵、鼓风机、造纸机、机床主轴等。连续工作方式的电动机在生产实际中的使用很广泛，其温升曲线如图 5-3 所示。

2. 短时工作方式

短时工作方式是指电动机工作时间 t_g 较短，$t_g < (3\sim4)T$，而停歇时间 t_0 又很长，$t_0 > (3\sim4)T$，短时工作方式也称为短时工作制。这样工作时温升达不到稳定值，而停歇后温升降为零。短时工作方式的电动机铭牌上的标注为 S_2。属于此类生产机械的有机床的夹紧装置、某些冶金辅助机械、水闸闸门启闭机等。其负载曲线和温升曲线如图 5-4 所示。图中虚线表示如果带同样大小的负载连续工作时的温升曲线。

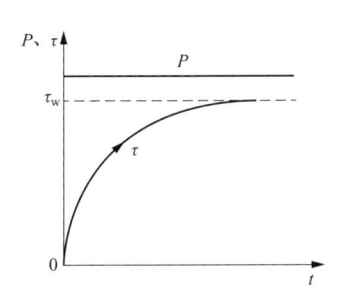

图 5-3 连续工作方式电动机的负载图与温升曲线

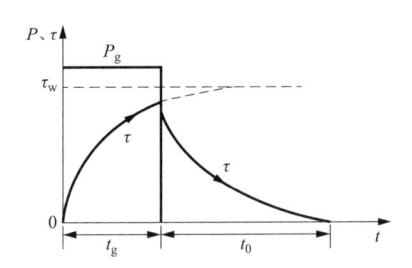

图 5-4 短时工作方式电动机的负载图与温升曲线

短时工作方式下电动机的额定功率是与规定的工作时间相对应的，如果让这类电动机超过规定时间运行，它的温升将超过额定温升，使电动机过热，降低其使用寿命，甚至烧坏。我国的短时工作方式电动机铭牌上给定的额定功率是按 15、30、60、90min 4 种标准时间规定的。

3. 断续周期工作方式

断续周期工作方式是指电动机带额定负载运行时，运行时间 t_g 很短，电动机的温升达不到稳定温升；停止时间 t_0 也很短，使电动机的温升降不到零，随着电动机断续周期地工作，最后温升在最高温升 τ_{max} 和最低温升 τ_{min} 之间波动，这种工作方式也称为断续周期工作制。属于这类工作方式的生产机械有起重机、电梯、轧钢辅助机械等。

把工作时间占工作周期的百分比称为负载持续率，用 ε% 表示，即

$$\varepsilon\% = \frac{t_g}{t_g + t_0} \times 100\% \tag{5-10}$$

式中 (t_g+t_0) 常称为工作周期，我国规定断续周期工作方式电动机的负载持续率有 15%、25%、40%、60% 4 种定额，每一个工作周期小于 10min。

断续周期工作方式的电动机铭牌上的标注为 S_3。要求频繁启动、制动的电动机常采用断续周期方式的电动机，如拖动电梯、起重机的电动机等。图 5-5 是断续周期工作方式电动机的负载图和温升曲线。

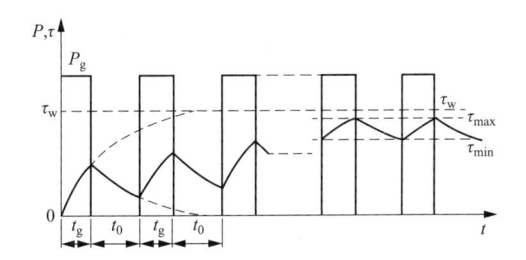

图 5-5 断续周期工作方式电动机负载图和温升曲线

实际上，生产机械所用的电动机的负载图是各式各样的，但从发热的角度来考虑，总可以把它们折算到以上 3 种类型里面去。

任务2 电动机额定功率的选择

电动机的工作方式不同,其发热和温升情况就不同。因此,从发热观点选择电动机额定功率的方法也就不同。决定电动机额定功率的主要因素如下:

(1) 电动机的发热与温升,这是决定电动机额定功率的最主要因素。

(2) 允许短时过载能力。

(3) 对交流笼形异步电动机还要考虑启动能力。

电动机额定功率的选择是根据实际生产机械负载的负载图 $P=f(t)$ 及温升曲线 $\tau=f(t)$,并考虑电动机的过载能力,计算出负载功率,预选一台电动机,然后进行发热校验、过载能力和启动能力的校验。

5.2.1 连续工作方式(工作制)电动机额定功率的选择

连续工作方式电动机的负载可分成两大类:

恒定负载:是指负载长时间不变或变化不大,如水泵、风机、大型机床主轴等。这类生产机械电动机功率的选择较为简单,根据负载的功率 P_L,只要在产品目录中选一台电动机,使电动机的额定功率 P_N 等于或略大于生产机械需要的额定功率 P_L,且转速合适的电动机即可。

变动负载:是指负载长时间施加,但大小周期性变化。电动机长时间拖动变动负载时,它的输出功率在不断变化,电动机内部的损耗及温升也在不断变化,但经过一段时间后,电动机的温升可达到一种稳定波动状态。在这种情况下,若按最大负载功率选择电动机功率,电动机将不能充分利用;若按最小负载功率选择,电动机将过载,引起电动机温升过高。因此,变动负载下电动机功率的选择只能在最大负载和最小负载之间选择。

连续工作方式电动机额定功率选择一般按下列步骤进行:

1. 计算负载功率

(1) 计算恒定负载功率。

1) 直线运动的生产机械

$$P_L = \frac{F_L v}{\eta} \times 10^{-3} (\text{kW}) \tag{5-11}$$

式中:F_L 为生产机械的负载力,N;v 为生产机械的线速度,m/s;η 为系统的传动效率。

2) 旋转运动的生产机械

$$P_L = \frac{T_L n}{9.55 \eta} \times 10^{-3} (\text{kW}) \tag{5-12}$$

式中:T_L 为负载转矩,N·m;n 为负载的转速,r/min;η 为系统的传动效率。

3) 泵类生产机械

$$P_L = \frac{V \gamma H}{\eta_B \eta} \times 10^{-3} (\text{kW}) \tag{5-13}$$

式中:V 为泵每秒排出的液体量,m³/s;γ 为液体的密度,N/m³;H 为排出液体高度,m;η_B 为泵的效率,活塞式泵为 0.8~0.9,高压离心泵为 0.5~0.8,低压离心泵为 0.3~0.6;η 为传动装置的效率。

4) 风机类的生产机械

$$P_L = \frac{VH}{\eta_F \eta} \times 10^{-3} (\text{kW}) \tag{5-14}$$

式中：V 为风机每秒钟吸入的气体量，m^3/s；H 为风机对 $1m^3$ 气体所做的功，$N \cdot m/m^3$；η_F 为风机的效率，大型鼓风机为 $0.5 \sim 0.8$，中型离心式鼓风机为 $0.3 \sim 0.5$，小型叶轮鼓风机为 $0.2 \sim 0.35$；η 为传动装置的效率。

(2) 周期变化负载功率的确定。图 5-6 是一个周期内变动的生产机械负载图与温升曲线。

据此图得出变化负载的平均功率为

$$P_{Lpj} = \frac{P_1 t_1 + P_2 t_2 + \cdots + P_n t_n}{t_1 + t_2 + \cdots + t_n} = \frac{\sum\limits_{i=1}^{n} P_i \cdot t_i}{\sum\limits_{i=1}^{n} t_i} \quad (5-15)$$

式中：P_1、P_2、$\cdots$、P_n 为各段负载的功率；t_1、t_2、$\cdots$、t_n 为各段负载的持续时间。

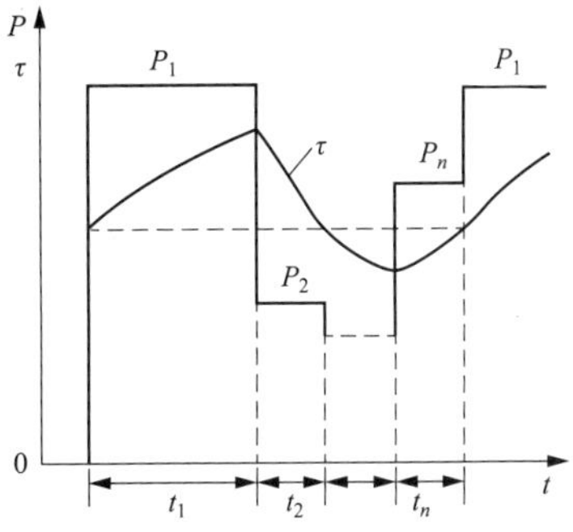

图 5-6 周期变化负载图与温升

2. 预选电动机的功率

电动机吸收电源的功率既要转换为机械功率供给负载，又要电动机内部产生损耗。损耗可分为不变损耗和可变损耗。不变损耗不随负载电流的变化而变化，可变损耗与负载电流有关，与负载电流平方成正比。负载电流增大时，可变损耗要增大，因此电动机的额定功率也要相应地选大些。式（5-15）没有反映出启、制动时因负载电流增加而要求预选电动机额定功率增大的问题。实际预选电动机额定功率时，应先将 P_{Lpj} 扩大 $1.1 \sim 1.6$ 倍，再进行预选，即预选电动机的额定功率为

$$P_N \geqslant (1.1 \sim 1.6) P_{Lpj} \quad (5-16)$$

式中系数 $1.1 \sim 1.6$ 的取值由实际启、制动时间占整个工作周期的比重来决定。所占比重大时，系数可适当取得大一些。

3. 电动机的发热校验

预选电动机是否选得合适，还要进行发热校验，但绘制电动机的发热曲线是比较困难的。因此一般情况下用以下几种方法进行校验。

(1) 平均损耗法。预选好电动机功率后，根据预选电动机的效率曲线，可以计算出电动机带各段负载时对应的损耗，ΔP_1、ΔP_2、$\cdots$、ΔP_n，然后再计算出变化负载时的平均损耗功率 ΔP_{pj}。

$$\Delta P_i = \frac{P_i}{\eta_i} - P_i \quad (5-17)$$

式中：P_i 为电动机在各段负载时的输出功率；η_i 为各段负载时电动机的效率。

$$\Delta P_{pj} = \frac{\Delta P_1 t_1 + \Delta P_2 t_2 + \Delta P_3 t_3 + \cdots + \Delta P_n t_n}{t_1 + t_2 + t_3 + \cdots + t_n} = \frac{\sum\limits_{i=1}^{n} \Delta P_i t_i}{\sum\limits_{i=1}^{n} t_i} \quad (5-18)$$

式中：ΔP_{pj} 为变化负载时的平均损耗；ΔP_i 是在 t_i 时间内，输出功率为 P_i 时的损耗。

将上式所求的平均损耗与预选电动机的额定损耗相比较，应满足下列关系：

$$\Delta P_{pj} \leqslant \Delta P_N \quad (5-19)$$
$$\Delta P_N = P_N / \eta_N - P_N$$

式中：ΔP_N 为预选电动机所对应的额定损耗。

这样选出的电动机运行时实际达到的稳定温升将不会超过其允许温升，预选电动机的发

热校验通过。如果预选的电动机不满足式（5-19），说明预选电动机的功率选小了，应再选功率大一点的电动机，再进行发热校验，直到合适为止。

应用平均损耗法进行发热校验是比较准确的，可用于电动机大多数情况下的发热校验，但一般应注意其使用条件是变化负载工作周期 $t_Z \leqslant T$（发热时间常数），国家标准规定 $t_Z \leqslant 10\text{min}$。

（2）等效法。平均损耗法在实际应用中很不方便，因为在验证电动机发热时，要预先知道电动机的效率曲线，并要先求出各种不同负载下电动机的内部损耗，这种方法的计算比较麻烦，有时电动机的效率曲线不易得到，为了方便起见，常采用等效法进行发热校验。等效法包括等效电流法、等效转矩法和等效功率法 3 种，下面分别介绍说明。

1）等效电流法。

等效电流法（或称均方根电流法）验证电动机的发热，其原理是以一个等效不变的电流 I_{dx}，来代替实际变动的负载电流。代替的条件是在同一周期内它们的热量是相等的。假定不变损耗和电阻均为常数，则电动机带各段负载时的损耗与其对应的电动机电流平方成正比，即

$$\Delta P_i = P_0 + I_i^2 R \tag{5-20}$$

式中：R 为直流电动机中电枢回路电阻 R_a 或交流异步电动机中 $R_1 + R_2'$（指简化等值电路）；I_i 为电动机第 i 负载段的电流；P_0 为电动机的不变损耗。

电动机的平均损耗为

$$\Delta P_{pj} = P_0 + I_{dx}^2 R$$

根据代替前后它们产生的热量相等，可得

$$\Delta P_{pj} t_z = \sum \Delta P_i t_i$$

$$(P_0 + I_{dx}^2 R) t_z = (P_0 + I_1^2 R) t_1 + (P_0 + I_2^2 R) t_2 + \cdots + (P_0 + I_n^2 R) t_n$$

由于工作周期 $t_z = t_1 + t_2 + \cdots + t_n$，上式可写为

$$I_{dx}^2 R t_z = I_1^2 R t_1 + I_2^2 R t_2 + \cdots + I_n^2 R t_n$$

因此可求得等效电流 I_{dx} 的大小为

$$I_{dx} = \sqrt{\frac{I_1^2 t_1 + I_2^2 t_2 + \cdots + I_n^2 t_n}{t_1 + t_2 + \cdots t_n}} = \sqrt{\frac{\sum_{i=1}^{n} I_i^2 t_i}{\sum_{i=1}^{n} t_i}} \tag{5-21}$$

将上式求得的等效电流 I_{dx} 与预选电动机的额定电流 I_N 比较，只要 $I_{dx} \leqslant I_N$，则电动机的发热校验通过。如果电流负载图中某一段的电流较大，则应作短时电流过载能力的校验。

当不变损耗和电阻均为常数，用等效电流法是很方便的，但对于深槽和双笼转子异步机不能采用等效电流法进行发热校验，因为其不变损耗和电阻在启、制动期间不是常数，必须采用平均损耗法。

2）等效转矩法。

等效转矩法（或称均方根转矩法）是由等效电流法导出来的。如果生产机械负载图不是负载电流图，而是转矩图，在下列情况下，转矩与电流成正比，可用等效转矩 T_{dx} 来代替等效电流 I_{dx}。

a. 对于他励或并励直流电动机，当励磁电流不变，磁通 Φ 不变，由式 $T_{emi} = C_T \Phi I_{ai}$ 可知，T_{emi} 正比于 I_{ai}。

b. 对于三相异步电动机，当电源电压、转子电路电阻不变，且在正常运行范围时，Φ_m 及 $\cos\varphi_2$ 可视为常数，由公式 $T_{emi} = C_T \Phi_m I_{2i}' \cos\varphi_2$ 可知，T_{emi} 正比于 I_{2i}'。

于是可导出等效转矩 T_{dx}：

$$T_{dx} = \sqrt{\frac{T_{L1}^2 t_1 + T_{L2}^2 t_2 + \cdots + T_{Ln}^2 t_n}{t_1 + t_2 + \cdots + t_n}} = \sqrt{\frac{\sum\limits_{i=1}^{n} T_{Li}^2 t_i}{\sum\limits_{i=1}^{n} t_i}} \tag{5-22}$$

将上式求得的等效转矩 T_{dx} 与预选电动机的额定转矩 T_N 比较，只要 $T_{dx} \leqslant T_N$，则电动机的发热校验通过。

等效转矩法不能对串励直流电动机、复励直流电动机进行发热校验，因为其负载变化时的主磁通不为常数。经常启、制动的异步电动机也不能用等效转矩法进行发热校验，因为其启、制动时的 Φ_m 及 $\cos\varphi_2$ 不为常数。

3) 等效功率法。

等效功率法（或称均方根功率法）应用范围较等效转矩法小，如果生产机械负载图以功率形式表示时，在转速基本不变的情况下，可用等效功率法来进行发热校验。

假定不变损耗、电阻、主磁通、异步电动机的功率因数、转速均为常数时，则电动机带各段负载时的转矩与其对应的输出功率成正比，即 $P = T_n/9.55$。

由等效转矩引出等效功率的公式

$$P_{dx} = \sqrt{\frac{P_1^2 t_1 + P_2^2 t_2 + \cdots + P_n^2 t_n}{t_1 + t_2 + \cdots + t_n}} = \sqrt{\frac{\sum\limits_{i=1}^{n} P_i^2 t_i}{\sum\limits_{i=1}^{n} t_i}} \tag{5-23}$$

将上式求得的等效功率 P_{dx} 与预选电动机的额定功率 P_N 比较，只要 $P_{dx} \leqslant P_N$，则电动机的发热校验通过。

需要频繁启动、制动时，一般不用等效功率法进行发热校验，因为在启、制动过程中转速不是常数。

对于启动、制动次数很少的电动机，应先把启动、制动各段对应的功率修正为 $P'_i = \frac{n_N}{n} P_i$（其中 n 为各启动、制动阶段的平均转速，且 $n \leqslant n_N$）后，再进行发热校验。

4. 电动机额定功率的修正

电动机的额定功率 P_N 是指电动机在标准环境温度（40℃）、规定的工作方式和定额下，能够连续输出的最大机械功率，以保证其使用寿命。

如果所有的实际情况与规定条件相同，只要电动机的额定功率 P_N 等于负载的实际功率 P_L，就会使电动机运行时实际达到的稳态温升 τ_w 约等于额定温升 τ_N，既能使电动机的发热条件得到充分利用，又能使电动机达到规定的使用年限。但是，实际情况与规定的条件往往不尽相同。在保证电动机能达到规定的使用年限的前提下，如果实际环境温度与标准环境温度不同、实际工作方式与规定的工作方式不同、实际的短时定额与规定的短时定额不同、实际的断续定额与规定的断续定额不同，那么在选择电动机的额定功率 P_N 时，可先对电动机的额定功率 P_N 进行修正，使电动机的额定功率 P_N 大于或等于实际负载功率 P_L。

按照电动机工作过程中的温升不超过规定的允许温升的原则，当环境温度高于标准环境温度40℃时，若使电动机的绝缘温度保持不变，就要降低它的允许温升，也就是要降低它的输出功率，把大电动机当小电动机用，反之，当环境温度低于40℃时，则要提高电动机的输出功率，把小电动机当大电动机用。可见，当环境温度与标准环境温度 40℃ 相差较多时，电动机的功率可按下式进行修正：

$$P'_N = P_N \cdot \sqrt{\frac{\theta_m - \theta_0}{\theta_m - 40} \cdot (\alpha + 1) - \alpha} \tag{5-24}$$

式中：θ_m 为绝缘材料的最高允许温度；θ_0 为环境温度；α 为电动机的不变损耗与额定负载下的铜损耗之比（0.4～1.1）。

由式（5-24）即可计算出电动机在实际环境温度 θ_0 时的额定功率 P'_N，显然 $\theta_0 > 40℃$ 时，$P'_N < P_N$；$\theta_0 < 40℃$ 时，$P'_N > P_N$。

由于电机制造厂在规定绝缘材料的最高允许温度时，已经考虑了自然气候变化的因素，所以当环境温度低于 40℃ 时，不应进行修正。

在实际工作中，当周围环境温度长期低于或高于 40℃，可按表 5-2 进行修正，环境温度低于 30℃ 时，一般电动机的功率也只增加 8%。

表 5-2　　　　　　　　　环境温度变化时电动机额定功率的修正

环境温度	≤30℃	35℃	40℃	45℃	50℃	55℃
功率增减量	+8%	+5%	0	−5%	−12.5%	−25%

这样选择电动机，不会因额定功率 P_N 选得过大而使电动机的发热条件得不到充分利用，也不会因额定功率 P_N 选得过小而导致电动机过载运行而缩短使用年限，甚至损坏。

5. 过载能力和启动能力的校验

电动机在承受短时负载波动时，由于热惯性，温升增大并不多，所以能否稳定运行就取决于电动机的过载能力，要求电动机负载图中最大转矩 T_{Lm} 小于等于预选电动机的最大转矩，即

$$T_{Lm} \leq \lambda_m T_N \tag{5-25}$$

式中：λ_m 为电动机的过载系数。

各种电动机的过载系数 λ_m 见表 5-3。

在选择异步电动机时，应考虑到电网电压可能发生波动，对异步电动机的最大转矩 $\lambda_m T_N$ 进行修正。一般考虑 15% 的电压波动，按下式进行修正：

$$T_{Lm} \leq 0.85^2 \lambda_m T_N \tag{5-26}$$

当所选的电动机为笼形异步电动机时，还需要进行启动能力的校验。由机械特性可知，异步电动机的启动转矩并不大，当生产机械的负载转矩很大时，会造成启动很慢或不能启动，甚至损坏电机。

一般要求启动转矩应大于 1.1 倍的负载转矩，即

$$T_{st} = K_{st} T_N > 1.1 T_{Lm} \tag{5-27}$$

式中：K_{st} 为预选电动机的启动转矩倍数；T_{Lm} 为负载转矩最大值。

表 5-3　　　　　　　　　各种电动机的过载系数

电动机类型	过载系数 λ_m
直流电动机	2（特殊型可达 3～4）
绕线式电动机	2～2.5（特殊可达 3～4）
笼形电动机	1.6～2.2
同步电动机	2～2.5（特殊可达 3～4）

对于绕线式异步电动机和直流电动机，它们的启动转矩是可调的，不必校验其启动能力。

5.2.2 短时负载下电动机额定功率的选择

短时负载下运行的电动机，其特点是工作时间很短，在工作时间内电动机的温升达不到稳态值，而停歇时间又很长，可以使电动机的温升降为零。对这种工作方式的机械，可选用为连续工作方式而设计的电动机，也可选用专为短时工作方式而设计的电动机。

1. 直接选用短时工作方式的电动机

电动机制造厂专门为短时工作方式的生产机械设计制造了短时工作方式电动机，我国规定的标准时间有 15、30、60min 和 90min 四种。因此当工作时间接近上述标准时，可按生产机械的功率、工作时间及转速的要求，由产品目录上直接选取，选择时使 $P_N \geqslant P_L$ 即可。在短时变化负载下，可按计算出的等效功率去选择电动机，然后再校验电动机的过载能力。对于笼形异步电动机，还要校验启动能力。

如果电动机的实际工作时间 t_{sj} 与标准工作时间 t_g 不同时，应把实际工作时间 t_{sj} 下的功率 P_{sj} 折算成标准工作时间下的功率 P_g，再按 P_g 的大小来进行电动机功率的选择和发热校验。

折算的依据是两种情况下发热相同，也就是说能量损耗相等，即

$$P_g = P_{sj} \sqrt{\frac{t_{sj}}{t_g}} \tag{5-28}$$

折算时，应尽量选择标准工作时间 t_g 接近于实际工作时间 t_{sj} 值代入式（5-28）。

计算出 P_g 后，按 P_g 对应的 t_g，预选电动机的额定功率，$P_N \geqslant P_g$ 时，则满足发热条件。由于折算时就是按照发热和温升等效的前提，因此按标准时间折算后，发热就不必校验了。

当没有合适的短时工作方式的电动机时，可采用为断续周期性工作方式设计的电动机来代替，短时工作时间与负载持续率 ε% 之间的换算关系，可近似地认为：30min 相当于 ε%=15%；60min 相当于 ε%=25%；90min 相当于 ε%=40%。

2. 选用连续工作方式的电动机

由于短时工作方式的电动机生产很少，在实际中常选用连续工作方式的电动机来代替短时工作方式的电动机。

对于短时工作方式的电动机，如果按生产机械所需的功率来选择连续工作方式的电动机的功率是不经济的，因为电动机运行时间短，在发热上没有被充分利用，在这种情况下，可以选择容量比所需功率小的电动机，让电动机在短时间内过载运行，在运行结束时的温升不超过所选电动机的允许温升，这样，电动机既不会过热，又在发热上得到了充分利用。然而，电动机的容量小多少才合适，下面进行讨论分析。

电动机额定功率 P_N 选择的依据是：在短时工作时间 t_g 内电动机过载运行，让电动机的温升恰好达到电动机所允许的最高温升。

按发热条件为短时工作方式的负载选用连续工作方式电动机时，电动机的额定功率 P_N 可按下式进行计算，即

$$P_N = P_g \sqrt{\frac{1 - e^{\frac{-t_g}{T}}}{1 + \alpha e^{\frac{-t_g}{T}}}} \tag{5-29}$$

式中：α 为电动机的不变损耗与额定负载下的铜损耗之比；T 为电动机的发热时间常数。

考虑到电动机的过载能力，电动机工作时的实际过载倍数 λ 应小于电动机的过载系数 λ_m，即 $\lambda < \lambda_m$。如果按电动机允许的过载倍数来选择电动机的额定功率，可按下式进行，即

$$P_N \geqslant \frac{P_g}{\lambda_m} \tag{5-30}$$

通过理论和实践的证明，一般按允许过载倍数选择的电动机，发热方面有宽裕，肯定可以满足电动机的温升要求，所以不必再进行发热校验了。最后校验电动机的启动能力。

5.2.3 断续周期工作方式下电动机额定功率的选择

断续周期工作方式的电动机，每个工作周期包含一个工作段和停止段，各个周期负载功率的大小、工作段和停止段时间几乎是相同的。这类生产机械有起重机、电梯、轧钢辅助机械等。断续周期工作方式与短时工作方式的负载差别在于：前者在停车时间内，电动机的温度下降不到周围介质的温度；而后者在较长的停车时间内，能使电动机的温度下降到周围介质的温度。在生产实践中，许多生产机械是在断续周期性工作方式下工作的，按标准规定，断续周期性工作的每一个周期不超过 10min，其中包括启动、运行、制动和停歇各个阶段。普通形式的电动机难以胜任这样频繁的启动、制动工作，因此，专为这一工作方式设计了电动机，供断续周期工作方式的生产机械使用。这类电动机的共同特点是：直径小、机体长、启动能力强、过载能力大、惯性小（飞轮力矩小）、机械强度大、绝缘材料等级高。这类电动机采用封闭式结构的较多，临界转差率 s_m（对于笼形转子异步电动机）设计得较高。

断续周期工作方式下电动机的标准负载持续率有 15%、25%、40%、60% 四种。对一台具体的电动机而言，不同的负载持续率 ε% 对应的额定输出功率也不同。负载率 ε% 越小，额定输出功率越大，即

$$P_{15\%} > P_{25\%} > P_{40\%} > P_{60\%}$$

断续周期方式电动机功率选择的步骤与连续工作方式变动负载下的功率选择相似，要经过预选电动机和校验等步骤，一般情况下，应根据生产机械的负载持续率来选择电动机。

如果生产机械的实际负载持续率 ε_{sj}% 与标准持续率 ε% 相同或相近时，平均负载功率和转速也已知，那么在产品目录中直接选一台合适的断续周期性工作方式的电动机即可，最后校验。

如果实践负载持续率 ε_{sj}% 与标准持续率不同时，应把实际负载持续率 ε_{sj}% 下的实际功率 P_{sj} 折算成标准持续率 ε% 下的负载功率 P_g，再选择电动机的容量和校验发热。

折算方法的依据是实际负载持续率 ε_{sj}% 下的功率 P_{sj} 的损耗与标准持续率 ε% 下的功率 P_g 的发热相同。功率折算公式为下式，即

$$P_g \approx P_{sj} \sqrt{\frac{\varepsilon_{sj}\%}{\varepsilon\%}} \tag{5-31}$$

换算时，应选取与 ε_{sj}% 值接近的 ε% 值代入式（5-31）。

计算出 P_g 后，根据 P_g 所对应的 ε% 值，在产品目录中预选合适的电动机，使其 $P_N \geqslant P_g$，则发热通过，然后再对预选电动机进行过载能力和启动能力的校验。

应该指出，如果负载持续率 ε_{sj}% < 10%，可按短时工作方式选择电动机；如果负载持续率 ε_{sj}% > 70%，可按连续工作方式选择电动机。

例 1 一台断续周期工作方式的电动机功率负载图如图 5-7 所示，预选他冷式绕线异步

电动机，其预选数据为 ε％＝25％，$P_N = 16\text{kW}$，$\lambda_m = 3$，$n_N = 720\text{r/min}$，假定电动机电枢电压不变，启动过程中磁通和功率因数不变。试对电动机进行发热和过载校验。

解： 由图 5-7 可见，在工作时间 t_g 之内，功率是变化的，因此，需要计算等效功率 P_{dx}。在第一阶段中，转速 n 是线性变化的，故不能直接由等效功率法进行发热校验，必须对这段功率进行修正。在这段中，由于转速 n 按线性变化，且 $T = P/\Omega$，所以这段的转矩 T 为常数，即这段中的转矩等于 n_N 时的转矩。为使功率反映恒定转矩时电机发热的情况，应将这段线性变化的功率修正成恒定不变的功率 P'，即

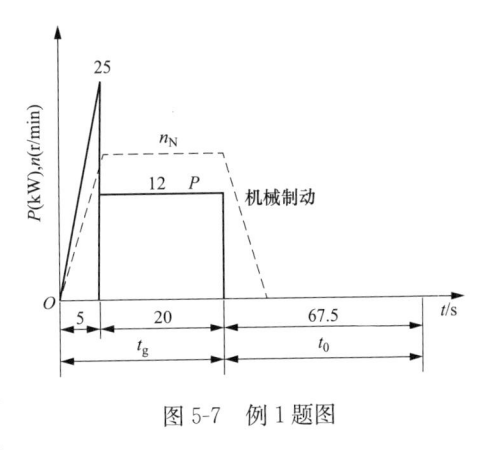

$$P' = \frac{P}{n} \times n_N = \frac{25}{n_N} \times n_N = 25(\text{kW})$$

对于他冷式电动机，等效功率 P_{dx} 为

$$P_{dx} = \sqrt{\frac{25^2 \times 5 + 12^2 \times 20}{5 + 20}} = 15.5(\text{kW})$$

又由于是机械制动，制动过程中电动机断电，制动时间应算在停歇时间内，因此，实际暂载率 ε_{sj}％ 为

$$\varepsilon_{sj}\% = \frac{5 + 20}{5 + 20 + 67.5} = 27\%$$

换算到标准 ε％＝25％ 的等效功率 P'_{dx} 为

$$P'_{dx} = P_{dx}\sqrt{\frac{\varepsilon_{sj}\%}{\varepsilon\%}} = 15.5\sqrt{\frac{27}{25}} = 16.11(\text{kW})$$

此功率已超过预选电动机的额定功率 16kW，因此发热不能通过。该电机不适用，应改选功率大一号的电动机，再进行发热和过载校验。

图 5-7 例 1 题图

任务 3　电动机额定数据的选择

电动机的选择，除了确定电动机的额定功率外，还要根据实践生产机械技术要求、运行环境、供电电源及传动机构的情况，合理地选择电动机的额定数据。电动机的额定数据包括电动机的种类、结构形式、额定电源及额定转速。

5.3.1　电动机种类的选择

选择电动机类型应在满足生产机械对拖动性能（包括过载能力、启动能力、调速性能指标及运行状态等）的前提下，优先选用结构简单、运行可靠、维护方便、价格便宜的电动机。电动机类型选择时应考虑的主要内容如下：

（1）电动机的机械特性应与所拖动生产机械的机械特性相匹配。

（2）电动机的调速性能（调速范围、调速的平滑性、经济性）应该满足生产机械的要求。对调速性能的要求在很大程度上决定了电动机的类型、调速方法以及相应的控制方法。

（3）电动机的启动性能应满足生产机械对电动机启动性能的要求，电动机的启动性能主

要是启动转矩的大小，同时还应注意电网容量对电动机启动电流的限制。

（4）电源种类在满足性能的前提下应优先采用交流电动机。

（5）经济性，一是电动机及其相关设备（如启动设备、调速设备等）的经济性；二是电动机拖动系统运行的经济性，主要是要效率高，节省电能。

在选用电动机时，以上几个方面都应考虑到并进行综合分析以确定出最终方案。

5.3.2 电动机结构型式的选择

电动机的安装方式有卧式和立式两种。卧式安装时电动机的转轴处于水平位置，立式安装时转轴则为垂直地面的位置。两种安装方式的电动机使用的轴承不同，一般情况下采用卧式安装，特殊情况下使用立式。

电动机的工作环境是由生产机械的工作环境决定的。在很多情况下，电动机工作场所的空气中含有不同程度的灰尘和水分，有的还含有腐蚀性气体甚至含有易燃、易爆气体；有的电动机则要在水中或其他液体中工作。灰尘会使电动机绕组黏结上污垢而妨碍散热；水分、腐蚀性气体等会使电动机的绝缘材料性能退化，甚至会完全丧失绝缘能力；易燃、易爆气体与电动机内产生的电火花接触时将有发生燃烧、爆炸的危险。因此，为了保证电动机能够在其工作环境中长期安全运行，必须根据实际环境条件合理地选择电动机的防护方式。电动机的外壳防护方式有开启式、防护式、封闭式和防爆式几种。

（1）开启式。开启式电动机的定子两侧与端盖上都有很大的通风口，其散热条件好，价格便宜，但灰尘、水滴、铁屑等杂物容易从通风口进入电动机内部，因此只适用于清洁、干燥的工作环境。

（2）防护式。防护式电动机在机座下面有通风口，散热较好，可防止水滴、铁屑等杂物从与垂直方向成小于45°角的方向落入电动机内部，但不能防止潮气和灰尘的侵入，因此适用于比较干燥、少尘、无腐蚀性和爆炸性气体的工作环境。

（3）封闭式。封闭式电动机的机座和端盖上均无通风孔，是完全封闭的。这种电动机仅靠机座表面散热，散热条件不好。封闭式电动机又可分为自冷式、自扇冷式、他扇冷式、管道通风式以及密封式等。对于自冷式、自扇冷式、他扇冷式、和管道通风式的封闭式电动机，电动机外的潮气、灰尘等不易进入其内部，因此多用于灰尘多、潮湿、易受风雨、有腐蚀性气体、易引起火灾等各种较恶劣的工作环境。密封式电动机能防止外部的气体或液体进入其内部，因此适用于在液体中工作的生产机械，如潜水泵。

（4）防爆式。防爆式电动机是在封闭式结构的基础上制成隔爆形式，机壳有足够的强度，适用于有易燃、易爆气体工作环境，如有瓦斯的煤矿井下、油库、煤气站等。

5.3.3 电动机额定电压的选择

电动机的电压等级、相数、频率都要与供电电源一致。因此，电动机的额定电压应根据其运行场所的供电电网的电压等级来确定。

我国的交流供电电源，低压通常为380V，高压通常为3、6kV或10kV。中等功率（约200kW）以下的交流电动机，额定电压一般为380V；大功率的交流电动机，额定电压一般为3kV或6kV；额定功率为1000kW以上的电动机，额定电压可以是10kV。

直流电动机的额定电压一般为110、220、440V，大功率电动机可提高到600、800V，甚至提高到1000V，最常用的电压等级为220V。当直流电动机由晶闸管整流电源供电时，则应根据不同的整流电路类型选取相应的电压等级。

5.3.4 电动机额定转速的选择

对于电动机本身来说，额定功率相同的电动机，额定转速越高，体积就越小，质量和造价也就越低，效率也越高，转速较高的异步电动机的功率因数也较高，所以选用额定转速较高的电动机，从电动机角度看是合理的，也是比较经济的。但是，如果生产机械要求的转速较低，那么选用较高转速的电动机时，就需要增加一套传动比较高、体积较大的减速传动装置。因此，在选择电动机的额定转速时，应综合考虑电动机和生产机械两方面的因素来确定。

（1）对不需要调速的高、中速生产机械（如泵、鼓风机），可选择相应额定转速的电动机，从而省去减速传动机构。

（2）对启动、制动或反转很少，不需要调速的低速生产机械（如球磨机、粉碎机），可选用相应的低速电动机或者传动比较小的减速机构。

（3）对经常启动、制动和反转的生产机械，选择额定转速时则应主要考虑缩短启、制动时间以提高生产率。启、制动时间的长、短，主要取决于电动机的飞轮力矩 GD^2 和额定转速 n_N，应选择较小的飞轮力矩和额定转速。

（4）对调速性能要求不高的生产机械，可选用多速电动机或者选择额定转速稍高于生产机械的电动机配以减速机构，也可以采用电气调速的电动机拖动系统。在可能的情况下，应优先选用电气调速方案。

（5）对调速性能要求较高的生产机械，应使电动机的最高转速与生产机械的最高转速相适应，直接采用电气调速。

思考与练习

5-1 电力拖动系统中电动机的选择主要包括哪些内容？

5-2 电动机运行时，发热的原因有哪些？

5-3 什么叫电动机的发热时间常数？它的物理意义是什么？两台同样的电动机，如果通风冷却条件不同，它们的发热时间常数是否相同？为什么？

5-4 电动机的温升主要受哪些因素的影响？可以采取哪些措施来降低电动机的温升？

5-5 为什么电动机刚投入运行时温升增长得很快，越到后来，温升增长得越慢？

5-6 电动机有哪几种工作方式？各有什么特点？

5-7 电动机额定功率的含义是什么？

5-8 电动机的额定功率选的过大或不足时会引起什么后果？

附录 A MATLAB 简介

20 世纪 70 年代，美国新墨西哥大学计算机科学系主任 Cleve Moler 为了减轻学生编程的负担，用 FORTRAN 语言编写了一些接口程序，取名矩阵实验室（Matrix Laboratory，MATLAB）。1984 年由 Little、Moler、Steven Bangert 合作成立了 Math Works 公司，使用 C 语言编写了第一个正式商业化的 MATLAB 软件；到 20 世纪 90 年代，MATLAB 已成为国际控制界的标准计算软件。Math Works 公司正式推出商业化的 MATLAB 之后，1992 年推出了 MATLAB 的 1.0 版本；1999 年推出了 MATLAB 的 5.3 版本，大幅度地改进了 MATLAB 的功能，随之发行了一种可视化的仿真工具，即 Simulink3.0，倍受使用者的喜爱；2003 年推出的 MATLAB 6.3/Simulink5.0 在核心算法、界面设计和外部接口等方面进行了极大的改进；2004 年 9 月推出了 MATLAB 7.0/Simulink6.0；2008 年 10 月推出了 MATLAB 2008a 包括 MATLAB 7.6/Simulink7.1。以后，几乎每年都推出一个新的版本，目前最新版本是 MATLAB 2016a，即 MATLAB 9.1/Simulink8.8。

MATLAB 可以进行矩阵运算、绘制图形和曲线、实现控制算法、创建用户界面等。主要功能包括工程计算、系统设计、信号处理、图像处理、金融建模等，在控制工程、交通工程、电气工程、通信工程、机械工程等领域获得广泛应用，已成为当今工科院校大学毕业生必须掌握的仿真工具，用 MATLAB 实现数值计算与仿真主要有两种方式：①编写仿真程序；②使用 Simulink。前者采用 MATLAB 提供的 M 语言，按照分析对象的数学模型，逐条编写仿真程序。与其他语言不同的是 M 语言具有功能强大的矩阵运算能力。后者是在 MATLAB 平台下的一种基于系统框图的仿真工具。由于采用了框图式的仿真方式，使其具有良好的交互性。Simulink 可以嵌入用 M 语言编写的功能模块，也可以转化成 M 语言程序。本书主要使用 MATLAB 中的 Simulink 进行仿真，下面重点介绍 Simulink 动态仿真工具。

一、MATLAB/Simulink 动态仿真工具

Simulink 是一个动态系统建模、仿真和综合分析的集成软件包。它可以处理线性、非线性系统；离散、连续及混合系统。Simulink 把图形窗口扩展为可以用来编程的图形界面。在 Simulink 提供的图形用户界面（GUI）上，只要进行鼠标的简单拖拉操作就可构造出复杂的仿真模型。Simulink 以方块图形式，采用分层结构建立仿真模型，在 Simulink 环境中，使用者可以在仿真进程中改变感兴趣的参数，实时地观察系统行为的变化。在 MATLAB 7.1 版中，可直接在 Simulink 环境中远行的工具包很多，已覆盖通信、控制、信号处理、DSP、电气工程等诸多领域，所涉及内容专业性极强。

电机的 Simulink 仿真模型构建主要使用 Simulink 中的电力系统仿真模块库（SimPowerSystems）。该库是由加拿大的 Hydro Quebec 公司和 TECSIM International 公司共同开发的，功能非常强大，可以应用于电路、电力电子系统、电机系统、电力传输等领域的仿真。

在 Simulink 的基本库中，常用模块（Common Used Blocks）子库中的模块是在其他模块子库中常用的一些模块的集合。常用模块子库中的模块见表 A1。

表 A1　　　　　　　　　　　　　常用模块子库中的模块

图形符号	说明	图形符号	说明
In1	子系统输入端口模块	Out1	子系统输出端口模块
Ground	信号参考地模块	Terminator	终端模块
Constant	常量模块	Scope	示波器模块
	总线建立模块		总线选择器模块
	信号汇总模块		信号分离模块
Switch	开关模块		求和模块
Product	乘法模块	Gain	增益模块
Relational Operator	关系运算符模块	Logical Operator	逻辑操作符模块
Saturation	饱和模块	Integrator	积分环节模块
Unit Delay	单位延迟模块	Disorete-Time Integrator	离散积分环节模块
Data Type Conversion	数据类型转换模块	Subsystem	子系统模块

本书仿真模型中用到的基本模块见表 A2。

表 A2　　　　　　　　　　本书仿真模型中用到的基本模块

图形符号	说明	图形符号	说明
Clock	时钟	Step	阶跃信号源
Step	停止仿真	Ramp	斜坡信号源
XY Graph	XY 显示界面	Display	数值显示器
Transport Delay	传输延时	Variable Time Delay	时间可变延时
Fcn	自定义函数	Sine Wave	正弦信号源

电力系统的一些模块库见表 A3。

表 A3　　　　　　　　　　电力系统的一些模块库

图形符号	说明	图形符号	说明
Electrical Sources	电源	Elements	元件
Power Electronics	电力电子	Machines	电机
Measurements	测量	Application Libraries	应用库

电力系统模块库中的一些常用模块见表 A4。

表 A4　　　　　　　　　　电力系统模块库中的一些常用模块

图形符号	说明	图形符号	说明
DC Voltage Source	直流电压源	Controlled Current Source	可控电流源
AC Voltage Source	交流电压源	Three-Phase Programmable Voltage Source	三相可编程电压源

续表

图形符号	说明	图形符号	说明
Series RLC Load	串联 RLC 负载	Pi Section Line	π 形传输线
Mutual Inductance	互感	Breaker	断路器
Parallel RLC Branch	并联 RLC 分支	Three-Phase Fault	三相短路模型
Three-Phase Parallel RLC Load	三相并联 RLC 负载	Three-Phase Transformer 12 Terminals	三相 12 端子变压器
地	地	Three-Phase Transformer (Three Windings)	三相双绕组变压器
Connection Port	连接端口	Linear Transformer	线性变压器
Three-Phase Harmonic Filter	三相谐波滤波器	Diode	二极管
Three-Phase Parallel RLC Branch	三相并联 RLC 分支	IGBT	绝缘栅双极型晶体管

续表

图形符号	说明	图形符号	说明
Ideal Switch	理想开关	Simplified Synchronous Machine pu Units	同步电机简单模块（标幺值单位）
Universal Bridge	通用三相桥式变换器	Steam Turbine and Governor	汽轮机和控制器模块，用以和同步发电机配套
m wm	电机测量信号分离	Synchronous Machine pu Standard	同步电机标准模块（标幺值单位）
Asynchronous Machine pu Units	异步电机（标幺值单位）模块	Stepper Motor	步进电动机
DC Machine	直流电机模型，可用作电动机或发电机	Current Measurement	电流测量
Excitation System	为交流同步机提供励磁控制的模块（励磁系统）	Multimeter	万用表
Multi-Band Power System Stabilizer	多频段电力系统稳定器模块	Voltage Measurement	电压测量

续表

图形符号	说明	图形符号	说明
abc _to_ dq0 Transformation	abc 至 dq0 坐标变换	Parallel RLC Load	并联 RLC 负载
dq0 _to_ abc Transformation	dq0 至 abc 坐标变换	Three-Phase Mutual Inductance Z1-Z0	三相互感 Z1−Z0
RMS	有效值	node 10	中性公共点
AC Current Source	交流电流源	Surge Arrester	避雷器
Controlled Voltage Source	可控电压源	Three-Phase Series RLC Branch	三相串联 RLC 分支
Three-Phase Source	三相电源	Distributed Parameters Line	分布参数传输线
Three-Phase Series RLC Load	三相串联 RLC 负载	Three-Phase PI Section Line	三相形传输线
Series RLC Branch	串联 RLC 分支	Three-Phase Breaker	三相断路器
Three-Phase Dynamic Load	三相动态负载	Zigzag Phase-Shifting Transformer	Zigzag 移相变压器

续表

图形符号	说明	图形符号	说明
Three-Phase Transformer (Three Windings)	三相3绕组变压器	Generic Power System Stabilizer	电力系统稳定器
Multi-Winding Transformer	多绕组变压器	Asynchronous Machine SI Units	异步电机（国际单位）模块
Saturable Transformer	饱和变压器	(dc machine)	离散直流电机
Gto	门极关断（GTO）晶闸管	Hydraulic Turbine and Governor	水轮机和控制器模块，用以和同步发电机配套
Thyristor	晶闸管	Permanent Magnet Synchronous Machine	交流同步电机，转子为永磁体
Mosfet	金属氧化物场效应晶体管（MOSFET）	Simplified Synchronous Machine SI Units	同步电机简单模块（国际单位）
Three-Level Bridge	中性点钳位的三电平电力变换器	Synchronous Machine pu Fundamental	同步电机基本模块（标幺值单位）

续表

图形符号	说明	图形符号	说明
Synchronous Machine SI Fundamental	同步电机简单模块（国际单位）	Continuous powergui	电力图形用户界面
Switched Reluctance Motor	开关磁阻电动机	Active & Reactive Power	有功和无功功率
Impedance Measurement	阻抗测量	3-Phase Sequence Analyzer	三相相序分析器
Three-Phase V-I Measurement	三相电压-电流测量	Timer	定时器

二、Simulink 交互式仿真集成环境

在 MATLAB 主窗口的菜单中选择 File ⇨ New ⇨ Model 可以打开 Simulink 的仿真集成环境，如图 A1 所示。也可以使用 MATLAB 主窗口工具栏上的 Simulink 按钮，首先打开 Simulink 库浏览器（Simulink Library Browser），然后在浏览器中使用菜单 File ⇨ New ⇨ Model 功能或者工具栏中的创建新模型（Create a New Model）功能打开 Simulink 仿真集成环境。

仿真环境中包含仿真模型建立和仿真测试功能。包含菜单栏、工具栏、模型编辑区和状态栏。一般在建立仿真模型前需要打开 Simulink 库浏览器以便使用其中系统预先建立的模块。可以单击仿真环境中的菜单栏中的库浏览器（Library Browser）按钮打开库浏览器，如图 A2 所示。使用鼠标可以从库浏览器中将库中模块拖放至仿真环境中，按照需要将各模块进行连接，建立系统购仿真模型。

三、Simulink 仿真模型的建立

使用上节中方法打开 Simulink 库浏览器和仿真集成环境，从库浏览器的库中选中想要采用的模块，拖放到仿真集成环境中，按照需要进行连接即可建立系统的仿真模型。

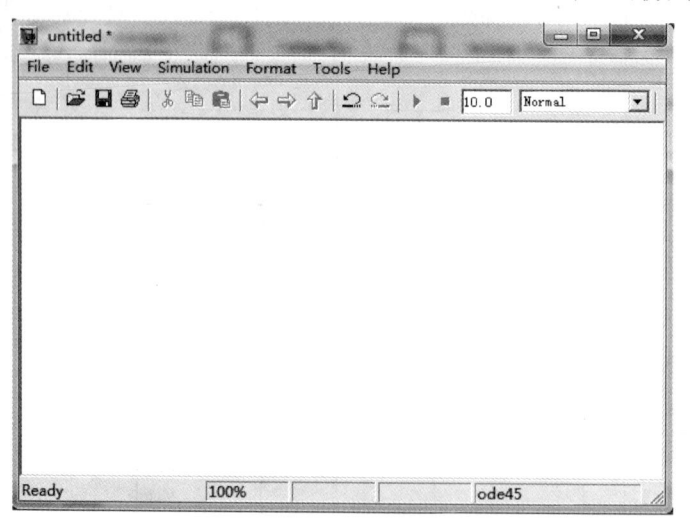

图 A1　Simulink 仿真集成环境

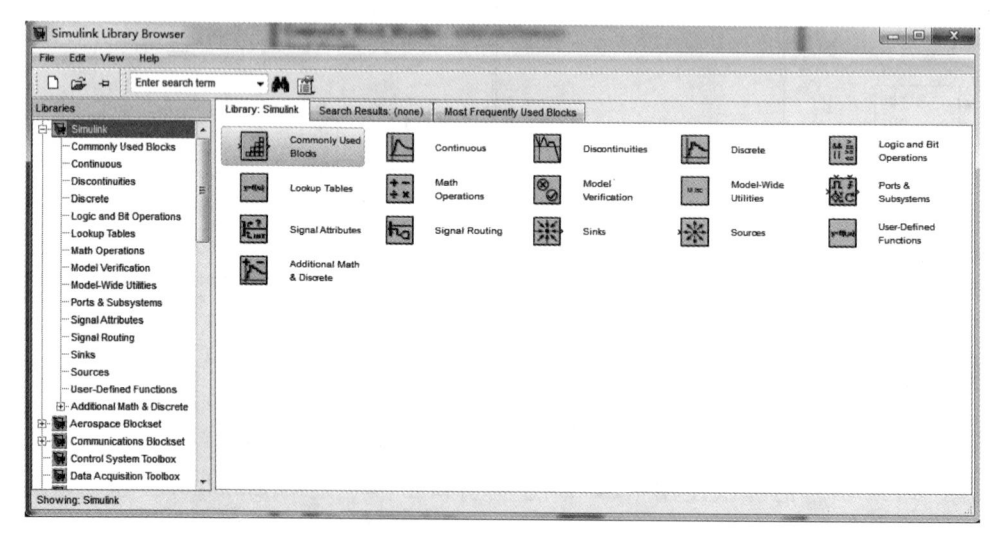

图 A2　打开后的库浏览器

仿真实例：已知某二阶系统开环传递函数为 $G(s) = \dfrac{1}{0.0067\,e^2 + 0.1s}$。建立 Simulink 仿真模型，通过仿真获得其闭环阶跃响应曲线。

（1）建立仿真模型。从 Simulink 基本库中拖入阶跃信号（Step）模块、求和（Sum）模块、传递函数（Transfer Fcn）模块、信号汇总（MUX）模块和示波器（Scope）模块，按照图 A3 进行连接。

（2）设定模块参数。鼠标双击各个模块，可以对模块的参数进行设置。阶跃信号

(Step) 模块参数设置如图 A4 所示。其参数有 Step time（阶跃发生时刻）、Initial value（初始值）、Final value（终了值）、Sample time（采样时间）等。设置 Step time（阶跃发生时刻）为 0.5s，其他参数使用默认值即可。按确定（OK）按钮接受更改。求和（Sum）模块参数设置如图 A5 所示。Icon shape（图标形状）有方形（rectangular）和圆形（round）两个备选项可选。List of signs（符号列表）由"｜""＋""－"组成，"｜"表示空闲端，"＋"表示加运算，"－"表示减运算。如有多个输入，只需增加符号列表中的项目数即可。

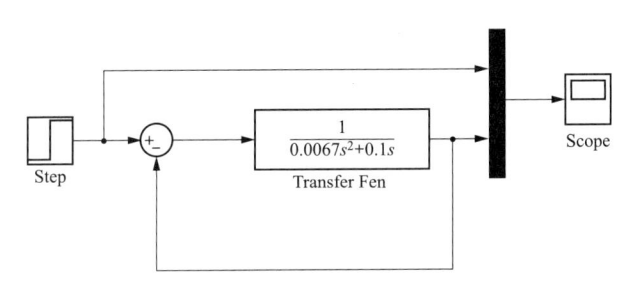

图 A3 二阶系统闭环阶跃响应仿真模型原理图

图 A4 阶跃信号模块参数设置图

传递函数模块参数设置如图 A6 所示。Numerator coefficients 用以设置传递函数的分子多项式各项系数；Denominator coefficients 用以设定分母多项式各项系数。Absolute tolerance 用以设定求解传递函数的误差值。按照图 A6 所示设置参数可以实现题目中要求的二阶传递函数。

信号汇总（MUX）模块参数设置如图 A7 所示。Number of inputs 表示输入信号的数量，本例中希望将阶跃信号和二阶传递函数闭环响应放在同一个示波器的同一个窗口中进行显示，因此输入数为 2；Display option 有 none（无显示）、signals（信号名称）和 bar（条形显示）3 个备选项。本例选择了条形选项。

（3）设定仿真参数。所有模块参数设定完后，在仿真之前需要设定仿真参数。可以通过菜单中的 Simulation ⇨Configuration Parameter 命令打开仿真参数设置对话框，如图 A8 所示。需要设置的主要参数有仿真开始时间（Start time）、停止时间（Stop time）、求解器（Solver）类型（Type）、求解器（Solver）、最大步长（Max step size）、相对误差（Relative tolerance）、最小步长（Min step size）、初始步长（Initial step size）和过零控制（Zero-crossing control）等。对于本例使用图中的设置即可。

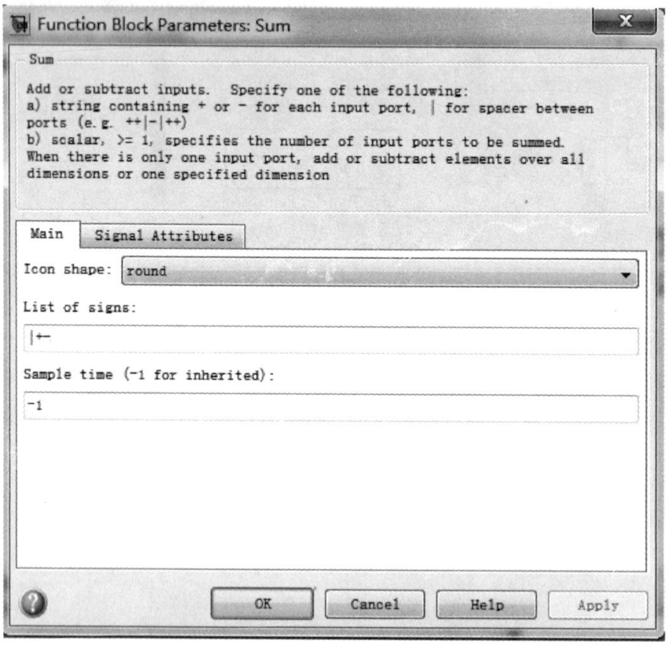

图 A5　求和模块参数设置图

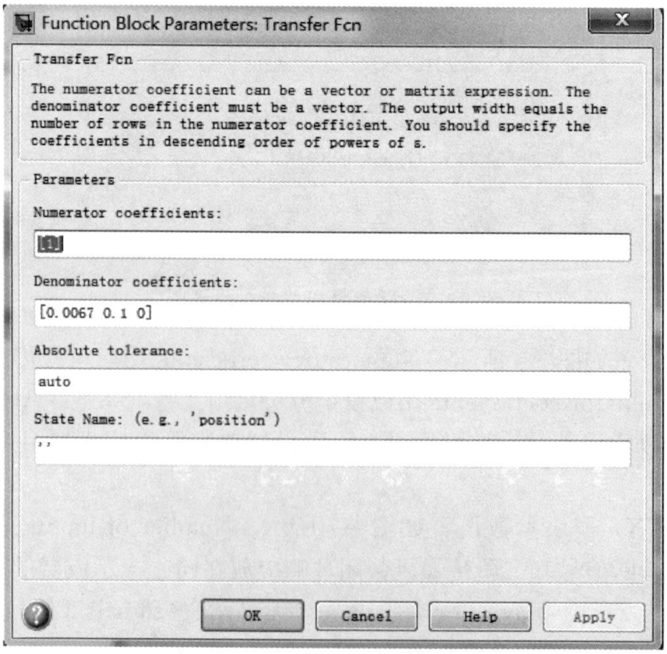

图 A6　传递函数模块参数设置图

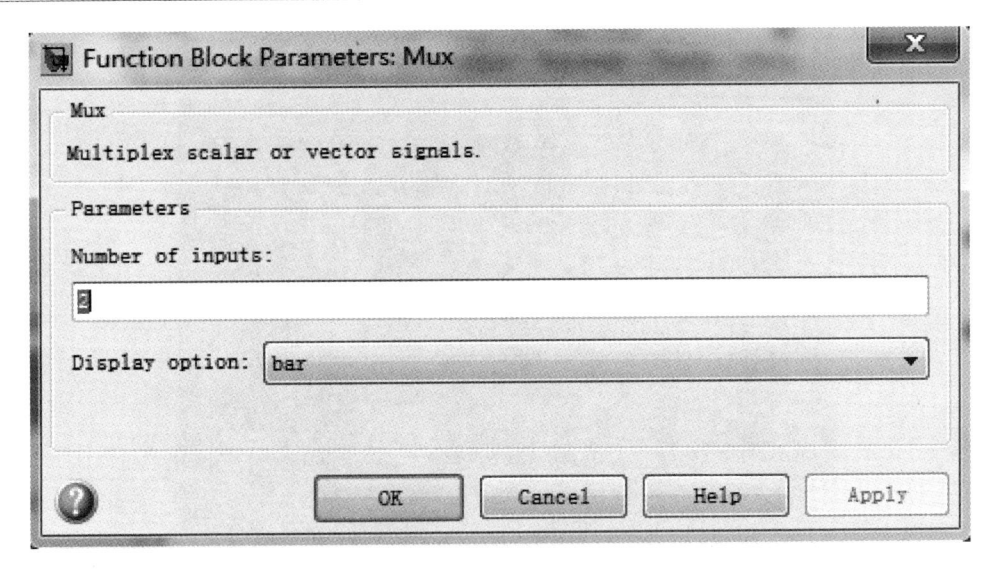

图 A7　信号汇总模块参数设置图

图 A8　仿真参数设置图

（4）仿真运行。设置完毕仿真模型中的模块参数和仿真参数后，便可以进行仿真。使用菜单中 Simulink ⇨ Start 命令或者工具栏中 Start Simulink 按钮即可开始仿真。鼠标双击示波器模块，可以在示波器的输出窗口中看到仿真结果，如图 A9 所示。图中虚线是输入阶跃信号，实线是二阶系统的闭环阶跃响应。

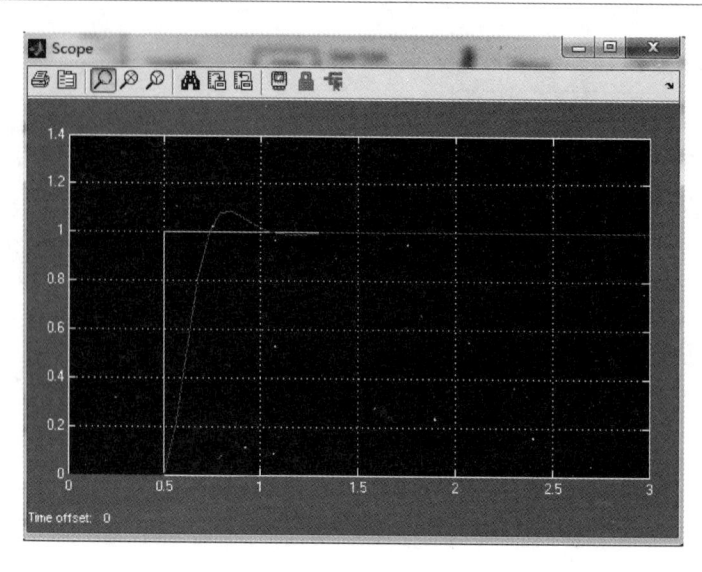

图 A9 二阶系统的闭环阶跃响应仿真结果

附录 B　自　测　题

一、填空题

1. 并励直流发电机自励建压的条件是_____；_____；_____。
2. 可用下列关系来判断直流电机的运行状态，当_____时为电动机状态，当_____时为发电机状态。
3. 直流发电机的绕组常用的有_____和_____两种形式，若要产生大电流绕组常采用_____绕组。
4. 直流发电机电磁转矩的方向和电枢旋转方向_____，直流电动机电磁转矩的方向和电枢旋转方向_____。
5. 单迭和单波绕组，极对数均为 p 时，并联支路数分别是_____，_____。
6. 直流电机电枢反应的定义是_____。
7. 他励直流电动机的固有机械特性是指在_____条件下，_____和_____的关系。
8. 直流电动机的启动方法有_____。
9. 拖动恒转转负载进行调速时，应采用_____调速方法，而拖动恒功率负载时应采用_____调速方法。
10. 变压器带负载运行时，若负载增大，其铁损耗将_____，铜损耗将_____（忽略漏阻抗压降的影响）。
11. 变压器等效电路中的 X_m 是对应于_____电抗，r_m 是表示_____电阻。
12. 三相变压器的联结组别不仅与绕组的_____和_____有关，而且还与三相绕组的_____有关。
13. 三相对称绕组的构成原则是_____；_____；_____。
14. 三相异步电动机根据转子结构不同可分为_____和_____两类。
15. 一台 6 极三相异步电动机接于 50Hz 的三相对称电源，其 $s=0.05$，则此时转子转速为_____r/min，定子旋转磁势相对于转子的转速为_____r/min。
16. 一台三相异步电动机带恒转矩负载运行，若电源电压下降，则电动机的转速_____，定子电流_____，最大转矩_____，临界转差率_____。
17. 三相异步电动机在额定负载运行时，其转差率 s 一般在_____范围内。
18. 星形-三角形降压启动时，启动电流和启动转矩各降为直接启动时的_____倍。
19. 第一节距的定义是_____。
20. 直流电机磁路中的磁通分为_____磁通和_____磁通，其中_____磁通参加机电能量的转换；_____磁通不参加能量转换，只增加磁路的饱和度，_____磁通远远大于漏磁通。
21. 写出直流发电机电压平衡方程式_____和直流电动机电压平衡方程式_____。

22. 直流电机中的铁损主要由_____损耗和_____损耗构成。
23. 当电动机的转速超过_____时，出现回馈制动。
24. 当转差率 s 在_____范围内，三相异步电机运行于电动机状态，此时电磁转矩性质为_____；在_____范围内运行于发电机状态，此时电磁转矩性质为_____。
25. 三相异步电动机等效电路中的附加电阻是模拟_____的等值电阻。
26. 对于绕线转子三相异步电动机，如果电源电压一定，转子回路电阻适当增大，则启动转矩_____，最大转矩_____。
27. 三相异步电动机的过载能力是指_____。
28. 星形－三角形降压启动时，启动电流和启动转矩各降为直接启动时的_____倍。
29. 变压器铁芯导磁性能越好，其励磁电抗越_____，励磁电流越_____。
30. 一台接到电源频率固定的变压器，在忽略漏阻抗压降条件下，其主磁通的大小决定于_____的大小，而与磁路的_____基本无关，其主磁通与励磁电流成_____关系。
31. 变压器带负载运行时，若负载增大，其铁损耗将_____，铜损耗将_____（忽略漏阻抗压降的影响）。
32. 当变压器负载（$\varphi_2 > 0°$）一定，电源电压下降，则空载电流 I_0 _____，铁损耗 p_{Fe} _____。
33. 直流电机的电磁转矩是由_____和_____共同作用产生的。
34. 单相异步电动机若无启动绕组，通电启动时，启动转矩_____，_____启动。
35. 根据获得旋转磁场方式的不同，单相异步电动机可分为_____和_____两大类。
36. 直流测速发电机换向器在_____上，刷架在_____上。
37. 直流测速发电机电刷是把电枢绕组的_____电势转换为电刷间的_____电势。
38. 直流测速发电机转速越高，电枢反应的去磁作用越_____。
39. 直流伺服电动机系统处于静止或恒转速运行状态，即处于稳态时 T_{em}_____T_L。
40. 直流伺服电动机系统处于加速运行状态，即处于动态时 T_{em}_____T_L。
41. 直流伺服电动机系统处于减速运行状态，即处于动态时 T_{em}_____T_L。
42. 直流伺服电动机减弱磁通调速，机械特性的斜率变_____，特性变_____。
43. 交流伺服电动机两相对称绕组空间差 90°相位电角度通以两相对称电流时间差 90°相位，就可产生_____磁场。
44. 交流伺服电动机两相电流相位差为 90°，幅值不等时的磁场为_____磁场。
45. 步进电动机分类有_____、_____和_____。
46. 步进电动机输出轴转动的角位移量与输入脉冲数成_____。
47. 步进电动机输出轴的转速与输入脉冲频率成_____。

二、判断题
1. 直流电动机的电磁转矩是驱动性质的，因此稳定运行时，大的电磁转矩对应的转速就高。（　　）
2. 直流电动机的人为特性都比固有特性软。（　　）
3. 直流电动机串多级电阻启动。在启动过程中，每切除一级启动电阻，电枢电流都将突变。（　　）
4. 他励直流电动机的降压调速属于恒转矩调速方式，因此只能拖动恒转矩负载运行。（　　）

5. 他励直流电动机降压或串电阻调速时，最大静差率数值越大，调速范围也越大。（ ）

6. 一台变压器原边电压 U_1 不变，副边接电阻性负载或接电感性负载，如负载电流相等，则两种情况下，副边电压也相等。（ ）

7. 变压器在原边外加额定电压不变的条件下，副边电流大，导致原边电流也大，因此变压器的主要磁通也大。（ ）

8. 变压器的漏抗是个常数，而其励磁电抗却随磁路的饱和而减少。（ ）

9. 自耦变压器由于存在传导功率，因此其设计容量小于铭牌的额定容量。（ ）

10. 使用电压互感器时其二次侧不允许短路，而使用电流互感器时二次侧则不允许开路。（ ）

11. 两相对称绕组，通入两相对称交流电流，其合成磁通势为旋转磁通势。（ ）

12. 改变电流相序，可以改变三相旋转磁通势的转向。（ ）

13. 不管异步电机转子是旋转还是静止，定、转子磁通势都是相对静止的。（ ）

14. 三相异步电机当转子不动时，转子绕组电流的频率与定子电流的频率相同。（ ）

15. 一般 10kW 以下的电动机都可以采用直接启动。（ ）

16. 交流电动机由于通入的是交流电，因此它的转速也是不断变化的，而直流电动机则其转速是恒定不变的。（ ）

17. 转差率 s 是分析异步电动机运行性能的一个重要参数，当电动机转速越快时，则对应的转差率也就越大。（ ）

18. 三相异步电动机不管其转速如何改变，定子绕组上的电压、电流的频率及转子绕组中电动势、电流的频率总是固定不变的。（ ）

19. 使用并励电动机时，发现转向不对，应将接到电源的两根线对调一下即可。（ ）

20. 一台并励直流发电机，正转能自励，反转也能自励。（ ）

21. 三相异步电动机在启动时，由于某种原因，定子的一相绕组断路，电动机还能启动，但是电动机处于很危险的状态，电动机很容易烧坏。（ ）

22. 若把一台直流发电机电枢固定，而电刷与磁极同时旋转，则在电刷两端仍能得到直流电压。（ ）

23. 一台并励直流电动机，若改变电源极性，则电机转向也改变。（ ）

24. 三相异步电动机转子不动时，经由空气隙传递到转子侧的电磁功率全部转化为转子铜损耗。（ ）

25. 通常，三相笼形异步电动机定子绕组和转子绕组的相数不相等，而三相绕线转子异步电动机的定、转子相数则相等。（ ）

26. 三相绕线转子异步电动机转子回路串入电阻可以增大启动转矩，因此串入电阻值越大，启动转矩也越大。（ ）

27. 三相绕线转子异步电动机提升位能性恒转矩负载，当转子回路串接适当的电阻值时，重物将停在空中。（ ）

28. 三相异步电动机的变极调速只能用在笼形转子电动机上。（ ）

29. 三相异步电动机电源断一相时，相当于一台单相异步电动机，故不能自行启动。（ ）

30. 交流伺服电机的转子电阻一般都做得较大，其目的是使在转功时产生制动转矩，使它在控制绕组不加电压时，能及时制动，防止自转。（ ）

31. 单相罩极式异步电动机中，只要改变电源两个端点的接线，就能改变它的转向。（   ）
32. 对于交流伺服电动机，改变控制电压大小就可以改变其转速和转向。（   ）
33. 交流伺服电动机当取消控制电压时不能自转。（   ）
34. 步进电动机的转速与电脉冲的频率成正比。（   ）
35. 单拍控制的步进电机控制过程简单，应多采用单相通电的单拍制。（   ）
36. 控制电机在自动控制系统中的主要任务是完成能量转换、控制信号的传递和转换。（   ）
37. 直流伺服电动机分为永磁式和电磁式两种基本结构，其中永磁式直流伺服电动机可看作他励式直流电机。（   ）
38. 交流伺服电动机与单相异步电动机一样，当取消控制电压时仍能按原方向自转。（   ）
39. 为了提高步进电机的性能指标，应多采用多相通电的双拍制，少采用单相通电的单拍制。（   ）
40. 异步电动机的转速取决于电源频率和极对数，而与转差率无关。（   ）

三、选择题

1. 直流发电机主磁极磁通产生感应电动势存在于（   ）中。
(A) 电枢绕组　　　(B) 励磁绕组　　　(C) 电枢绕组和励磁绕组　　　(D) 不确定

2. 直流发电机电刷在几何中线上，如果磁路不饱和，这时电枢反应是（   ）。
(A) 去磁　　　(B) 助磁　　　(C) 不去磁也不助磁　　　(D) 不确定

3. 他励直流电动机的人为特性与固有特性相比，其理想空载转速和斜率均发生了变化，那么这人为特性一定是（   ）。
(A) 串电阻的人为特性
(B) 降压的人为特性
(C) 弱磁的人为特性
(D) 不确定

4. 直流电动机采用降低电源电压的方法启动，其目的是（   ）。
(A) 为了使启动过程平稳
(B) 为了减小启动电流
(C) 为了减小启动转矩
(D) 为了增加启动转矩

5. 当电动机的电枢回路铜损耗比电磁功率或轴机械功率都大时，这时电动机处于（   ）。
(A) 能耗制动状态　　(B) 反接制动状态　　(C) 回馈制动状态　　(D) 运行状态

6. 他励直流电动机拖动恒转矩负载进行串电阻调速，设调速前、后的电枢电流分别为 I_1 和 I_2，那么（   ）。
(A) $I_1 < I_2$　　　(B) $I_1 = I_2$　　　(C) $I_1 > I_2$　　　(D) 不确定

7. 变压器空载电流小的原因是（   ）。
(A) 一次绕组匝数多，电阻很大
(B) 一次绕组的漏抗很大
(C) 变压器的励磁阻抗很大
(D) 变压器铁芯的电阻很大

8. 变压器空载损耗（   ）。
(A) 全部为铜损耗
(B) 全部为铁损耗
(C) 主要为铜损耗
(D) 主要为铁损耗

9. 一台变压器原边接在额定电压的电源上，当副边带纯电阻负载时，则从原边输入的功率（   ）。

(A) 只包含有功功率 (B) 只包含无功功率
(C) 既有有功功率，又有无功功率 (D) 为零

10. 变压器中，不考虑漏阻抗压降和饱和的影响，若原边电压不变，铁芯不变，而将匝数增加，则励磁电流（　　）。
 (A) 增加　　　(B) 减少　　　(C) 不变　　　(D) 基本不变

11. 一台变压器在（　　）时效率最高。
 (A) $\beta=1$　(B) $P_0/P_S=$常数　(C) $p_{Cu}=p_{Fe}$　(D) $s=s_N$

12. 三相异步电动机带恒转矩负载运行，如果电源电压下降，当电动机稳定运行后，此时电动机的电磁转矩（　　）。
 (A) 下降　　　(B) 增大　　　(C) 不变　　　(D) 不定

13. 三相异步电动机的空载电流比同容量变压器大的原因为（　　）。
 (A) 异步电动机是旋转的 (B) 异步电动机的损耗大
 (C) 异步电动机有气隙 (D) 异步电动机有漏抗

14. 三相异步电动机空载时，气隙磁通的大小主要取决于（　　）。
 (A) 电源电压 (B) 气隙大小
 (C) 定、转子铁芯材质 (D) 定子绕组的漏阻抗

15. 三相异步电动机能画出像变压器那样的等效电路是由于（　　）。
 (A) 它们的定子或原边电流都滞后于电源电压
 (B) 气隙磁场在定、转子或主磁通在原、副边都感应电动势
 (C) 它们都有主磁通和漏磁通
 (D) 它们都由电网取得励磁电流

16. 三相异步电动机在运行中，把定子两相反接，则转子的转速会（　　）。
 (A) 升高 (B) 下降一直到停转
 (C) 下降至零后再反向旋转 (D) 下降到某一稳定转速

17. 一台三相笼形异步电动机的数据为 $P_N=20$kW，$U_N=380$V，$\lambda_T=1.15$，$k_i=6$，定子绕组为三角形连接。当拖动额定负载转矩启动时，若供电变压器允许启动电流不超过 $12I_N$，最好的启动方法是（　　）。
 (A) 直接启动 (B) Y—△降压启动
 (C) 自耦变压器降压启动 (D) 定子串电阻降压启动

18. 三相绕线转子异步电动机拖动起重机的主钩，提升重物时电动机运行于正向电动状态，若在转子回路串接三相对称电阻下放重物时，电动机运行状态是（　　）。
 (A) 能耗制动运行 (B) 反向回馈制动运行
 (C) 倒拉反转运行 (D) 反接制动

19. 直流电机正常工作时，绕组元件内的电流是（　　）。
 (A) 恒定的　(B) 为零的　(C) 交变的　　　(D) 不确定

20. 为了使电动机转速升高，达到理想空载状态，应该（　　）使转速升高。
 (A) 加大电磁转矩　(B) 减小负载　(C) 借助外力　(D) 减弱磁通

21. 电动机铭牌上标明的额定功率是指（　　）。
 (A) 电动机输入电功率 (B) 电动机电磁功率

(C) 电动机输出机械功率　　　　　　(D) 损耗

22. 直流电机运行时产生的电枢反应，使电机主磁场（　　）。
(A) 保持不变　　(B) 有所增强　　(C) 有所削弱　　(D) 不确定

23. 并励直流发电机的自励条件之一是（　　）。
(A) 必须有剩磁　　　　　　　　　(B) 不能有剩磁
(C) 与剩磁无关　　　　　　　　　(D) 必须有电源电压

24. 直流电动机在电动状态正常运行时，电枢电动势和电枢电流方向（　　）。
(A) 相同　　　(B) 相反　　　(C) 无关　　　(D) 不确定

25. 直流电动机在电动状态正常运行时，电磁转矩为（　　）转矩。
(A) 拖动　　　(B) 制动　　　(C) 无用　　　(D) 空载转矩

26. 他励直流电动机要让它反转（　　）。
(A) 增大电枢绕组上的电压　　　　(B) 增大励磁绕组上的电压
(C) 让电枢绕组上的电压反接　　　(D) 减小励磁绕组上的电压

27. 一台他励直流电动机，如果其当前转速大于理想空载转速，则该电机处于（　　）。
(A) 电力拖动状态　(B) 回馈制动状态　(C) 反接制动状态　(D) 不确定

28. 一台他励直流电动机采用降压调速，则其机械特性的硬度（　　）。
(A) 变硬　　　(B) 变软　　　(C) 硬度不变　　(D) 不确定

29. 一台交流绕线式异步电动机，采用调压调速，则其临界转差率（　　）。
(A) 变大　　　(B) 变小　　　(C) 不变　　　(D) 不确定

30. 一台三相交流电动机要让它反转（　　）。
(A) 增大定子绕组上的电压　　　　(B) 定子绕组上串入电阻的电压
(C) 定子绕组上任意交换两相的接线　(D) 转子绕组上串入电阻的电压

31. 下列电机中（　　）不需要装设笼式绕组。
(A) 普通永磁式同步电动机　　　　(B) 反应式同步电动机
(C) 磁滞式同步电动机　　　　　　(D) 不确定

32. 单相罩极异步电动机正常运行时，电机内的合成磁场是（　　）。
(A) 脉动磁场　(B) 圆形旋转磁场　(C) 椭圆形旋转磁场　(D) 不确定

33. 下面是一台三相六极步进电动机的通电方式，（　　）为三相双三拍控制方式。
(A) A—B—C—A　　　　　　　(B) AB—BC—CA—AB
(C) A—AB—B—BC—C—CA—A　　(D) A—B—C—B—A

34. 伺服电动机将输入的电压信号变换成（　　），以驱动控制对象。
(A) 动力　　　(B) 位移　　　(C) 电流　　　(D) 转矩和速度

35. 交流伺服电动机的定子铁芯上安放着空间上互成（　　）电角度的两相绕组，分别为励磁绕组和控制绕组。
(A) 0°　　　(B) 90°　　　(C) 120°　　　(D) 180°

36. 在交流测速发电机中，当励磁磁通保持不变时，输出电压的值与转速成正比，其频率与转速（　　）。
(A) 正比　　(B) 反比　　(C) 非线性关系　　(D) 无关

37. 步进电机是利用电磁原理将电脉冲信号转换成（　　）信号。

(A) 电流 　　　　　(B) 电压 　　　　　(C) 位移 　　　　　(D) 功率

38. 旋转型步进电机可分为反应式、永磁式和感应式三种。其中（　　）步进电机由于惯性小、反应快和速度高等特点而应用最广。

(A) 反应式 　　　　　　　　　　(B) 永磁式
(C) 感应式 　　　　　　　　　　(D) 反应式和永磁式

39. 步进电机的步距角是由（　　）决定的。

(A) 转子齿数 　　(B) 脉冲频率 　　(C) 转子齿数和运行拍数 　　(D) 运行拍数

40. 伺服系统是使物体的机械位置、方位、状态（位移或转角）等准确地跟随目标（或给定值）变化的自控系统，它能精确地跟随或复现某个过程，故又称随动系统，其结构与其他反馈控制系统没有原则区别。伺服系统最初用于船舶自动驾驶、火炮控制与指挥仪中，后来逐渐推广到数控机床、天线位置控制、导弹和飞船制导等诸多领域。以下属于伺服系统的是（　　）

(A) 温度控制系统 　　　　　　　　(B) 压力测控系统
(C) 位置控制系统 　　　　　　　　(D) 电压稳压系统

41. 伺服电机在自动控制系统中，通常用作（　　），把所收到的电信号转换成电动机轴上的角位移或角速度输出，可分为直流和交流伺服电动机两大类。

(A) 执行元件 　　　　　　　　　　(B) 动力输出
(C) 测量元件 　　　　　　　　　　(D) 执行元件或测量元件

42. 要改变直流并励发电机的输出电压极性，应按（　　）进行。

(A) 改变原动机的转向 　　　　　　(B) 励磁绕组反接
(C) 电枢绕组两端反接 　　　　　　(D) 改变原动机转向的同时也反接励磁绕组

43. 用于机械转速测量的电机是（　　）

(A) 测速发电机 　　(B) 旋转变压器 　　(C) 自整角机 　　(D) 步进电动机

44. 以下哪些因素不致使直流电动机的机械特性硬度变化（　　）

(A) 电枢回路串电阻 　　　　　　　(B) 改变电枢电压
(C) 减弱磁场 　　　　　　　　　　(D) 增大励磁电流

45. 直流电动机的机械特性描述了（　　）的对应关系。

(A) 速度与电压 　　(B) 速度和电流 　　(C) 转矩和电压 　　(D) 速度和转矩

46. 直流电动机采用反接制动时，机械特性曲线位于第（　　）象限。

(A) 一 　　　　　(B) 二 　　　　　(C) 三 　　　　　(D) 四

47. 他励直流电动机空载运行时，若励磁回路突然断开，会发生以下哪种情况？（　　）。

(A) 立即停转 　　(B) 飞车 　　(C) 运转一会儿后停止 　　(D) 电机发热

48. 单叠直流电机绕组的每相最大并联支路数为 $2a$，极对数为 p，则它们的关系是（　　）。

(A) $2a=2p$ 　　(B) $2a=p$ 　　(C) $2a=4p$ 　　(D) $2a=0.5p$

49. 当 s 在_____范围内，三相异步电机运行于电动机状态，此时电磁转矩性质为（　　）。

(A) $[0,1]$，制动 　　　　　　　(B) $[0,1]$，拖动
(C) $[\infty,0]$，制动 　　　　　(D) $[\infty,0]$，拖动

50. 变压器是一种什么的电气设备，它利用电磁感应原理将一种电压等级的交流电转变

成同频率的另一种电压等级的交流电。（　　）

(A) 滚动　　　(B) 运动　　　(C) 旋转　　　(D) 静止

51. 三相异步电动机带额定负载运行时，转差率 s 一般取（　　）。

(A) 1　　　(B) 0　　　(C) 0.05　　　(D) 1.5

52. 是三个变压器绕组相邻相的异名端串接成一个三角形的闭合回路，在每两相连接点上即三角形顶点上分别引出三根线端，接电源或负载。（　　）

(A) 三角形连接　　(B) 球形连接　　(C) 星形连接　　(D) 方形连接

53. 直流电机处于发电机运行时（　　）。

(A) $E<U$，T，n 方向相反　　　(B) $E<U$，T，n 方向相同
(C) $E>U$，T，n 方向相反　　　(D) $E>U$，T，n 方向相同

54. 变压器的铁芯是（　　）部分。

(A) 磁路　　(B) 电路　　(C) 开路　　(D) 短路

55. 设交流异步伺服电动机的转子电动势频率为 f_2，定子电动势频率为 f_1，转差率为 s，则三者的关系为（　　）。

(A) $f_1=f_2$　(B) $f_2=s·f_1$　(C) $f_2=(1-s)·f_1$　(D) $f_1=s·f_2$

56. 异步电动机在理想空载时，转差率为（　　）。

(A) $s=0$　(B) $s<s_n$　(C) $s>s_n$　(D) $s=1$

57. 交流异步伺服电动机在发电机运行状态时，其转差率范围是（　　）。

(A) $-\infty<s<0$　(B) $s=0$　(C) $0<s<1$　(D) $s>1$

58. 异步电动机启动瞬时，转差率为（　　）。

(A) $s=0$　(B) $s=s_N$　(C) $s=1$　(D) $s>1$

59. 异步电动机工作时，转子的转速 n 与旋转磁场转速 n_s 的关系是（　　）。

(A) $n<n_s$　(B) $n>n_s$　(C) $n=n_s$　(D) $n\leqslant n_s$

60. 异步电动机机械负载加重时，其转子转速将（　　）。

(A) 升高　　(B) 降低　　(C) 不变　　(D) 不一定

61. 励磁电压频率为 f，则异步电动机的旋转磁场转速 n_s 为（　　）。

(A) $\dfrac{f}{p}$　(B) $\dfrac{p}{f}$　(C) $\dfrac{60f}{p}$　(D) $\dfrac{60p}{f}$

62. 异步电动机的同步转速 n_s 与下列变量的关系正确的是（　　）。

(A) 与频率 f 成正比，与极对数 p 成反比
(B) 与定子绕组电压成正比，对极对数 p 成正比
(C) 与频率 f 成反比，与极对数 p 成正比
(D) 与定子绕组电压成正比，对极对数 p 成反比

63. 步进电动机是数字控制系统中的一种执行元件，其功用是将（　　）变换为相应的角位移或直线位移。

(A) 直流电信号　(B) 交流电信号　(C) 计算机信号　(D) 脉冲电信号

64. 将电脉冲信号转换成相应角位移的控制电机是（　　）。

(A) 测速发电机　(B) 旋转变压器　(C) 自整角机　(D) 步进电动机

65. 在各类步进电机中，结构比较简单，用得也比较普遍的是（　　）步进电动机。

(A) 永磁式　　　　(B) 反应式　　　　(C) 感应子式　　　　(D) 混合式

66. 步进电动机的输出特性是(　　)。
(A) 输出电压与转速成正比　　　　(B) 输出电压与转角成正比
(C) 转速与脉冲量成正比　　　　　(D) 转速与脉冲频率成正比

四、简答题

1. 直流发电机的励磁方式有哪几种?
2. 简述直流电动机的工作原理。
3. 电力拖动系统稳定运行的条件是什么?
4. 变压器的一、二次侧额定电压都是如何定义的?
5. 变压器并联运行的条件是什么?
6. 三相异步电动机的基本工作原理是什么?
7. 三相异步电动机中,交流绕组的极距、每极每相槽数、槽距角的公式应如何表达?
8. 三相异步电动机的空载电流与变压器的空载励磁电流谁大?为什么?
9. 什么是不变损耗?什么是可变损耗?
10. 为什么可以把变压器的空载损耗近似看成是铁耗,而把短路损耗看成是铜耗?变压器实际负载时实际的铁耗和铜耗与空载损耗和短路损耗有无区别?为什么?
11. 变压器能否改变直流电压?为什么?
12. 什么叫直流电动机的固有机械特性?什么叫直流电动机的人为机械特性?
13. 什么叫交流电动机的人为机械特性?改变频率时有什么样的前提条件?
14. 三相异步电动机保持 E_1/f_1 = 常数,其中,E_1 为定子感应电动势,f_1 为电源频率,在额定频率以下变频调速时,其不同频率下的机械特性有什么特点?
15. 一台 380V/220V 的单相变压器,如不慎将 380V 加在低压绕组上,会产生什么现象?
16. 交流伺服电机有哪几种控制方式?并分别加以说明。
17. 在图 B1 中,哪些系统是稳定的?哪些系统是不稳定的?

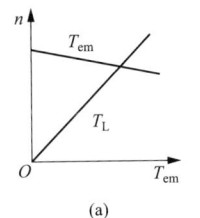

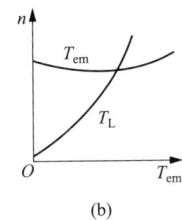

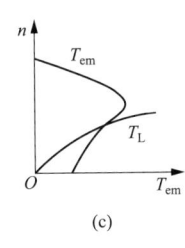

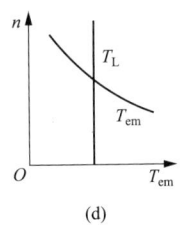

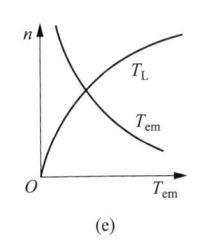

图 B1　四、16. 图

18. 直流电动机有哪几种调速方法?各有何特点?
19. 并励直流发电机自励建压的条件是什么?
20. 三相异步电动机启动时,如果电源一相断线,这时电动机能否启动?如绕组一相断线,这时电动机能否启动?Y 联结和 D 联结情况是否一样?如果运行中电源或绕组一相断线,能否继续旋转,有何不良后果?
21. 什么叫自转现象?两相伺服电机如何防止自转?
22. 电机与电力拖动的定义分别是什么?

五、计算题

1. 已知一台三相四极异步电动机的额定数据为 $P_N = 10\text{kW}$，$U_N = 380\text{V}$，$I_N = 11.6\text{A}$，定子为 Y 联结，额定运行时，定子铜损耗 $p_{Cu1} = 560\text{W}$，转子铜损耗 $p_{Cu2} = 310\text{W}$，机械损耗 $p_{mec} = 70\text{W}$，附加损耗 $p_{ad} = 200\text{W}$，试计算该电动机在额定负载时：

（1）额定转速；

（2）空载转矩；

（3）转轴上的输出转矩；

（4）电磁转矩。

2. 已知一台三相异步电动机，额定频率为 150kW，额定电压为 380V，额定转速为 1460r/min，过载倍数为 2.4，试求：

（1）转矩的实用表达式；

（2）问电动机能否带动额定负载启动。

3. 一台三相绕线式异步电动机，$U_N = 380\text{V}$，$P_N = 100\text{kW}$，$n_N = 950\text{r/min}$，$f_1 = 50\text{Hz}$。在额定转速下运行时，机械损耗 $p_\Omega = 1\text{kW}$，额定负载时的附加损耗忽略不计。试求：

（1）额定转差率 s_N；

（2）额定输出电磁转矩 T_{2N}、空载转矩 T_0。

4. 一台三相异步电动机，磁极对数 $p=1$，定子槽数 $Z=24$，支路数为 2，根据已知条件绕制单层链式绕组。极距、每极每槽数、槽距角应如何计算？相带与定子槽号应如何对应？

5. 三相绕线式异步电动机：$U_{1N} = 380\text{V}$，$I_{1N} = 56.5\text{A}$，$P_N = 30\text{kW}$，$n_N = 570\text{r/min}$，$\lambda_m = 3$，$E_{2N} = 132\text{V}$，$I_{2N} = 147\text{A}$。求：

（1）额定转矩；

（2）最大转矩；

（3）额定转差率；

6. 某单相变压器的额定电压为 6000/400V，$f=50\text{Hz}$，测知磁通的最大值为 0.02Wb，问高压侧和低压侧的匝数各是多少？

7. 已知一台直流电机的数据为单叠绕组，极数 $2p=4$，电枢总元件数 $N=400$，电枢电流 $I_a = 10\text{A}$，每极磁通 $\Phi = 2.1 \times 10^{-2}\text{Wb}$，求转速 $n = 1000\text{r/min}$ 时的电枢电动势为多少？此时的电磁转矩又为多少？

8. 一台并励直流电动机的额定数据为 $P_N = 17\text{kW}$，$I_N = 92\text{A}$，$U_N = 220\text{V}$，$n_N = 1200\text{r/min}$，电枢回路总等效电阻 $R_a = 0.1\Omega$，励磁回路电阻 $R_f = 110\Omega$，试求：

（1）额定运行时的电枢电动势；

（2）额定负载时的电磁转矩；

（3）电动机在额定负载时的效率。

9. 并励直流发电机正转时如能自励，问反转时是否还能自励？如果把并励绕组两头对调，且电枢反转，此时是否能自励？

10. 电磁转矩与什么因素有关？如何确定电磁转矩的实际方向？

11. 一台直流发电机额定数据为：额定功率 $P_N = 10\text{kW}$，额定电压 $U_N = 230\text{V}$，额定转速以 $n_N = 2850\text{r/min}$，额定效率 $\eta_N = 0.85$。求它的额定电流及额定负载时的输入功率。

12. 一台直流电动机的额定数据为：额定功率 $P_N = 17\text{kW}$，额定电压 $U_N = 220\text{V}$，额定转

速以 $n_N = 1500\text{r/min}$，额定效率 $\eta_N = 0.83$。求它的额定电流及额定负载时的输入功率。

13. 已知直流电机的极对数 $p=2$，槽数 $Z=22$，元件数 S 及换向片数 K 都等于 22，连成单叠绕组。求：

(1) 计算绕组各节距；

(2) 画出绕组展开图、磁极及电刷的位置；

(3) 求并联支路数。

14. 三相变压器额定容量为 20kVA，额定电压为 10/0.4kV，额定频率为 50Hz，Yyn 联结，高压绕组匝数为 3300。试求：

(1) 变压器高压侧和低压侧的额定电流；

(2) 低压绕组的匝数。

15. 某三相六极 50Hz 异步电动机，$P_N = 28\text{kW}$，$U_N = 380\text{V}$，$n_N = 950\text{r/min}$，$\cos\varphi_N = 0.88$。已知额定运行时各项损耗为 $p_{Cu1} = 1000\text{W}$，$p_{Fe} = 500\text{W}$，$p_{mec} = 800\text{W}$，$p_{ad} = 50\text{W}$，试求额定运行时：

(1) 转差率；

(2) 转子铜损耗；

(3) 定子电流；

(4) 效率；

(5) 转子电流频率。

16. 一台三相四极 50Hz 异步电动机，$P_N = 10\text{kW}$，$U_N = 380\text{V}$，$I_N = 20\text{A}$，定子绕组三角形联结。额定运行的损耗为 $p_{Cu1} = 557\text{W}$，$p_{Cu2} = 314\text{W}$，$p_{Fe} = 276\text{W}$，$p_{mec} = 77\text{W}$，$p_{ad} = 200\text{W}$，试求：

(1) 额定转速 n_N；

(2) 额定运行时的电磁转矩、输出转矩和空载转矩。

17. 一台三相绕线转子异步电动机，$P_N = 75\text{kW}$，$n_N = 720\text{r/min}$，$\lambda_T = 2.4$，求：

(1) 临界转差率 s_m 和最大转矩 T_m；

(2) 机械特性实用表达式。

六、作图题

1. 画相量图判定组别。

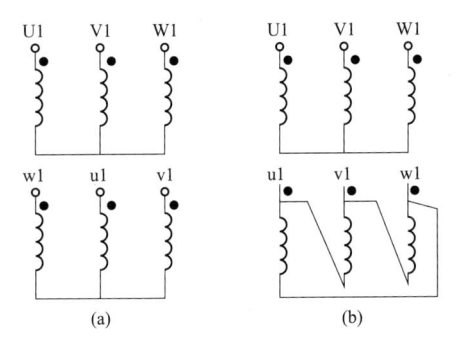

图 B2　题六、1. 图

2. 画出下列接线图的相量图判断其联结组别。

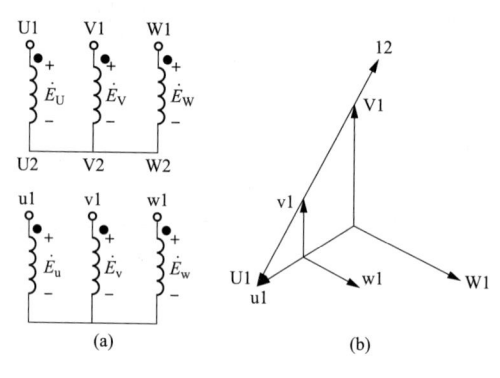

图 B3　题六、2. 图

联结组：＿＿＿＿＿＿

参 考 文 献

[1] 胡淑珍. 电机及拖动技术. 北京：冶金工业出版社，2011.
[2] 张文红，王锁庭. 电机应用技术任务驱动式教程. 北京：北京理工大学出版社，2010.
[3] 郭晓波. 电机与电力拖动. 北京：北京航空航天大学出版社，2007.
[4] 杨天明，陈杰. 电机与拖动. 北京：北京大学出版社，2006.
[5] 姜玉柱. 电机与电力拖动. 北京：北京理工大学出版社，2006.
[6] 杜世俊，唐海源，张晓江. 电机及拖动基础实验. 北京：机械工业出版社，2006.
[7] 刘景峰. 电机与拖动基础. 北京：中国电力出版社，2006.
[8] 康晓明. 电机与拖动. 北京：国防工业出版社，2005.
[9] 王勇. 电机及电力拖动. 北京：中国农业出版社，2004.
[10] 汤天浩. 电机与拖动基础. 北京：机械工业出版社，2004.
[11] 戴文进. 电力拖动. 北京：电子工业出版社，2004.
[12] 应崇实. 电机与拖动基础. 北京：机械工业出版社，2004.
[13] 何巨兰. 电机与电气控制. 北京：机械工业出版社，2004.
[14] 诸葛致. 电机及拖动基础. 重庆：重庆大学出版社，2004.
[15] 顾绳谷. 电机及拖动基础. 3版. 北京：机械工业出版社，2004.
[16] 林瑞光. 电机与拖动基础. 杭州：浙江大学出版社，2002.
[17] 徐虎. 电机及拖动基础. 北京：机械工业出版社，2001.
[18] 王艳秋. 电机及电力拖动. 北京：化学工业出版社，2001.
[19] 胡幸鸣. 电机与电力拖动. 北京：机械工业出版社，2000.
[20] 许晓峰. 电机及电力拖动. 北京：高等教育出版社，2000.